女人可以生得不美丽，但一定要做得聪明。无论环境怎样，会说话、会交际、会理财，都可以让女人的生活异常精彩。

掌握说话技巧，做智慧女人
掌握交际策略，做聪明女人　掌握理财方法，做幸福女人

做一个会说话会交际会理财的聪明女人大全集

雅瑟　静涛/编著

企业管理出版社
ENTERPRISE MANAGEMENT PUBLISHING HOUSE

图书在版编目(CIP)数据

做一个会说话会交际会理财的聪明女人大全集/雅瑟,静涛 编著.—北京:企业管理出版社,2010.9

ISBN 978-7-80255-571-6

Ⅰ.①做… Ⅱ.①雅… ②静… Ⅲ.①女性—成功心理学—通俗读物 Ⅳ.①B848.4-49

中国版本图书馆 CIP 数据核字(2010)第 089781 号

书　　名:	做一个会说话会交际会理财的聪明女人大全集
作　　者:	雅瑟　静涛
责任编辑:	灵　均
书　　号:	ISBN 978-7-80255-571-6
出版发行:	企业管理出版社
地　　址:	北京市海淀区紫竹院南路17号　邮编:100048
网　　址:	http://www.emph.cn
电　　话:	出版部 68414643　发行部 68467871　编辑部 68428387
电子信箱:	80147@sina.com　zbs@emph.cn
印　　刷:	固安县保利达印务有限公司
经　　销:	新华书店
规　　格:	185毫米×260毫米　16开本　24.75印张　500千字
版　　次:	2010年9月第1版　2016年4月第13次印刷
定　　价:	29.00元

版权所有　翻印必究　·　印装有误　负责调换

前　言

生活中总会见到这样的情况：两个女人，拥有同样的美貌，一个神采飞扬，一个却精神不佳；同在一个职场，一个平步青云，一个却原地踏步；拥有同样优秀的老公，一个幸福甜蜜，一个却牢骚满腹；面对同样的生活困境，一个充满希望，一个却怨天尤人。为什么会这样？关键在于是否掌握了说话、交际、理财的技巧！

做一个会说话的聪明女人

很多女人十分注意自己的服饰与化妆，然而却很少注意提高自己的说话水平，这不能不说是一个遗憾。这是一个越来越注重"说"的时代：竞争职位、应聘面试、推销业务……都要有说服力，都需要口才。

语言是连接人与人之间的纽带，纽带质量的好坏，直接决定了人际关系是否和谐，进而会影响到事业的发展以及人生的幸福。尤其对于女人，卓越的口才、有技巧的说话方式，不仅是家庭幸福的法宝，更是事业披荆斩棘的利剑，是增加自身个性魅力的法码。

社交场上的佼佼者，必定会在言谈中闪烁着真知灼见，给人以深邃、精辟、睿智之感。事实上，谈话需要相当的经验，当你面临着各种各样的场合，面对着各色各样的人物，要能做得恰到好处，实在不是一件容易的事。

一句动人的话，常常能带给人悠远深长的意韵，甚至产生"余音绕梁，三日不绝"之妙。优美、高雅的谈吐是女性魅力的显现，是展示女人气质的主要渠道。好口才还可以体现出一个女性的思想观念、性格以及她的反映能力、处世能力、思考能力。

相反，如果女性举止粗鲁，满口粗话，那么即使她拥有出众的外表，也会成为社交场上一潭永不流动的死水。语言的力量能征服人们的心灵。妙语连珠、谈吐不凡已成为社交能力强弱的重要标志之一。

"投资口才等于投资未来"、"要想成才先练口才"已成为现代女性职场流行的口号。只会做而不会说，只会蛮干而不知道与人沟通、交际，在今天的社会已经行不通了。只有改善口才，才能为其职业发展打开更多的通路。现代女性应该怎样加强说话技巧，使自己成为一个口才高手呢？现代女性又如何才能在交际中引起别人的注意、赢得别人的欣赏，成为社会活动中的明星呢？

本书用通俗易懂的语言和娓娓动人的故事，让你可以从一个不懂说话技巧的普通人成为口才高手。

做一个会交际的聪明女人

聪明的女人，善于打造自己的人际圈，她们除了真心之外，不外用心经营，长袖善舞背后，展现的是自信及魅力，不仅吸引异性，同性也乐于与其交心。

这其中无须太多的手腕，但我们往往发现，拥有好人缘的女性，主要是修养佳、EQ好，外貌不重要，人情世故占第一。说穿了，这是一门学无止境的艺术，从外在修饰到内在涵养，从知己到了解他人心思，博得人心，进而赢得信任及好感。

心理学家戴维巴·拉什说："男人的成功一般是通过实际的竞争取得的，而女人的成功则往往是利用社交联络取得的。"女人一般比较平和，也长于交往，积累一定的社交经验对于事业以及生活都能起到良好的作用，良好的社交可以说是女人一生最为宝贵的财富。

从职场、情场、生意场，到家庭，女人如何刚柔并济，在交际圈如鱼得水，无疑是展现自我，实现圆满人生极重要的必修学分。

有人说，没有沟通，世界将成为一片荒凉的沙漠。我们生活在世上，每天都不可避免地与他人交往，高超的交际艺术是成功的资本，拥有良好的交际能力和高超的处世技巧，就等于拥有了成功的点金石。正如一位著名的心理学家所言：一个人成功的因素，85%来自社交和处世。

生活就是与人相处，相处得好，就生活得好。如果我们有一个能对之吐露生活琐事的朋友，也就开凿了美好生活的通道。而一旦失去倾诉心声的知己，生活也就顿然失去光彩，变得一切空虚、恍惚。社交可以帮助我们领悟生活的意义，促使我们培养对生活的积极态度，感受生活的愉快和欢乐。

社交的好处还有很多，它是你人生要完成的首要课题，谁掌握了社交的本领，谁就掌握了自己的命运。

然而，遗憾的是，现实中不懂社交、为社交难题所困扰的人实在太多了。他们虽然有与人建立融洽的人际关系的良好愿望，却往往不知所措，甚至时常碰钉子，因而郁郁寡欢，仿佛生活也失去了意义和光彩。

如果你把快乐告诉一个朋友，你将得到两个快乐，而你如果把忧愁向一个朋友倾诉，你将被分掉一半忧愁，人的天性是喜欢得到快乐，摆脱忧愁，而社交可以满足人们的这个愿望。它可以使人们获得知心朋友，可以得到他人的关怀和帮助，可以活跃而丰富人们的社会生活，有益于人们的身心健康。

交际是一种社会活动。交际是一种能力，是一种生存的具体活动。女人在交际中应该注意什么？一个给人良好印象的女人会有多次的成功机会和比较高的成功几率。

和谐幸福的家庭往往是有一个好女人；协调有序的社会往往是有一群好女人。以至于可以说女人的交际影响着整个社会的交际。那么，怎样才能做个在交际中讨人喜欢、赢得好人缘的女人呢？本书有详尽的描述。

做一个会理财的聪明女人

世界上最美丽的风景，就是女人。

每个女人都是一朵有着自己特质的花。有的花开得绚烂，有的花却散发着冷艳；有的花喜欢安静地独自绽放，有的花喜欢享受别人羡慕的眼光；有的花花期很长，即使面临寒冬也能依旧美丽，而有的花，生命却在一刹那间消逝；还有的花，本该绽放得多姿多彩，却因为没有好的肥料而孤寂地凋零……

不知道你是哪一朵女人花，也不知道你是否正在享受自己美丽的花期？唯愿美丽的你，不要因为金钱而让自己的花期过早逝去，那是一种遗憾，更是一种浪费。

你知道吗？如果你不懂得理财，那就意味着你不懂得如何自主地掌握金钱。而不懂得如何掌控金钱的你，正很危险地拿着自己的花期在做赌注。你知道吗？当你被金钱扯着满处跑，当你被金钱弄得疲惫不堪时，你的花期正在慢慢缩短，你输了。我们不愿意看到你遭受这样的厄运。所以，我们建议，亲爱的你，一定要做一朵懂得给自己施肥的花，做一个懂得理财、懂得让金钱为自己服务的女人。

如何让自己学会自主地掌控金钱？如何培养自己的理财智慧？我们需要先从思想观念上开始，督促自己，相信自己，并从学习基础的经济学知识开始，只要坚持下来，你就一定能够成为一个懂得理财的女人，做一个好命的女人。

你需要明白自己赚钱的目的，学会给自己制定好理财计划。越早开始计划，你就越早懂得享受，越早享受好命的幸运。从存钱开始积累，从制作报表开始了解自己的财富，从自己的主妇优势开始入手，让自己一步步变成一个按计划理财的有梦想的女人。

你还需要学会消费，学会把钱花在刀刃上。乱花钱的女人比比皆是，但是，会花钱的女人却少之又少。你要做的，就是这少之又少的女人中的一个。买自己需要的、买适合自己的、买有用的！这样，你既享受了，又省下了钱；这样，你才不会月月光；这样，你才有好的心情去旅游、去保养自己；这样，你才能做一个理性而会享受的女人。

你还需要给自己充电，让自己变成一个懂得经济学常识的女人。懂得理财知识的女人，脸上会比常人更多一份自信和坦然，她们心里装着的世界，有自己的颜色；她们眼里放着的未来，有自己的方向。这样的女人不会盲目投资，她们会伺机而动，在最合适的时候，果断出手，让自己的财富迅速增值。你也要做这样一个女人，懂得理财知识，有理财智慧，内心不再荒芜空白，做一个知性而会管钱的女人。

　　最后，你还要做一个懂得保护自己、享受生活的女人。懂得通过保险来保护自己的未来、保护自己的生命、保护自己的家人；在有保障的生活状态下，你可以邀上三五好友，尽情交谈、四处旅游，享受生命原汁原味的快乐与美好！懂得理财的女人，将金钱、亲情、友情、爱情，全都牢牢握在手中，享受最完整、最美丽的生命状态，做一个最好命的女人！这样的女人，就是未来的你，就是学习了理财之后的你！

　　本书内容丰富，案例详实，值得一读。错误之处，敬请批评指正！

编著者
2010年7月

目录

第一篇　掌握说话技巧，做智慧女人

Chapter 1　一言改变命运，一语赢得幸福
口才，不似美丽，胜似美丽 / 2
良好的口才，利人利己 / 3
做好说话准备，三思而后说 / 5
含蓄，使语言表达更有魅力 / 6
寥寥数语动人心 / 8
用幽默表现语言的智慧 / 10
口才，既要广度，又要深度 / 12
女人要会说，也要会听 / 14

Chapter 2　以诚相待朋友，说话看准对象
不同人要用不同的言辞 / 17
女人如何看性格说话 / 20
女人如何看年龄说话 / 21
女人如何看社会地位说话 / 24
女人如何看性别说话 / 26
女人，要学会把握说话的时机 / 27
主动迎合对方的兴趣说话 / 28

Chapter 3　弄清说话场合，明晰自身地位
不同场合要用不同话应对 / 31
把握与朋友们交谈时插话的分寸 / 32
好辩的女人不受朋友欢迎 / 33
求人办事，自己先要低头 / 35
保护他人自尊，学会委婉拒绝 / 36
聪明的女人不说"你错了" / 37
谈及自己，才女也要谦逊 / 39

Chapter 4　说话分寸得当，出言滴水不漏
话热过度反遭人反感 / 40
嘴下有卡，脚下有路 / 41

目录

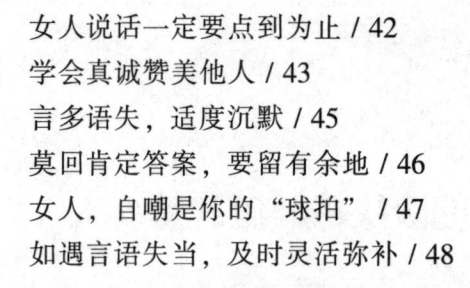

女人说话一定要点到为止 / 42
学会真诚赞美他人 / 43
言多语失，适度沉默 / 45
莫回肯定答案，要留有余地 / 46
女人，自嘲是你的"球拍" / 47
如遇言语失当，及时灵活弥补 / 48

Chapter 5　学会低调做人，谦虚谨慎为人

不要在同事面前炫耀自己 / 49
用尊重口吻与"老资格"交谈 / 51
敢于说"不"，但要讲求技巧 / 52
聊天要注意避开别人的短处 / 54
客气迎人，讲话微笑 / 55
安慰他人有尺度 / 57
守住秘密，在职场中占据主动 / 59
为同事解围，挽回他的面子 / 60

Chapter 6　给上司提建议，多送赞美之词

老板爱吃"糖衣食物" / 63
只给上司提建议，不要向他提意见 / 64
如遇上司批评，要说悔改之词 / 66
善用话聊与老板沟通 / 67
上司指令有误，学会委婉提出 / 68
甘心做领导的绿叶 / 70
女职员向老板汇报工作的技巧 / 71
想要加薪，你应当这样开口 / 73

Chapter 7　会说柔情软话，巧说权威硬话

信任是最好的激励 / 75
充分尊重你的下属 / 77
批评不要过度，下属也要面子 / 79
积极引导，让下属说实话 / 80
学会用赞美奖励下属 / 81
承认错误并不丢领导面子 / 83
聪明的领导，要关心下属的身心健康 / 85
用人情话赢得下属的心 / 87

Chapter 8　走进顾客心里，满足顾客需求
喊出客户名字，选择合适称谓 / 89
积极"套近乎"，让客户放下戒心 / 91
让优雅的笑容为你的语言加分 / 93
学会用发问摸清客户虚实 / 95
唤起顾客的好奇心 / 97
有效倾听是为了交出更好答卷 / 99
积极在顾客的自尊心上下工夫 / 101

Chapter 9　寻找幸福爱人，用心经营爱情
主动开口，追到你的"白马王子" / 104
女人初次约会时，要三思后说 / 106
热恋之中，保持语言温度 / 107
如何表达自己的结婚意愿 / 109
是女人，撒娇一点又如何 / 110

Chapter 10　变换表达方式，熟谙沉默智慧
换个说法，效果不同 / 113
即使"老夫老妻"，也要甜言蜜语 / 114
唠叨是丈夫最烦的声音 / 115
丈夫失意时，积极安慰，切莫冷嘲热讽 / 118
积极倾听，给丈夫发牢骚的机会 / 120
敢于为自己的错误而道歉 121

附：沟通能力调查问卷 / 124

第二篇　掌握交际策略，做聪明女人

Chapter 1　社交改变命运，人际创造财富
女人的社会属性 / 128
商品社会，人脉就是财脉 / 129
无钱无能，凭口才也能成功 / 131
信心满怀，克服社交恐惧症 / 132
读懂社交心理，女人也能成为社交天才 / 134
女人社交，首先要有良好的心态 / 135
发挥性别优势，做男人做不到的事 / 137

目录

Chapter 2　学会低调做人，莫招别人妒忌
为什么我不犯人，人却犯我 / 140
女人，恭谦礼让是你的社交工具 / 142
锋芒外露，你将危机四伏 / 143
控制情绪，喜怒哀乐要深藏心中 / 144
露出"软弱"一面，博取对方同情 / 146
大智若愚才是聪明之举 / 147
闭口不谈得意事，只字不提光荣史 / 148
淡化别人评论，坚守自己原则 / 150

Chapter 3　事事趋利避害，时时扬长避短
小人，要谨慎提防，更要灵活应对 / 152
察言观色，随机应变 / 154
女人社交不可或缺的是笑容 / 155
凡事留余地，绝处得逢生 / 158
社交的关键是对自己了如指掌 / 160
发挥光环效应，以长荫短 / 161
眼睛与耳朵，女人社交的重要工具 / 162

Chapter 4　发言依人依景，讲话冷暖兼用
判断对方身份，挑选应对之词 / 165
语言，不同场合，不同方式 / 167
嘘寒问暖，极其必要的社交虚词 / 168
发挥温柔秉性，运用暖话感化他人 / 170
批评讲方式，"软"话更有效 / 171
沉默是美，言多语失 / 173
万不可在背后说人坏话 / 176
适时亮明观点，应对他人欺凌 / 177

Chapter 5　铺路实交之前，储备人际资源
投资社交，难以衡量的高回报率 / 179
选择朋友就是选择坦途 / 181
悬挂信誉牌匾，矗立美德口碑 / 182
乐善好施，广结人缘 / 184
关注他人危难，及时雪中送炭 / 185
坚持双赢思想，吃独食会卡到喉咙 / 187

Chapter 6　把握社交分寸，不越雷池半步

坚持刺猬法则，保持合适距离 / 190
过度热情常会让人"感冒" / 192
莫揭人短处，勿戳人痛处 / 193
忽视关键细节，社交就是败笔 / 194
办事留有余地，做事不可做绝 / 195
凡事点到为止，不要将窗户纸捅破 / 197

Chapter 7　掌握进退心法，学会通权达变

强在弱中取，进在退中求 / 199
小女人也要有大局观 / 201
好马要吃回头草，智女要吃眼前亏 / 202
只要能赢，你可以超常规出牌 / 203
女人，柔弱就是你的制胜法宝 / 204
将错就错，真理未必越辩越明 / 206
社交达人，一切以中和为尺度 / 207

Chapter 8　真诚赞美他人，学会巧妙拒绝

踩上巨人肩膀，命运至此改变 / 209
女人必学的"戴高帽"式求人法 / 210
及时感恩回馈，人情债不可多欠 / 211
拒人有方，不去轻易承诺 / 213
危急时刻，切莫完全仰仗他人 / 214

Chapter 9　完美推销自己，让伯乐找上门

绽放个人魅力，让伯乐主动敲门 / 217
及时捕捉机会，该出手时就出手 / 219
装扮自己，恰当穿着 / 221
带着自信社交，你一定会满载而归 / 222
幽默感会为女人的社交锦上添花 / 223
说出自身缺点，让别人放下戒心 / 225
如何让面试官一眼相中你 / 226

Chapter 10　瞄准对方内心，剔除陌生感觉

社交有方，交心为上 / 228
恰当的赞美是社交的灵丹妙药 / 230
"套近乎"，没人愿与陌生人说话 / 231
先了解后行动，不打无准备之仗 / 232

与人为善，交际时应有豁达之心 / 233
萝卜加大棒，社交的不二法门 / 235
以和为贵，无谓争吵，害人害己 / 237

附：人际关系自我认知问卷 / 239

第三篇　掌握理财方法，做幸福女人

Chapter 1　理财改变命运，金钱创造幸福
告别依赖，活得更有尊严 / 246
女人有钱，一定要从点滴开始 / 248
理财女一定要会定义幸福 / 250
看透金钱本质，不做"拜金女" / 251
不做守财奴，存钱不是生活的全部 / 252
不同的女人，不同的理财方案 / 253
制定理财计划，金钱需要慢慢打理 / 255

Chapter 2　确定赚钱目的，制定财务计划
确定理财目标，然后将它付诸实践 / 258
发现女人的理财优势 / 260
理财行动，早开始，早有钱 / 262
多存本金是为了今后幸福 / 264
制定财务报表，将钱数字化 / 266
财务有计划，理财才科学 / 268
理财依据自身特点，切莫照搬照抄 / 271
理财贵在坚持，不要轻言放弃 / 272

Chapter 3　理性消费，把钱花在点儿上
哪怕说得天花乱坠，也不盲目消费 / 275
别浪费用钱买来的学习机会 / 277
信用卡不是免费的午餐 / 278
利用信用卡的优势为自己省钱 / 280
列出购物清单，避免额外支出 / 282
用性价比权衡购买 / 284
掌握讨价还价的购物艺术 / 286
少花钱也能美容养颜的秘诀 / 288

Chapter 4　先给自己充电，再去大胆投资
- 书中自有黄金屋，无事翻翻经济书 / 290
- 发现电视、网络里的投资信息 / 292
- 投资债券如何稳赚不赔 / 293
- 基金，让你的投资遍布全世界 / 295
- 外币投资的赚钱攻略 / 297
- 黄金投资，让你成为金女人 / 299
- 倾听专家建议，进行专业咨询 / 300

Chapter 5　率先存够本金，做个会存钱的人
- 你每月该留多少"储备金" / 302
- 储蓄，最具防御性的理财方式 / 303
- 不可不知的存款计息小窍门 / 305
- 定期存款还是活期存款 / 306
- 坚定存钱信心，不做"月光族" / 308
- 女人，你应该做谁的债主 / 310
- 教育储蓄，好处多多 / 311

Chapter 6　在大盘中捞钱，成为炒股高手
- 股票，女人新的理财名片 / 313
- 保持清醒，不要盲目跟风 / 314
- 抑制贪念，见好就收 / 316
- 没有承受压力，就别踏进股市 / 317

Chapter 7　智慧购买保险，拥有忠实守候
- 投保需考虑年龄与职业 / 320
- 什么样的保险公司值得信赖 / 322
- 如何辨别保险经纪的真伪 / 323
- 当你生病，让医疗保险照顾你 / 325
- 如何给丈夫上保险 / 327
- 给孩子投保，你该做何选择 / 328
- 投保女性专属险，连带你的小宝宝 / 330
- 发生理赔情况，你该如何操作 / 331

Chapter 8　购置不动房产，讨价为你省钱
- 选择风水宝地，你该考虑这些因素 / 334
- 房产骗子的骗术揭秘 / 336
- 购置房产应履行的必要手续 / 337

目录

只要抓住低点，任何时候都是买房时机 / 340
第一间房并非最后一间房 / 341
最有潜力的房产坐落在哪 / 343
讨价还价，与商家进行口舌之争 / 344
如何还房贷付息最少 / 346

Chapter 9　发现主妇优势，增强自身实力

女人一定要有一技之长 / 347
将你的兴趣转化为赚钱能力 / 349
家庭主妇也有职场竞争力 / 351
拥有健康，才能享受金钱 / 353
每月一拿到钱，请先付钱给你自己 / 355
小本生意最适合家庭主妇 / 356
网上开店，不再为门面贵而发愁 / 358

Chapter 10　手握友情存折，积累人际资本

家庭主妇的择友守则 / 361
会说话，你会更有人缘 / 363
多施小惠，积累人情资本 / 364
无事也要常登三宝殿 / 366
用真诚去经营友情 / 367
近因效应，好朋友要常见面 / 369
学会找外力刺激友情 / 370

附（1）：你是不是金钱的奴隶调查问卷 / 373
附（2）：你有没有金钱焦虑症调查问卷 / 376

第一篇

掌握说话技巧，做智慧女人

　　"投资口才等于投资未来"、"要想成才先练口才"已成为现代女性职场流行的口号。只会做而不会说，只会蛮干而不会与人沟通、交际，在今天的社会已经行不通了。只有改善口才，才能为其职业发展打开更多的通路。现代女性应该怎样加强说话技巧，使自己成为一个口才高手呢？现代女性又如何才能在交际中引起别人的注意，赢得别人的欣赏，成为社会活动中的明星呢？

　　高明的说话技巧，让你在关键时刻以出色的表达展现自己的魅力和个性，赢得众人欣赏的眼光；让你稍稍施展魅力就能俘获男人的心，尽情享受爱情的浪漫；让你驰骋在职场，充分利用自己的口才优势，取得事业上骄人的成绩……

Chapter1

一言改变命运，一语赢得幸福

人生在世谁能无话？说话是人生中必不可少的事。会说话，可以让你结交更多的知心好友；会说话，可以让你在职场中游刃有余；会说话，可以让你在商战中轻松取胜；会说话，更会让你独具魅力。

语言是人们赖以沟通思想的最不可或缺的工具，最理想的人际关系便是建立在恰当的话语交流之上。谈话作为人际交流的重要手段，可以帮助我们传达信息、缔结友谊、协商事情，获得事业的成功。要在纷繁复杂的社会上立足，以及取得成功，学会怎样说话是首要任务。

口才，不似美丽，胜似美丽

说话，作为一种艺术具有巨大的美感与魅力。它能缔造友情、密切亲情、寻觅伴侣、调和关系等，是人际交往中最不可缺少的工具，更是连接人们之间关系的纽带。谈话质量的好坏，直接决定了人际关系的和谐与否，进而会影响到事业的发展以及人生的幸福。尤其对于现代女性，卓越的口才、有技巧的说话方式，不仅是家庭幸福的法宝，更是事业披荆斩棘的利剑。

会说话的女人才是最出色的。社交场上的成功的女性，必定会在言谈中闪烁着真知灼见，给人以深邃、精辟、睿智之感。一个成功的人士必须拥有好的口才，这样也会给自身带来更多的利益和机遇。

齐小姐是T市一家电梯公司的业务代表。这家公司和T市一家最好的旅馆签有合约，负责维修这家旅馆的电梯。旅馆经理为了不给旅客带来太多的不便，每次维修的时候，顶多只准许电梯停开两个小时。但是修至少要八个小时，而在旅馆便于停下电梯的时候，电梯公司都不一定能够派出所需要的技工。

这次，这家旅社的电梯又坏了。齐小姐在派出一位技工修理电梯之前，她要先打电话给这家旅馆的经理。打电话的时候，齐小姐并不去和这位经理争辩，她只说："瑞克，我知道你们旅馆的客人很多，你要尽量减少电梯停开时间。我了解你很重视这一点，我们要尽量配合你的要求。不过，我们检查你们的电梯之后，发现如果我们现在不彻底把电梯修理好，电梯损坏的情形可能会更加严重，到时候停开时间可能会更长。我知道你不会愿意给客人带来好几天的不方便。"经理不得不同意电梯停开八个小时。因为这样总比停开几天要好。由于齐小姐懂得说话的技巧，她从内心表示谅解这位经理要使客人愉快的愿望，因此更容易地赢得了经理的同意。

因此，口才至关重要。一个人说话的语气、态度直接决定着双方的合作能否顺利进行。齐小姐应用说话技巧，从同情别人的角度，去和他人沟通，赢得了对方的信任。所以，女人要想在社会上立足，就要懂得用心说话，要懂得变通，这样才可以把事情做好。

诺瑞丝是一位钢琴教师。她教的学生有十几个。其中，有个叫贝贝蒂的小女孩留着特别长的指甲。任何人要弹好钢琴，留了长指甲就会有妨碍。诺瑞丝太太知道贝贝蒂的长指甲对她想弹好钢琴是一大障碍。但是，在开始教她课时，诺瑞丝太太根本没有提到她的指甲问题，也不想打击她学钢琴的愿望。第一堂课结束后，诺瑞丝太太觉得时机已经成熟，就对贝贝蒂说："贝贝蒂，你有很漂亮的手和美丽的指甲。如果你要把钢琴弹得如你所能够的以及你所想要的那么好，那么如果你能把指甲修短一点，你就会发现把钢琴弹好真是太容易了。你好好地想一想。"贝贝蒂做了一个鬼脸，表示她一定会把指甲修短。很明显，贝贝蒂仔细修剪过的美丽的指甲，对她来说极为重要。第二个星期贝贝蒂来上第二堂课，出乎意料的是，贝贝蒂修短了指甲。其实要命令她把指甲修短可以说是非常困难的，贝贝蒂知道她的指甲很美丽，但是诺瑞丝太太传达了一种情感：我很同情你，我知道决定把指甲修短不是一件容易的事，但在音乐方面的收获，将会使你得到更好的补偿。

因此，一个人的口才有时候能起到举足轻重的作用。俗话说："一人之辩重于九鼎之宝，三寸之舌强于百万之师。"有口才的女人才能充分展现自己的才华，有口才的女人才能更好地生存和发展。

作为女人，如果你没有美丽的外貌，也不要为此耿耿于怀，你完全可以通过不断修炼、完善自己的口才，来为你的气质加分，为你的魅力加分！

作为女人，要懂得培养自己的口才。在你人生成功的征途上，它会是你终生的伴侣，它会助你成功，会加速你的成功，会提高你成功的几率，在关键时刻，它能够起到决定性的作用。

良好的口才，利人利己

说话，是人际交往中，相互之间表示尊重和友好的言行方式和规范的总称。对于不同的对象，有不同的说话方式；在不同的场合，也有不同的说话方式——一个女人只要同别人交往，就不能不会说话。如果你只注重了自己的形象和外表，而没有在自己的言谈上下功夫，连最起码的说话方式都不懂，那同样不会达到良好的社交效果。

亚里士多德曾经说过，漂亮比一封介绍信更具有推荐力，也更容易被人们所接受。可以说，美貌是女人的一种竞争力。但天生貌美如花的女人有几个呢？而与美貌相比，良好的口才更是女人脱颖而出的资本！做人需要智慧，做女人则更需要智慧。想把自我、事业、家庭三者完美地平衡起来，需要极高的做人功夫。只有把事情办得妥妥贴贴，把每句话说到人的心坎里，才能达到这种自如和优雅的境界。这种说话办事的本领并非来自天赋，而是需要女人独特的敏感和悟性，需要在生活中不断地总结、思考，把它与自己的生活融会贯通。

王芳和张路先后向同一位老人问路。先是王芳遇见那位老人。她看见老人就嚷道："咳！老头儿，往操场怎么走？"老人听了气得目瞪口呆，只看着王芳不做声。后来，张路遇见这位老人，她礼貌地向老人走去，说："大爷，您好，您看到一个穿红色格子上衣的年轻女子往哪条路上去的？"老人听后，十分愉快地给张路指引了去向。

同问一个对象，其效果却迥然而异，这是为什么呢？关键就在王芳问话不注意基本的礼节。一个"咳"，粗野唐突，缺少教养，见到老人家没有礼貌，老人听了当然不是滋味，必然反感、生气。而张路则不同，她言语举动都讲究礼貌，于是老人愉快地为她指引了去向。所以交谈中，表达者是否注意自己所处的角色身份和基本礼貌礼节，直接关系到交谈的成败。

有一次，王秀芳打算去拜访著名的书法大师，想为自己的奶奶求一幅字做为生日礼物。她不认为这是一件多么重要的事情，以为既然已经让朋友约好了大师，自己只要过去现场跟大师说说写什么就可以了，就跟去超市取个东西一样随便，于是早上起床后匆匆就出发了，连衣服都没仔细挑选一下。

到了大师家里，一见面，王秀芳就冒失地说自己是来取字的，是某某介绍来的。大师一看王秀芳慌慌张张的样子就心生不喜，再一看她穿的带洞的新潮牛仔裤更是"不堪入眼"，再加上王秀芳说话一点儿也没有谦虚、礼貌的样子，于是气呼呼地说："谁介绍你来的啊？我怎么不知道？谁介绍你来的你找谁要去！"说罢就转身回到书房，把王秀芳晾在了一边。

王秀芳一时尴尬，于是找到了引见自己的朋友，颇为生气地描述了自己的遭遇。朋友听了她的话，再一看她的样子，一脸无奈地说："你也不想想，哪个名声在外的书法家不喜欢别人对他毕恭毕敬啊！你一副不在乎的样子，人家能喜欢你吗？再说了，去见大师这么讲究的人，怎么能穿成这样子呀？"

王秀芳一听顿时哑然，就是因为自己说话不懂礼貌，才让自己失去了好机会。因此，女人要懂得：在工作中、生活中，若你有求于人，就得在打交道的过程中先做好准备工作，最起码得搞清人家忌讳什么、讨厌什么。如果像王秀芳那样冒失地闯过去，一句话不对，惹得对方发了火，不仅你的事情办不成，连带别人也不高兴，这岂不是损失太大！连礼貌都不讲，人家还怎么跟你讲事情呢？

有些女人是天生的社交高手，这不是因为她们拥有倾城的外貌，而是因为她们无论在任何场合，都能妙语连珠，博得满堂彩。会说话的女人能适时送出赞美，让人听了如沐春风；会说话的女人，能让批评也变得悦耳；会说话的女人懂得什么时候该温柔婉转，什么时候该仗义执言；会说话的女人面对不同的人，会采取不同的语言策略；会说话的女人能适时转变话题，以免气氛冷场。

因此，在与人交往过程中，你可以没有金钱，你可以没有地位，但你不能不懂得说话。女人一定要学会说话，这样你就会发现，在尊重别人的同时，你自己也赢得了别人的尊重！

做好说话准备，三思而后说

现代女人在节奏越来越快的社会生活中经常会忽视了说话的技巧。有些女人不假思索按照自己的意愿说话，伤害到了别人，自己却一无所知。这样的例子在现实生活中确实不少。因此，我们在说话的时候要学会三思而后说，学会在说话之前考虑对方的感受，这样，就可以对别人多一份尊重，多一份相互的关怀和理解，让语言更加柔和与委婉，让人际关系更加和谐。要像打扮你自己一样用心打扮你的言语，才能够让人舒服地与你交往，从而愿意成为你的朋友。这就需要我们掌握好说话的分寸，三思而后说。

不妨让我们从一个小故事来看看我们为什么要学会三思而后说。一对情侣在一家服装店，为了一条裤子讨价还价，年轻的女老板坚持要60元，女孩坚持给50元。女老板不卖，女孩拉着男友要走。女老板脸色一沉，说了一句："60块还讲个没完，真是没出息！没钱就别出来逛，丢人现眼！"

这话说得十分难听，这对情侣一听当然是火冒三丈，结果女老板还来劲了，说了句更狠的话："像你这种身材，肥得像猪一样，一辈子买不到合适的裤子！"这下女孩的男朋友可不干了，抓起女老板的衣领就是一拳……

女老板为了一条裤子，居然说出这么伤人的话，招来一次痛打，也真是不值。俗话说，买卖不成仁义在，明白人应该懂得和气生财的道理，宽容一点，看人的长处，言辞才会亲和，没准一桩生意就做成了，不至于到拳脚相加的地步。不会好好说话，既伤害了别人，于己也没有什么好处。

以此为借鉴，我们在说话的时候，一定要注意包装自己的语言。这样不仅能够防止无意中中伤别人，还可以让自己的话语更有魅力。很多时候，或许一句自己认为无关紧要的话就可能在听者的心中划开一道无法愈合的伤口。有道是"说者无心，听者有意"，同样的一句话，不同的人说会有不同的效果，不同的人听到了也会有不同的反应。

会说话的女人可能会说得人开怀一笑，而不会说话的女人就可能会让敏感的人觉得自尊心受到了伤害。因此小心"说者无心，听者有意"，这是会说话的女人开口的大前提。粗心的女人说话常常不经仔细思考，只顾自己把话说完，而忽略了"听者"的闻后所想，造成无法弥补的损失。下面就是一个这样的例子。

有一个女主人请客，看看时间都快到点了，还有一大半的人没来，心里很焦急，便自言自语地说："怎么搞的，该来的客人还不来？"一些敏感的客人听到了，心想："该来的没来，那我们是不该来的？"于是悄悄地走了。

女主人一看这种情况，更着急了，就接着说："怎么这些不该走的客人，反倒走了呢？"剩下的客人一听，又想："走了的是不该走的，那我们这些没走的倒是该走的了！"于是又走了几个朋友。

房间里只剩下了一个朋友。看到这尴尬的场面，那个朋友就劝她说："你说话前应该先考虑一下，否则说错了，就不容易收回来了。"女主人大叫冤枉，急忙解释说："我并不是叫他们走哇！"朋友听了也大为光火，说："不是叫他们走，那就是叫我走了。"说完，头也不回地离开了。

从上面的例子可以看出：在我们和人沟通的过程中，往往会因为一句话而引起他人的不悦，原因在于我们没有考虑到对方的感受，而只顾发泄自己的情绪，一吐为快。虽然说者无心，但是听者有意。如果我们不注意自己的言语，如果我们不"慎言"，就会不同程度地给听者造成伤害。

同样的事情，有的女人着急上火，口不择言，有的女人则不急不躁，言语稳重，最后结果就大相径庭。话语如同一把利刃，可以伐木也可以伤人，就看操持者怎么使用。既然每个人都喜欢听美酒一样的良言，为什么不对别人也说出美好的语言呢？包装一下再出口，注意说话的方式，把难说的话说得好听，才是真正有素养的口才高手。

因此，在生活中，为了避免产生语言冲突，女人在说任何话之前，都该先想想"如果别人对我这样说，我会作何感想？""我的批评是有害的，还是有益的？"在很多的情况下，如果能多花一些时间，设身处地为他人着想，就不会因一句话恼得众人怒了。所以，要学会三思而后说。

含蓄，使语言表达更有魅力

生活中，有些女人把说话直来直去、想什么说什么，视为是一种好习惯，认为这样的人坦诚、实在。可是，有的时候，难免会遇到不便直说、不忍直说、不能直说的情境。在这种情况下，如果说了直话，可能影响到人际关系，给自己添麻烦，也伤害到别人。因此，为了避免不愉快的事情发生，在某些场合说话还是要讲究一点技巧，尤其女人要学会委婉含蓄地表达自己的看法。

某单位的一个职员到领导家请领导帮忙办事，领导夫人热情招待，很有礼貌地端果倒茶。这位职员办完事后，却仍然待在领导家里不走，高谈阔论起来。天色已经很晚了，领导的孩子还要早点休息，领导夫人也很疲倦了。但是，客人此时说得正酣，也不好直接请客人出门，怎么办呢？

领导夫人便到厨房收拾了一下家务，然后回到房间对丈夫说："人家这么晚来找你，你快点给人家想个办法，别让人家总这样等着。"然后又对客人说："您再喝杯茶吧。"这位职员听出了领导夫人的弦外之音，很知趣地马上告辞了。

这位领导夫人就懂得说话之道，既把自己的意思曲折地表达了出来，又尊重了客人，不至于让客人难看。表面看她是在为客人说话，为客人帮忙，但实际却在传达另一个含义，以得体的表达方式达到了自己的目的。

总之，女人说话不一定要直来直去，委婉含蓄地表达，不仅让人更易接受，还可深得人心。下面也是一个这样的例子。

战国时期，楚国有一位能言善辩的人名叫优孟，他善于在谈笑之间劝说国君。楚庄王有匹爱马，楚庄王非常看重这匹马。比如他为马披上锦绣的衣服，将马养在华丽的房舍里，马站的地方设有床垫，并用枣脯来喂它。可是，马因为吃得太好太多，不久就患肥胖病死了。楚庄王非常难过，下令全体大臣给马戴孝，不仅准备给马做棺材，还要用大夫的礼仪来安葬马。

群臣对楚庄王的做法都非常反对，纷纷上书劝楚庄王别这样做。然而楚庄王对群臣的劝说十分反感，并下令说："谁再敢对葬马这件事进谏，格杀勿论！"

慑于楚庄王的淫威，群臣们都不敢再进谏。优孟听说这件事后，来到殿门，刚步入门阶就仰天大哭。楚庄王见他哭得这么伤心，觉得很惊奇，问他为什么大哭。

优孟说："这匹死去的马是大王最疼爱的，楚国是堂堂大国，用大夫的礼仪来安葬，礼太薄了，一定要用国君的礼仪来安葬它。"

楚庄王听到优孟不像群臣那样拼死劝谏，而是支持他的主张，不觉喜上心头，很高兴地问道："照你看来，应该怎样办才好呢？"

"依我看来，"优孟清了清嗓子，慢吞吞地说，"以雕工做棺材，用耐朽的樟木做外椁，以上等木材围护棺椁，派士兵挖掘墓穴，命男女老少都参加挑土修墓，齐王、赵王陪祭在前面，韩王、魏王护卫在后面，用牛、羊、猪来隆重祭祀，给马建庙，封它万户城邑，将税收作为每年祭马的费用。"说到这里，优孟已指出了庄王隆重葬马之害。

楚庄王大为震惊，这才知道了葬马的害处如此之大。于是说道："寡人要葬马的错误竟到了这么严重的地步吗？那么该怎么办才好呢？"

优孟接着说："那就让我为大王用葬六畜的办法来葬马吧：用土灶作外椁，用大锅作棺材，用姜枣作调味，用木兰除腥味，用禾秆作祭品，用火光作衣服，把它葬在人的肚肠里。"于是，楚庄王听从优孟的劝谏，派人把马交给掌管厨房之人去处理，不让此事传扬出去。

优孟因侍从楚庄王多年，熟知楚庄王的性情，知道对此时的楚庄王忠言直谏、强行硬谏肯定是没有效果的，所以干脆从称赞、礼颂楚庄王"贵马"精神的后面折射出另一种相反的又正是劝谏的真意,从而把楚庄王逼入死胡同,不得不回头,改变自己的决定。在特定的情况下,采用正话反说的方法,会收到意想不到的效果。优孟正是采用了正话反说的方式,不直接说出自己的意思,而是从相反的方向委婉含蓄地表达自己及众大臣的意愿,让楚庄王接受。

因此,在语言的实际运用中,许多话是不必说得过于清楚的。具有一定的含蓄性,反而能让语言表达更有魅力。例如,当你去拜访朋友时,主人热情地拿出水果、茶点招待你。如果你直言道:"不吃不吃,我从来都不喜欢吃零食的,再说我也刚刚吃完饭,肚子饱得很,哪有胃口吃这些东西啊!"这样不仅让主人扫兴,还会伤害主人的一片热心。但如果表达含蓄一点,效果就完全不一样了:"谢谢,多新鲜的水果啊,多香的糕点。可惜我刚刚吃完饭,没有胃口吃了,真是太遗憾了。"主人听了此番话后,心里必定很高兴,这样你也传递出了自己所要表达的意思。

孙犁曾在《荷花淀》中有这样一段描述。有几个青年妇女的丈夫参军走了,她们都很想念自己的丈夫,很想去驻地探望一下。但是,因为害羞,不好当着众人的面直接说出自己的想法,就各自找了一个借口来表达本意。"听说他们还在这里没走。我不拖尾巴,可是忘下了一件衣服。""我有句要紧的话要和他说。""我本来不想去,可是俺婆婆非要叫我再去看看,你说能有什么看头啊?"正所谓曲径通幽。从侧面切入,暗中点明自己要说的话的主要含义,将话说在明处,而含义却藏在话的暗处。

当然,直言直语是人性中一种很可爱、很值得大家珍惜的特质,也唯有这种直言直语的人,才能让是非得以分明,让人的优缺点得以分明。只是在现实社会里,直言直语却可能是为人处世中的致命伤。

因此,在日常交谈中,当遇到一些让我们不便、不忍或语境不允许直说的话时,女人们要懂得把"词锋"隐遁,或把"棱角"磨圆一些,或从相反的角度深入,使语意软化,以便于听者接受,最终达到表达真意的目的。

寥寥数语动人心

我们常会发现:有些女人长篇大论甚至慷慨激昂,可就是难以提起听者的精神;而有些女人仅仅寥寥数语,却掷地有声,产生吸引人的魔力。这是为什么呢?很简单,因为后者能了解人们的内心需要,能设身处地地站在对方的立场,为对方着想。因此她们的话总是充满真诚,也更容易打动人心。

沟通是我们生活的主要部分,而说话又是我们沟通的一种重要途径。说话是一个传递信息的过程。因此,女人在说话时,要努力提高自己的说话水平,增添自己的说话魅力,将话说好,使自己的语言能够打动听者的心弦。

统计数据表明,我们大多数人每天花费50%~75%的时间,以书面形式、面对面的形式或打电话的形式进行沟通交流。而在交流中80%是以语言即说的形式进行的，那么说什么以及怎样说，是我们成功沟通的关键。

1991年11月，中国电影的最高奖"金鸡奖"与"百花奖"在北京同时揭晓。著名演员李雪健因主演《焦裕禄》的主角焦裕禄而同获两个大奖的"最佳男主角"。李雪健在获奖后致答谢辞时说："苦和累都让一个好人——焦裕禄受了；名和利都让一个傻小子——李雪健得了。"话音刚落，全场掌声雷动。

在这里，李雪健虽然只说了不到三十字的获奖感言，但却非常具有感染力，言语中既歌颂了焦裕禄的高尚品质，又体现了自己谦虚的品质，淳朴实在，给人以深刻的印象。

真诚的语言虽然是朴实无华的，但却是最感人的。有家电视台播放过一个节目，中国女足在一次足球赛上获得较好的名次后，记者向运动员问道："你们得了亚军后心情如何？你们是怎么想的？"其中一名运动员不假思索地回答道："我想最好能睡三天觉！"

这样的回答让人有些出乎意料，但它质朴、没有任何修饰成分，全场顿时爆发出一片赞许的笑声和掌声。如果这位运动员"谦虚"一番，讲一通"我们还有很多不足"之类的话，可能就没有如此强烈的反响了。

情深，才可惊心动魄。语言真诚，那么即使几句简单的话，也能引起听众的强烈共鸣。学会用真诚打动听众的心，可以帮助女性朋友在交往中捕获人心。

有段日子，王小姐总是接到一个童书推销员的电话。王小姐一向厌恶推销员的死缠烂打，所以电话里的口气并不很好。有一天，这位推销员找上门来了，王小姐毫不客气地把她轰了出去。过了三个星期，推销员又来了，她的客气、谦虚反而让王小姐不忍心了，于是王小姐试着和她谈了十几分钟，虽然王小姐没有买她的书，但是却介绍了一个客户给她。

每次这个推销员的话语并不多，但是她的真诚最终打动了王小姐，使王小姐成了她的潜在客户。

说话如同做生意。做生意的规律是，只要你的一个产品有问题，你的全部产品就都会遭受怀疑。女人说话也是一样，只要你十句话中有一句是谎言，你的全部话语就都会遭受质疑。一个人种下什么，就会收获什么。种下欺骗，收获的就不会是真诚；而种下真诚，收获的也一定是真诚。作为女人，要想打动人心，就必须学会真诚，用简单的话语表达出我们内心的诚意。

有一个女厂长，在就职时向员工发表了别出心裁的讲话："我来当厂长，打心眼儿里高兴！但厂长不好当，担子重啊！从现在起，我给大家交个底儿，我不想干两件事就捞一把，非跟大伙儿一块儿干出个样来不可。我们好比一根绳子上拴着的蚂蚱，飞不了你们，也跑不了我。"

简单的几句话，平实、通俗，更没有表面的客套，但让人听后却觉得含义不平常。显然，这几句话赢得了员工的信任，许多人说："这个厂长挺实在"，还有的人说："厂长是个老实人，我们跟着实在的厂长干，心里踏实。"

这位厂长亮相前,其实对说话的方式、内容、角度进行了周密的考虑,实实在在地讲出了自己上任时的心理活动及上任后的打算。虽然短短几句话,却达到了与职工交流的目的。

因此,话不在多,而在于分量。只有掌握了说话的技巧,即使寥寥数语也可以打动人心。

用幽默表现语言的智慧

很多女人都有这样的感觉:觉得自己在公众场合是一个极其不会说话的人,觉得自己说话不幽默,就像没话找话似的感觉,这种心理给自己的生活和工作带来了很大的困扰,也成为与人交往的障碍。

恩格斯曾经说过:"幽默是具有智慧、教养和道德的优越感的表现。"幽默不仅能给周围的人以欢乐和愉快,同时也可以提高个人的语言魅力,为谈话锦上添花。幽默用于批评,在笑声中擦亮人们的眼睛;幽默用于讽刺,在笑声中敲响生活的警钟;幽默用于交流,在笑声中改变人们的情绪和心态;幽默平息矛盾,在笑声中显出人们的洒脱。

众所周知,幽默能显示出女性的风度、素养和魅力,能让人在忍俊不禁、轻松活泼的气氛中工作和学习。那么,怎样才能学会说话幽默呢?

某公司举办的产品展销会上,几位年轻的女营销人员用专业术语详细地向消费者介绍了产品的性能、使用方法等,给人以业务精通的印象。在回答消费者提出的问题时,她们反应很快,对答如流。最重要的是,她们的表现既彬彬有礼,又幽默风趣,给消费者留下非常难忘的印象。

有消费者问:"你们的产品真能像广告上说的那么好吗?"营销人员立即答道:"您用过后就会发现它会比广告上说的更好。"

消费者又问:"如果买回去使用后发现性能并不好怎么办?"营销人员马上笑着回答:"不,我们想念您的感觉。"

展销会取得了很大的成功:产品销量大大超过以往,更重要的是,产品品牌的知名度得到了提高。在公司召开的总结会上,经理特别强调,是营销人员语言训练有素才让这次展销如此成功。他要求公司全体人员都应像营销人员那样,在"说话"上下一番功夫,这样既能提升自己的语言魅力,也能提升公司的整体形象。

英国思想家培根说过:"善谈者必善幽默。"幽默的魅力就在于:话不需直说,但却让人通过曲折含蓄的表达方式心领神会。

友善的幽默能表达人与人之间的真诚友爱,能沟通心灵,拉近人与人之间的距离,填平人与人之间的鸿沟。尤其当一个女人,要表达内心的不满时,或和他人关系紧张时,即使是在一触即发的关键时刻,幽默也可以使彼此从容地摆脱不愉快的窘境或消除矛盾。

一个善于表达的女人，说话总具有幽默风趣的特征。一个女人出口成趣时，既把别人带入了一个愉悦的氛围，自己也拥有了一个良好的人际关系。因此，幽默是一种健康语言的同时，也是一种应变的技巧，有时能帮助我们在瞬息之间摆脱尴尬的场面。

有一位顾客到一家饭店吃饭，点了一只油氽龙虾。结果菜上来后，他发现盘中的龙虾少了一只虾螯，于是就询问侍者。侍者无法解释，只好找来了店老板王女士。

店老板王女士抱歉地说："真是对不起先生，龙虾是一种残忍的动物。您点的龙虾可能是在和它的同伴打架时被咬掉了一只螯。"

顾客巧妙地说："那么，就请给我换一只打胜的龙虾吧。"

老板王女士和顾客双方都用了幽默的方式，委婉地指出了双方存在的分歧。这种方式，没有取笑他人，没有批评他人，也没有伤及他人的自尊，既保护了饭店的声誉，又维护了顾客的利益。

其实，很多时候我们在帮助别人摆脱了难堪的同时，也是在给自己一个台阶下。这个时候，人们称赞的往往不是你的语言功夫，而是你的人品。最重要的是，你因此而化解了很多矛盾，也赢得了很多朋友。

钢琴家雯雯一次在某大剧院演奏，结果发现到场的观众不到五成。这让她既失望，又尴尬。但是她并未因此而影响演奏情绪。她以幽默的语言打破了僵局。她微笑着走向舞台，对前来的观众说："我想这个城市的人一定很有钱，因为我看到你们每个人都买了两三张票。"话音一落，大厅里充满了笑声。

雯雯对空座位的原因的解释虽然荒诞，但却很巧妙，用幽默产生的愉悦压倒了因观众少而产生的沮丧。

适当的幽默能帮助女性与他人建立和谐的关系，赢得别人的信任和喜爱。一个女人无论从事什么工作，无论处在何种地位，与人交往是不可避免的。幽默不仅能帮女性更好地与他人进行有效的沟通和交往，还能帮助她们处理一些特殊的人际关系问题，让她们能顺利地摆脱困境。

一次，一个女翻译与士兵们一起开庆功会，在与一个士兵碰杯时，那个士兵由于过于紧张，举杯时用力过猛，竟将一杯酒泼到了女翻译的头上。士兵当时吓坏了，可女翻译却用手擦擦头顶的酒笑着说："小伙子，你以为用酒能滋养我的头发吗？我可没听说过这个偏方呀！"说得大家哈哈大笑，也让这个士兵对女翻译充满了感激和崇拜。幽默的女人，说出话来虽让人感到如憨似傻，却因心境豁达，反而令人感受到她朴实的天性和无穷的智慧。如果女人都能拥有一份旷达朗润如万里晴空的心境，她们说的话，也就完全能够达到"无意幽默，但却幽默自现"的境界。

善于使用幽默的女人，她们常常能将窘迫的情境化为乌有，这实在令人羡慕。事实上，当交流陷入尴尬的境地时，无论是名人还是普通人，无论是随机应变还是荒诞推理，一些幽默技巧的运用，可以让自己摆脱尴尬，甚至还会给对方以回敬。

有个女议员发表演讲，在大家都侧耳倾听时，突然座位中有一个听众的椅子腿折断了，这个听众顺势就跌落在地面。此时，听众的注意力马上就分散了，女议员见状急中生智，紧接着椅子腿的折断声大声说道："诸位，现在都相信我所说的理由足以压倒一切异议声了吧？"话音一落，底下立即响起了一阵笑声，随后，就是热烈的掌声。

在人际交往中，我们轻松幽默地开些得体的玩笑，可以松弛神经，活跃气氛，营造出一个适于交际的轻松愉快的氛围，因而幽默的女人常常受到人们的欢迎与喜爱。

总之，幽默是一种情趣，它有效地润滑和缓解矛盾，调节人际关系，给我们周围的人带来欢乐。因此，如果女人说话时能带点幽默，就能更好地赢得他人的赞赏。

口才，既要广度，又要深度

一个女人要展示自己所受的教育程度高低，表现自己具有良好的修养和内涵，最直接和最迅速的方法就是"谈话"。通过交谈，人们可以自然地感觉出这个女人的品性和修养。一个善于言谈的女人，一定能引起别人的兴趣和注意。在现代经济社会，把自己推销出去的捷径就是要善于谈吐。长于辞令，再加上做事的才能，就一定会有不平凡的成就。

1903年12月17日，是人类第一次驾驶飞机离开地面飞行的日子。美国发明家莱特兄弟完成了这一历史创举后，到欧洲旅行。在法国的一次欢迎宴会上，各界名流都来庆祝莱特兄弟的成功，并希望他们能给大家讲讲话。再三推托后，大莱特走向了讲台，而他的演讲仅有一句话："据我所知，鸟类中会说话的只有鹦鹉，而鹦鹉是飞不高的。"正是这句精彩的话，赢得了全场热烈的掌声。

其实，莱特完全可以详尽地介绍自己科学发明的经过，也可以谈论自己的实干精神。但是他并没有这样做，而他的一句话已高度地概括了创造的艰难和埋头苦干的精神。就是这样一句话，足以留给听众深刻的印象。所以，好的口才不仅要有广度，更要有深度。

古语说得好："山不在高，有仙则灵"。如果说话只是不着重点地废话连篇，那么根本抵不上一句有根有据的话所能发挥出的作用。

20世纪30年代，我国著名新闻记者、政治家、出版家邹韬奋先生在上海各界公祭鲁迅先生的大会上发表了一句话演讲："今天天色不早，我愿用一句话来纪念先生：许多人是不战而屈，鲁迅先生是战而不屈。"

邹韬奋先生只用了一句话，就将鲁迅的精神说了出来。在当时，他的演讲被人们誉为最具特色的演讲。即便是现在，人们仍感叹邹韬奋先生演讲的简练有力。

俗语说：蛤蟆从晚叫到天亮，不会引人注意；公鸡只啼一声，人们就起身干活。的确，话贵在精。

大清皇帝有一座庄园，叫做避暑山庄。每当天气炎热之时，皇上便带着重臣和后妃们到那里办公避暑。臣僚们都以能陪驾去避暑山庄为荣。

这年夏天，乾隆让军机要员和珅和三朝元老刘通训陪同去避暑山庄。一天，乾隆邀二人同游烟雨楼。那烟雨楼是避暑山庄三十六景之一，此楼四面环水只有一桥可通。楼在湖上水汽一蒸便迷蒙如在雨中，故得此名。

三人来到桥上，那桥弯弯曲曲折叠在湖面上，时而薄雾飘过如在天上，时而雾过水清又如荡舟湖湾，引得乾隆诗兴大发，邀二人赋诗比赛。

乾隆先出一题，问道："什么高，什么低，什么东，什么西？"刘通训觉得自己是三朝元老，资历在和珅之上，忙抢先答道：君主高，臣子低，文臣在东，武臣在西。

和珅一听，很不高兴。一来自己是军机要员，权力比刘通训大，二来刘通训诗中说"武在西"，古代以东为上以西为下，也有暗含自己这军机大臣不如刘通训那三世文臣的意思。

于是，和珅打定主意，要挫败刘通训的锐气。他环视四周，看见自己站在乾隆的东面，刘通训站在西面，而那桥下的热河流水正自东向西流入离宫湖，便借机吟道："天最高，地最低，河（以河谐音和，指和珅自己）在东，流（以河流之流谐音刘，指刘通训）在西。"

当然，刘通训也听出了和珅诗中谐音双关的字义，明白他是在借诗与自己争地位高低，心中更是不快。

乾隆笑了一笑，什么也没有说。又接着出题：每人以"水"为题，拆一个字，说一句成语以成一句诗。刘通训见来了报复机会，忙抢先道："有水念溪无水也念奚，单奚加鸟变为鸡，得时的狐狸欢如虎，落坡的凤凰不如鸡。"

和珅早已听出刘通训讽刺自己是"得时狐"之意，于是吟诗反击到："有水念湘，无水也念相，雨落相上便为霜。"意思是说你刘通训的现况是新老交替的自然规律造成的，埋怨我做什么？

乾隆早已听出两人的弦外之音，所以上前来一边拉住一个，赋诗道："有水念清，无水也念青，爱卿协力心有情。不看僧面看佛面，不看孤情看水情。"

这时，三人身影正倒映在水中。和珅和刘通训听罢，心中为之一震，明白自己不应为个人名分争高低而误国事。二人为乾隆的苦心所感动，当即互相认错，表达共辅国政的决心，乾隆听后很高兴。

从上面的例子可以看出：乾隆的话语虽然不多，但是却隐含了让两人和好，共同辅政之意，其意义之深远，令和珅和刘通训十分惭愧。

可见，会说话的人，往往都是语言简明扼要，言简意赅，简中求准。短短几句话，却犹如一粒粒沉甸甸的石子，在听者平静的心湖里激起层层波浪。

我们每个女人都希望自己说出来的话语既有深度，又有广度。但是，谁见过一个目不识丁的女人能口吐莲花呢？好的口才是建立在深厚的学识基础之上的，如果脱离了这个根本，那么言谈就会成为"无源之水、无本之木"，淡而无味。

小霞是一名大三的学生，平时她最爱做的事情就是泡图书馆，各种类型的书都喜欢看一些，各个学科都喜欢研究一下。别看她是女孩子，连男孩爱看的政治、军事书籍她也不会放过。这些书籍极大地开阔了她的视野，也让她了解了各方面的知识，所以她说起话来总是头头是道，让人信服。后来，她还代表全校去参加了市里举行的辩论大赛，拿了一等奖。肚子里有"货"，说出来的话才能兼有深度和广度。

如果你有一桶水，那么给别人一杯是一件再简单不过的事情，而如果你的桶里没水，又怎么能给别人呢？说话也是一样，首先你要有知识，有内涵，如此才有可能说出精彩绝伦的话。说话虽然需要一定的技巧，但也与一个人掌握知识的多少有着密切的关系，正所谓"腹有诗书气自华"。知识面不够宽广，就算技巧掌握得再多，也是无法说服别人的。

缜密的思维，幽默机智的应答，准确的表达，这一切无疑都来源于头脑中的广博知识，那种不着边际的，没有什么实际意义的夸夸其谈不是好口才。女人要想说出来的话既有深度又有广度，就要丰富自己的底蕴，而底蕴是靠文化修养得来的，上通天文，下晓地理，知识面越宽底蕴越深。也只有有内涵的女人才能口吐莲花，妙语连珠，倾倒众人。

女人要会说，也要会听

大多数女人都喜欢自己说，而不在意别人说，更喜欢谈论自己的事情，而没有耐心听别人谈论他们的事情。总在没有完全"听懂"别人的前提下，就对别人盲目下判断，这样就出现了人际交往中难以沟通的情况，形成交流的障碍和困难。因此，作为一个成功的女人，我们要学会倾听他人的声音。

在一个晚会上，只有戴尔顿和另外一位女士不会打桥牌，他俩就坐在一旁闲聊上了。

戴尔顿知道这位女士刚从欧洲回来，于是就对她说："啊，你去欧洲游玩，一定到过许多有趣的地方，欧洲有很多风景优美的地方，你能讲讲吗？要知道，我小时候就一直梦想着去欧洲旅行，可是到现在我都不能如愿。"

这位女士一听，就知道戴尔顿先生是一位健谈的人。她知道，如果让一位健谈的人很久地听别人说话那就如同受罪，心中定是憋着一口气，并且不时要打断你的谈话，或者对你的话根本毫无兴趣。她明白戴尔顿是想从自己的话中寻找一些契机好帮助他能够开始自己的谈话。

于是她对戴尔顿先生说："是的，欧洲有趣的地方可多了，风景优美的地方更不用说了。但是我很喜欢打猎，欧洲打猎的地方就只有一些山，很危险的。就是没有大草原，要是能在大草原上边骑马打猎，边欣赏秀丽的景色，那多惬意呀……"

"大草原，"戴尔顿马上打断这位女士的谈话，兴奋地叫道，"我刚从南美阿根廷的大草原旅游回来，那真是一个有趣的地方，太好玩了！"

"真的吗，你一定过得很愉快吧。能不能给我讲一讲大草原上的风景和动物呢？"

"当然可以，阿根廷的大草原可……"戴尔顿先生看到有了一个倾听者，当然不会放过这个机会，滔滔不绝地讲起了他在大草原的旅行经历。然后在这位女士的引导下，他又讲了布宜诺斯艾利斯的风光和他沿途旅行的国家的风光，甚至到了最后，谈话变成了他对自己这一生去过的美好地方的追忆。

这位女士在一旁耐心地听着，不时微笑着点点头鼓励他继续讲下去。戴尔顿先生讲了足足有一个多小时，晚会就要结束了，他遗憾而又愉快地对这位女士说："下次见面我继续给你讲，还有很多很多呢！谢谢你让我度过了这样美好的一个夜晚。"

这位女士在这一个小时中只说了几句话，然而，戴尔顿却向晚会的主人说："那位女士真会讲话，她是一个很有意思的人，我很乐意和她交谈。"

其实这位女士知道，像戴尔顿这样的人，并不想从别人那里听到些什么，他所需要的仅仅是一双认真聆听的耳朵。他想做的事只有一样：倾诉。他心里很想将自己所知道的一切全都讲出来，如果别人愿意听的话。对于这种谈话者，如果我们不加以配合，而是企图堵住他们的嘴巴，那只会招来厌烦的表情。

倾听是对别人最好的尊敬。专心地听别人讲话，是你所能给予别人的最有效，也是最好的赞美。不管说话者是上司、下属、亲人或者朋友，或者是其他人，倾听的功效都是同样的。人们总是更关注自己的问题和兴趣，同样，如果有人愿意听你谈论自己，你也会马上有一种被重视的感觉。

小菲，是公司里年纪最小的，但是大家都很喜欢她。她积极、上进，总是很虚心，无论是谁说话，关于工作的或者与工作无关的，她都能够做到安静地聆听。注意倾听别人讲话总是会给人留下良好的印象。在小说《傲慢与偏见》中，丽萃在一次茶会上专注地听着一位刚刚从非洲旅行回来的男士讲非洲的所见所闻，几乎没有说什么话，但分手时那位绅士却对别人说，丽萃是个多么善言谈的姑娘啊！看，这就是倾听别人说话的效果。它能让你更快地交到朋友，赢得别人的喜欢。

当然，倾听不仅仅是保持沉默，用耳朵听听而已。倾听，除了能够帮助你取得朋友的信任，对于管理者，倾听还可以帮助你取得员工的信任。如果你善于倾听，你能够听到员工不同的声音，这些声音将能够帮你找到解决问题的钥匙。下面就是一个这样的例子。

在联邦快递公司刚刚创立时期，人员流动率接近50%。这不是一个正常的人员流动率，因为招募和培训新职员要花一大笔费用。

面对这个问题，人事副总裁哈里找到了创始人之一的玛丽小姐，问道："您需要我做些什么？"

看着面带微笑的哈里，玛丽小姐回答道："哈里，我不知道，但你能告诉我你的想法吗？"

谈了一会儿，哈里对玛丽小姐说："请给我一点考虑的时间好吗？"

一周后，哈里找到玛丽小姐说："我找到答案了，但是，你得承诺能够给我提供我需要的东西。"玛丽小姐就安排了一次由当时的董事长兼CEO弗雷德、首席财务官比特以及自己参加的会议，会议由哈里主持。

哈里向大家解释道：他在集团内部做了调查，与许多员工谈话，并观察了他们做事的方法。由于网络中心工作的时间很短，一般工作内容就是接收、发送和装运。因此，中心的员工全是兼职的。这些员工一天只工作四小时，全在夜晚。

哈里提醒董事会的成员们："这不是一份全职工作，所以他们不享受福利待遇，这让这些还是大学在校生的兼职员工看起来就像被收养的孩子，不像这个公司的人。他们的感觉就是，他们随时会被解雇。但是，虽然这些员工大多数是大学生，而且还是兼职，但对公司却非常关键。"

"你有什么需要解决的问题吗？"首席财务官比特问。

"提供他们全职的医疗保险福利。"哈里提出。

"可是你想过没有，在我们的医疗方案里增加这些员工，会给公司带来很多昂贵费用的。不能这样做，哈里，否则公司的负担会加重很多很多。我们不能给兼职者医疗福利，因为我们一直就是这么干的。"

哈里问道："比特，你知道在网络中心工作的人，他们的年龄有多大吗？"

"这与我们的问题有关？"比特不解地问。

"当然，在网络中心里，负责邮件寄送的员工们的年龄都在18~23岁之间。比特，在你这么大时，你的身体会出现大毛病吗？"

经过短时间的沉静，会场响起了董事长的声音，他微笑着说："比特，哈里说得有道理，网络中心那批兼职的年轻人就算享受到我们的医疗福利，在相当长的时间里也不会给公司造成费用上的压力，因为他们很少生病。"

最后，会议取得了共识。很快，决议便得到了落实，联邦快递公司那些兼职者也与全职者一样，享受到了医疗福利。此举使得人员流动率由接近50%下降到了不到7%，投诉率也降到了最低。公司的士气空前高涨，带来的就是业务量的快速攀升。

而更大的收益在于：那些当初喜欢夜里工作而白天要上学的精力充沛的年轻人，毕业后都非常愿意到联邦快递工作。现在，在联邦快递许多重要岗位上的领导者，开始都是网络中心里的邮件递送兼职人员。正是在那里，他们实现了自己的愿望、激情和价值观。

可见，倾听的确可以产生意料不到的效果。因此，女人在生活中要善于倾听朋友、下属、老板和父母的种种意见，做一个善于倾听的人，做一个好的听众。

Chapter2

以诚相待朋友，说话看准对象

"到什么山头，唱什么歌"，按照传统观念的理解，这似乎有点"墙头草，随风倒"的感觉，也略显油嘴滑舌。然而在现实社会中，不这样做的话你将会什么事也办不成。

说话总是双向的，不论是在公共场合发表演讲，还是和别人随意交谈，除了说话者自己外，还有说话的对象。为此，说话人就不能想说什么就说什么，而要看对象，从对象的不同特点出发，说不同的话，从而创造一种和谐、融洽的气氛，达到说话的目的。

不同人要用不同的言辞

会说话的女人之所以受人欢迎，是因为她能够根据不同的情况、不同的地点、不同的人物，变换自己说话的语气和方式，通俗一点说，就是有"变色龙"的本领。看到对方喜欢什么，你就要顺着他喜欢的话去说，顺着他喜欢的事去做；看到对方厌恶什么，忌讳什么，就要避开他忌讳的不去说，避开他厌恶的事不去做。这样，对方就会觉得你是他的知心人。相反，如果你以说教的口气同你的老师说话，以傲慢的态度同长辈说话，以咄咄逼人的言辞同上级说话，那么你注定是不会受欢迎的。

有这样一个笑话：来自各国的实业家们正在一艘游艇上，一边观光，一边开会。突然船出事了！船身开始慢慢下沉。船长命令大副立刻通知实业家们穿上救生衣跳海。几分钟后，大副回来报告说没有一个人愿意往下跳。

危机之时，船长的女儿对父亲说："我有办法让他们跳海。"果然，一会儿工夫，只见实业家们一个接一个地跳下海去。大副请教这位小姐说："您是如何说服他们的呢？"她说："我告诉英国人，跳海也是一项运动；对法国人，我就说跳海是一种别出心裁的游戏；而警告德国人说——跳海可不是闹着玩的！在俄国人面前，我认真地表示：跳海是一种壮举。"

"您又是怎样说服那个美国人的呢？"

"太容易了！"船长的女儿得意地笑道："我只说已经为他办了人寿保险。"

这虽然只是个笑话，但是却说明一个道理，那就是要"看人说话"，并且应精心地选择说话的内容和方式。

《红楼梦》里的王熙凤就是典型的代表人物，她非常善于察言观色。我们来看林黛玉刚进贾府的那一幕。在林黛玉刚进贾府时，王夫人问："是不是拿料子给黛玉做衣裳呀？"凤姐答："我早都预备好了。"也许，她根本没有预备什么衣料，但是王夫人就点头相信了。

还有一次，邢夫人要讨老太太身边的鸳鸯，便先来找凤姐商量，说老爷想讨鸳鸯做妾，凤姐一听，脱口说："别去碰这个钉子。老太太离了鸳鸯，饭也吃不成了，何况说老爷放着身子不保养，官儿也不好生做。"就劝告邢夫人，"明放着不中用，反招出没意思来，太太别恼，我是不敢去的。"

凤姐觉得这件事根本就行不通，所以就劝慰了几句邢夫人。但是邢夫人却听不进去，非常不高兴，冷笑道："大家子都三房四妾的，老爷子怎么就使不得呢？"

凤姐见邢夫人心性大发，知道都是刚才那番话惹的。于是立即改口，赔笑道："太太这话说得极是，我才活了多大，知道什么轻重，想来父母跟前，别说一个丫头，就是那么大的活宝贝，不给老爷给谁。"这一番话说得邢夫人又欢喜起来，同样是讨鸳鸯这件事，一正一反的两番说辞，同出于凤姐之口，居然都通情达理，动听入耳，这种机变之速真是让人叹为观止。

全国人口普查时，一个青年普查员向一位70多岁的老太太询问"您配偶姓名？"老人愣了半天，然后反问"什么配偶？"普查员又解释："就是你丈夫。"老太太这才明白。

这位普查员说话不看对象，难怪会闹笑话。所以，欲收到理想的表达效果，就应当看对象的身份说话，对什么人，说什么话。如果不看身份说话，别人听起来就会觉得别扭，甚至产生反感，那势必会影响交际效果。

格林夫人有一个对房子很不满意并且威胁要搬家的房客。这位房客的租约还有四个月才到期，每月房租是五十五美元；尽管租约尚未到期，他却通知格林夫人，他马上就要搬出去。但是，这个人已在格林夫人的房子内度过了整个冬天——也就是一年当中，房租最贵的一段时间。格林夫人不想让那位房客离开，因为以后的房子并不好出租。格林夫人本来也可以对房客指出，如果他搬家，他房租的余款将立刻到期，格林夫人可以把那些款项全部收回。但是，格林夫人并没有那样大闹一场，反而决定试试其他战略。

格林夫人一开始就这么说："先生，我已经听到你的话了，我仍然不相信你打算搬走。从事租赁业多年，已使我学会了观察人们的本性，一开始，我就仔细把你打量了，我认为你是一个信守诺言的人，对于这一点我深信不疑，因此，我很情愿来冒个险。现在，我有一个建议，把你搬家的事先放几天。再仔细想一想，如果你在月初房租到期之前来见我，并告诉我你仍然打算搬家，我向你保证，我一定接受你这项决定。我会给你搬家的权利，并承认我的判断错了。但是，我仍然相信你是一个遵守诺言的人，你一定会住到租期届满为止。毕竟，这项选择全在我们自己！"

格林夫人向这个房客提出了挑战，因为他认为这位房客是位守信用的人。那么房客又怎么能不接受这个挑战呢？当新月份来到时，这位房客亲自付清了房租。

在现今社会，我们交际的圈子越来越大，所面对的交际对象也是性格迥异，很多人不仅自己说话比较讲究方式方法，而且也很希望别人说话有分寸。因此，女人要学会根据别人的潜在心理说话，把话说到对方的心坎儿上，时刻注意揣摩你的交际对象心里在想什么。只有这样，你说的话才会与对方的心理相吻合，对方才乐于接受。

爱丽丝酷爱诗，所以她将大诗人罗斯迪所有的诗都读了一遍。她还写了一篇演说辞，来歌颂罗斯迪在诗歌方面的艺术成就，并将它送给了罗斯迪本人，罗斯迪当然十分高兴。"对我的才华有如此高深见解的青年，"罗斯迪说，"一定是个非常聪明的人。"

于是，罗斯迪将爱丽丝请到家中来，让她担任自己的秘书。这对爱丽丝来说可是改变人生道路的难得机会——因为她凭借这一新的身份，接触了许多当代著名的文学家，从他们那里接受了有益的建议，并受到他们的鼓励和激发，开始了她自己的写作生涯，最终名闻世界。可是，又有谁知道，如果她当初没有写那篇真诚赞美罗斯迪的演讲词，她或许会一生无用武之地。

在为人处世中，我们也要学会与不同身份的人交际说话。针对不同的身份，所选话题也应有所不同，即要选择与之身份、职业相近的话题。例如：当我们遇到老人，就一定要去谈他的小孙子、小孙女，因为在老人的心目中，他的小孙子是最可爱的。因此，我们要学会看人说话。

同样一个玩笑，能对甲开，不一定能对乙开。人的身份、性格、心情不同，对玩笑的承受能力也不同。对方性格外向，能宽容忍耐，玩笑稍微过大也能得到谅解。对方性格内向，喜欢琢磨言外之意，开玩笑就应慎重。对方尽管平时性格开朗，假如恰好碰上不愉快或伤心事，就不能随便与之开玩笑。相反，对方性格内向，但正好喜事临门，此时与他开个玩笑，效果也会出乎意料的好。

有位名牌大学中文系毕业的高材生，在人才招聘会上，想应聘某公司办公室秘书，青年人在经理面前作自我推销时说话拐弯抹角，半天不切主题。她先说："经理，听说你们公司的环境相当不错。"经理点了点头。接着，她又说："现在高学历的人才是越来越多了。"经理还是点了点头，什么也没说。尔后，高材生又说："经理，秘书一般要大学毕业，要比较能写吧？"高材生的话兜了一个大大的圈子，还是未能道出自己的本意。岂料，这位经理是个急性子，他喜欢别人与他一样，说话办事干脆利落。正因为高材生未能摸透经理的性格，结果话未说完，经理便托词离去，高材生的求职也化成了泡影。

虽然我们人人都会说话，但说得好与坏，或恰到好处与否，却并非是人人皆会的，好的话会给你带来融洽的人际关系，不得体的话语则会成为你前进路上的绊脚石，两者有着天壤之别。人类语言交流的实践证明：表达同一思想内容，在不同交际场合要求采取与之各自相应的语言形式，否则就达不到交际的目的。

作为女人，只有学会对不同的人说不同的话，我们才能把话说到对方的心坎儿上，这样才能使你"言"到功成！从称谓到措词组句，从语气到表达方式都要不失身份，恰当得体。只有这样你才能够成为最后的大赢家。

女人如何看性格说话

在生活中，我们大多数女人都有这样的经验：同样一句话，你对性格外向的人说，他就能够欣然接受；相反，你对性格内向的人说，他就会觉得你这种表达方式不能接受。同样，一句话对性格坚强的人来说和对性格柔弱的人来说，也会产生不同的效果。所以，作为一个会说话的女人，要学会根据对象的性格来说话。

看性格说话，总体来讲，有以下几个原则：跟外向型的人说话要学会倾听；跟内向型的人说话要善于引导；与固执的人说话要以退为进；与狂妄者说话要坚决反击；与自尊心强的人说话要会激将；对自卑的人说话要富于感情；与骄傲自大者说话要一针见血；与自负者说话，也可适度忍让。下面的例子就是教我们如何利用上面的几个法则。

亚莉克希亚，性格内向，四十岁那年，才订婚。未婚夫劝她学跳舞。这对她来说，或许太迟了，但是未婚夫的话又不好违背。于是，亚莉克希亚就请了一位老师，这位老师或许说的都是实话，她告诉亚莉克希亚，说她的舞步完全不对，必须从头再学起。这使亚莉克希亚很灰心，因为她二十年前已经学过跳舞了。亚莉克希亚无心再继续学了，就辞掉了这位老师。

后来，亚莉克希亚又请了第二位老师。也许这位老师说的不是实在话，可是亚莉克希亚听了还是很高兴。她对亚莉克希亚说，"你跳的舞步有点旧式，可是基本步子是对的，"认为亚莉克希亚不难学会几种流行的新舞步。

第一个老师，完全打消了亚莉克希亚的兴趣，第二个老师恰好相反，她的称赞给了亚莉克希亚很大的信心。亚莉克希亚的性格内向，而且缺乏自信。对于像亚莉克希亚这种性格的学生，老师应该采取鼓励的措施。或许第二位老师说的是假话，但是她却了解亚莉克希亚的性格，因此一直采取正面鼓励的措施，使亚莉克希亚的舞步改善了很多，而且使亚莉克希亚内心充满激情。有时候就是这样，或许不需要太多的指导，只需要点燃心中的那团火。

所以，女人在开口说话之前，一定要先了解对方的性格。只要我们的话语说到了对方的心坎上，我们就能赢得对方的好感。否则，如果我们不能事先了解对方情况，而一味地蛮干，只会让对方反感，出现事与愿违的结果。

古往今来，懂得交往艺术之道的人很多。汉元帝刘奭上台后，将著名的学者贡禹请到朝廷，征求他对国家大事的意见，这时朝廷最大的问题是外戚与宦官专权，正直的大臣难以在朝廷立足，对此，贡禹不置一词，他可不愿得罪那些权势人物，只给皇帝提了一条，即请皇帝注意节俭，将宫中众多宫女放掉一批，再少养一点马。其实，汉元帝这个人本来就很节俭，早在贡禹提意见之前已经将许多节俭的措施付诸实施了，其中就包括裁减宫中多余人员及减少御马，贡禹只不过将皇帝已经做过的事情再重复一遍，汉元帝自然乐于接受，于是，汉元帝便博得了纳谏的美名，而贡禹也达到了迎合皇帝的目的。

《资治通鉴》的作者司马光对贡禹的这种作法很不以为然，他批评说："忠臣服事君上，应该要求他去解决国家所面临的最困难的问题，其他较容易的问题也就迎刃而解了；应该补救他的缺点，他的优点不用说也会得到发挥。当汉元帝即位之初，向贡禹征求意见时，他应当先国家之所急，其他问题可以先放一放。就当时的形势而言，皇帝优柔寡断，谗佞之徒专权，是国家亟待解决的大问题，对此贡禹一字不提。恭谨节俭；是汉元帝的一贯心愿，贡禹却说个没完没了，这算什么？如果贡禹不了解国家的问题，他算不上什么贤者，如果知而不言，罪过就更大了。"

其实古代的帝王在即位之初或某些较为严重的政治关头，时常要下诏求谏，让臣下对朝政或他本人提意见，表现出一副弃旧图新、虚心纳谏的样子，这大多是一些故作姿态的表面文章。有一些忠诚的大臣十分认真地提了一大堆意见，却时常招来忌恨，埋下祸根。但贡禹却十分精明，专拣君上能够解决、愿意解决、甚至正在着手解决的问题去提，而回避重大的、急需的、棘手的问题，这样既迎合了上意，又不得罪人，表明他做官的技巧已经十分圆熟老道了。

在交际中，只有充分了解对方的性格，深谙对方的心理和意图，然后采取合适的对策，投其所好，才能顺利地同对方建立起关系来。现代社会竞争更加激烈，人与人之间的相处更加复杂，女人是极其敏感的动物，因此，我们更应该把这些说话技巧逐渐应用到生活中，做一个受大家欢迎的人。

女人如何看年龄说话

对于不同年龄阶段的人，我们也要采用不同的说话方式。对于小孩，我们要多多鼓励；对于青少年，我们说话要学会尊重他们的意愿，让他们自己学会拿主意等等。因此，在我们说话前，先要认清说话的对象，如果不管说话人的年龄，就开始发表言论，势必会引起他人的反感。

一位衣着时髦的白领小姐为购买一件时装而迟疑不决时，年轻的女营业员忙上前说："这件衣服品位高雅，销路很好，今天早上就卖出好几件。"可那位小姐听后立即走了。一会儿，一位中年妇女来了，准备买一件新潮的马甲，那位营业员接受了刚才的"教训"，便说："这件马甲很气派，一般人穿着还压不住它，从进货到现在还没有卖出一件，看来只有你最适合了。"这位中年妇女听了也气呼呼地走了。上面这位女营业员说话不看对象，结果惹得顾客一肚子的不高兴，自然不会买她的衣服。作为白领，追求与众不同的效果，如果自己穿的衣服大街上到处都能看到，那是有失品位的。而对于中年妇女，最怕别人都穿不了的衣服自己才能穿，那说明自己已经老了，赶不上潮流了。可见，说话不看对象，难免事与愿违。

相反，如果我们能够在说话前就考虑到说话对象的年龄等一系列因素，就会赢得对方的尊重和好感。

有位姓罗的小姐，有一天驾车到长岛去拜访一个未曾见过面的远房亲戚，罗小姐陪一位老姑妈聊天。

"这栋房子是在1890年建造的吧？"罗小姐问道。

"是的，"老姑妈回答，"正是那年建造的。"

"这使我想起我们以前的老房子，我是在那里出生的。"罗小姐说道，"那房子很漂亮，盖得很好，有很多房间。现在已经很少有这种房子了。"

"你说得很对。"老姑妈表示同意，"现在年轻的一代，已经不在乎房子漂不漂亮了。他们只要那种小公寓就够了，然后开着车子到处跑。"

"这是一栋像梦一般的房子。"老姑妈的声音因回忆而颤抖了。"这是一栋用爱造成的房子。我的丈夫和我梦想了好几年，我们没有请建筑师，这完全是我们自己设计的。"

她带着罗小姐到处参观，罗小姐也真诚地发出赞美。室内有很多漂亮的陈设，都是她四处旅行搜集来的——小毛毯、老式的英国茶具、有名的英国威奇伍瓷器、法国床和椅子、意大利图画及曾经挂在法国一座城堡里的丝质窗幔。

看完了房子，老姑妈又领罗小姐到车库去。那里停着一辆几乎没使用过的别克车。

"这是我丈夫去世前买给我的。"她轻声说道："他死后，我就没有动过它……你懂得鉴赏好东西，我就把它送给你吧！"

"啊，姑妈！"罗小姐叫道："别吓坏我了。我知道你很慷慨，但是，我却不能接受。我已经有了一部新车，而且我们并不算是真正的亲戚。我相信你还有许多亲戚会很喜欢这部车，他们会很愿意得到你的馈赠的。"

"不要提他们！"老姑妈叫起来："不错，我是还有很多亲戚。但是，他们只是在等我死掉好得到这部车子。哼，我永远也不会给他们！"

"如果你不想送给他们，也可以卖给汽车商啊！"罗小姐建议道。

"卖给汽车商？"她大叫，"你以为我会把这部车子卖掉吗？你以为我可以忍受让陌生人开着它到处跑吗？这是我丈夫给我买的车子啊！我说什么都不会把它给卖掉的。我想把它送给你，是因为你懂得欣赏好东西。"

罗小姐想谢绝这份好意，却又怕伤了这位老姑妈的心。

从上面这个故事看出：罗小姐说话前，就注意到了说话对象的年龄问题。这位老姑妈已到老年，生活圈子越来越小，平时也就很少受到别人的赞赏。她独自住在这栋大屋子里，成天只与小毛毯、法国古董为伍。她活在往日的记忆里，渴望的就是这一点小小的诚意——赞赏，但是没有人愿意给她。一旦她找到了，就像在沙漠中得到泉水一样，感激之情无法表达，只有用她最珍爱的别克车来表示心意了。

吴小姐是一家商场的服务员，一天，商场里在搞儿童玩具促销活动，柜台前挤满了顾客，这时一个小孩子伸手抓起一件玩具就跑。不一会儿，小孩连同玩具被有关人员带了回来。这时，围上来许多顾客，他们既为小孩担心，又想看看服务员到底如何处理这件事。

小孩拿商场的东西，多半是不懂事，这种情况如果说重了，怕小孩自尊心受不了，周围人也容易打抱不平。不说吧，毕竟商场有规定，而且小孩子养成这样的习惯也不好。

这无疑是个难题，吴小姐思考片刻，面带微笑地走到小孩身边，拉起小孩子的手温和地说："小朋友，你喜欢这件玩具吗？""喜欢。"小孩答。"小朋友自己拿玩具好不好？""不好。"小孩子不好意思地低下头。"对了，以后小朋友喜欢什么玩具就告诉阿姨，阿姨给你拿，好吗？""好。"小孩子高兴地回答，把玩具交给了吴小姐。

这件本来很棘手的事，吴小姐处理得很巧妙、精彩，她用亲切委婉的话语既要回了所丢失的商品，又维护了小孩的自尊心，还不失时机地对孩子进行了一番教育，赢得周围顾客的好评。其实，每个成年人都保持着小孩子的这种心理，听到好听话就高兴，听到批评就不舒服，只不过成年人的情绪不那么外露罢了。所以，在我们说服别人的时候，一定要委婉，避免伤害对方。

人们所处的年龄段不同，就要采用不同的说话方式。小孩的心理还不成熟，说话时应该避免语气太重，否则会伤害到小朋友的自尊心。只有选对了正确的说话方式，说话才能够如鱼得水。

有一位女教师在批阅学生的作业的时候，发现一个小女孩的作业本上有彩色的划痕，于是老师就问那个孩子："你是怕作业本不漂亮，给它穿花衣服呢？"

小女孩低下了头，不吱声。老师又问："你知道彩色的笔应该画在什么本子上吗？"

"知道，要画在美术本上，或白纸上。"

"对呀，那今天你的彩色笔怎么到这个本子上串门了呀？"

"我……我……我是无聊才去画的。"小女孩嗫嚅道。

"今天你的做法可不对，你说要告诉你妈妈吗？"

她一个劲地摇着头，说："不要告诉妈妈，妈妈会不高兴的。"

老师说："老师可以答应你，可是你也得答应老师，以后画画画在美术本上好吗？"

"好的。"

老师当着她的面，细心地把本子上的划痕擦掉。微笑中给予善意的批评，诙谐的谈话中给予孩子正确的引导，给她一个认识错误、改正错误的机会，孩子会变得更出色。批评的方式有很多种，但是目的只有一个，那就是让对方接受并改正错误。会说话的女人不会义正辞严地批评，而会巧妙地换一种诙谐的方式，让对方在平和中理解自己的用意，愉快地接受。

古人说："知己知彼，百战不殆。"说话也一样，懂得在开口之前，先了解对方，然后针对不同的对象，采取不同的交谈技巧，只有这样才能把话说到别人心里去。

女人如何看社会地位说话

在生活中，很多女人都有这样的常识：跟领导说话的语气和方式肯定和我们跟自己的下属或者同事说话的语气不一样，对领导说话我们要表现出对领导的尊重，对下属说话时，我们要尽量表现出对下属的关心。因此，对方所处的社会地位不同，我们采取的说话方式也不一样。

在西汉末年平帝执政时，王莽已掌握大权，并有篡位之意。当时汉平帝年龄尚小，还没有立皇后。王莽便想把自己的女儿配给平帝，当上皇后，以稳固自己的权势。

一天，他向太后建议说："皇帝即位已经三年了，还没有立皇后，现在是操办这件大事的时候了。"太后便答应了。一时间，许多达官显贵争着把自己的女儿报到朝廷，王莽当然也不例外。然而王莽想到，报上来的女孩，有许多人比自己的女儿强，不想办法，女儿未必能入选。于是他又去见太后，故作谦逊地说："我无功无德，我的女儿也才貌平常，不敢与其他女子同时并举。请下令不要让我的女儿入选吧。"太后没有看出王莽的狼子野心，反而相信了他的真诚，马上下诏："安汉公（王莽的爵号）之女乃是我娘家女儿，不用入选了。"

王莽如果真是有意避让，把自己的女儿撤回来就行了，但经他鼓动太后一下令，反而突出了他的女儿，引起了朝野的同情。每天都有上千人要求选王莽之女为皇后。朝中大臣也给说情，他们说："安汉公德高望重，如今选立皇后，为什么单把安汉公的女儿排除在外？这难道是顺从天意吗？我们希望把安汉公之女立为皇后！"于是王莽又派人前去劝阻，结果是越劝阻说情的人越多。太后无可奈何，只好同意王莽的女儿入选。

王莽抓住这个时机又假惺惺地说："应该从所有被征招来的女子中，挑选最适合的人立为皇后。"朝中大臣们力争说："立安汉公之女为皇后，是人心所向。请不要再选别的女子干扰立后这件大事。"王莽看到自己的女儿被立为皇后已成定局，才没有表示推辞。不久，王莽的女儿就当上了皇后。

从上面的例子可以看出：王莽深谙说话之道。他对皇后说的每一句话，无不显示出对太后的敬仰，和对太后的绝对服从。正是因为他说话时，充分考虑到了对象的社会地位，才使他成功地实现了自己的目标。

说话要说到点子上，这就要求我们女人在说话时，要充分考虑到对方的社会地位。不同地位的人，有着不同的心理。只要充分了解对方的实际需要，我们才能把话说到他们的心坎上。

海利夫人想竞选某个州的州长职位。职位候选人必须在选举初期发表演说，海利夫人便以自己10多年来为该国家所作出的贡献以及自己的慈善事业为开场白。这些成绩证明了她的爱国情操和对人们的奉献精神，令人们深为感动，几乎每个人都认为她会当选。

在投票日来临的前夕，海利夫人在所有元老和贵族们的陪同下，走进了会议厅，进行她的第二次演讲。但是海利夫人发言时，内容绝大部分是说给那些陪她来的富人听的。她不但傲慢地宣称自己注定会当选，而且大肆吹嘘自己所取得的成绩。她甚至无理地指责对手，还说了一些讨好贵族的无聊笑话。

她的第二次演说迅速传遍了整个州，人们纷纷改变了投票意愿。海利夫人败选之后，她并不甘心，并且发誓要报复那些反对她的人。

几个星期之后，元老院针对一批物品是否免费发放给百姓这个议题进行投票，海利夫人参加了讨论，她发表意见，认为发放粮食会给城市带来不利影响，使得这一议题未通过。接着她又谴责民主的要领，倡议取消平民代表（亦即护民官），将统治权交还给贵族。

海利夫人的最新言论令平民们愤怒不已。人们成群结队地赶到元老院前，要求海利夫人出来与他们对质，却遭到了她的拒绝。于是全城爆发暴动，元老院迫于压力，终于投票赞成发放物品，但是老百姓仍然要求海利夫人公开道歉。

于是海利夫人只好出现在群众面前，一开始她的发言缓慢而柔和，然而没过多久，她就变得粗鲁，甚至侮辱民众。她说的越多，民众就越愤怒。他们的大声抗议，使她无法继续发言。

如果海利夫人能够清楚地明白，自己的听众是普通的老百姓，自己是在赢得人民的尊重，她就不会冒犯民众；如果在败选后她能检讨选举失利的因素，她依然还有机会被推举为执政官。可惜她无法控制自己的言论，最终自食其果。

如果在演讲中考虑到了听众的社会地位，并对听众所处的地位表示赞美，因此，也会赢得掌声。任你曾多么激烈地反对他的意见，现在当你听完这个开头之后，相信你一定感到心平气和了，你也愿意再继续听下去了，至少现在你相信他是一个正直的人。而如果罗茨在演说开头就将那些信任国际联盟的人加以痛斥，说他们荒谬到了极点，结果可能他会被这些人踢下演讲台。

其实，每个人的社会地位不同，所需要的赞美也是不同的。会说话的女人不会给两个不同地位的人同样的赞美，而会为对方量身定做一个最合适的。每个人都喜欢听到真心的话，如果你的话语不能有效地针对谈话的对象，对方就会觉得这顶帽子不合适，太大或太小，不仅不会收到预期的效果，还会让人感觉不舒服，甚至产生厌恶的心理。因此，女人在说话时，一定要考虑到对方所处的社会地位，只有这样说话，才有针对性。

女人如何看性别说话

一般说来，男人和女人所喜欢的说话方式不同。例如，在接受表扬时，女人一般喜欢直接的方式；而男性更喜欢间接的方式。因此，在说话时，还要充分考虑到性别的细微差别，这样才能做到让别人喜欢你。

在中国，直接赞美一般不是中国女性所擅长的。一个女人直白地称赞异性，在中国人的观念中，不仅会使自己的形象受损，同时也会使受夸赞的男性不自然。因此，女人在赞美异性时，直接不如间接含蓄、婉转。在一次宴会上，维娜认识了一位男士。这位男士潇洒大方，维娜很想接近他，了解他更多一点。

维娜知道，想给他留下一个好印象，如何开口是关键的一步。因为在这种男人周围，应该也有许多女人想接近他，因此自己要想博得他的好感，就必须表现得不卑不亢。但又因为是女方先开口，维娜处于主动地位，所以自己就要以稳取胜。维娜认为，这时借别人之口称赞他是最管用的。

当朋友介绍维娜和这位男士认识后，维娜说："听说你潇洒开朗，以前是只闻其名，今天看来的确如此。"这样的开场白不仅暗示了你对他有兴趣，而且又能引起他的兴趣。最重要的是这样的开场白能在给你带来机会的同时又能掌握主动权。在现代社会，女人赞美异性最有效的方法，就是借助别人之口，间接地赞美别人。

聪慧的女人知道，间接地赞美男性，更有一种请君入瓮的意思。

三国时，貂蝉就是利用此法来达到自己的目的。美女貂蝉之所以能接近吕布，制造矛盾，挑拨吕布与董卓的关系，使用的不仅仅是美人计，还有她不动声色的赞美之功。

貂蝉对吕布说："妾虽在深闺，但久闻将军大名。本以为在这世上就将军一人有如此本领，但听到别人闲言，说将军受他人之制，如今想来，着实可惜。"边说边泪如雨下。

吕布听了很惭愧，满怀心事地回身抱住貂蝉，安慰她。貂蝉借助别人的传说把吕布称赞得世间无人能及，挑起吕布的虚荣心，再巧妙地挑拨他受董卓之制，身为一个热血男儿，又怎能受到如此之羞辱呢。这些片言只语，正是以后董卓与吕布之间矛盾的导火线。因此，借助别人之口的手段，其威力可见一斑。大多数男性都希望既得到女性的尊重，又得到一世英名。所以当有女性这样赞美他，而且又说是听别人说的，就会令他有一种错觉，觉得自己很了不起。

用别人的话来带出你的赞美，话语间是别人的赞美，但实际上是你的赞美。这样的话不仅能准确地传达你的意思、想法，还能使对方愉快地接受。

因此，当我们女人要赞美男性朋友时，与其采用直接的赞美方式，不如考虑这种间接的赞美方式，间接的赞美会收到更好的效果。

女人，要学会把握说话的时机

许多女人有一个共同的毛病，即在不必要的场合中，把自己所拥有的一切话题，在一次机会中全部谈完，等到需要她再开口的时候，她已无话可说了。

孔子在《论语·季氏篇》中说："言未及之而言，谓之躁；言及之而不言，谓之隐；不见颜色而言，谓之瞽。"这段话的意思是说：不该说话的时候说，叫做急躁；应该说话的时候不说，叫做隐瞒；不看对方的脸色变化，便信口开河，叫做闭着眼睛瞎说。这就说明我们在说话时，务必要把握时机。

通常，一个具有高明说话技巧的女人，应该能够很快地发现听众所感兴趣的话题，同时能够说得适时适地，恰到好处。也就是说他能把听众想要听的事情，在他们想要听的时间之内，以适当的方式说出来，这才是一种无与伦比的才能。如果不顾及说话对象的心态，不注意周边的环境气氛，或者是不该说话时却急于抢说，都极有可能引起对方的误解，甚至反感。

有一位留美的计算机博士，毕业后想在美国找一份理想的工作，由于她要求太高，结果好多家公司都不录用她，思来想去，她决定收起所有的学位证明，以一种"最低身份"求职，等到合适的时机再将学历晒出来。

不久她就被一家公司聘为程序录入员。这对她来说简直是小菜一碟，但是她仍干得一丝不苟。不久，老板发现她能看出程序中的错误，非一般的程序录入员可比。这时她对老板说："我有本科证。"于是，老板给她换了个与大学毕业生对口的工作。

过了一段时间，老板发现她时常能提出许多独到的有价值的建议，远比一般的大学生要高明，这时，她又对老板说："我有硕士证。"老板随后又提升了她。

再过了一段时间，老板觉得她还是比别人优秀，就约她详谈，此时她又对老板说："我有博士证。"由于老板对她的水平已有了全面的认识，就毫不犹豫地重用了她。

可见，我们女人说话要懂得把握说话时机。要想把握好说话时机，你得有耐性，不应急躁。否则你所有的希望都会化为泡影。但你也不该一味地等待，什么事也不再做，而是需为关键时刻的到来做一切准备。要把握好时机，你得有很强的观察力，观察别人的表情，洞察他人的意思和想法，也得观察整体的谈话气氛。

黎倩所在的公关部原定只有7人，注定有一人迟早被裁，加上部门经理位置一直空缺，如此便导致了内部斗争日益升级，进而发展到有人挖空心思抢夺别人的客户。

有一天，一家大客户来到公司参观。这是一家大型合资企业，公司一旦和这家大客户签下长期供货合同，至少半年内衣食无忧。不过，这些参观者中的决策人物，有几个日本人，不懂汉语和英语，这让公司有些措手不及。见面时，因双方语言沟通困难，场面显得有些尴尬。

就在公司老总焦头烂额之际，黎倩自告奋勇表示自己精通日语，可以同日本客人交谈。于是老总非常高兴，让黎倩陪同客人参观，介绍公司情况。她凭借熟练的日语、丰富的谈判技巧和对业务的深入了解，终于顺利地签下了大单。

黎倩随机应变的表现能力，以及熟练的日语会话能力，让老总对她大加赞赏，公司上下都对她另眼相看。一个月后，黎倩升任公关部经理。

《战国策·宋卫策》中也记载了这样一件有趣的事情。有一个卫国人迎娶媳妇，新媳妇一坐上车，就问："驾车的三匹马是谁家的？"驾车人说："借来的。"新媳妇就对仆人说："要爱护马，不要鞭打它们。"车到了夫家门口，新媳妇一边拜见家人，一边吩咐随身的老奶妈："快去把灶里的火灭掉，要失火的。"一走进屋内，见了石臼，又说："把它搬到窗台下边，放在这会妨碍别人走路。"夫家的人都觉得她十分可笑。

新媳妇的三句话都是至善之言，可为什么反被人笑呢？原因就在于时机，也就是说，她没有掌握好说那三句话的时间和场合。在她刚刚过门，而且还在举行婚礼时，就居然指使这指使那，即使她的语气再温柔，别人总觉得好笑。

因此，要想取得好的说话效果，除了会说之外，还要与说话的环境相吻合、相协调。例如你想辞掉一个员工，一定要选择好对话的时机。这不仅是为对方着想，也是为自己考虑。试想，如果你想在国庆前一天请某位员工夹起皮包走人，此时办公室其他人都在准备回家过黄金周，而这位员工却在与其他员工谈得唾沫横飞时被你一脸严肃地叫到办公室，然后给他浇一盆冷水……如果是你，你会怎样？

因此，说话时适当地把握时机也是迈向成功之途不可缺少的要素。

主动迎合对方的兴趣说话

有的女人在说服别人的时候，只谈论自己，从来不考虑别人，这样的女人永远不会得到别人的认同。说服别人的诀窍就在于，迎合他的兴趣，谈论他最为喜欢的事情。

每个人都有各自不同的兴趣与爱好，一旦你能找到其兴趣所在，并以此为突破口，那你的话就不愁说不到他的心坎上。

宋小姐是一家房地产公司总裁的公关助理，奉命聘请一位特别著名的园林设计师为公司的一个大型园林项目做设计顾问。但这位设计师已退休在家多年，且此人性情清高孤傲，一般人很难请得动他。

为了博得老设计师的欢心，宋小姐事先做了一番调查，她了解到老设计师平时喜欢作画，便花了几天时间读了几本美术方面的书籍。她来到老设计师家中，刚开始,老设计师对她态度很冷淡,宋小姐就装作不经意地发现老设计师的画案上放着一幅刚画完的国画,便边欣赏边赞叹道:"老先生的这幅丹青,景象新奇,意境宏深,真是好画啊!"一番话使老先生升腾起愉悦感和自豪感。

接着,宋小姐又说:"老先生,您是学清代山水名家石涛的风格吧?"这样,就进一步激发了老设计师的谈话兴趣。果然,他的态度转变了,话也多了起来。接着,宋小姐对所谈话题着意挖掘,环环相扣,使两人的话题越来越近。终于,宋小姐说服了老设计师,出任其公司的设计顾问。人类本质里最深层的驱动力就是希望自己对别人具有重要性,你要别人怎么待你,就得先怎样待别人。那么,你想让别人对你感兴趣的办法只有一个,那就是先对别人感兴趣。每个人都有各自不同的兴趣与爱好,一旦你能找到其兴趣所在,并以此为突破口,正如有人说的"即使你喜欢吃香蕉、三明治,但是你不能用这些东西去钓鱼,因为鱼并不喜欢它们。你想钓到鱼,必须下鱼饵才行。"

每个人都有自己感兴趣的东西。我们在说服别人的时候,要懂得迎合别人的嗜好,能让对方感觉到受重视、受尊重。

小美大学刚刚毕业,还没有任何社会经验,却很想开一家旧书店,她的母亲很担心她一旦失败经受不住打击,就对她说,自己已到过一家最大的旧书店做过调查,书店老板作为内行人谈了许多经营之难:"外行人要搞这种生意非常之难,因为外行人多半把自己感兴趣的书籍上架,这就失去了一大批顾客。此外,如买进难得的书,由于新手不懂得定价,一些卖旧书的同行就会来全数购去。当你认为畅销而暗自欣喜时,书架却渐渐空了,而同行则在转手中卖出高价。什么书是现在所需要的,什么书现已重版,这些行情也要掌握。还有一点就是丢书,特别是辞典一类的工具书,一被偷就是一笔钱……这些不过是打听回来的。当然你不一定会遇到,你也不必担忧。但你既然要做这行生意,不妨考虑一下。"

小美听了妈妈的一番话,闭着眼睛,感到了绝望,最后答应还是先找一份与之相关的工作,了解一下行情,积累一些必要的经验,再想办法自己经营。

从上面的故事可以看出:我们每个人都有自己的喜好,会说话的女人在说服别人的过程中,总是懂得迎合别人的兴趣。

杜佛诺公司是纽约一家面包公司,杜佛诺夫人想方设法将公司的面包卖给纽约一家旅馆。4年以来,她每星期去拜访一次这家旅馆的经理,参加这位经理所举行的交际活动,甚至在这家旅馆中开了房间住在那里,以期得到自己的买卖,但是,她还是失败了。

"后来,"杜佛诺夫人说,"在研究人际关系之后,我决定改变自己的做法。我先要找出这个人最感兴趣的是什么——什么事情能引起他的热心。"

经过调查,杜佛诺夫人发现:该旅馆的经理是美国旅馆招待员协会的会员,而且他也热衷于成为该会的会长,甚至还想成为国际招待员协会的会长。不论在什么地方举行大会,他飞过山岭,越过沙漠、大海也要到会。

因此，在第二天，杜佛诺夫人再见到该经理的时候，她就开始谈论关于招待员协会的事。这次谈话收到了效果。该旅馆的经理对杜佛诺夫人讲了半小时关于招待员协会的事，他的声调充满热情。

在这次谈话中，杜佛诺夫人根本没有提到任何有关面包的事情。但几天以后，那家旅馆中的一位负责人给杜佛诺夫人来电，要她带着货样及价目单去。

试想一下，杜佛诺夫人对这位经理紧追了4年，尽力想得到他的买卖，但是一直都没有取得成功。而后来，杜佛诺夫人明白了与人交谈的技巧，最终得到了那笔生意。

只有别人对你的话语感兴趣，你才能得到自己想要的东西。一些人在推销节油汽车时，一见顾客就开门见山地说明这种汽车可为顾客省很多汽油等等，结果往往会招致反感，吃闭门羹。

刘小姐也是一位节油汽车推销员，但是她却懂得如何去迎合顾客的兴趣，她明白客户最关心的问题是什么，因此，她的推销获得了极大的成功。她常常会这样开头："先生，请教一个你所熟悉的问题，增加贵店利润的三大原则是什么？"

客户对这种话题肯定十分乐意回答。他会说："第一，降低进价；第二，提高售价；第三，减少开销。"

那么，刘小姐就会立即抓住第三条接下去说："你说的句句是真言。特别是开销，那是无形中的损失。比如汽油费，一天节约20元，你想过多少吗？如果贵店有3辆车，一天节省60元，一个月就有1 800元。发展下去，10年可省21万元。如果能够节约而不节约，岂不等于把百元钞票一张张撕掉？如果把这一笔钱放在银行，以5分利计算，一年的利息就有1万多元，不知您高见如何，觉得有没有节油的必要呢？"

听了刘小姐的话，对方就会自觉地想到不能再"浪费"下去了，而要设法用节油车以解除这种恶劣状况，最终购买她的节油汽车。

所以，要使人喜欢自己，要想让他人对你产生兴趣，就要记住这一原则：谈论别人感兴趣的话题。

Chapter 3

弄清说话场合，明晰自身地位

在现实生活中，有一些女人说话从来不看具体的场合和具体情况。她可能会当着和尚说秃子，也可能当着瘸子说短话，让听她说话的人很是恼火。说话是否得体，要看身处的环境和环境中的人。如果你说话随便，不顾周围情况，说出不合时宜的话，就会很难堪，甚至会伤害到别人。

作为一名现代女性，就应该学会分场合说话，只有这样，才能处处受人欢迎。根据不同的情况来确定自己说话的方向，才能避免说出不合时宜的话来。

不同场合要用不同话应对

有些女人有时可能是想"幽默"一下，"机智"一下，但是却没有看清当时的氛围，在不适当的场合说了不恰当的话。因此，我们女人要学会用不同的言语来应对不同的场合。

第二次世界大战将要结束的期间，东西方的首脑在埃及首都开罗召开会议。一天，美国总统罗斯福急着找当时的英国首相丘吉尔洽商要事，便径行驱车前往丘吉尔的临时下榻旅馆。

由于久居寒冷潮湿的英国，丘吉尔对于开罗干燥又闷热的气候难以适应，尤其日间的气温高达40℃以上，更是令他无法忍受。几乎整个白天的时光里，丘吉尔都把自己泡在放满冷水的浴缸中消暑。

当罗斯福匆匆赶到时，丘吉尔的随从来不及挡驾，只好通报请丘吉尔着装和美国总统会面。而罗斯福直接闯进了大厅之中，他找不到丘吉尔，这时听到旁边一个小房间传来丘吉尔的歌声，罗斯福顺着声音找了过去，正好撞见躺在浴缸中一丝不挂的英国首相。

两个大国的元首在如此尴尬的情况下见了面，罗斯福马上开口道："我有事急着找你，这下子可好了，我们真的是坦诚相见了！"

丘吉尔也立即做出反应，他在浴缸中泰然自若地道："总统先生，在这样的情形下会面，你应该可以相信，我对你真的是毫无隐瞒的。"

两位国家首脑在如此情形下见面，本来是一件令人很尴尬的事情。但是，两位元首人物的睿智对话，轻松地化解了这种尴尬，并让后世传为美谈。

会说话的女人之所以受人欢迎，是因为她能够根据不同的情况、不同的地点、不同的人物，变换自己说话的语气和方式。通俗一点说，就是有"变色龙"的本领。

有位妇女想买一瓶美容霜，但嫌贵，推销员看出了她的犹豫，就说："这一瓶420元，的确不便宜。不过，它能用大半年呢。照这样算的话，您每月只需花70元钱，每天只花两元多，还比不上一只冰淇淋呢！这可是太便宜了。"

这位妇女点了点头，一边掏钱一边直夸道："你很会说话。"

这位推销员的成功之处在于：她观察后得出结论，这个顾客是个节俭的人，所以，她就采用了分解的办法来计算，使得顾客的花费显得"少"，从而乐意地买下它。

另外，即使是针对同一顾客，也要注意在不同情况下，表达的方式也要相应地变化。比如，前几年，以"经济实惠"而著称的"象牙香皂"风靡了整个市场，可后来却好景不长。厂家征询顾客意见时才发现，大多数消费者对香皂的期待，已非"经济实惠"，而是希望香皂能让自己"干干净净"或者"富有魅力"。于是，按照顾客的愿望，厂家立刻改了广告词。结果可想而知，"象牙香皂"的销量果然又节节上升了。这也是"看场合说话"的妙用！

而作为一名现代女性，就应该学会分场合说话，只有这样，才能处处受人欢迎。根据不同的情况来确定自己说话的方向，才能避免说出不合时宜的话来。

把握与朋友们交谈时插话的分寸

总有这样一些女人，自己既没什么主见也没什么能耐，但一听到别人在谈话，她就竖起耳朵，兴趣大增，不管是与她有关无关之事，她都要不失时宜地在别人的话中插上一杠，要么打断别人的谈话，要么让说话者中途停下来聆听她的"高见"。这种女人的插话，很大程度上影响了交流的正常进行，爱插话的女人，实在令人反感。

本来一句很精彩的话，如果被人打断后再接起来说，原来的精彩自然会被大打折扣。就如一个包子，刚出锅的时候非常好吃，但是，如果你咬了一口放回碗里，去干别的事，过了半天再回过来吃，那热包子肯定是什么香味也没有了。

最近较为流行的"谈话"栏目里，我们常常看到一些主持人与嘉宾上演"喧主夺宾"之"戏"，时不时地打断人家的谈话，未等人家把一个话题讲完，就迫不及待地横上一杠，打断嘉宾的思路，致使嘉宾精彩的发言戛然而止，不得不硬着头皮去接主持人的话碴儿再往下说，这样的节目又怎能让大家满意呢？

在与人交流时，要尽量少堵别人的话头，以免使说话者欲言又止，产生反感。为什么人要有一张嘴，两个耳朵？因为上帝让我们多听少说。

还有不少女人在倾听别人说话时表现出唯唯诺诺的样子，哼哼哈哈，好像什么都听进去了，可等到别人说完，她却又问道："很抱歉，你刚才说什么？"这种态度，对于说话者来说实在是有失礼节的事。

一个会说话的女人，在听朋友说话时，往往懂得把握插话的分寸和时机。当别人说话的时候，你盯着对方一言不发不好，不停地打断对方插话也不好。正确的做法是在适当的时候做出恰当的反应。

把握好插话的时机，非常重要。即使你真的没听懂；或者不小心听漏了一两句，也千万别在对方说话途中突然提出问题，必须等到他把话说完，再提出："很抱歉！刚才中间有一两句你说的是……吗？"如果你是在对方谈话中间打断，问"等等，你刚才这句话能不能再重复一遍？"这样会使对方有一种受到命令或指示的感觉，显然，对你的印象就没那么好了。当然，在必要的时候还要附和一些话，以让对方知道你在听他说。比如，你可以说："哦，那真不是一件容易的事"或"我非常了解你当时的心情"等等。

当朋友谈兴正浓，而你想加入他们的谈话时，不要突兀地打断他说："喂，你们正在谈什么呢？"这样很容易引起别人的不快。要尽可能找个适当机会，礼貌地说："对不起，我可以加入你们的谈话吗？"或者，大方地、客气地打招呼，叫你的朋友介绍一下，就能很自然地进入谈话行列。千万不要打断他们的话题，也不要制造尴尬的气氛。

另外，我们听别人说话，要有始有终。例如：有些女人往往因为疑惑对方所讲的内容，便脱口而出："这话不太好吧！"或因不满意对方的意见而提出自己的见解，甚至当对方略做停顿时，抢着说："你要说的是不是这样……"这时，由于你的插话，很可能打断了对方的思路，要讲些什么他反而忘了。

因此，要想成为一个受人尊敬、被人喜欢的女人，就应该学会去倾听别人说话，不要胡乱插言。

好辩的女人不受朋友欢迎

有些女人在与朋友交往的过程中，总喜欢争辩，即使无理也要强辩三分。事实上，在与朋友相处时，如果你总是想推翻别人的观点，那么，即使是你赢了，最后也难免落个孤家寡人的下场。因此，我们要学会接受他人的观点，不要盲目地与人争辩。

我们每个人都渴望得到别人的认可和承认。如果你常常在与朋友相处的时候，与其争论，时间久了就会被认为是乏味无趣的人，使人敬而远之。

好辩的女人总是认为讲道理可以说服对方，她们根本无视对方感情的变化，只是一味地发表自己的意见，结果定会让人反感。

在我们每个人的内心深处，都张着自尊的网。当一个肆无忌惮地挥动着道理"鞭子"的人，闯入这片希望自己掌握的内心领域时，就会引发强烈的抗拒反应。

小高去参加一个朋友的婚礼，席间有一位年轻人在说明新郎与新娘的关系时，用了"青梅竹马"这个成语。但是，他为了夸耀自己的博学，还念出了一句诗："郎骑竹马来，绕床弄青梅。"这句诗是没错的，但是他却把作者记错了，原本作者是李白，而他却说是宋代女词人李清照。

小高是中文系毕业，再加上年轻气盛，见此，她就毫不客气地当着众人的面，纠正了那人的错误。可是不说还好，这样一说，那人反倒更加坚持自己的意见了。

于是，两个人开始争论，各不退让。这时候，小高看到自己的大学老师坐在隔桌。高兴地说："咱们别争了，不如找个专家给评评理。"

那个年轻人也不甘示弱地说："评理就评理，谁怕谁。"

最后，他们俩一致同意让小高的大学老师评理。小高满心希望老师对那个年轻人说："你错了，这首诗的作者是李白，不是李清照。"

没想到老师却对小高说："你错了，那位先生说的才对。"

小高为此感到非常没面子，她不相信老师这么有学问的人，竟也会忘记这首诗的作者。回去的时候，她又去找老师，还未等她说话，老师就说："刚才你说对了，那首诗是李白写的《长干行》。"

小高一听有点糊涂了，纳闷地问："那刚才你怎么说是李清照呢？"

老师看了看她温和地说："你说的都对，但我们都是客人，何必在那种场合给人难堪？他并未征求你的意见，只是发表自己的看法，对错根本与你无关，你与他争辩有何益处呢？在社会上工作别忘记这点，永远不和人做无谓的争辩。"是的，永远不要与人进行无意义的争辩，那样只会引起别人的反感。如果你与人争辩的动机，是出于想要证明自己是对的，为自己辩白或赢得听众的信服，那么你永远不会受到别人的欢迎。

从上面的例子可以看出：在人际交往中，每个人都会遇到相异于自己的人。生活中我们经常可以看到为了一点小事与他人争得脸红脖子粗的人，甚至有些人还会大动干戈。有的时候，我们自己也会出现沉不住气的情况，忍不住与他人争辩。当你意识到自己的想法、意见与他人相左时，当你的言行遭人非议时，你的第一反应大概就是奋起辩驳，但结果总使得双方心生芥蒂，不欢而散。

所以，为了避免无益的争辩，不妨冷静思考一下：我到底要什么呢？一个是毫无意义的"表面胜利"，一个是对方的好感。总之，在与人交往中，我们要学会心平气和，尽量减少与人争辩的事情发生，做一个人人喜欢的女人。

求人办事，自己先要低头

我们在求人办事的时候，必须学会低头，增强抗挫折的能力。碰了钉子要脸不红心不跳，不气不恼。俗话说：求人三分短。要想办成事，一定要反复请求，不能一碰钉子就泄气。怕碰钉子的人是成不了大事的。因此，我们女人一定要端正自己的态度，要让别人知道我们的诚意。相反，如果我们求人办事，还趾高气扬，那必定会失败的。我们先看下面的这个例子。

肖思东老师是一所高校的教授，一天，他正在办公室里备课，有人敲门，他习惯性地说了声"请进"。抬头一看，是一位女生，但是他并不认识，他想也许是找别的老师的。但是那位女生四下看了看，并没有确认自己找谁，张口就说道："肖思东呢？"

这话一出口，大家都愣了一下，都往肖思东这里看，肖思东心里也很纳闷，在学校里这么多年，还没有谁直呼其名的。他脸色微微一变，但还是有礼貌地对她说："我就是，找我有什么事吗？"

那位女生大大咧咧地说："噢，你就是肖思东呀，我可早就听说过你了，我是某某教授的学生，我的论文你给我看一下！"

原来校方有规定，论文答辩时要请一个校外的专家来指导。这位女生是外校的学生，来找肖思东教授给自己批阅论文。

肖思东到底是有涵养的人，看到这个学生这么没有礼貌，并没有发火，只是随口说道："那你就放那里吧！"

这名女生就把自己的论文往他的桌子上一扔，说："你快点看呀！后天我们要论文答辩，你可别耽误我的事！"

肖思东再也无法忍受，说："请问你是找人办事还是下达命令呢？你的论文拿走，我没有时间给你看！"

这个学生之所以找老师办事情没有成功，原因都在于她不懂得一点尊师的道理。找人办事，要表现得谦卑有礼，别人才会愿意帮助你。有位名人说："生活中最重要的是有礼貌，它比最高的智慧、比一切学识都重要。"

求人办事本来就是一件厚着脸皮的事，因为你不知道人家是答应还是不答应，你是抱着求的心理来碰运气的，答应了，自然大欢喜，算是欠了一个人情，以后想着偿还。可是不答应，那就避免不了尴尬和难堪。人在屋檐下，不得不低头，这话说得是有其客观合理性的，求人办事，也得厚着脸皮，低下头，陪着笑脸，说着好话。

俗话说："人心都是肉长的。"不管双方认知距离有多大，只要你耐心周旋，缠住不放，用行动让对方感到你的诚意，就会促使对方去思索，进而理解你的苦心，那时你就将"缠"出希望了。

但是女人们也不要过于"执着"。还有一个这样的例子。某年秋天，淮北某县城曾出现一起官司。被告王梅和原告赵亮起初并不怎么熟，只是在一次聚会上彼此感觉不错，以后也没啥来往。谁知时隔不久，王梅有个小加工厂因为对外欠款太多，她就找到了在县公安局工作的赵亮，让他帮忙把款追回来。赵亮没有答应她。此后，王梅又多次找赵亮让其帮助追回货款，赵亮都没有答应。王梅并没有因此而罢休，她又到赵亮的家中、办公室找他，致使赵亮不能正常工作和生活。于是，在推脱不开后，赵亮以干扰自己正常工作和家庭生活为由把王梅告上了法庭。

这也是求人办事的另一个极端。我们女人要明白一个道理，如果别人确实有难处，不能提供帮助，我们也不要再强求对方。即使事情办不成，大家还是朋友，以后还要继续相处。

因此，我们要掌握求人办事的分寸。只有运用正确的方法，才能达到预期的目的。

保护他人自尊，学会委婉拒绝

在日常生活中，我们有时需要拒绝别人的要求。如果直接说出口，我们总是担心会伤害对方的自尊心，而使对方觉得伤心。因此，女人在拒绝他人时，要学会婉言谢绝。

举个例子。甲说："我想请你吃饭，可以吗？"而乙早有约会，于是微笑着说："谢谢！"

甲问："你是同意了？"乙只是微笑，欲言又止。

甲问道："你有约会啦？"乙仍然微笑着点头说："是的。"

甲只好说："这样真不巧，对不起！"乙又微笑着说："没关系！我感到很抱歉！"

乙没有用生硬的语言拒绝甲的邀请，而是巧妙而自然地以微笑代言，最后让甲亲口讲出了"你有约会啦"的疑问式，这样甲就知道乙之所以拒绝自己，是因为乙已经有了约会，并不是有意拒绝自己，心情就没有那么难过。

所以委婉地拒绝别人可以减少对对方心理的伤害。相反，如果不能采取合适的方法或相应的技巧来拒绝对方，就可能会给对方造成伤害，甚至引发怨恨和不满，最终导致人际关系破裂，让自己陷入被动的麻烦境地中。就算没有闹到很严重的地步，也可能因拒绝而使对方不愉快，长时间耿耿于怀，难以忘记。不管怎么说，满怀希望地去求别人，却遭受无情的拒绝，的确会令人十分难堪；又或者自信十足地去说服别人，却遭到严厉拒绝，这简直是令人无法承受的伤害。

意大利音乐家罗西尼生于1792年2月29日。因为每四年才有一个闰年，所以等他过第十八个生日时，他已经七十二岁了。在他过生日的前一天，一些朋友告诉他，他们集了两万法郎，准备为他立一座纪念碑。罗西尼听完后说："浪费钱财！给我这笔钱，我自己站在那里好了！"

罗西尼本不同意朋友们的做法，但又不好直接拒绝。所以，罗西尼只能对朋友的建议不置可否，含糊其辞。于是他，含蓄地拒绝了朋友们的要求，又不伤害朋友的好意。

这样的拒绝，在达到拒绝目的的同时，还能让对方愉快地接受。

聪明的女人不说"你错了"

不会说话的女人，当发现别人犯了错，就会毫无顾忌地说："你错了"。看到别人的错误，就不留情面地批评。例如"早就给你说，你错了，你就是不听。""是你把事情搞砸的。""谁像你那么不开窍，要我几分钟就做完了。"如此种种批评别人的话，谁听了都不会痛快。

俗话说："人活一张脸，树活一张皮。"因此，我们要学会为别人保住面子，即使别人犯了错误，也要懂得给人留面子。

20世纪30年代，美国经济危机期间，约翰的家像许多家庭一样陷入了贫困之中。约翰是家中最小的孩子，他的衣服和鞋都是哥哥姐姐们穿小了的，传到他这里，已经破烂不堪。

一天早上，他的妈妈递给他一双鞋，鞋子是褐色的，脚趾部分非常尖，鞋跟比较高，很显然是一双女式鞋。他虽然感到很委屈，但是他知道家里确实没有钱给他买新的鞋子。

快走到学校的时候，他低着头，生怕遇到自己的同学，笑话自己。突然，他的胳膊被一个同学抓住了，只听对方大声喊道："哎！快来看呐！约翰穿的是女孩子的鞋！约翰穿的是女孩子的鞋！"约翰的脸刷地一下就红了，他感到既愤怒，又委屈。

就在这时，玛丽老师来了，大家才一哄而散，约翰也乘机回了教室。

上午是玛丽老师的课，她给大家讲起有关牛仔的生活和印第安人的故事，大家听得津津有味。玛丽老师有个习惯，就是边走边讲。

当她走到约翰的座位旁边，她嘴里仍旧不停地说着。突然，她停了下来。约翰抬起头，发现她正在目不转睛地注视着自己的那双鞋，他一下子又感到无地自容。

"牛仔鞋！"玛丽老师惊讶地大叫道，"哎呀！约翰，这双鞋你究竟是从哪里弄到的？"

她的话音刚落，同学们立刻蜂拥了过来，他们羡慕的眼神让约翰快乐得近乎眩晕。同学们排着队，纷纷要求穿一穿他的"牛仔鞋"，包括先前嘲笑他最厉害的那位同学。玛丽老师没有直接对嘲笑约翰的那位同学说："你错了。"因为那样会让约翰更没面子，她采取了一个特殊的方式，保全了约翰的面子。

聪明的女人在说话的时候，懂得给人留面子，她们从来不会把话说死、说绝，使得自己毫无退路可走。

当别人犯了错误，脾气不好的女人会忍不住大发雷霆，当面指责批评对方。然而，过后却会很沮丧地发现，自己的"善意"不仅没有被对方接受，而且让对方产生了抗拒心理。

人都是有自尊心的，被批评总不是什么光彩的事情，尤其是当着众人的面，更会让被批评者"颜面扫地"，所以，会说话的女人从不说"你错了"。

张女士是一家工程公司的安全协调员，她的任务就是每天在工地上转悠，提醒那些忘记戴安全帽的工人们，开始的时候，她表现得非常负责。每次一碰到没戴安全帽的人，她就会大声批评，看到他们一脸的不高兴，她又会说："我这还不是为你好，对你负责，对你的家人负责？"工人们表面虽然接受了她的训导，但却满肚子不愉快，常常在她离开后就又将安全帽摘了下来。

公司的一位经理看到了这种情况，就偷偷建议张女士，不如换个方式去让他们接受自己的批评。于是，当张女士再发现有人不戴安全帽时，就问他们是不是帽子戴起来不舒服，或有什么不合适的地方，然后她会以令人愉快的声调提醒他们，戴安全帽的目的是为了保护自己不受伤害，建议他们工作时一定要戴安全帽。结果遵守规定戴安全帽的人愈来愈多，而且也不再像以前那样出现怨恨或不满情绪了。

我们要明白，批评是为了帮助对方认识错误，改正错误，积极把事情做好，而不是要制服别人或把别人一棍子打死，更不是为拿别人出气或显示自己的威风。只有这样，我们才能端正自己的态度，别人才乐于接受我们的批评。

有一次郁玲玲在保龄球馆和办公室的同事打球，对方是初学，球艺自然不行。出于好心，她便当教练教起对方来。打球过程中她一会儿说人家"真臭"，一会儿说"你这人看起来挺精明的，怎么学打球这么笨。脑子是不是进水了"。气得同事不客气地说："你说话可不可以含蓄点？""什么含蓄，你笨就笨嘛，还不让人说了，真是的！"就这样，同事气得转身走了。

本来一件很小的事情，却由于一个人说话太直接，而伤害了其他人。

言语可以是糖，客客气气地让人听了心里舒服；言语又能变成一把刀，刺得人心里流血。直言直语的女人会让人对她痛恨不已，甚至心生报复；而说话含蓄的女人则会使人对她心生好感。因此，在我们说话的时候，不妨在我们语言的刀子上加一把刀鞘，让我们的语言含蓄一些，不要冒犯别人，否则，这把刀子砍伤了别人后也会砍伤自己。

婉莹是一家公司的中级职员，她的工作绩效是大家公认的，可是一直升不了职，和她同年龄、同时进公司的同事不是外调独当一面，就是成了她的顶头上司。而且，别人虽然都称赞她"人好"，但她的朋友却并不多，不但下了班没有"应酬"，在公司里也常独来独往，好像不太受欢迎的样子。问题就在于她说话太直，总是直言直语，不加修饰，于是直接或间接地影响了她的人际关系。

只有愚蠢的女人才会不顾一切地去批评别人。作为女人，要懂得宽容，不要得理不饶人。可以从侧面委婉地指出错误，这样既能保住朋友的面子，也能让朋友乐意接受。何乐而不为呢？

谈及自己，才女也要谦逊

俗话说"木秀于林，风必摧之"。这告诉我们要时刻保持谦虚的态度。只有这样，路才能走得更远。

法国哲学家罗西法古说过："如果你要得到仇人，就要表现得比你的朋友优越；如果你要得到朋友，就要让你的朋友表现得比你优越。"当我们让朋友表现得比我们优越时，他们就会有一种得到肯定的感觉；但当我们表现得比他们优越时，他们就会产生一种自卑感，甚至对我们产生敌视情绪。

我们在工作中，经常会遇到这样的同事，她们虽然思路敏捷，口若悬河，但刚说几句话就让人感到狂妄自大。这类人多数都因自己太爱表现，总想让别人知道自己很有本事，处处都想显示自己的优越感，以为这样才能获得他人的敬佩和认可，殊不知这样做的结果只会在同事中失掉威信。

在职场，当我们处于优越的地位时，自然是可喜可贺的事。但是，如果因为这样，自己就得意洋洋，锋芒毕露，来显示自己的能力高，胜人一筹，无形中就会引起别人的嫉妒，让自己在无意中树敌。所以，我们女人应该学会收敛，特别是在同事面前，更应谦虚一些，不要刻意吹嘘。

小李是刚从大学毕业的新教师，对最新的教育理论较有研究，讲课也颇受学生欢迎，以致引起一些任教多年却缺乏这方面研究的老教师的嫉妒。为了改变自己的处境，小李故意在办公室同事面前大谈自己的劣势，说自己缺乏教学经验，对学校和学生情况不甚了解等，并非常诚恳地向老教师们强调："希望老教师们多多给我指教。"

就这样，小李自暴劣势后，终于有效淡化了自己的优势，衬出了其他老师的优势，减轻和弱化了他们对自己的不满。

老子曾说："良贾深藏若虚，君子盛德貌若愚。"商人总是隐藏其宝物，君子品德高尚，而外貌却显得愚笨。在职场中，如果你真的明显比同事强时，那么你在心理上一定要多贴近他们，不能与他们拉开距离，这样同事才不会嫉妒你，同时也会在心中承认你的"优势"是靠自己努力换来的。同时，你还要适当突出自己的劣势，减轻嫉妒者的心理压力，从而淡化危机。

现在职场竞争日益激烈，如果你锋芒过露，就会遭人嫉妒。因此，女人们不要在同事之中过于出风头，要持谦虚的态度。只有这样，你才能既出色地完成工作，又能赢得他人的赞赏。

Chapter 4

说话分寸得当，出言滴水不漏

在人际交往中，说话的艺术是非常重要的。所谓言多必失，要想做到说话有分寸，首先要把握住自己的嘴，话语不要太多。

聪明女人懂得有所言、有所不言的道理。但是，却偏偏总有些女人非常"热心"，喜欢捕风捉影，说些无根据的话，结果传来传去，就成了一把伤人的刀。

人们常说："敲鼓敲在点子上"，说话亦如此。只要你能把话说到对方的心坎上，即便是再不乐意，对方的心也会在瞬间化解而愿意帮助你。

话热过度反遭人反感

有时我们本来是表示对朋友的关心，但是一不小心，把话说得过热，对方反而觉得不自在，甚至还会怀疑你是不是有不良企图。所以，我们一定要掌握好说话的火候，不要过冷或过热。

赞美的语言不必多，但一定要精、要准。虽然大家都喜欢被称赞，但是如果你用一连串的赞美轰炸对方，恐怕对方只有想逃跑的愿望了。下面就是一个这样的例子。

原丽娜到一位年轻的小公司老板那里去推销保险。进了办公室后，她便赞美年轻老板："您如此年轻，就做上了老板，真了不起呀。能请教一下，您是多少岁开始工作的吗？"

"17岁。"

"17岁！天哪，太了不起了，这个年龄时，很多人还在父母面前撒娇呢。那您什么时候开始当老板呢？"

"两年前。"

"哇，才做了两年的老板就已经有如此气度，一般人还真培养不出来。对了，你怎么这么早就出来工作了呢？"

"因为家里只有我和妹妹，家里穷，为了能让妹妹上学，我就出来干活了。"

"你妹妹也很了不起呀,你们都很了不起呀。"

就这样一问一赞,直到赞到了那位年轻老板的七大姑八大姨,越赞越远了。最后,这位老板本来已经打算买原丽娜的保险的,结果也不买了。

后来,原丽娜才知道,原来那天自己的赞美没完没了,本来刚开始时,对方听到几句赞美后,心里很舒服,可是原丽娜说得太多了,使得他由原来的高兴变得不胜其烦了。

所以女人的赞美,要恰如其分、恰到好处,要让对方感到很舒服;赞美得多了,反而会过犹不及。

如果我们说话温度过热,对方就会产生反感,就会觉得你的话语没有诚心,甚至怀疑你之所以这样做,是因为你另有所图。倘若我们能够把握住言语的温度,就会收到很好的效果。

嘴下有卡,脚下有路

在人际交往中,说话的艺术是非常重要的。正所谓"话多必失"。女人要懂得有所言、有所不言的道理。但是,却偏偏总有些女人非常"热心",喜欢捕风捉影,说些无根据的话,结果传来传去,就成了一把伤人的刀。下面就是一个这样的例子。

戈玲和张莉是好朋友,张莉属于那种大大咧咧的人,平时爱说爱笑,对什么都不在乎,心里也装不住事。而戈玲则是属于敏感型的人,什么事嘴巴上不说,但心里却计较得很。

一次张莉看到戈玲的老公和别的女人在一起喝茶,就在和戈玲聊天的时候,开玩笑似的说:"昨天,我看到你老公与那个漂亮的女客户在一起吃饭呢,你可要小心点啊。"

戈玲听到这个消息,回到家就开始观察老公,越观察越觉得老公有问题,她终于控制不住,向老公开了火,两个人大吵一通,后来,戈玲跑去向张莉哭诉,没想到张莉说:"哎呀,我不过是开个玩笑,你怎么就当真了呢?那天我的确看到你老公与别的女人一起吃饭了,但是不只是他们两个啊,还有好多人呢。"

戈玲听了,心里非常不舒服,但又碍于面子,不肯向丈夫说出实情,结果使得夫妻关系越来越僵。

其实张莉原本也是无心的,但是无意中却成了戈玲夫妻二人的感情杀手。因此,我们要切忌:有些话不能说,有些话不能乱说。

英国思想家培根就说过:"交谈时的含蓄与得体,比口若悬河更可贵。"在社会交际中,人们往往会遇到不便直言之事,只好用隐约闪烁之词来暗示。

美国经济大萧条时期,有位17岁的女孩很幸运地在一家高级珠宝店找到了一份销售珠宝的工作。这天,店里来了一位衣衫褴褛的青年人,只见那人满脸悲愁,双眼紧盯着柜台里的那些宝石首饰。

这时，电话铃响了，女孩去接电话，一不小心，碰翻了一个碟子，有六枚宝石戒指落到地上。她慌忙拾起其中五枚，但第六枚怎么也找不着。此时，她看到那位青年正诚惶诚恐地向门口走去。顿时，她意识到那第六枚戒指在哪儿了。当那青年走到门口时，女孩叫住他，说："对不起，先生！"

那青年转过身来，问道："什么事？"

女孩看着他抽搐的脸，一声不吭。

那青年又补问了一句："什么事？"

女孩这才神色黯然地说："先生，这是我的第一份工作，现在找工作很难，是不是？"

那位青年很紧张地看了女孩一眼，抽搐的脸上浮现出一丝笑意，回答说："是的，的确如此。"

女孩说："如果把我换成你，你在这里会干得很不错！"

终于，那位青年退了回来，把手伸给她，说："我可以祝福你吗？"

女孩也立即伸出手来，两只手紧握在一起。女孩仍以十分柔和的声音说："也祝你好运！"

那青年转身离去了。女孩走向柜台，把手中握着的第六枚戒指放回原处。

这原本是一起盗窃案，按照人们一般的处理方法，不外乎大呼大叫，大喊抓贼。而这位女孩却用一番彬彬有礼的言语暗示，达到了使小偷归还偷窃物的目的。试想一下，如果女孩按照常规同样大喊大叫，能有这样的结局吗？绝对不可能。说不定她还会为此受到伤害。

因此，女人说话必须讲究技巧，做到嘴下有卡。说话要点到为止，不要伤害别人的自尊心，要善于洞悉谈话的情景，这样才会使你的语言得心应口。

女人说话一定要点到为止

人们常说："敲鼓敲在点子上"，说话亦如此。如果能够把话说到对方的心坎上，即使是再不乐意，对方的心也会在瞬间化解而愿意提供帮助。

陈倩是一个银行职员，27岁了仍然单身，她的朋友帮她介绍了一个对象辉。约会的时候，辉是充满自信的，他的条件优越：外语学院毕业，后又出国进修，目前开着一家翻译公司。辉满脸的春风得意让陈倩很不自在，辉过分的彬彬有礼更让陈倩不习惯。

晚上回到家后，陈倩便接到女友的电话，女友说，辉对她印象好极了。接着，辉的电话便打进来，言谈也是礼貌周全。陈倩说："你很优秀，而我不过是一个普通的银行职员，我觉得你应该找个比我更优秀的女孩。"

辉对自己的失败是意外的。对于这类成功男人，陈倩的拒绝方式是对的，就是先夸捧他，然后告诉他，自己害怕高处不胜寒。这样既没有伤害对方的自尊心，又达到了自己的目的。

多数女人有了不满的时候，总是容易抱怨，而抱怨并不能让对方接受，甚至会对你产生反感。那么，不如换个方式，用一种诙谐的方式把你的不满表达出来，这样对方更容易接受。我们说话要做到点到为止，温和的批评方式更容易让人接受。所以，聪明的女人会选择诙谐的方式表达自己的不满。

张莉发现丈夫对自己越来越不够重视了，白天他忙着工作，忙着应酬，晚上回来又忙着看电视、上网、聊天、看小说，跟自己说话的时间都没有了，更别提关心自己和孩子了。张莉一直想和丈夫商量着把孩子送幼儿园，却一直没有机会和丈夫谈。

一天晚饭后，张莉问丈夫："晚上准备做什么呢？"

"看电视呀，新闻时间马上就到了。"

"看完电视以后呢？做什么？"

"嗯，我想想，对了，一个老朋友今天约我上网呢，好久没见了，他刚买了电脑，想和我聊会儿。"

"然后呢？"张莉问。

"没有了。"

"那当你办完这些事之后，能不能帮我做点儿事呢？"

"好啊，什么事？"丈夫答。

"陪我聊一会儿，我想给你说说孩子的教育问题。"

丈夫一听，立刻认识到自己的错误，向她道歉说："亲爱的，对不起，最近我对你关心不够。"张莉可谓是极具讲话的技巧。她没有明确表明自己的态度，而只是委婉地表示了自己的看法，但是却达到了预期的目的。

因此，要想获得为人处世的成功，最好做到点到为止。学会在说话时巧妙地拐个弯儿，千万不要"乱放炮"。因为每个人都需要自尊，需要面子。直来直去，实际上就是"不给面子"，使对方心中不快，以致造成双方关系破裂，甚至反目成仇。

会说话的女人，说话时，总是三言两语见好就收，不忘给对方留下一定的余地；不懂得说话的人，往往总是不肯善罢甘休，非要将对方批评得体无完肤不可，结果是过犹不及，往往将事情推到了反面。所以，我们在生活中要掌握说话的技巧，要学会点到为止。

学会真诚赞美他人

每个人都有自己的优点，找到并发自内心赞美他人的优点，会让我们交到很多朋友。但是，聪敏的女人，必须记住，赞美并不等于阿谀奉承，赞美是发自内心的。

会说话的女人往往是善于赞美别人的女人，她会抓住对方身上最闪光、最耀眼、最可爱而又最不易被大多数人重复赞美的地方，为对方带一顶受用的"高帽"，让他有"飘飘然"的感觉。

有一次，业务部门接了新加坡一家公司的上亿元的大单子，张美心想如果这个单子谈成了，那么这个月就会超额完成任务。可是谈判的过程是非常艰难的，对方的负责人刘总监提出很多要求，而且还百般刁难。这让负责洽谈的人感觉非常棘手，一时想不到更好的解决方法，就这样陷入了僵局。

张美作为业务部的总监压力颇大，决定自己亲自出马。3天后的一个晚上，张美和公司老总一同约请刘总监一行共赴晚宴。席间大家相谈甚欢，彼此抱怨在商场打拼的不易，都没有提到那个单子的事情。晚宴结束后，饭店经理进来拿个很大的签名簿和软笔，说请大家留言题字多给饭店提些宝贵的意见。刘总监大笔一挥，留下几行潇洒飘逸的书法，让随行的人不由的鼓起掌来。张美紧接着说："没想到刘总监能写出这么漂亮的书法，真是让人钦佩啊！不知道您是拜在哪个书法大师的门下学习的？"此时，刘总监虽然表面上不动声色，但是内心里已经是如糖似蜜了。"我哪拜什么书法大师啊，就是自己喜欢书法艺术罢了，工作之余也就是喜欢写几个字，怡然自乐坚持了10多年了，张美女士过奖了！"大家在欢乐的气氛中分手了。

第二天，张美就接到刘总监的电话，很是客气地告诉她这个单子他们做，其他的要求就不提了。

从上面的例子可以看出：也许在其他人看来，对方负责人能写一手好书法，没什么值得大加赞美的；但张美却能抓住对方的这个"闪光点"，适时而有度地进行赞美，并因此向对方表示了特别的肯定与敬佩，从而满足了对方那么一点虚荣心，也使对方心里异常地高兴，单子的谈成自然是水到渠成的事了。

世界上没有人会对别人的赞美无动于衷，只不过有人会赞美他人，有人不会而已。大文豪肖伯纳曾说过："每次有人吹捧我，我都头痛，因为他们捧得不够。"可见，高帽子是人人爱戴的，关键是赞美的人能不能抓住对方的闪光点。

有位企业家说过："人都是活在掌声中的，当部属被上司肯定，他才会更加卖力地工作。"法国的拿破仑就非常知道赞美的力量，而且他也具有高超的统帅和领导艺术。他主张，对士兵要"不用皮鞭而用荣誉来进行管理"。

其实，每个人的性格不同，心理不同，所需要赞美的地方也是不同的。会说话的女人不会给两个人同样的赞美，而会为对方量身定做一个最合适的"高帽"。

一天，化妆品推销高手林攻去服装商店找一个卖衣服的朋友，正巧有两个女孩在那里挑选衣服。一个烫着金色卷发，一个披着黑色直发。

金发女孩试穿了几件衣服，最后选中了一件，黑发女孩说："这件款式土气，我觉得刚才你放下的那件衣服的扣子挺漂亮的。"金发女孩听了有点生气："那是什么破衣服，扣子难看死了。"

这时，林玫走了过去，面带笑容对金发女孩说："这件衣服的领子很漂亮，衬得你的脖子像高贵的公主一样有气质，要是再配上一条项链，那就简直完美极了。"金发女孩很高兴，因为她也是这么想的，黑发女孩在旁边选衣服没有吭声。

林玫拿了另一件衣服，对黑发女孩说："其实你可以试一下这件，它特别能衬托出你优美的身材。"黑发女孩也高兴起来了。

"当然，要是你们的脸上肤色再稍为护理一下，会显得气质更加优雅。"三人就开始聊起了美容化妆的话题，这是林玫最擅长和最希望的。当然，后来两人都成了她的忠实顾客。

买衣服的时候，如果别人说："哎呀，你穿着可真合适，像专门为你量身定做的一样。"那我们的心里都是高兴的，也多半会欣然买下来。量身定做说明是合体的、合适的，最重要是具有唯一性，专门为你定做的，这就显示出了对你的重要性。赞美的时候，如果你对不同的人都用同样的语言去赞美，那么效果一定好不到哪里去。而为别人量身定做一顶"高帽"，效果自然不用说。

当我们真诚地赞美别人时，对方也会由衷地感到高兴，并对我们产生一种好感。所以，在交际的过程中，女人们要学会赞美和欣赏别人。这样，别人才能感受到我们的热情，从而增进双方的关系，拉近彼此的距离。

言多语失，适度沉默

职场说话，学问万千，最高的境界却是要少说话、说少话，甚至适当沉默。

常言道：贵人语迟，言多必失，沉默是金，都无不是告诫人们要少说话。说出去的话犹如泼出去的水，覆水难收，不好的话，说出去，就像钉在木头上的钉子，即使拔去，即使不断道歉取得谅解，也会留下钉眼，难以复原。

总公司的市场经理刘燕初次来办事处指导工作，中午请部门同事一起吃饭，席间谈起一位刚刚离职的副总王莉，入职不久的李乐心直口快地说王莉脾气不好，很难相处。刘燕说："是吗？是不是她的工作压力太大造成心情不好？"李乐说："我看不是，三十多岁的女人嫁不出去，既没结婚也没男朋友，老处女都是这样心理变态。"

闻听此言，刚才还争相发言的人都闭上了嘴巴。因为，除了李乐，那些在座的老员工可都知道：刘燕也是待字闺中的老姑娘！好在一位同事及时扭转话题，才抹去刘燕隐隐的难堪。

所以在和同事交往过程中一定要把好口风，什么话能说，什么话不能说，什么话可信，什么话不可信，都要在脑子里多绕几个弯子，心里有个小算盘，这样才能够与大家和谐相处，避免犯下不可挽回的错误。

一个懂得沉默的女人，才会受人欢迎；而一个喋喋不休的女人，像一只漏水的船，每个乘客都会纷纷逃离。

俗话说：有道德的人，绝不泛言；有信义者，必不多言；有才谋者，不必多言。我们说话也要适量，没有把握的事不要乱开口。

有这样一个例子。上司把一项工作交给一位下属，这项工作是有相当的困难，上司问她："有没有问题？"她拍着胸脯回答说："绝对没问题，包您满意！"过了几天，没有任何动静。上司问她情况怎样，她不好意思地说："不如想象中那么简单！"虽然上司同意她继续努力，但对她的随便"拍胸脯"已表示有些反感。

在任何场合，说话要言之有物，否则便应少说。我们要说自己心灵深处衷心之话，说自己有把握的话，说能够启迪人的话。无中生有的话不要说，恶言恶语不要说，伤感情的话不要说，造谣中伤的话不要说，粗言腐语不要说。

作为职场女性，尤其是新人，初来乍到最好少开口，以避免言多有失。沉默寡言的女人固然给人不合群、孤僻的感觉。但是与喋喋不休的女人比起来，后者更令人讨厌。所以，会说话的女人善于言谈却也懂得适可而止，该保持沉默的时候就保持沉默。把话说得太绝就像把杯子倒满了水，再也滴不进一滴水。凡事总有意外，因此，话不要说得太绝，要给自己留条路。该说的说，不该说的不要说，以免招来麻烦，给自己的工作带来影响。

莫回肯定答案，要留有余地

很多女人经常会遇到这样的情况：当我们答应了朋友要做某件事情，可是后来却发现，自己根本没有那个能力或者根本没有时间去做，这时，如果你告诉朋友，你不能帮忙了，朋友肯定会说你没有信用；如果你做了，你又觉得委屈。所以，唯一的方法就是，我们不要立刻给予肯定的答案，而要留有余地。

某单位一名职工找到车间主任要求调换工种，车间主任心里明白调不了，但她没有马上说"不可能"，而是说："这个问题涉及到好几个人，我个人决定不了。我把你的要求带上去，让厂部讨论一下，过几天答复你，好吗？"

这样回答的目的，就是让对方明白：调工种不是件简单的事，存在着两种可能，使对方思想有所准备，这比当场回绝效果要好得多。

在一般情况下，当对方向你提出请求后，为了不伤害对方的颜面，你最好不要当场拒绝，不妨说："让我再考虑一下，下周再答复你。"这样，当你做不到的时候，不至于落下不守信用的坏名声。

一家汽车公司的销售主管在跟一个大买主谈生意时，这位买主突然要求看该汽车公司的成本分析数字，但这些数据是公司的绝密资料，是不可能让外人看到的。但是，如果当时就拒绝给这位客人看，势必会影响两家和气，甚至会失去这位大买主。此时，这位销售主管并没有说"不行"之类的话，而是婉转地说："这个……好吧，下次有机会我给你带来吧。"知趣的买主听过后自然就不会再来纠缠了。

让答案消失在等待中的拒绝技巧是以不便直接拒绝为前提的，使对方心理提前做好准备。

有一次，李梅向王美借贷，王美不想借给她，但又不好当场拒绝，于是就敷衍她道："好。再过一段时间，等我的房子的租金收上来了，我就借给你钱。"

王美不说不借，也不说马上借，而是说等收租后再借。这话含有多层意思：一是目前没有，现在不能借；二是我也不富有；三是过一段时间不是确指，到时借不借再说。李梅听后已经很明白了，所以也没有心生怨恨。因为王美并没有直接说不借给他，只是说过一段时间再说而已，也让她不至于太伤自尊。

总之，在生活中，拒绝朋友提出的要求，都会让朋友心里感到不快。但是，如何才能让不愉快降低到最低程度，使双方的交往关系进入一个柳暗花明的境界呢？我们女人就要学会婉拒。

女人，自嘲是你的"球拍"

在烦琐的生活中，每个人的境遇不可能总是一帆风顺，总有不尽如人意的时候。遇到这种情况，如不妥善处理，就会积怨斗气。聪明的女人懂得化解这些矛盾的有效方法就是自嘲。

某著名女演员嘴巴长得大，她常常自暴其丑，取笑自己的大嘴巴。一位发胖的女演员，拿自己的体形开玩笑："我不敢穿上白色游泳衣在海边游泳。我一去，飞过上空的美国空军一定会大为紧张，以为他们发现了目标。"一句自嘲，摆脱了窘境，大家反而觉得这位胖女士有可爱的性格和豁达的心胸。

上面就是典型的自嘲的例子。通过嘲笑自己的长相、缺点、遭遇等，为自己解围，因此，女人自嘲在论辩中有特殊的表达功能和使用价值。

某个女作家写作太累，在开会时就睡着了。渐渐地，她的鼾声大起，逗得与会者哈哈大笑，她醒来发觉其他人在笑自己。一位同仁说："你的'呼噜'打得太有水平了。"她立即接茬说："这可是我的祖传秘方，高水平的还没有发挥。"如此在大家的哄笑声中替自己解了围。

本来当众打呼噜十分不雅，但是那位女作家却利用自嘲，巧妙了解决了这一问题。以自我嘲弄的形式，自贬自抑，堵住别人的嘴巴，摆脱窘境，从而争取了主动。

所以当交谈陷入窘境时，逃避嘲笑并非良方，怒不可遏地反唇相讥也会遭到更多的嘲讽，不如来个超脱，自嘲自讽，反而显得豁达和自信。这种超脱既使自己摆脱了"狭隘的自尊心理束缚"，又堵住了别人的嘴巴。

自嘲，是女人幽默的最高层次，口才好的女人善于取笑自己，从而消释误会，抹去苦恼，感动别人，并获得自尊自爱。女人自嘲，能增添情趣。在一些交际场合，运用自嘲可以增添乐趣，融洽气氛，增进彼此的了解和友谊。多来点诙谐的自嘲，心中就无怨气，就能与人和谐共处。

因此，在与朋友相处的过程中，我们女人要学会自嘲，用自嘲来缓和矛盾，用自嘲来赢得对方的好感。

如遇言语失当，及时灵活弥补

我们每个人都有说错话的时候。当我们发觉我们说错话的时候，就要及时弥补，免得与朋友同事的关系越来越僵。

任何人都有说错话的时候，关键是我们要及时发现自己的错误，并且要尽量在别人不知道或者没有发觉的情况下，悄悄去弥补。女人要懂得有错就改。

每个人都会犯错误，但我们要及时弥补，把损失降到最低。我们没有必要一直后悔，对自己所犯的错误耿耿于怀，而要学会向前看。只要及时弥补自己言语的错误，我们仍可以赢得大家的欢迎。有这样的一个例子。

刘女士是一家馄饨馆的老板。一次，一位中年妇女等了半天才占上位置，要了一份自己爱吃的馄饨。很快馄饨就端了上来，她想先尝一口汤。可是，由于太急，汤的味道刺激了她的呼吸道，随着"啊嚏"一声，她的唾沫和汤同时喷在坐在对面顾客的身上和碗里。这可惹火了这位顾客，他"呼"地一下站了起来吼道："你怎么乱打喷嚏！"

中年妇女也被自己的不雅之举惊呆了，赶紧向对方赔礼道歉。待自己缓过神来后，马上对着老板刘女士喊道："我告诉你不要放辣椒的，你干吗在里边放辣椒？你赔我的饭钱，我还要赔人家的饭钱呢！"刘女士马上问伙计，伙计也很委屈，他明明就没有放辣椒。

周围的群众都开始七嘴八舌，闹得沸沸扬扬。最后刘女士感到不能这样下去，就赶紧打圆场，对着厨房手一挥："算啦！再下两碗馄饨，钞票都免啦，只要大家和气，才能生财嘛！"

两位顾客这才平静下来表示接受。此后，他们还和刘女士成了朋友。有时候，当双方都处尴尬之时，如果你从旁边巧妙地打个圆场，那么凝滞的气氛就会变得轻松。

常常我们会因为自己口误说错了话，或因为不了解对方的性格而说错了话，引起对方的不满等等。那么这时，我们最需要做的就是，及时弥补自己言语中的错失，重新做一个受欢迎的人。

Chapter 5

学会低调做人，谦虚谨慎为人

现在社会，竞争越来越激烈，你周围的每个人都可能是你潜在的竞争对手。如果你随便告诉别人你的情感、甚至隐私，很可能有一天这些就会成为对方击败或伤害你的把柄。职场上，与同事保持友好的关系是必要的，但不要把同事当作无话不谈的好朋友，不要随便透露自己的隐私。

不要在同事面前炫耀自己

我们接触的朋友们，无论在工作上还是待人接物过程中，通常会有两种姿态，一种是恃才傲物，另一种是认真低调。一个真正有吸引力的人，绝不会刻意炫耀自己。大多数人不愿与恃才傲物的人为伍，只有认真谦虚的人才更具有吸引力。不同的处世态度，不同的看法，不同的心态决定了他们不同的命运。我们应该学会拿起别人半满的杯子，将那半杯水倒进自己的杯子里，让自己更加充实。

小芳是一个精明能干的人，她很早就参加了工作，博览群书，学识渊博，在大家眼中是个公认的人才。可是，她常常恃才自傲，动辄与人发生纠纷，平时又极爱炫耀自己，同事们对她极为反感，认为她自以为是，过于固执。

有一次，她奉调前往某科，刚到那里时，还比较服从管理，工作也认认真真，业绩也很不错，很快就登上了主任的位置。这时，她有点目空一切了，经常嘲讽自己的领导，认为自己的科长没有什么能力，思想僵化，不懂得创新。

有一次，她认为一项具体的工作流程应该改进，就向科长表达了一下自己的看法，但没有受到重视，科长反而认为她多管闲事。她一气之下就私自违犯工作流程，按自己的想法做了。科长发现之后批评了她，可她对科长的批评置若罔闻，不但不改，反而认为科长有私心，就和科长吵翻了。她认为像自己这样才华横溢的人得不到重用真是冤枉，所以出言伤人，丝毫不肯退让。结果可想而知，这个科长向上级告了一状，说她恃才傲物，不服管制，不久，她就被单位解雇了。

不够谦虚、恃才傲物的女人总喜欢把自己的意志强加到别人头上，以自己的态度作为别人态度的"向导",认为别人都应该佩服并听从她的看法或意见,稍有违背,则认为自己聪明而别人愚笨。这样的女人,只关心个人的需要,在人际交往中表现得也很自负。高兴时海阔天空,不高兴时则不分场合乱发脾气,全然不考虑别人的情绪。她们凡事只以自己为中心,总认为自己是最杰出的人物,瞧不起"我"之外的所有人。她们往往固执地坚信自己的经验和意见,从不轻易改变态度。在我们的工作和生活中,这样的人还不少。她们之所以如此,就是因为缺乏率直的心胸和谦虚谨慎的心态。可是那些真正有学识、有修养的大家,从来不会在别人面前过分表现自己过人的一面,而是非常谦虚、平和。

媛媛就是这样一个例子,她本来前途一片光明,可是后来,却被成绩冲昏了头脑,失去了自己的工作,毁掉了自己的美好前途。

媛媛大学毕业后,就去了美国一家大公司工作。刚开始,媛媛聪明而且能干,公司的大小事情都抢着干,无论谁找她帮忙,她都很热情,得到了同事和领导的认可,很快被提拔为某部门的负责人。她的事业前景一片光明。但是,自从媛媛当了部门负责人后,整个人就变了。也不爱跟人说话了,有时候跟人说话摆出一付领导的架子。办公室的人们开始议论,觉得媛媛变化太大了。媛媛以前的吃苦精神不见了,开始学会偷懒,还经常在同事面前炫耀:"我看时装秀,总经理从来不说我。"但是,她没有想到,倒霉的事情要发生了。

有一天下午,时装秀节目又开始了。此时的媛媛虽然人坐在办公室里,但是心却早就飞走了。她草草处理完手头上的工作后,就想去找个有电视的房间看一会儿节目,可是她又很清楚,公司的劳动纪律是非常严格的,如果她擅自离岗被发现的话,就会被开除。但是,媛媛转念一想:"总经理对我很放心,一般不会来查我的岗,我只看一会儿就回来。再说,如果被查到,总经理也会原谅我的,我一直工作很卖力。"于是她没有控制住自己看时装秀节目的欲望,擅自离岗半小时,殊不知,这半小时却足足影响了她一生的走向。就在媛媛尽情地欣赏着自己喜爱的节目时,许久不曾到下面各部门走动的总经理,很随意地走进了她的办公室,并在她的办公桌前坐了十分钟,却一直不曾见到她的影子。于是,总经理动怒了,他在媛媛的桌子上留了一张纸条:"媛媛小姐,既然你那么喜欢时装秀节目,我看你还是回家尽情地欣赏好了——威廉·斯通。"因为这次失误,媛媛丢掉了自己的工作。

媛媛失业后,后来又辗转应聘了几家公司,但始终未能找到适合自己的位置,最后她长时间失业在家。

接替媛媛职务的是她的同事晓丹,无论是工作经验还是办事能力,都明显逊色于媛媛。若不是媛媛被辞退,恐怕她只会是一个默默无闻的小职员。但15年后,晓丹却成了拥有30万员工、子公司遍布50多个国家的大集团总裁,成了世界级的管理大师。

谦虚和低调是避免自大、避免自负的法宝,只有丢掉恃才傲物的臭毛病,怀有谦虚好学、低调做人的好品行的女人,才能在交往中得到更多人的支持。

用尊重口吻与"老资格"交谈

新人一进入职场,最怕遇到喜欢倚老卖老的同事,处处干涉、事事指导,无法好好施展自己的能力,总是被老同事牵制。会倚老卖老的同事,通常是年资够久、经验丰富的人。这样的人通常手中都握有筹码,才敢如此倚老卖老。他们确确实实有过人的技术技能,但可能因为缺乏领导的特质,或是广大的格局与视野,而未获得升迁。虽然不是领袖人物,但在实务操作上都称得上"师父"甚至"师爷"级别,更可以称得上是部门的意见领袖,因而在团队里仍有根基很深的影响力。我们对这种"老资格"要倍加尊重,才能减少自己的麻烦事儿。

小王来到这家公司已经有几个月了。根据她的观察,她所在部门的同事老张年过四十,是个一丝不苟的人。早上谁迟到了五分钟,谁的办公桌没有打扫干净,他都一清二楚。这天,他慢条斯理地走近小王身边开口了:"小王,你写的这份宣传资料我看了,你看看,标点符号用错了多少?这样的东西如果拿给总经理看,他对我们会是什么印象?标点符号跟汉字一样,是我们从小到大都在学的东西,这都用不好……"老张滔滔不绝地批评着小王的用"标"不当,小王只有听着的份。

从那以后,小王做事分外小心。早上第一个到,下班最后一个走,写每一份资料都仔细斟酌,打每一个电话都用心揣摩,力求做到最好。久而久之,这样做的结果是,在几个一同进公司的年轻人当中,老张对小王特别欣赏,经常在业务上对她进行指点,小至一份合同的撰写,大至跟客户打交道的技巧。除此之外,老张对公司的一些人际关系也向她说明,避免小王无意中卷入"派系"斗争中去。

小王感叹:姜还是老的辣!如果自己自恃能力强,大而化之,不愿意认真对待每一件小事,不把老员工放在眼里,那么倒霉的很可能是自己!

在每个公司里,都有老张这样的老员工存在,他们年纪相对较大,对公司忠诚,做事认真,严于律人律己,力求做到完美。这样的人对刚进公司的新员工抱有很高期望,希望新员工能够给公司带来新气象和活力,当新员工不能达到自己的要求时,他们往往"恨铁不成钢"。要想获得这种老员工的好感,不用奉承,不用套近乎,只要兢兢业业地做好自己的本职工作就行了!

其实,公司的老资格,如果换个角度看,也是你学习的对象和榜样。爱默生说过一句话,大致意思是:在我生命中,我认识的每一个人,或多或少是我的老师,因为我从他们身上学到了东西。其实这也就是孔子所说的"三人行必有我师"。每个人身上都有你值得学习的地方。尤其是他们与你生活在同一个环境中,大家从事着类似的工作,你就更容易发现自己有需要向他们请教的地方。在公司时间稍稍一长,你就能感悟到学习的重要。并且,辅导你的人就在你身边,细细想来,公司每一位同事都极具特点,他们身上都有那么多值得学习的地方,而且每一天都在言传身教。不要自以为是地把同事分为好同事坏同事,或许他们每个人身上都有你所缺乏的特质。

公司里往往还有一些"老资格"是只出工不出力的老油子,他们虽然德不高望不重,但在新人面前却异常地喜欢倚老卖老,他们很需要得到新人的尊重。如果在这一点上得不到满足,他们就会鄙夷新人,贬低新人的资质,恶意扭曲新人的成绩,破坏新人的名誉,成为新人在晋升路上的"拦路虎"。

不管是哪种类型的老资格,对于一个刚刚出道的新人来说,对他们倍加尊重总是没错的,这样可以让那些有实力的老资格欣赏你,从而愿意指点你,甚至成为你今后发展铺路的老前辈;尊重老资格,还可以让那些没什么本事但是在单位里有话语权的老资格不会看你不顺眼、不会排挤你,这样你往后的路也就顺多了。

敢于说"不",但要讲求技巧

在生活中,很多女人常会遇到这样的情况:遇到朋友的要求,你无法满足的时候,你会怎么办呢?我们要学会拒绝,要大胆地拒绝。但是,拒绝要讲究一定的方法,否则会伤害朋友间的感情。

我们经常会听到同事这样说:"这种事情恕难照办","我实在没有钱借给你"。在遭受这样的断然拒绝后,尚能客气地说"既然如此,那就不打扰你了,对不起"的人恐怕不多,一般人必定会恼羞成怒或拂袖而去。这是人之常情。

女人总是心软的,面对同事的请求,几乎是照单全收,害怕拒绝会给彼此的关系带来不利影响。帮助同事本来是好事,可是面对同事的一些不合理请求,就应该学会拒绝。办公室里,多数女人都害怕或者不愿意拒绝同事的请求,因为她们害怕失去良好的人际关系。所以在面对同事不合理请求的时候,常常感到为难,以致每次都心软地接受。

快下班的时候,吴佩接了一个电话,一听连撒娇带耍赖的语气就知道是阿美,她说:"亲爱的,救救我吧,帮我写个方案,客户已经催了好几次了,可是我实在是没有时间啦,你知道杰最近在追我,我也很喜欢他,你帮帮我,就算支持我的爱情啦……周末我请你吃韩国料理!"

阿美是吴佩在公司里最好的朋友,属于那种嘴巴很甜的女人。她这已经不是第一次求助吴佩了,她下班就忙着去约会,常常把做不完的工作推给吴佩。每次,吴佩都想拒绝,可是听到她一句一个亲爱的,那能把人融化的热情,都不知道该怎么开口说"不"。

作为好朋友相互帮助是应该的,但拒绝会不会让自己失去这个朋友呢?办公室里的同事,需要相互帮助的时候很多,在力所能及的情况下,我们帮助同事是非常必要的,这样做也会给我们带来很多的益处,比如良好的人际关系和高效的工作。但也有一些人,会提出一些不合理的请求,那么怎么办呢?

一些女人也许会直接拒绝,这不是一个好的选择,很可能会影响你和同事以后的关系,甚至会得罪同事。怎么样才能做到既拒绝了同事又不伤和气呢?

首先,我们应当先认真倾听对方的情况,然后再说"不"。当同事向你提出请求时,他们心中通常也会有不同程度的不好意思,担心你拒绝,担心给你带来麻烦。因此,在你决定拒绝之前,要注意倾听,请对方把处境与需要,讲得更清楚一些,自己才知道如何帮他。然后,应该对他的难处表示理解。

一般说来,采取拒绝行为的人是站在有利立场上的,如果因拒绝的方法拙劣,从而导致人际关系的破裂,甚至引起各种纠纷,实在是令人感到可叹可惜。纵使没有闹到这种地步,长时间因拒绝而引起的疙瘩将使对方不愉快并很难忘怀。在被拒绝者的心里,仍然会很失望,会感到失落。的确,满怀希望去请求别人,却遭受无情的拒绝,委实令人难堪。因此,我们在工作中,要学会巧妙地拒绝同事的要求。

孙丽当上某银行人事处处长后,就忙了起来,很多人都登门来求她帮忙,让她很是头疼。有一天,又有人来到孙丽家,这次来的人还是她的老同学。"我儿子大学毕业一年了,工作一直不顺心,想换工作,所以来找老朋友想想办法。"老同学开门见山地说。孙丽问:"他学的是什么专业?"老同学把儿子的资料递给孙丽,看过资料后,孙丽知道自己帮不了,因为不仅专业不对口,这个孩子的外语水平也不行,这明显不符合银行的要求。但是孙丽也清楚,不能直接拒绝,否则就太不给老同学面子了。于是她说:"真是不巧,我们最近没有招聘人的计划,不过你别担心,我认识一个朋友,可以看看他那里是否在招人。"说完,孙丽把朋友的联系方式抄了一份交给老同学。虽然没有办成事,但那个老同学还是很感谢孙丽。

因此,当你的朋友要求你做某件事,而你又偏巧无法做成这件事,或者你不确定你自己能否帮上忙时,但直接的拒绝可能又会伤害到对方,让对方误以为你不尊重他,所以,给他介绍另一个选择,不失为一个比较好的方法。

例如:周末的时候,你的朋友想让你陪她去逛街,可是你不愿意去人多的地方,此时的你,就可以建议:"今天天气不错,不如去郊外走走吧,呼吸一下新鲜的空气。"这样做,你不仅巧妙地拒绝了对方,还不会让对方觉得你是在拒绝他。

直接的拒绝既然可能伤害对方,又可能伤害了朋友间的友谊,这样,我们不如选择一种间接地拒绝方式,这样,双方都会觉得舒服。

小楠在相亲派对上认识了一个男士,开始两人相处得还不错。但是,小楠很快就发觉两人性格不合,打算找借口断绝和对方往来。"下周末我们还去郊外钓鱼怎么样?"临分别的时候,那个男士又邀请小楠。"下周我们一直都要上班,周末也是。""那就再下周了。""那就再说吧,最近总是在周末出去玩,我周一上班都没什么精神,我要回去休息了。"说着,小楠还适时打了一个"哈欠"。对方马上意识到了小楠的意思,于是不再和小楠联系了。

因此,我们要懂得选择合适的拒绝方式,避免双方的激烈对抗。采用合适的拒绝方式,可以使矛盾得到一定的缓和,把硬性的锋芒掩盖起来。和直接拒绝相比,它减弱了带给对方的攻击,给被拒绝者留下一点余地,不至于让对方太丢面子。我们要学会间接地拒绝他人。

聪明出色的女人应该明白，拒绝是一门艺术，它最核心的原则就是无论用什么样的方法，一定要让对方感受到你的真诚和善意，从而取得理解和共识。

聊天要注意避开别人的短处

没有笑声的生活和没有幽默感的女人都是无味的。在人际交往中，开个得体的玩笑，可以松弛神经，活跃气氛，营造出一个适于交际的轻松愉快的氛围。但是，我们女人在聊天的过程中，千万不能碰到别人的痛处，否则只会适得其反。

我们每个人都有自己的忌讳，也都讨厌别人提及。有时候，即使是赞美他人，也可能不小心冒犯了对方，引起对方的反感，有时可能还会招来怨恨。

公司的小刘天生秃顶。一天，几个同事在一起聊天，得知小刘的发明专利被批准了，小丽快言快语地说道："你小子，真够牛的，真是'热闹的马路不长草，聪明的脑袋不长毛'。"说得大家哄堂大笑，小刘却不好意思地红了脸。

这个故事告诉我们：我们不可以拿别人生理上的缺陷来做开玩笑的资料，如斜眼、麻面、跛足、驼背等。别人是不幸的，你应该给予同情才是。

虽然聊天中开玩笑的人动机大多都是友好的，或许小刘自己也明白这个道理。但很多时候，自己还是不能忍受别人拿自己的缺点开玩笑。

因此，开玩笑，也要把握好分寸和尺度，否则，就会产生不良后果。正所谓"说者无心，听者有意"。因此，在聊天中掌握一些分寸是很有必要的。

不要不分场合、场所地开玩笑，如果场合不对，玩笑则不仅无法达到效果，而且还可能受到别人的讪笑，甚至于引起别人的反感。

当你出席一位朋友父亲的葬礼时，如果你安慰朋友说："你的先生一定是个很坚强的人，因为他父亲是个有名的石匠呀！"将石匠和坚强联想在一起的幽默，固然无可厚非，可是由于使用的场合不对，结果只能是使得周围的人感到气愤：这个人怎么如此没常识？大家都这样伤心，而他一个人却嬉皮笑脸！如果换成另一种场合，效果也许就大大地不同了。

有种族歧视性以及嘲笑残疾人的笑话都不适当，因为这可能会冒犯到别人。例如，拿别人的生理缺陷开玩笑，这是在故意揭别人的"伤疤"，把自己的快乐建立在别人痛苦之上。

恶作剧可能会导致意外，而且不是每个人都能够接受。例如：捕风捉影，以假乱真，把小道消息作为茶余饭后的笑料，都是不负责任的低级趣味。

某学生寝室内，小方心直口快，见比自己小的小王非要排在最末位，就顺口说道："好啊，你排在最末，是咱们宿舍的宝贝疙瘩，你又姓王，以后就叫你'疙瘩王'好了！"原来小王的脸上正好长满了疙瘩，这样被说哪有不恼火的道理！

小方见惹来了风波，懊悔不已，但表面却不急不恼，巧借余光中的诗句揽镜自顾道："'蜷在两腮分，依在耳翼间，迷人全在一点点。'唉，这真是'一波未平，一波又起'啊！"小王一听，不禁哑然失笑，这才巧妙地结束了这次纠纷。

上面的这个故事告诉我们：说笑话前，要先看看对哪些人说，先想想会不会引起别人的误会。像小方那样无意伤了一个人的自尊，这是她始料不及的。

你拿对方的缺点开玩笑，即使你是无心的也很容易被对方认为你是在冷嘲热讽，倘若对方又是个比较敏感的人，你会因一句无心的话而触怒他，以致毁了两个人之间的友谊。而且这种玩笑话一说出去，是无法收回的，也无法郑重地解释。到那个时候，再后悔就来不及了。

下面也是一个这样的例子。有一天，几个同事在一起聊天，其中李小姐提起她昨天配了一副眼镜，于是拿出来让大家看看她戴眼镜好看不好看，大家不愿扫她的兴都说很不错。这时，同事小兰因此事想起一个笑话，便立刻说出来："有一个老小姐走进皮鞋店，试穿了好几双鞋子，当鞋店老板蹲下来替她量脚的尺寸时，谁知这位老小姐是个近视眼，看到店老板光秃的头，以为是她自己的膝盖露出来了，连忙用裙子将它盖住，立刻她听到了声闷叫。'浑蛋！'店老板叫道，'保险丝又断了！'"

接着是一片哄笑声，谁知事后，大家发现李小姐再也没有戴过眼镜，而且碰到小兰后，也再也不和她打招呼了。

正所谓说者无心，听者有意。在小兰看来，她只联想起一则近视眼的笑话。然而，李小姐则可能认为：别人笑我戴眼镜不要紧，还影射我是个老小姐。

大家是否还记得电影《十五贯》中的情景。这个电影讲的就是因一句玩笑引发的悲剧。尤葫芦喜欢开玩笑，而他的养女苏戍娟却爱较真。一次，尤葫芦对养女开玩笑说："我已经把你卖了。"不料，苏戍娟信以为真，竟在夜里偷偷逃走了，跑的匆忙，忘了关门，正巧娄阿鼠前来行窃，杀死了尤葫芦。而苏戍娟却被疑为谋财害命而被捕下狱。真可谓是："祸由玩笑生，家破又丢命。"可见尤葫芦不顾养女的性格特点，开了这个"严重"的玩笑，最后酿成了悲剧。

开玩笑本来是一种调解谈话气氛的良好方式，但是，如果你使对方太难堪了，就并非开玩笑之道。因此，当我们女人开玩笑时，一定要充分考虑到一些外在的因素，不要因为玩笑而伤了朋友间的感情。

客气迎人，讲话微笑

当你经过车站前的商店时，如果看到商店的老板娘对你笑了一笑，或许你会随手买一份报纸吧！当你进入郊外的公路餐馆买东西时，即使你已点餐完毕，如果笑容可掬的女服务员亲切地对你说："你还需要些别的吗？"或许你会因此而再多点一些。在卖场里，亲切的笑容多少都具有提高销售额的魔力，所谓"积沙成塔"，以笑容面对顾客与板着一付冷面孔面对顾客，在销售业绩上其差别是显而易见的。

这就是微笑的魅力。

微笑可以在瞬间缩短人与人之间的心理距离,它是人际交往中最好的润滑剂。如果你是个不善言辞的女人,那么请亮出你的微笑,这就是最动听的语言。拿破仑·希尔这样总结微笑的力量:"真诚的微笑,其效用如同神奇的按钮,能立即接通他人友善的感情,因为它在告诉对方:我喜欢你,我愿意做你的朋友。同时也在说:我认为你也会喜欢我的。"

世界上没有什么东西能比一个灿烂的微笑更能打动人的了。微笑具有神奇的魔力,它能够融化人与人之间的隔膜和芥蒂;微笑也是你积极向上和乐观热情的标志。所以,在跟人交往时,我们脸上要总是带着微笑。

有一位老太太年轻的时候就喜欢研究心理学,退休后,就和丈夫商量着开了一家心理咨询所。没想到,生意异常红火,每天来此的人络绎不绝。预约的号甚至排到了几个月以后,有人问她,她如此受欢迎的原因是什么。

老太太说,其实很简单,他们夫妇的主要工作就是让每一位上门的咨询者经常操练一门功课:寻找微笑的理由。比如,在你下班的时候,你的爱人给你倒了一杯水;比如,下雨的时候,你收到家人发来的让你注意安全的信息;比如,在平常的日子里,你收到了一封朋友发来的写满祝福和思念的电子邮件;比如,在电梯门将要合拢时,有人按住按钮等你赶到;比如,清洁工在离你几步远的地方停下扫帚,而没有让你奔跑着躲避灰尘;比如,有人称赞你的新发型;比如,雨夜回家时发现门外那盏坏了很久的路灯今天亮了……诸如此类的生活细节,都可以作为微笑的理由,因为这是生活送给你的礼物。

那些按这对夫妇要求去做的人发现,几乎每天都能轻而易举地找到十来个微笑的理由。时间长了,夫妻间的感情裂痕开始弥合;与上司或同事的紧张关系趋向缓和;日子过得不如意的人也会憧憬起明天新的太阳。总之,他们付出的微笑,都有了意想不到的收获。美丽的笑容,犹如桃花初绽,涟漪乍起,给人温馨甜美的感觉。如果女子在各种场合能恰如其分地运用微笑,就可以传递情感,沟通心灵,甚至征服对手。

汤姆先生非常赞成帮助社会贫苦无助的人,但因募金流向不明的诈欺事件亦时有所闻,所以对"街头募款"的劝诱通常都不加理睬。一天,在车站遇到一个做募金活动的女性。他正打算视若无睹侧身而过时,冷不防她却把募金箱挪到他面前:"谢谢!"虽然他猛摇手"不!"她也不移开。他以不快的强硬语气:"我不会捐的!"她一点也没有厌恶的神色。"这样子吗?那,还是谢谢你了!"说着,露出洁白的牙齿亲切地微微一笑。那笑容不仅爽朗而且深具魅力。他追上转身离去的她,掏出百圆大钞投入募金箱里。这不就充分地说明了魅力笑容较之能言善道的推销话术更具有说服力吗?

汤姆先生诊所的患者中有一位推销保险的女业务员。年纪30多岁,算得上是个活泼又富行动力的美女。她说:"由于自知齿形外观不雅,所以无法有足够的自信咧嘴而笑，希望能带给初见面的准客户更好的印象。"在齿形治疗的一个月中，汤姆指导她做"微笑训练操"，同时告诉她笑的威力。三个月后，她以明朗快活的语调打电话到诊所来，她的营业额竟然增了一倍。对于自己的笑容有了自信，就能带给客户好的印象，而自己也会因此变得更积极更有活力，这绝对不是偶然和侥幸。

"笑招好运来"。想要赚更多的钱，亲切的笑容是无上的至宝。世界名模辛迪·克劳馥曾说过这样一句话："女人出门时若忘了化妆，最好的补救方法便是亮出你的微笑。"真诚的微笑透出的是宽容、是善意、是温柔、是爱意，更是自信和力量。微笑是一个了不起的表情，无论是你的客户，还是你的朋友，甚或是陌生人，只要看到你的微笑，都不会拒绝你。微笑给这个生硬的世界带来了妩媚和温柔，也给人的心灵带来了阳光和感动。

"经营之神"松下幸之助更说："如果有人问，在我们卖给顾客的商品中，最重要的是什么，不知各位列举出什么样的商品？当然可以朝很多方面考虑，不过我认为应该是亲切的'笑容'。"美国的百货大王华纳麦克也强调："微笑与握手都不需花时间与金钱，但却可以使生意更兴隆。"

不管你是美的、丑的，只要你在工作中笑的时机好，笑的程度佳，那你的笑就会给你带来好的评价，会显露出你的风度与气质，人们会说你是一个有修养、随和而可亲的人。当你得到了周围的人对你这个评价后，你的前程也会跟着灿烂。

一位业绩卓著的女推销员，她推销的成功率高得让人不敢想象。她的秘诀其实很简单：在她每次敲开陌生人的门之前都对着随身携带的镜子微笑，当她觉得自己的笑容足够真诚时，才带着这样的微笑去敲门，客户就是因她这样永远不变的笑容而情不自禁地购买她推销的产品。

纽约的百老汇大街证券交易所有名的经纪人斯坦哈特过去是个严肃刻薄、脾气暴戾的人，以至他的雇员、顾客甚至太太见他都避之唯恐不及。后来，他请教了一位心理学家，学会了微笑，一改旧习，无论在电梯里还是在走廊上，不论是在大门口还是在商场，逢人三分笑，像普通的职员一样虔诚地与人握手。结果，不仅夫妻和睦相处，相亲相爱，而且顾客盈门，生意兴隆。从这个意义上说，微笑是一笔财富。

有人说，笑容是支点，能力是杠杆，有了这两样，能撑起整个地球。在现代社会，竞争愈是炽烈，胜负的关键与其说取决于能力，倒不如说取决于能让自己显得更出色，更如虎添翼的魅力，这就是微笑。因此，我们女人要学会微笑。

安慰他人有尺度

当朋友痛哭失声时，该如何按捺内心的不安与疑问，倾心聆听并安抚他的苦痛与焦虑？而当自己遭遇困难、濒临绝境时，该如何适时求援？我们具备坦然接受别人帮助的能力吗？在这种时候，我们该"说什么"、"怎么说"呢？聪明的女人要学会安慰他人的技巧。

有些女人经常遇到这样的情况，花了九牛二虎之力，绞尽脑汁，用尽平生所学来安慰别人，但被你安慰的人轻则感觉不痛不痒，与你期待的安慰效果相差甚远；重则适得其反。这就给我们提出一个问题：安慰人，究竟该掌握一个什么样的尺度？

某同事老王的女儿刚刚经历了人生重要的一次转折——高考。孩子人生的关键时刻，是全家希望的焦点所在，之前备战甚为艰苦，然而成绩出来后却因几分之差与心目中的重点大学失之交臂，老王非常沮丧。此时，作为他的同事，热心的你该怎样安慰他呢？

同事小李，进公司不久，年轻热情，主动性强。见老王这么沮丧忍不住安慰说："老王老王，不要难过了，其实考不上重点大学也不是什么绝望的事情，是金子到哪儿都能发光，你看我上的也不是重点大学，现在不也挺好吗？"

同事老张，人到中年，阅历丰富。见老王沮丧，安慰道："老王啊，你的感受我能理解，你看，你们全家尤其是孩子花了那么多心血备考，考不上确实很可惜，但也别太难过了，还是想想看有没有其他办法，看看有什么亲朋好友认识学校的人，说不定有办法让孩子能读上重点大学呢。别急别急，办法总比困难多。"

虽然两位同事都及时给了老王安慰。但是，小李的安慰属于消极对比的安慰，而老张的安慰属于积极进取的安慰。就算老王最后没能找到解决女儿读大学的方法，相信他也是非常感谢小李和老张的。

对许多人而言，目击别人的伤痛与不安，是件很痛苦的事。有些人则为了避免说错话，宁愿选择什么都不说，而错失表达关心的时机。因此，我们要学会使用正确的语言去安慰他人。

我们要记住：给予安慰并不是告诉别人："你应该觉得……"或是"你不应该觉得……"而是给予他们空间去做自己，并认同自己的感觉。我们不需要透过"同意或反对"他们的选择或处理困境的方法，来表达关心。

某科研单位的老张利用休息时间进行了一次软件创新，结果人熬瘦了也没成功。面临失败，他感到非常沮丧。这时，同事老胡走过来，拍拍他的肩膀安慰道："看你的眼睛都熬红了，算了吧！这样没个收获地干下去，还不如在家休息呢。"相反，他如果说："没关系，过程比结果更重要。"这样，老张心里就好受多了。

所以，我们女人在安慰人的过程中，一定要掌握住技巧。否则，不但别人不领情，还会给别人造成痛苦。

守住秘密，在职场中占据主动

现代社会，竞争越来越激烈。也许今天你跟同事分享的你的秘密，明天就成了她攻击你的"利剑"。因此，我们要学会守住自己的秘密，在职场中占据主动。

苏菲在职场拼搏的十年，最难忘记的是遭遇过的两次"滑铁卢"。

第一次"滑铁卢"发生在苏菲工作的单位，靠着自己的努力和运气，她进入了那家知名公司，并很快融入其中，因工作出色一年后被老板任命为部门经理，位于一人之下几十人之上。

不久，公司公关部招聘了一位男孩，那男孩的帅气外貌和开朗性格打动了苏菲，苏菲和他开始了频繁交往。随着交往的增多，为了表示对他的信任，苏菲将自己当年是欺骗老总才进入到这家公司的内幕告诉了他。但是，谁知，第二天，他就把这件事情告诉了老总。结果不言而喻，苏菲被愤怒的老总"请"出了公司。

第二次"滑铁卢"则发生在苏菲毕业后的第七年。那年由于设计经验丰富，苏菲被聘请到一家设计公司上班，除支付给苏菲高薪外，公司还专门给苏菲租了一套住房——当然这一切是绝对保密的，老总怕其他同事知道了影响他们的工作情绪。被特聘的那段时光，待遇高不用说，苏菲还常与老总一起指点江山，平起平坐。看着其他同事羡慕的眼光，苏菲心理上有种极其优越的感觉。"如果能让他们知道我的待遇也不错，他们不是会更羡慕我吗？"苏菲的脑子里产生了这种虚荣想法后，苏菲开始控制不住自己。她先是试探性地向关系最要好的同事讲了这些。看着同事那张成O形的嘴巴，苏菲感到了一种极大的满足。这种满足又促使她将这一秘密告诉了公司内几乎所有同事。后果你可能已猜出，老总是不会因苏菲一个人而得罪公司其他人的，只好请苏菲离开。

从上面的故事可以看出：只有对同事守住你的秘密，你才能在职场中占据主动，赢得生存。

因此，当你向同事倾诉衷肠时，需要先考虑一下倾诉可能带来的后果。嘴毕竟长在别人身上，以后的事情谁也无法预料。

俗话说："逢人只说三分话，未可全抛一片心。"就是提醒你，在为人处世中，千万不要动不动就把自己的老底交给对方。不论在任何情况下，都要留下七分话，不必对人说出，你也许以为大丈夫光明磊落，事无不可对人言，何必只说三分话呢？老于世故的人，的确只说三分话，你一定认为他们是狡猾，很不诚实，其实说话须看对方是什么人，对方不是可以尽言的人，你即使说三分真话，已嫌多了。

竞争是残酷的，与人分享自己的"隐私"就相当于授人以柄，说不定在哪个时候你的"隐私"就会变成别人攻击你的武器。

因此，我们要懂得守住自己的秘密，尤其是自己的情感隐私。

陈红在一家公司上班的时候，办公室里有个男同事一直对她不错。有一次那个男同事找了个机会向她表白，说很喜欢她。当时陈红已结婚，便告诉他这是不可能的，他说他不图别的，只要能经常关心她就很快乐。后来有个和陈红关系还不错的女同事发现了他对陈红的关心，就问是怎么回事，陈红也没多想就告诉了她。

但是谁也没想到，没过多久，因为工作上的事情，陈红和这位女同事闹僵了，而女同事为了达到个人的一些目的，就四处散播陈红和那位男同事的谣言。这其中受伤害最大的还是那位男同事，最终他不得不选择了离开，而陈红也为此内疚了很长一段时间。

从上面的例子可以看出：有些情感上的隐私千万不能说，说出来就可能给别人和自己造成不可弥补的伤害。

现代社会，竞争越来越激烈，你周围的每个人都可能是你潜在的竞争对手。如果你随便告诉别人你的情感、甚至隐私，很可能有一天这些就会成为对方击败或伤害你的把柄。职场上，与同事保持友好的关系是必要的，但不要把同事当作无话不谈的好朋友，不要随便透露自己的隐私。我们要学会保守自己的秘密。

为同事解围，挽回他的面子

如果现实生活中你是这样一个女人：善于为你周围的人解围、打圆场，那么，你就可以获得别人更多的赏识和信任，提升自己的人缘魅力。女人在生活中会遇到很多这样的情况，比如：自己的上司处于尴尬局面，自己的朋友和别人争吵不休，这时候你就需要为他们解围、打圆场，使他们不至陷于尴尬之境，使事情出现转机。

在社交活动中，总有人不可避免地会陷入尴尬境地，要是我们能为这些人提供一个恰当的"台阶"，使他们避免丢面子，这不仅能使你获得对方的好感，而且也能帮助你树立良好的社交形象。我们女人要懂得为别人挽回面子。

某电器公司因为产生售后问题引起了很多人的投诉，很多记者闻讯到该公司采访。记者在公司门口遇到了经理秘书，便向她询问情况。可是经理秘书害怕自己承担责任，就对记者说："我们经理正在办公室，这个问题你们还是直接采访他比较好！"这下可好，记者们像汹涌的浪潮般闯入了经理办公室，经理躲也躲不开，只好硬着头皮一个人应付记者们的各种置疑。

事后，经理得知秘书不仅没有提前向自己汇报情况，还将责任全部推到自己身上，非常生气，不久就将这位女秘书解雇了。这件事例应该引起我们深思，记者因售后问题采访，这对于公司所有员工及领导来说本来就不是什么好事。此时，领导最需要的就是下属能挺身而出，甘当马前卒，替自己演好"双簧戏"。而对于下属来说，此时不仅要面对记者讲明问题的原因，还要极力维护领导的面子和威信，而不应该将责任推到领导身上。事情做好后，领导自然心中有数，即使不会有明显的表示，也会在适当的时候给下属一定的"好处"。若下属因怕担责任或没有眼色，将领导弄得很尴尬，领导不发火才叫怪呢！也许到最后，工作也得丢了。

当你的朋友或身边的人与别人聊天发生口舌争执时，夹在中间的滋味是比较尴尬的。作为争论的局外人，我们应该善于随机应变地打圆场，让彼此的矛盾得以化解。

我们女人在生活中要学会顾及他人的脸面，一句或两句体谅的话，对他人的态度表示一种宽容，都可以减少对别人的伤害，保住他的面子。生活中需要智慧，也需要机智的幽默。只有这样，我们才可以避免毫无必要的"树敌"，才可以做到"化干戈为玉帛"，也只有这样，我们才可以减少许多麻烦，把更多的精力和时间投入到我们感兴趣和有意义的工作中。

几年前，通用电器公司面临一项需要慎重处理的工作：免除查尔斯·史坦恩梅兹担任的某一部门的主管。史坦恩梅兹在电器方面有超过别人的天才，但担任计算部门主管却遭到彻底的失败。不过，公司却不敢冒犯他，公司绝对少不了他——而他又十分敏感。于是他们给了他一个新头衔，让他担任"通用电器公司顾问工程师"——工作还是和以前一样，只是换了一项新头衔——并让其他人担任部门主管。

对这一调动，史坦恩梅兹十分高兴。

通用公司的高级人员也很高兴。他们已温和地调动了这位最暴躁的大牌明星职员的工作，而且他们的做法并没有引起一场大风暴——因为他们让他保住了面子。

让他有面子！这是多么重要，而我们却很少有人想到这一点！

爱玛每年都会受邀参加某单位的杂志评审工作，这个工作虽然报酬不多，但却是一项荣誉，很多人想参加却找不到门路，也有人只参加一两次，就再也没有机会了！爱玛年年有此"殊荣"，让大家都羡慕不已。

她在年届退休时，有人问她其中的奥秘，她微笑着向人们揭开谜底。爱玛说，她在公开的评审会议上一定会把握一个原则：多称赞、鼓励，而少批评。但会议结束之后，她会找来杂志的编辑人员，私底下告诉他们编辑上的缺点。

因此，虽然杂志有先后名次，但每个人都保住了面子。也正是因为爱玛顾虑到别人的面子，因此承办该项业务的人员和各杂志的编辑人员，都很尊敬她、喜欢她，当然也就每年找她当评审了！

过分地挑剔别人的错误，非但不会让别人知道自己错了，反而会使他产生逆反心理；相反，让别人保住面子，对方会在心里感激你，对你增加敬意。

实际上，在各种场合，需要灵活应变地打圆场的事往往很多。有时要为自己的过失打圆场，有时要为上司的过失打圆场，有时要为他人的争吵打圆场。做好了，谁都好；做不好，不仅不能息事宁人，还可能火上浇油，扩大事态。

给对方面子，其实也就是给自己留下余地。常言道，退一步海阔天空。所以凡事都要有个度,即使是对方做错了,也不要把事情做绝了,给对方一个台阶下,也会让你前面的道路变得平坦。

所以女人在打圆场时,一定要用理解的心情,找出尴尬者陷入僵局的原因,想出好的圆场办法,最终达到"你好我好大家好",硝烟开头,和气收场的目的。

Chapter 6

给上司提建议，多送赞美之词

在一个团队里面，老板始终位于金字塔的塔尖，他的威望是不言而喻的。任何一个成熟的职场人士，都不会愚蠢到引起顶头上司的不悦，也会尽量避免让领导尴尬。但有时候，你会发现老板突然对你很冷淡，令你百思而不得其解，或许因为你无意间的一句话或一个动作让老板在众人面前失去了面子。聪明的下属在领导面前会将错误揽给自己，而不会把领导推向火坑。

会说话的下属并不是消极地给上司留面子，而是在一些关键时刻，给领导挣面子，给领导锦上添花，多增光彩，这样才能让自己在职场中如鱼得水。

老板爱吃"糖衣食物"

在一个团队里面，老板始终位于金字塔的塔尖，他的威望是不言而喻的。但老板也会遭遇工作上的困难和生活上的困难，员工若能敏感地发现，并及时给予热情的关心，想方设法排忧解难，老板自然会乐于与之交往，在不自觉之间，也会对这样的员工在工作上加以特殊的照顾。

在职场中，如果你的老板是个非常出色的人，可是有一天，他的脸上却偶尔显露出一丝悲伤，那么很可能是他的家里发生了问题。他虽然没有说出来，一直在努力地隐藏，但是一些细微的情绪会自然而然地在脸上流露出来，作为下属要善于观察并捕捉到。比如，他会不时地用呆滞的眼神望着窗外，无心工作。平时那张极有活力的脸，已失去了朝气，如果你注意到了这种微妙的脸色和表情变化，不妨去试着找出领导真正苦恼的原因，你可以友好地对他说："老板，家里都好吗？"假装以随意问安的话来试探一下他。

"唉！我老婆突然生病了！"

"什么？嫂子生病了！现在怎么样？严重吗？"你需要表现出很关心的样子。

"只是感冒了，不需要住院，医生让她在家中静养。"

"老板，你别担心，一定会没事的，多去陪陪她，单位或您家里有什么用得上我的地方您尽管吩咐，我这些天都有空。"

"谢谢……"你对老板的关爱与细心，老板一定会有着很深的印象，也许他还可能借此一吐心中的苦恼以缓解压力，或者他真的需要你帮他一个忙，经过此番交流，相信你们的感情会大进一步，他一定会记住你对他的关爱并会对你格外关照。老板由于担心和难过，他的心灵在此时是比较脆弱的，我们应当设法淡化他的担心。老板的苦恼，在没有人知道的情况下，自己应主动设法了解，相信你的这份关心和善意老板一定会倍受感动。给老板留面子的另一种做法更简单，就是站在老板的角度考虑问题，多为老板想一想。

很多时候，我们可以因为一个陌路人的点滴帮助而感激不尽，但我们却总是无视朝夕相处的老板的种种恩惠。大家总是将工作关系理解为纯粹的商业交换关系，认为相互对立是理所当然的。其实，虽然雇佣与被雇佣是一种契约关系，但是并非对立。从利益关系的角度看，是合作双赢；从情感关系角度看，可以是一份情谊。不要认为老板就是剥削你的人，你可曾看到他们的责任和压力？遇到委屈的时候，试着站在他们的角度去想想。

老板尤其爱面子，很在乎下属的态度，以此作为考验下属对自己尊重不尊重、好不好领导的一个重要指标。如果随便否定领导的观念，必然会惹怒领导。在现代职场上，有很多领导都是武大郎开店，容不得下属比自己高。他们不喜欢下属对自己的想法说三道四，以为自己的下属给自己提建议或意见就是蔑视自己的权威，想取而代之。

所以，如果你不分场合和时间，有一说一，有二说二，实话实说，直截了当，甚至锋芒毕露的话，那他自然会觉得你是要扫他的威信、对他的失误落井下石，因而很自然地把你的好心当成驴肝肺。相反，如果你能多顾及老板的面子，注意自己提意见或建议的时间、地点和方式，你的上司肯定会接受你的一番好意。

任何一个成熟的职场人士都不会愚蠢到引起顶头上司的不悦，也会尽量避免让领导尴尬。所以女人们要学会将错误揽给自己，在关键时刻给领导挣面子。

只给上司提建议，不要向他提意见

我们每个人都有面子，尤其是领导者。他们更注重自己的面子，因为他还管理着其他下属。试想，如果你是老板，每天有人对你指手画脚，或者帮你拿主意，帮助你发号使令，你是什么感受？所以，细心的女人，懂得从老板的角度想问题，懂得不随便给老板提意见，而是用委婉的口气，向上司提出建议。

卡耐基认为，即使在最温和的情况下也不容易改变别人的主意，那为什么要使它变得更加困难呢？承认自己或许弄错了，就可以避免争论；而且可以使对方和你一样宽宏大度，承认他也可能会出错。

晓华大学毕业后，应聘到了一家贸易公司。她能力很强，也很上进，工作十分努力，在公司干了几年，可还是没有提升的机会，当时与她一起进公司的人有的都做了主管，可她还是一个最底线的员工。周围的同事们都知晓其中的原因，只是她自己老是不清楚。

有一次，她的主管正和公司老板一起检查工作。当走到她的办公桌前时，她突然站起来，对自己的主管说："经理，我想提个意见，我发现咱们部门的管理比较混乱，有时连一些客户的订单都找不到。"也许她说的是事实，但此事的后果就可想而知了。

也许你会认为，她这样做是为了公司的利益，想增加公司的工作效率。但是，她却选错了时间，谁也不愿当众出丑，也许有些人能做到前仇不计，但忘不掉当众受辱的难堪的凡人更多！这样做不但不能帮助公司改进工作，还得罪了自己的领导，显然是不值得的。如果有意见，你一定要找到一种妥善的方式和上司沟通，最好出之以礼，即使内心不服，也不能当众指责，如果你羞辱他人，只说明你显得还不成熟，缺乏理性。

上面的例子虽然简单易懂，但是它传递的道理却很深刻。遇到问题，我们可以提出自己的建议，但是却要注意自己的方式，不要总是以一种批评或者命令的口气。

凯塞琳·亚尔佛德也曾经犯过这样的错误。北卡罗莱纳州王山市的凯塞琳·亚尔佛德是一家纺纱工厂的工业工程督导，她很会处理一些敏感的问题。她职责的一部分，是设计及保持各种激励员工的办法和标准，以使员工能够生产出更多的纱线，从而使她们同时能赚到更多的钱。在只生产二三种不同纱线的时候，所用的办法还很不错，但是最近公司扩大产品数量和生产规模，以便生产十二种以上不同种类的纱线，原来的办法便不能以员工的工作量而给予她们合理报酬，因此也就不能激励她们增加生产量。

于是，凯塞琳又设计出一个新的方案，能够根据每一个员工在任何一段时间里所生产出来的纱线的等级，给予她适当的报酬。设计出这套新方案之后，她参加了一个会议，决心要向厂里的高级职员证明这个办法是正确的。凯塞琳说他们现在还使用过去的办法是错误的，并指出过去的办法不能给予员工公平待遇的地方，以及她为他们所准备的激励员工的新方案。但是，由于一开始她就公开地指出了他们的错误，使她的新方案受到大家的反对。后来，她只是忙于为新办法辩护，而没有留下余地，让他们能够不失面子地承认老办法上的错误，于是这个建议也就胎死腹中了。

相反，如果我们女人能够掌握说话的技巧，巧妙地给上司提出建议，上司肯定会乐于接受的。

如遇上司批评，要说悔改之词

也许你也遇到过这样的事情：本来不是你的错误，可是上司却无缘无故地批评了你，这时的你应该怎么办呢？如果你对上司说，你没有错。后果可想而知，上司正在发火，你却火上加油，只会让事情越来越糟。唯一的做法就是，不管是否是你的错，你都要承认。

菲碧，一位商业艺术家。有一次任务的对象是一位比较挑剔的艺术组长。菲碧每次离开他的办公室时，总觉得心里不舒服，不是因为他的批评，而是因为他攻击菲碧的方法。

最近这个组长交了一件很急的稿子给她，完成后不久，组长打电话给菲碧，要菲碧立刻到他办公室去，说是出了问题。当菲碧到组长办公室，在受到组长恶意地责备一顿之后，菲碧说："组长，如果你的话不错，我的失误一定不可原谅。我为您工作了这么多年，实在应该知道怎么做才对。我觉得惭愧。""我应该更小心一点才对，"菲碧继续说，"您给我的工作很多，照理应该使你满意，因此我打算重新再来。""不！不！"他反对起来，"我并不是那个意思。"他告诉菲碧只需要稍微修改一点就行了，又说一点小错不会花公司多少钱，不值得担心。

结果组长与菲碧握手言和并邀她同进午餐，分手之前组长又交代菲碧另一件工作。

可以看出，只要一个人主动承认错误，那么谈判的结局就比较愉快。而且，主动承认错误的一方并不一定就是谈判中失败的那方。

某公司秘书科的小李在接到一家客户的电报后，立即向经理作了汇报。可就在汇报的时候，经理正在与另一位客人说话。听了小李的汇报后，他只是点点头，说了声："我知道了。"便继续与客人会谈。

两天以后，经理把小李叫到了办公室，怒气冲冲地质问她为什么不把那家客户打来的电报告诉他，以至于耽误了一大笔交易。莫名其妙的小李本想向经理申辩几句，表示自己已经向他作了及时的汇报，只是当时他在谈话而忘了。

可经理连珠炮式的指责简直使她没有插话的机会。而且，站在一旁的经理办公室主任老赵也一个劲地向小李使眼色，暗示她不要申辩。

试想，这位经理或许也知道小李已经向他汇报过了，也的确是他自己由于当时谈话过于兴奋而忘记了此事。但是，他可不能因此在公司里丢脸，让别人知道他渎职，耽误了公司的生意，而必须找个替罪羊，以此为自己开脱。

因此，当上司发怒的时候，聪明的女人，就要学会承认自己的错误。如果不懂得承认错误，反而据理力争，就有很可能因此而被解雇。

懂得主动承认错误，可以减少不必要的争执，给自己给别人留下后路。

在某机关中就出现过这样的事。部里下达了一个关于质量检查的通知后，要求有关部门届时提供必要的材料，准备汇报，并安排必要的检查。某轻工局收到这份通知后，照例是先经过局办公室主任的手，再送交有关局长处理。这位局办公室主任看到此事比较急，当日就把通知送往主管的某局长办公室。

当时，这位局长正在接电话，看见主任进来后，只是用眼睛示意一下，让她把东西放在桌上即可。于是，主任照办了。然而，就在检查小组即将到来的前一天，部里来电话告知到达日期，请安排住宿时，这位主管局长才记起此事。他气冲冲地把办公室主任叫来，一顿呵斥，批评她耽误了事。在这种情况下，这位主任深知自己并没有耽误事，真正耽误事情的正是这位主管局长自己，可是她并没有反驳，而是老老实实地接受批评。事过之后，她又立即到局长办公室找出那份通知，连夜加快班、打电话、催数字，很快地把需要的材料准备齐整。这样，局长也愈发看重这位忍辱负重的好主任了。

本来这件事不是那个主任的责任，但是她却闷着头承担了这个罪名。很重要的一点就在于，这位主任知道，如果这个时候跟局长争辩，吃亏最多的还是自己。尽管现在眼下自己会受到一点儿损失，几句批评，但最后自己仍然会有相当大的好处。

因此，当我们女人犯了错误，或者遇到批评时，我们不要急着申辩，而是要主动承认错误，这样才可以缓和当时紧张的气氛。如果不懂得承认错误，反而据理力争，很有可能因此被解雇。

善用话聊与老板沟通

在工作中，能够准确、完整地表达自己的想法才能获得别人的好感和信赖。因此，我们要学会跟老板沟通，让他知道你不仅会干活，还有不少想法，才会让他觉得你是一个值得栽培的好员工。

张华从小受到父母的良好教育，要埋头苦干不要夸夸其谈，这招儿在学校挺灵验。可到了公司，她依然不怎么跟人说话，她谨守父训：事业是干出来的，不是用口夸出来的。部门会上讨论项目，也总是躲在角落，虽然她觉得那几个口若悬河的家伙，说了许多废话，提的建议也不怎么高明，可她却也不愿出风头去与他们争辩。但部门经理特别喜欢那些发言活跃分子，对于埋头苦干的张华常常视而不见。时间长了，看到身边的同事不是涨工资，就是被提升，她觉得很郁闷。于是她尝试改变自己。

她努力试着与领导进行沟通，把自己的新想法告诉上级，并且让上级支持她提出的建议。由于她的建议给公司创造了新业绩，上级越来越重视她，她也越来越敢于和老板分享自己的想法，形成了良性循环。她现在变得非常开心。

人与人之间需要沟通，其重要程度往往超出你的想象。对于你的企业，你的工作，你可能会有各种各样的意见和建议。我们应该学会表达自己的看法，即便是与别人意见相同,也应该用自己的语言把它表述出来。如果你不能或者不愿将自己的想法表达出来,那么你就很难与老板进行友好的交流,而一个不能清晰表达自己的思想、不善于陈述自己想法的员工也很难得到老板的欣赏和信赖。老板需要的是充满活力和热情的员工。你若沉默不语,通常会被理解为漠不关心。

当然,你不应该只是发牢骚或者想想而已,你的这些意见和建议需要让老板知道。多和老板分析你的想法,会让你工作得更开心。只是,你需要注意,跟老板的意见交流同样需要技巧。你需要要充分考虑谈话的内容和表述方式,经过自己深思熟虑,懂得如何巧妙地提出。这关系到你是否能得到提拔,是否会被委以重任,是否能最终取得一个更好的发展际遇。

老板要办的事很多,但人的精力总是有限的。而且,智者千虑,必有一失。如果员工提出的建议,能让工作进展更好,他心里当然会感激员工。

员工小张总是受到年轻的部门经理的斥责。为了缓和这种不协调的上下级关系,一次周末,小张邀请经理吃晚餐。在吃饭的过程中,小张坦诚地对经理说:"你对我经常动辄就加以指责,使我常处于羞愧与愤怒之中,心情很不愉快。老实说,你的指责有点过分了,我的过失并没有你说的那样严重,我的确有些不舒服。可是后来冷静一想,你对我的种种指责,毕竟说明了我确有不妥的地方,正是指责让我看到了自己身上的缺陷和不足。我们相处这么多年,你的确使我进步了许多。所以,现在我觉得,我不仅不应该忌恨你,还应当感谢与你相处而带来的种种好处呢。"

这番看似自我检讨的话,事实上是对上司的巧妙提醒。后来不仅上下级之间的关系得到缓和,而且两人还成为了可以信赖的朋友。

如果你是一个不善于陈述自己想法的女人,那么你从今天起就一定要去尽力地学习掌握这种能力,因为这是你获取老板信赖必不可少的条件之一。千万不要轻视这种能力。在与老板相处时,若能恰到好处地陈述自己的想法,那么老板在了解你内心想法的同时,还会更加欣赏你、信赖你。

上司指令有误,学会委婉提出

下属有错误,领导或委婉批评,或当面指出,都是天经地义的事,员工也不会有很大意见;但是当领导犯错了,员工们又该如何对待呢?员工们又该如何指出领导的错误呢?

与上司打交道是世界上最有学问的事,做得好了,职场上一帆风顺。可是一旦得罪老板,那日后说不定会有很多小鞋穿。在老板犯错这件事上,应该具体问题具体对待,一般来说,员工为了自己的饭碗,还是少说为妙。即使要指出领导的错误,员工也要采用委婉的方式。

在社交中,谁都可能不小心弄出点小失误。懂得说话的女人,如果发现对方出现这类错误，只要无关大局，都不会大肆张扬，更不会抱着讥讽的态度，来个小题大做，拿别人的失误在众人面前取乐。因为这样不仅会让对方难堪，伤害其自尊心，更容易让对方产生反感。

其实，向领导提出问题的方式很多：对于一些比较理性的老板来说，员工可以找恰当的方法帮他指出来，比如私下聚会委婉提醒，或者以旁人的故事来隐喻，或者通过短信、邮件等方式提示，聪明的老板自会理解员工的良苦用心，并会感激她，毕竟这是帮助人的事情。 慈禧太后爱看京戏，看到高兴时常会赏赐艺人一些东西。一次，她看完杨小楼的戏后，将他招到面前，指着满桌子的糕点说："这些都赐给你了，带回去吧。"

杨小楼赶紧叩头谢恩，可是他不想要糕点，于是壮着胆子说："叩谢老佛爷，这些尊贵之物，小民受用不起，请老佛爷……另外赏赐点……"

"你想要什么？"慈禧当时心情好，并没有发怒。

杨小楼马上叩头说道："老佛爷洪福齐天，不知可否赐一个'福'字给小民？"

慈禧听了，一时高兴，马上让太监捧来笔墨纸砚，举笔一挥，就写了一个"福"字。

站在一旁的小王爷看到了慈禧写的字，悄悄说："福字是'示'字旁，不是'衣'字旁！"

杨小楼一看心想：这字写错了，如果拿回去，必定会遭人非议；可是如果不要的话，也不好，慈禧一生气可能就要了自己的脑袋。要也不是，不要也不是，尴尬至极。

慈禧此时也觉得挺不好意思，既不想让杨小楼拿走，又不好意思说不给。

这个时候，旁边的大太监李莲英灵机一动，笑呵呵地说："老佛爷的福气，比世上任何人都要多出一'点'啊！"杨小楼一听，脑筋立即转过来了，连忙叩头，说："老佛爷福多，这万人之上的福，奴才怎敢领呀！"

慈禧太后正为下不来台尴尬呢，听两个人这么一说，马上顺水推舟，说道："好吧，改天再赐你吧。"就这样，李莲英让二人都摆脱了尴尬。

对于慈禧太后的错误，众人谁也不敢指出，只能采取委婉的方式，才能避免龙颜大怒。

总之，当我们的上司犯了错误，一般情况下，我们不要轻易对领导提出。如果问题确实需要解决，我们也要采取委婉的方式，也只有这样做，我们才能收到预期的效果。而善于为领导解围，打圆场，不仅可以获得领导更多的赏识和信任，还能提高自己的工作能力。

甘心做领导的绿叶

当我们在工作中取得一定成绩后,我们总是想着自己的功劳。聪明的女人却懂得把这份成功和自己所取得的荣誉归功于领导。这样做,能显示出你对领导格外地忠诚。

夹在领导和同事之间,高调做事,低调做人无疑是对的。如果你表现太优秀,不甘心做领导的绿叶,就会受到你直接上司的排挤。虽然最高领导喜欢下属中有红花的出现,可直接上司对待红花却总忍不住有一丝不爽。

某公司部门经理于林由于办事不力,受到公司总经理的指责,并扣发了他们部门所有职员的奖金。这样一来,大家很有怨气,认为于经理办事失当,造成的责任却由大家来承担,所以一时间怨气冲天,于经理处境非常困难。这时刘秘书站出来对大家说:"其实于经理在受到批评的时候还为大家据理力争,要求总经理只处分他自己而不要扣大家的奖金。"听到这些,大家对于经理的气消了一半儿,小刘接着说:"于经理从总经理那里回来时很难过,表示下个月一定想办法补回奖金,把大家的损失通过别的方法弥补回来。其实这次失误除了经理的责任外,我们大家也有责任。请大家体谅于经理的处境,齐心协力,把公司业务搞好。"小刘的调解工作获得了很大的成功。按说这并不是秘书职权之内的事,但小刘的做法却使于经理如释重负,心情豁然开朗。接着于经理又推出了自己的方案,进一步激发了大家的热情,很快纠纷得到了圆满的解决。

可见,小刘在这个过程中的作用是不小的,她既帮助经理解决了眼下最为棘手的问题,又跟同事搞好了关系,赢得了于经理和同事的赞赏。

在工作中,很可能会出现这样的情况,某件事情明明是上一级领导耽误了或处理不当,可在追究责任时,又会怎么办呢?是把事实告诉上一级领导,还是把所有过失都揽下来呢?

作为下级,最忌讳自伐其功,自矜其能,再无能的领导也是有好胜心的,也是要面子的。在领导面前,我们要懂得把取得的成绩归功于领导。

有这样一句话:"干得好是由于上级领导的英明、伟大,干得不好是由于我们执行上级领导的决策不够得力,水平不高"。说得就是这个道理。

珍妮弗是美国宾夕法尼亚州一座停车场的电信技工。一天早上,调车场的线路因为偶发的事故,陷于混乱。此时,她的上司还没上班,该怎么办?她没有"当列车的通行受到阻碍时,应立即处理引起的混乱"这种权力。如果她胆大包天地发出命令,轻则可能卷铺盖走路,重则可能锒铛入狱。

一般人可能说"这并不干我的事,何必自惹麻烦?"可是珍妮弗并不是平平之才,她并未畏缩旁观!她果断地下了一道命令,在文件上签了上司的名字。

当上司来到办公室时,事故已经处理完。这个见机行事的青年,因为露了漂亮的这一手，大受上司的称赞。公司总裁听了报告，立即调她到总公司，升她数级，并委以重任。从此以后，她就扶摇直上，谁也挡不住了。

总之，会说话的女人并不是消极地给上司留面子，而是在一些关键时刻，给领导争面子，给领导锦上添花，多增光彩，这样才能让自己在职场中如鱼得水。

女职员向老板汇报工作的技巧

工作中要向老板汇报的时候很多。对于取得成绩、经营得力等企业运营良好的状况，老板自然感到由衷的欣喜，我们不用太担心；但是，对于工作中的失误、经营上的亏损，老板必定会感到忧虑，倘若遇到老板生气的时候，还可能大发雷霆。那么，我们应该采用怎样的方式向老板汇报工作，来迎合老板的心意呢？我们可以从下面的例子中得到启示。

临到年终的时候，苏小方不小心把投标书上的一个数字写错了，尽管这对投标影响不是很大。但是她心里仍然是忐忑的，怕影响盼了一年的年终奖金。怕什么就来什么，她刚把年终总结交上去，老总就找她谈话了。她在老总办公室门前站了足足一分钟，才敲门进去。

正如苏小方担心的那样，老总的话题虽然是围绕苏小方整个一年的工作展开，可落脚点还是在她的这次失误上。苏小方意识到大事不妙，自己的年终奖很可能因为这件事而大打折扣。

苏小方的脑子飞快地转了一圈，她要努力争取最好的结果。争辩是没有用处的，只会使事情向相反的方向发展。她承认了自己的错误，然后又指出那次失误的确与招标方的要求不明确有关系。她没有在这个话题上停留太久，而是把话题转向了自己上半年主抓的几个大型项目，都取得了非常不错的成绩。老总严肃的表情终于有所缓解，苏小方又趁机将自己明年的美好设想展示了一番，终于等来了老总的一句："好，今天就到这，你先回去吧，继续努力！"

苏小方心中松了一口气，事后她从人力资源部的一位密友那得知，老总的确有给苏小方年终奖缩水的打算，幸亏她巧舌如簧，否则难逃一劫。

因此，与老板谈话是一门艺术，做不到巧舌如簧没关系，重要的是要做到有理有礼，稳重大方，让老板对你另眼相看。

对多数女人来说，与老总谈话都会感到不自然，甚至怯场，更严重的则会手脚冰凉，头皮发麻。还有一些"新兵"，不懂社会交往的"规矩"，往往在不该说话的时候随便说话，不该做主的时候随意做主，从而给上司留下了极坏的印象。

有一客户想做一个灯箱广告，便打电话给一广告公司的经理，经理恰好不在，是一位女职员接的。"麻烦你转告经理，我这里需要设计一个灯箱广告。""这个啊，没问题！你派人过来和我们洽谈一些具体操作事宜就可以了。"女职员爽快地说。

这位客户刚要动身来广告公司，就接到广告公司经理的电话："对不起！您来电话的时候我不在，你是要做灯箱广告吗？我们将派人到你那里去，将你的详细需求带回来。"停了一下，这位经理又说："对不起啊，我想知道是哪位职员说叫你派人来我公司的。"这位客户愣了一下，说："有问题吗？""当然没有问题，我只是想知道，到底是谁自作主张。"尽管这位客户没有说出是谁，但经理还是查出来了，并对女职员作了严肃的批评。

职场上，一些女人因为能力比别人强，处处自以为是，即便在上司面前也不懂得收敛。虽然我们不能否认一些女人在工作中的聪明才智，她们能力非凡，能独当一面，但是她们说话的口气和方式却犯了领导的大忌，领导或许能接受你的意见，而绝对不容许你替他做决定，这会让他觉得你是自作聪明，对他不够尊重。

晓燕年轻富有活力，做事认真而灵活，进入企业不到两年，就成为公司里的骨干，是部门里最有希望晋升的员工。一天，公司经理把晓燕叫了过去："你进入公司时间虽然不算长，但看起来经验丰富，能力又强，公司开展一个新项目，就交给你负责吧！"

受到公司的重用，晓燕欢欣鼓舞。一天，她要带几个人到附近的城市出趟差，晓燕考虑到一行好几个人，坐公交车不方便，人也受累，会影响谈判效果。打车一辆坐不下，两辆费用又太高。还是包一辆车好，经济又实惠。

晓燕在拿定了主意之后，没有急于去实行，而是先去了一趟经理办公室，她要把自己的决定汇报给上司，因为她觉得这是必要的。"老板，您看，我们今天要出差，这是我做的工作出行计划。"晓燕把几种方案的利弊分析了一番，接着说："我决定包一辆车去！"汇报完毕，晓燕满心欢喜地等着赞赏。

但是却看到经理板着脸生硬地说："是吗？可是我认为这个方案不太好，你们还是买票坐长途车去吧！"晓燕愣住了，她万万没想到，经理竟然不同意这样一个合情合理的建议。晓燕大惑不解："没理由呀，只要有点脑子的人都能看出来我的方案是多么正确。"

其实，问题就出在"我决定包一辆车"这句自作主张的话上。在上级面前，说"我决定如何"是最犯忌讳的。

晓燕如果换一种说话方式，说："经理，现在我们有三个选择，各有利弊。我个人认为包车比较可行，但我做不了主，您经验丰富，您帮我做个决定行吗？"领导若听到这样的话，绝对会做个顺水人情，答应你的请求。

在工作中，向领导汇报工作是不可避免的。但是，稍有不慎，就有可能得罪领导，害苦了自己。要知道，对上司可以献策，而非决策。因此，我们女人在汇报工作时，一定要抓住其中的小技巧，多做一些建议，少做一些不容辩驳的决定。

想要加薪，你应当这样开口

很多女人都想说服老板为她加薪。但是什么时候是提加薪的最佳时机？其次，要说服老板，还需要一定的技巧。

总体来说，在老板最担心人才流失的时候，向他提出加薪，是最合适的时候。但是，要说服老板，不仅需要你底气十足，还要掌握一定技巧。

如果你觉得自己的能力、业绩都在别人之上——总之你有把握让老板知道你值得加薪，那么你就不妨大胆地把你的要求提出来，但是一定要注意提出的方式，以成功说服老板。

周沈丽到南方一家公司打工，本来谈好了过了试用期两个月就给涨工资的。但是三个月过去了，她的工资仍然没有任何变化。于是，她趁向老板送材料的机会对老板说："老板，有件事，我一直想问您一下。"老板说："有什么话，你尽管说。"她说："我发现自己的工资与试用期期间没有变化，想问问是不是我的试用期已过而正式聘用的相关手续还没有办妥？"其实，她知道人事部门已经给她办好了手续。老板听后没有什么特别的反应，而是认真地回答说要帮她问问。

第二天，老板就找到她，对她说："真是不好意思，其实你的工资上几个月就应该加上去了，只是财务上一时没办好手续，以后有什么事如果我忘了可以提醒我一下，不要有什么顾虑，按劳分配嘛。"

在你明明该得到加薪的时候，老板没有给你加薪，这时候，不管是老板一时疏忽忘记了，还是故意忘记了，你都不妨提醒老板一下，让他既有机会，又有面子地给你加薪。

但是，在职场上，对于薪酬，大多女性都是含蓄的，即便对自己的工资不满意，也不敢直接提出来。因为提出加薪，弄不好会因此而被赶出公司，老板也会对你"另眼相看"。其实如果你善开"金口"，向老板提出加薪也远没有我们想象的那么可怕。

王颖和孙伟是一起进公司的同事，也是好朋友。但是孙伟最近向老板提交了辞呈，准备跳槽。孙伟跳槽前的那个晚上，王颖请孙伟去酒吧小坐，算是话别。因为是好朋友，又是同事，所以两人聊的话题，依然离不开公司。聊到投机处，孙伟向王颖透露了一些公司的内幕，让王颖的心情再也无法平静下来。

该公司是个有一定的规模和知名度的大公司，所以当初来应聘的人特别多，王颖和孙伟算是这拨人中的幸运儿，当然也因为她们都有令人羡慕的学历，一去应聘就马上拍板，实习期未满，就双双被公司留下签为正式员工。老板如此赏识，让她们心里异常温暖，对老板感激不尽，只有加倍努力工作。所以她们几乎每天加班，一周工作时间在60小时以上。

实习期满，让她们翘首期盼的薪资并未落实，老板的许诺没有兑现，只是象征性地增加了一些，而且这份额外的收入还是老板在私下里给的。就这样，拿着比其他同事多几百元的薪水，心里有隐隐的优越感。但每天加班至深夜，却又觉得为这点工资不值，心里有些郁闷。

王颖原以为，孙伟之所以跳槽是因为厌烦了这种没日没夜的工作形式，薪水又不高，但孙伟却告诉王颖，她的离开主要是自己想寻求更好的发展。至于薪水，她的工资早就4 000元了，而王颖仍拿着2 500元。

孙伟很同情地看着王颖说："你也真够傻的，只会拼命干，却不知道向老板提合理要求，太不珍惜自己的劳动了。换成别人，要么不加班，要么早就提加薪了。实习期满后两个月，我就向老板提出了加薪要求，老板单独找我谈话后便把我的工资涨到2 000元。半年左右，我再次找老板，无非说些个人与集体利益应成正比关系的话，这一次工资涨到3 000元。6个月后，公司赢利大幅增加，我们都功不可没，所以我又单独和老板谈了，他无论如何不愿再加薪，后来我拿出了全国同类型行业员工工资数据给他，我的工资就涨到了4 000元，因为每次谈话后，他都特别关照让我不得声张，否则公司大乱，对我也没什么好处。考虑到个人的利益，也就没跟你说。现在我走了，告诉你这个秘密，实在是感觉你做得太吃亏了。"

孙伟的一席话，让王颖失眠了一夜，也思考了一夜。第二天上班，深思熟虑后的王颖终于向老板提交了一份关于加薪的书面建议，同时告诉老板，她昨天和孙伟聊了一晚上。老板尴尬地"哦"了一声，拿了报告就走了。

一会儿，老板把王颖叫到了办公室，半小时后，王颖从老板的办公室里出来，结果可想而知。那时的王颖别提多高兴了。上班多年，她还是第一次勇敢地向老板提出加薪的要求并且成功了。

所以，老板在加薪问题上总是能免则免，得过且过，你提了，他才会"想"到，若连你都不为自身利益着想，他才没空替你考虑。

总之，只要你认为加薪是合理的，你就有权提出。但提出加薪时最好是有技巧地同老板交流自己的想法，就算万一不被老板接纳，也不会给大家留下难堪，以致影响日后的工作。

Chapter 7

会说柔情软话，巧说权威硬话

现代社会紧张的节奏、激烈的竞争、过度的工作压力等，使员工长期处于疲劳、烦躁、压抑的精神状态下。各种负面情绪如不及时宣泄，会严重危害员工的身心健康，降低工作效率。经营者、管理者都应该明白，关心员工，就是关心企业的健康成长和持续发展。因此，要想成为快乐的领导者，就要学会关心下属，学会积极地赞美下属。

信任是最好的激励

很多女人都有这样的感触：一个人的能力，会在批评下萎缩，也能在鼓励下绽放。因此，管理者要尽可能多地给下属以鼓励，即使他仅仅获得了细小的进步，也不要吝啬你的鼓励。因为每个人都需要他人诚恳的认同和慷慨的赞美。

格丽蕾丝在加州木林山开了一家印刷厂。她的印刷厂承接的东西品质都非常精细，但印刷员是个新来的，不太适应工作节奏，所以主管很不高兴，想解雇他。

格丽蕾丝知道这件事后，就亲自到了印刷厂，与这位年轻人交谈。格丽蕾丝告诉他，对他刚刚接手的工作，自己非常满意，并告诉他，她看到的产品也是公司最好的成品之一，她相信他一定会做得更好，因为自己对他充满信心。

上司的信任鼓励能不影响那位年轻人的工作态度吗？几天后，情况就大有改观。年轻人告诉他的同事，格丽蕾丝小姐非常信任他，也非常欣赏他的成品。从那天起，他就成了一个忠诚而细心的工人了。

我们每个人都渴望获得别人的赏识和信任。威廉·詹姆斯——美国有史以来最著名、最杰出的心理学家说："若与我们的潜能相比，我们只是处于半醒状态。我们只利用了我们的肉体和心智能源的极小的一部分而已。从大的方面讲，每个人离他的极限还都远得很。我们拥有各种能力，但往往习惯性地忽视它。"

激励员工的方法很多，但最重要的还是要信任他们。当员工受到老板的信赖，得到全权处理工作的认可，任何人都会无比兴奋。而且，一个受上司信任，能放手做事的人往往也会有较高的责任感。因此，当上司无论交代什么事，他都能竭尽全力去完成。

康奈利的公司想要在某市设立营业所，这时问题出来了：谁去主持这个营业所呢？谁最合适呢？当然，胜任这个责任的高级主管很多，但那些老资格的管理人员都要留在总公司工作。因为他们当中的谁离开总公司，都会影响总公司的业务。这时，康奈利想起了一位年轻的业务员。

这位业务员当时只有二十岁，康奈利决定派这个年轻的业务员担任设立某营业所的负责人。康奈利对他说："公司决定派你去某新营业所主持工作，现在你就立刻过去，找个适当的地方，租下房子，设立一个营业所。我已经准备好一笔资金，让你去进行这项工作了。"

听完康奈利的话，年轻的业务员大吃一惊，不解地问："这么重要的工作让我这个新人去做不太合适吧……"

但是，康奈利对这位年轻人很信赖，她几乎用命令的口吻说："你没有做不到的事情，你一定能够做得到的。放心吧，我相信你。"

这时，年轻人脸上的神色已与刚进门时判若两人。此时，他的脸庞充满了感动。看到他这个样子，康奈利也很信任地说："好，请你认真地去做吧。"

年轻人一到新营业所就马上进入了工作状态，他几乎每天给康奈利写一封信，向她汇报自己的工作情况。很快，新营业所的筹备工作完全就绪。于是，康奈利又派了两三名员工过去，开始工作。

一位智者曾经说过："假如你我愿意以激励一个人的方式来了解他所拥有的内在宝藏，那我们所做的就不仅仅是改变他，而是彻底改造他。"高尔基也说过这样一句话："能力会在批评下萎缩，而在鼓励下绽放花朵。"

很多年以前，一个十岁的小男孩的梦想是将来做一名歌星，但是，他的第一位老师却泄了他的气。他说："你不能唱歌，你根本就五音不全，唱歌简直就像风在吹百叶窗一样。"

然而，他的妈妈，一位勤劳的农妇，却用手搂着他并称赞他。她知道他能唱，她觉得他每天都在进步，所以她节省下每一分钱，送他去上音乐课。这位母亲的激励，令这个男孩的一生都发生了改变。他的名字叫恩瑞哥·卡罗素，后来成了他所在时代最知名的歌剧演唱家之一。

当批评少而鼓励多时，人们付出的努力才会增加。我们每个人都渴望受到他人的赏识和认同。如果能获得他人的鼓励，相信我们的内心一定会充满感激。

前美国总统柯立芝就是一位善于处理人际关系的人。他在与人交谈时，会给对方以足够的勇气和信心，使人充满自信。有一次，他与汤姆金斯夫妇一起去度周末，并邀请大家一起参加他们的桥牌友谊赛。桥牌对于汤姆金斯而言，是一个全然陌生的游戏，他对游戏规则简直一点儿都不了解。

但是柯立芝对他说："汤姆，为什么你不来试试呢？其实游戏中除了需要一些记忆与判断能力外，没有其他什么技巧可言。你曾经对人类记忆的组织有过深入的研究，所以我认为打桥牌对你来说一点儿也不难。"

汤姆金斯还没有意识到什么的时候，已经被柯立芝拉到了桥牌桌前。汤姆金斯后来回忆说，他发现自己有生以来第一次参加桥牌比赛，完全是因为柯立芝给了自己信心，使自己觉得打桥牌不是一件难事。

管理大师史蒂夫·柯维说："信任是激励的最高境界，它能使人表现出最优秀的一面。"你给他信任多少，他就会给你回报多少。关键是你对他的导向。

美国一家名为福克斯波罗的公司，专门生产精密仪器制设备等高技术产品。在创业初期，一次在技术改造上碰到了若不及时解决就会影响企业生存的难题。一天晚上，正当公司总裁为此冥思苦想时，一位科学家闯进办公室并阐述了他的解决办法。总裁听罢，觉得其构思确实非同一般，便想立即给予嘉奖。他在抽屉中翻找了好一阵，最后拿着一件东西躬身递给科学家说："这个给你！"这东西非金非银，而仅仅是一只香蕉。这是他当时所能找到的唯一奖品了，而科学家也为此感动。因为这表示他所取得的成果已得到了领导人的承认。从此以后，该公司授予攻克重大技术难题的技术人员一只金制香蕉形别针。

无意的一个称赞，就有可能改变一个人的一生。我们每个人都有一些与生俱来的需要，如稳定的收入，希望别人重视自己，渴望成功等。我们要达到受"激"而"励"的功效，就必须做到针对目标的需求而"有的放矢"。

充分尊重你的下属

在一个团队中，上司无疑占有绝对的权威地位，作为下属一般只有服从的份。这就使得一些拥有绝对权威的上司往往口无遮拦，对下属想说什么就说什么，甚至在大庭广众之下厉声呵斥，一点面子也不给下属留。

温丝莱特是一家卡车经销商的服务经理。她公司有一个工人，工作每况愈下。但温丝莱特没有对他怒吼或威胁，而是把他叫到办公室里来，跟他坦诚地交谈。

温丝莱特说："比尔，你是个很棒的技工。你在这条线上工作也有好几年了，你修的车子也很令顾客满意。其实，有很多人都赞美你的技术好。可是最近，你完成一件工作所需的时间却加长了，而且你的质量也比不上以前的水准。你以前真是个杰出的技工，我想你一定知道，我对这种情况不太满意。也许我们可以一起来想个办法改进这个问题。"

比尔回答说，他并不知道他没有尽好他的职责，并向他的上司保证，他所接的工作并未超出他的专长之外，他以后一定会改进它。

因此，一个人最需要的，就是他人对自己的尊重。比尔曾经是一个优秀的技工，由于温丝莱特女士给他的工作加以美誉，他一定会为尊重自己的荣誉而努力工作。

卡耐基认为，假如你要在领导方法上超越自我，希望改变其他人的态度和举止时，请记住这条规则："充分尊重你的下属，让他为此而奋斗努力。"

琴德太太，住在纽约，她刚雇了一个女佣，告诉她下星期一开始来工作。琴德太太打电话给那女佣以前的女主人，那位以前的太太认为这个女佣并不好。当那女佣来上班的时候，琴德太太说："妮莉，前天我打电话给你以前做事的那家太太。她说你诚实可靠，会做菜，会照顾孩子，不过她说你平时很随便，总不能将房间整理干净。我相信她说的是没有根据的。你穿的很整洁，这是谁都可以看出来的。我可以打赌，你收拾房间，一定同你的人一样整洁干净。我也相信，我们一定会相处得很好。"

是的，她们果然相处得非常好，妮莉很注意顾全她的名誉，所以琴德太太所讲的，她真的做到了。她把屋子收拾得干干净净，她宁愿自己多费些时间，辛苦些，也不愿意破坏琴德太太对她的好印象。

其实，下属和上司一样，都是有面子的人，也都爱面子。面对上司的蛮横，他们会产生强烈的逆反心理。所以作为上司，不论在任何场合，对下属说话都要留面子，不要将话说得太绝。

我们每个人都会犯错误，因此，这就需要管理者有好的管理方法。遇事要懂得充分顾及下属的面子。在此基础上，再从深层挖掘错误的原因，或者用委婉的方式晓之以理，动之以情，循循善诱，才能逐步帮助下属从内心里接受你的批评或建议。

让下属保全面子，这是很重要的。有时，我们会残酷地伤害别人的感情，又自以为是；我们在其他人面前严厉地批评一个小孩或成人，甚至不去考虑会不会伤害他们的自尊。然而，我们只要一两分钟的思考，一两句体谅的话，就可以减少对别人的伤害。当我们必须解雇员工或惩戒他人时，我们应该记住这一点。

法国作家安托·德·圣苏荷依说过："我没有权力去做或说任何事以贬抑一个人的自尊。重要的并非我觉得他怎样，而是他觉得自己如何，伤害他人的自尊是一种罪行。"

一位审定合格的会计事务所，每年申报所得税的季节，他们就需要雇佣很多人，然而，当所得税申报热潮过后，他们不得不让许多人走。通常，例行谈话都是这样的："史密斯先生，旺季已经过去了，我们已经没有什么工作可以给你做了。当然，你也清楚我们只是在旺季的时候才雇用你，因此你现在可以离开了。"每年都这样，所以，大家都变得麻木不仁，只希望事情赶快过去才好。

很显然，这种谈话会让人感到很失望，可能还让人有一种伤及尊严的感觉。后来，事务所主管玛丽决定改变这种说话方式，她要求下属说话的时候，要多从对方的角度来考虑问题。于是，第二年，他们改变了以往的说话方式，而是委婉地告诉被解雇的人："史密斯先生，你的工作做得很好。上次我们要你去纽瓦克，那里工作很麻烦，而你却处理得非常好，一点差错也没出。我想告诉你，公司以你为荣，也相信你的能力，愿意永远支持你，希望你别忘了这些。"这样以来，被解雇的人就感觉好多了，因为他们知道，如果有工作的话，公司还会继续留他们做的。

因此，聪明的女人要懂得从下属的角度来想问题，要懂得充分尊重自己的下属。常言道，退一步海阔天空。所以凡事都要有个度，即使是对方做错了，也不要把事情做绝了，给对方一个台阶下，也会让你前面的道路变得平坦。

批评不要过度，下属也要面子

当我们发现别人错误的时候，我们总是毫不犹豫地指出来。可是，如果有人告诉我们所犯的错误时，我们却会感到懊恼甚至怀恨在心，当有人要抹去我们那股意念时，我们会固执地反对。并非是我们对那份意念有强烈的偏爱，而是我们自尊受到了损伤。将心比心，当我们毫不顾忌地去指责别人时，别人也会难受。因此，我们不要过分地指责别人的错误。

卡耐基简述了他与其侄女之间的相处经历。几年以前，他的侄女约瑟芬·卡耐基，离开堪萨斯市的老家，到纽约担任卡耐基的秘书。她那时十九岁，高中毕业已经三年，但做事经验几乎等于零。而后来，她已是西半球最完美的秘书之一。

不过，在刚刚开始工作的时候，她的身上还存在许多不足。有一天，卡耐基正想开始批评她，但马上又对自己说："等一等，戴尔·卡耐基。你的年纪比约瑟芬大了一倍，你的生活经验几乎是她的一万倍。你怎么可能希望她有与你一样的观点。还有，你十九岁时又在干什么呢？还记得你那些愚蠢的错误和举动吗？"

经过诚实而公正地把这些事情仔细想过一遍之后，卡耐基获得结论，约瑟芬十九岁时的行为比他当年好多了，而且他很惭愧地承认，他并没有经常称赞约瑟芬。

从那次以后，当卡耐基想指出约瑟芬的错误时，总是说："约瑟芬，你犯了一个错误，但上帝知道，我所犯的许多错误比你更糟糕。你当然不能天生就万事精通，成功只有从经验中才能获得，而且你比我年轻时强多了。我自己曾做过那么多的愚蠢傻事，所以我根本不想批评你或任何人。但难道你不认为，如果你这样做的话，不是比较聪明一点吗？"

如果卡耐基一开始就指责约瑟芬的错误，反而会使她产生抵触情绪，以后相处会变得困难。

我们在生活中都是顾及自己的脸面的。因此，一句或两句体谅的话，对他人的态度表示一种宽容，都可以减少对别人的伤害，保住他人的面子。生活中需要智慧，也需要机智的幽默。只有这样，才可以避免毫无必要的"树敌"，才可以做到"化干戈为玉帛"，也只有这样，我们才可以减少许多麻烦，把更多的精力和时间投入到我们感兴趣和有意义的工作中。

过分地挑剔别人的错误，非但不会让别人知道自己错了，反而会使他产生逆反心理；相反，让别人保住面子，对方会在心里感激你，对你有求必应。

卡耐基认为，假使我们是对的，别人是错的，我们也会因让别人丢脸而毁了他的自我。

某公司的秘书小王就有这样的体会。一贯爱赶时髦的她被这一季的潮流裹挟，花重金把头发染成了灰白色，胸罩带也被故意露在了"一"字领外。这身装扮立即引起了女同事们的艳羡。只不过大家都认为太出位了，不敢在办公室里尝试。年轻气盛的小王则放言："都什么年代了，怎么穿是我个人的事，倘若老板敢说我一句，我就炒了他。"谁知老板见到不仅没责骂，反而当着众人说道："王小姐，上次开派对时你为何不这样穿？太可惜了。人真是有趣，我们想把头发染黑，你们年轻人却忙着把头发染白，两者都说自己跟得上时代步伐。既然这样的话，以后黑头发的我就管白头发的你叫王姐吧，这样大家都时尚得更彻底！"从此，公司上下不论职位大小，大家都称王小姐为"王姐"，叫得她浑身不自在，没几天她就不声不响地把头发染回了黑色。

给对方面子，其实也就是给自己留下余地。凡事都要有个度，即使是对方做错了，也不要把事情做绝了，给对方一个台阶下，会让大家相处得更加默契。

积极引导，让下属说实话

很多女人都有这样的经历：有时候，下属犯了错误，批评他，他不主动承认，还总会找这样或者那样的借口来搪塞。这样，久而久之，会给工作带来很大的弊端。下属不对领导讲实话，就像一个大楼失去了根基，很容易倒塌的，所以，我们要积极引导下属说实话，讲真话。

美芳初中毕业就辍学在一家饭店当服务员，工作中她拾到一部顾客遗失在店内的手机，早就渴望有一部手机的她想悄悄据为己有。领班的张大姐发现了，想借着聊天的机会，让美芳明白这样做是不对的。

于是，张大姐走到美芳跟前，说："美芳，你知道什么叫'不劳而获'吗"

"不知道！"美芳撅着嘴说。

张大姐说："你看，'不劳而获'是不经过劳动而占有劳动果实。说得确切点是占有别人的劳动果实！"

"我可不懂那么多。"美芳有点不耐烦了。

张大姐耐心地问："你说，抢别人的东西是不是'不劳而获'"

"是的。"

"你说，偷别人的东西是不是'不劳而获'"

"当然是的。"

"那么，拾到别人的东西据为己有是不是'不劳而获'呢"

"这，这……当然……"美芳不说话了。

张大姐顺势教育道："拾到别人的东西据为己有和偷、抢得来的东西，在'不劳而获'这一点上是相通的，除了国家法律，我们还应有一定的社会公德，再说店里也有工作守则，拾到顾客遗失的物品要交还，你小小年纪，可不能犯糊涂啊！咱自己想要手机，就要靠自己的能力挣钱买，那样用得才理直气壮哩！"

最后，美芳主动把手机上交了。

我们可以看到，张大姐并没有直接指出美芳拾东西不上交是错的，而是从"不劳而获"这个成语出发，来积极引导美芳。由大及小，从面到点，步步推进，最后才切入实质性问题：拾到东西据为己有，同偷、抢一样是"不劳而获"。最后又回到美芳想把手机据为己有的想法上，说服她想要一款手机就要靠自己的能力去买，而不是占有别人的。生活中，我们也经常会遇到需要劝说别人的事情，这个时候，不仅需要有一个好的口才，还需要有一个好的态度，耐心地启发，引导对方思考，让其真正想通、弄懂。

说服的过程是说服者对被说服者攻心的过程，也是被说服者心理渐变的过程。运用"层渐递进"的说服技巧，从理论上讲，符合心理学的基本规律，从实践中看，只要运用得恰当巧妙，就能取得理想的说服效果。

因此女性管理者在说服下属时，要充分发挥自己的强项，一定要用心。要从平时对下属的了解中，找到突破点，然后再循循善诱，不可急躁，要懂得抓住这个切入点来打动下属的心。

学会用赞美奖励下属

我们每个人都有自己的优点，无论是领导还是下属，找到并发自内心赞美他人的优点，会让我们交到很多朋友。为什么赞美别人能有如此巨大的作用呢？这是因为，从心理学上讲，赞美能有效地缩短人与人之间的心理距离，渴望被人赏识是人最基本的天性。赞美是发自内心深处的对别人的欣赏，然后回馈给对方的过程；赞美是对别人关爱的表示，是人际关系中一种良好的互动过程，是人和人之间相互关爱的体现。

既然渴望赞美是人的一种天性，那我们在生活中就应学习和掌握好这一生活智慧。在现实生活中，有相当多的人不习惯赞美别人，由于不善于赞美别人或得不到他人的赞美，从而使我们的生活缺乏许多美的愉快情绪体验。

玛雅小姐的公司最近新聘了一个女秘书，这个女秘书长得年轻又漂亮，但在工作上却屡屡出现问题，不是字打错了，就是时间记错了，给玛雅小姐造成很大的困扰。

有一天，女秘书一走进办公室，玛雅小姐就夸奖她的衣服很好看，盛赞她的美丽，女秘书受宠若惊，但是玛雅小姐接着说："相信你的工作也可以像你人一样，都能做得很漂亮。"

果然，从那天起，女秘书的公文就很少出错。身旁的其他工作人员好奇地问玛雅小姐：" 你这个方法很巧妙，是怎么想出来的？"

玛雅小姐淡淡一笑："这很简单，你看理发师帮客人刮胡子之前，都会先涂上肥皂水，目的就是使人刮起来不会感觉痛，我不过就是用这个方法罢了！"

由此可见，正面的鼓励和赞美确实可以使人更容易改正错误，更容易接受他人的建议。

卡耐基认为，用赞美的方式开始，就好像牙科医生用麻醉剂一样，病人仍然要受到钻牙之苦，但麻醉却能消除这种痛苦。

范·弗利辛根的成功秘诀是：他懂得如何给下属的油箱加满油，令他们充满干劲，动力十足，自动自发。在工作中，他非常善于授权给他人，非常懂得欣赏他人。他坚持这样的用人观念：帮助下属造势，激发他们的巨大潜能，使他们在工作中成为真正的英雄。在他看来，给下属的油箱加满油，其实也就是在给自己的油箱加满油。上司能够授予下属一些权力，就会得到回报，给下属承担的责任很多，他们就会展翅飞翔。

每个人都希望得到赞美，当别人的赞美后，人们都会不惜一切代价地做到最好。

一名鲜花店的主人收下一个女孩当学徒时，她对徒弟说了一句这样的话："我怎样对别人，别人也会怎样对我。"后来，这个女孩通过自己的诚实、好心和勤奋获得了雇主的信任。店主对学徒说："我考虑在你学成后，送给你一件好的礼物。我不能告诉你那是什么东西，但它对你来说比100英镑更有价值。"当女孩学徒期满后，店主说："我会把你的礼物给你的父亲，"然后她又加上了一句话，"你的女儿是我所遇见过的最好的女孩。这就是我送给你的礼物——一个好名声。"听到这里，她的父亲对店主说："我宁可听到关于我女儿好名声的话，而不愿意看到你给的金钱，因为一个好名声要比巨大的财富重要得多。"

美国钢铁大王卡内基曾以年薪一百万美元，聘请查尔士·斯科尔特担任美国钢铁公司总经理。对于钢铁，斯科尔特是一位外行，然而他却把公司的每一位员工都激励得工作热情高涨，工作效率与效能都大幅度提高。那么，他是如何取得成功的呢？谜底就在他说的一句话里："我认为，能够鼓舞人们热忱的能力是我最大的资产，而激发出人们内在的能力必须靠欣赏与鼓励。"美国心理学家威廉·詹姆斯也指出：人类本性最深的需要是渴望得到别人的欣赏。所以，要想激发别人的潜能，给别人的油箱加满油，最好的办法就是欣赏和鼓励别人。

是的，苏联著名作家加里宁曾说："如果想使你的语言感动别人，你就应该先把这种感人的语言注入到自己的血液里。"要感动他人，首先要感动自己；要激励他人，首先要能够激励自己。

作为世界上最大的摩托制造企业，本田公司在创始初期，只有一间破旧车间。那个时候，员工们都看不到成功的希望，尽管企业的主人本田宗一郎信心十足。他经常会站在一只破旧的箱子上对众人高喊："我们要造出世界第一流的摩托车。"

他的这份热情感染了员工,他对员工们的信任深深地感动了员工。本田充满信心,一直以这个的目标去鼓舞、激励每一位员工。于是,本田公司上上下下,同心同力,共同朝着这个目标奋斗,最终使本田产品跻身到了世界一流水平的行列。

小时候,卡耐基是一个公认的坏男孩。在他9岁的时候,父亲把继母娶进家门。当时他们还是居住在乡下的贫苦人家,而继母则来自富有的家庭。

父亲一边向继母介绍卡耐基,一边说:"亲爱的,希望你注意这个全郡最坏的男孩,他已经让我无可奈何。说不定明天早晨起来,他就会拿石头扔向你,或者做出你完全想不到的坏事。"

出乎卡耐基意料的是,继母微笑着走到他面前,托起他的头认真地看着他。接着她回来对丈夫说:"你错了,他不是全郡最坏的男孩,而是全郡最聪明最有创造力的男孩。只不过,他还没有找到发泄热情的地方。"

继母的话说得卡耐基心里热乎乎的,眼泪几乎滚落下来。就是凭着这一句话,他和继母开始建立友谊。也就是这一句话,成为激励他一生的动力。在继母到来之前,没有一个人称赞过他聪明,他的父亲和邻居认定:他就是坏男孩。但是,继母就只说了一句话,便改变了他一生的命运。

卡耐基14岁时,继母给他买了一部二手打字机,并且对他说,相信你会成为一名作家。卡耐基接受了继母的礼物和期望,并开始向当地的一家报纸投稿。他了解继母的热忱,也很欣赏她的那股热忱,他亲眼看到她用自己的热忱,如何改变了他们的家庭。所以,他不愿意辜负她。

这股赞美的力量,激发了卡耐基的想象力,激励了他的创造力,使他日后创造了成功的28项黄金法则,帮助千千万万的普通人走上成功和致富的道路,并成为20世纪最有影响的人物之一。

这就是赞赏别人的力量。每当回忆起这件事,卡耐基就向身边的人建议:"下一次你在饭店吃到一道好菜时,不要忘记说这道菜做得不错,并且把这句话传给大师傅。而当一位奔波劳累的推销员向你表现出礼貌的态度时,也请你给他赞扬。"

因此,在与他人交往或沟通之前,为了能给对方的油箱加满油,我们要学会鼓励,赞美和欣赏别人。这样,别人才能感受到我们的热情,才会在工作的过程中一直保持着较高的热情。

承认错误并不丢领导面子

俗话说:"人非圣贤,孰能无过。"我们都是很普通的人,所以如果犯了点错,那也是很正常的事。生活中,谁也避免不了伤害别人或者被别人伤害,尽管大多数伤害是无意的,但学会道歉和接受道歉,应该成为很重要的习惯。

某经理对工作一丝不苟,只是脾气暴躁。一天,她看到部门经理在工作中出了一点差错,便立刻暴跳如雷,大声斥责部门经理。事后,经理冷静下来,觉得自己太冲动了，而且后来听部下解释说，这个部门平时工作十分出色，只是因为特殊情况出点小错，但工作成果还是可观的。

于是，经理马上进行"补牢"工作。在下班前，派人找来部门经理，说："今天委屈你了，怪我太冲动，没有了解清具体情况就责怪你，请原谅。不过，你们部门的工作仍要提高，相信你能做到这一点。"

几句话使部门经理的心得到了安慰，同时又有种被信任感，再大的委屈也飞到九霄云外了。其实，自我批评并不会降低自己的身份，如果能正确地做到自我批评，还会收到意想不到的结果。同样，我们也要学会主动承认错误，这样并不丢面子，反而会给人留下谦虚谨慎的好名声。

人与人的分歧，大都是由于认识的不同而引起的。因此，存在分歧是很正常而且很普遍的事情。但是，这并不等于说，人与人就不能合作共事了。相反，只要我们敢于承认自己的错误，我们还是可以很好地相处。

伊丽莎白是一个货物经纪人，在她给某公司做采购员时，发现自己犯下了一个很大的估计上的错误。有一条对零售采购商至关重要的规则是不可以超支你所开账户上的存款数额。如果你的账户上不再有钱，你就不能购进新的商品，直到你重新把账户填满——而这通常要等到下一次采购季节。

那次正常的采购完毕之后，一位日本商人向伊丽莎白展示了一款极其漂亮的新式手提包。可这时伊丽莎白的账户已经告急。她知道她应该在早些时候就备下一笔应急款，好抓住这种叫人始料未及的机会。此时她知道自己只有两种选择：要么放弃这笔交易，而这笔交易对公司来说肯定会有利可图；要么向公司主管承认自己所犯的错误，并请求追加拨款。正当伊丽莎白坐在办公室里苦思冥想时，公司主管碰巧顺路来访。伊丽莎白当即对他说："我遇到麻烦了，我犯了个大错。"她接着解释了所发生的一切。

尽管公司主管不是个喜欢大手大脚花钱的人，但他深为伊丽莎白的坦诚所感动，很快设法拨来所需款项，手提包一上市，果然深受顾客欢迎，卖得十分火爆。而伊丽莎白也从超支账户存款一事汲取了教训。并且更为重要的是，她意识到这样一点：当你一旦发现了自己陷入了事业上的某种误区，怎样爬出来比如何跌进去最终会显得更加重要。

当你不小心犯了某种大的错误，最好的办法是坦率地承认和检讨，并尽可能快地对事情进行补救。

一个人在前进的途中，难免会出现这样或那样的过错。对一个欲求达到既定目标、走向成功的人来说，正确对待自己过错的态度应当是：过而不文、闻过则喜、知过能改。

人们大都有一个弱点，喜欢为自己辩护，为自己开脱。而实际上，这种文过饰非的态度常会使一个人在人生的航道上越偏越远。但是，如果一个人能够知错就改，那么他就能在激烈的竞争中从一个胜利走向另一个胜利。

"过而不改，是谓过矣！"有了过失并不可怕，怕的是不思悔改、一味坚持，这种人是很难走向人生的辉煌的。

知过能改是一种积极向上、积极进取的人生态度。只有当你真正认识到它的积极作用的时候，才可能身体力行地去闻听别人的善意劝解，才可能真正改正自己的缺点和错误，而不致为了一点面子去嫉恨和打击指出自己过错的人。

而领导对于下属之间发生的纠纷，有时只要主动地承担责任，就可以化解双方的矛盾。

小李和老胡同在办公室工作。一次，小李去市府听报告，老胡不知道，因此对小李很有意见，当面质问小李为什么不告诉他听报告的信息，两人因此而大吵起来。柳主任了解吵架的原因后，对老胡说："听报告没有通知你，这不是小王的错，是我没有通知你，因为你们两人有一个人去听报告就行了。你如果有意见就对我提吧，不要责怪小王啊。"老周听后，觉得自己错了，于是主动向小王致歉，他们又和好如初。

总之，人们在生活中往往都是顾及自己的脸面的。遇到问题，总是先会找别人的过错。但是，如果我们能够站出来主动承认自己的错误，承担自己的责任，我们就能获得同事和下属的信赖。

聪明的领导，要关心下属的身心健康

现代社会紧张的节奏、激烈的竞争、过度的工作压力等，使员工长期处于疲劳、烦躁、压抑的精神状态下。各种负面情绪如不及时宣泄，会严重危害员工的身心健康，降低工作效率。因此，要想成为成功的领导者，我们就要学会关心下属的身心健康。

世界卫生组织曾针对身心健康方面的问题给人类造成的严重危害下过断言："没有任何一项灾难比身心健康的不良发展带来的痛苦更深重。"一些管理学者的研究则进一步表明，由人组成的企业组织，如果漠视员工的身心健康，那么员工的消极情绪不仅会影响员工个人的工作表现，也会影响企业的整体业绩。因此，关心下属的身心健康显得尤为重要。

在世界手机行业占据"大哥大"地位的摩托罗拉公司总裁保罗·高尔文，在他成功的企业管理中，就是从关心员工的身体健康入手，从而赢得员工的心。

在摩托罗拉公司，无论是员工本人还是员工的家人生病了，总裁保罗·高尔文说得最多的一句话是："你真的找到最好的医生了？如果有什么问题，我可以向你推荐看这种病的医生。"在这种情况下，医生的账单是直接交给他的。

在经济不景气的年代，工人们最怕失业，为了保住饭碗，他们最怕生病，尤其怕被领导知道。比尔·阿诺斯是摩托罗拉公司的一位采购员，他现在的两个担心都发生了。他的胃病非常严重，不得已，只有放下紧要的工作，因为他实在无力去工作了。他的病还是被高尔文知道了。

高尔文看到他痛苦不堪的样子，非常心疼，说道："你马上去看病，不要想工作的事，你的事我来想好了。"

阿诺斯做了手术，手术很成功，他知道凭自己的普通收入是难以承受手术费的，而他却从未见到账单。他知道是高尔文替他出的手术费用。他多次向高尔文询问，得到的回答是："我会让你知道的。"

阿诺斯勤奋工作，几年后，他的生活大有改善。一次，他找到高尔文。

"我一定要偿还您代我支付的那个账单的钱。"

"你呀，不必这么关心这件事。忘了吧！朋友，好好干。"

阿诺斯说："我会干得很出色的，但我还是要还您的钱……是为了使您能帮助其他员工医好胃病……当然还有别的什么病。"高尔文说："谢谢，我先代他们向你表示感谢！"

一个大公司的总裁能这么真挚地表达他对员工的关怀和爱护，其情意会令任何一位员工感激涕零。员工生活在这样温暖的大家庭中，一定会以加倍的工作来表明他们对企业的忠心。

常言说：有付出就有回报。你给员工创造良好的工作环境，让他们知道你处处体贴他们，他们自然会努力地工作，来回报企业。我们要善待员工，因为企业的任务最终靠他们来完成，员工是你朝夕相伴的战友。

一个企业的发展和崛起，靠的就是管理者的经营才智和员工的齐心协力。如果说管理者是冲锋的元帅，那么员工就是强大的后盾。只有上下同心，才能创建成功的企业。

相反，如果你不重视员工的身体健康，不关心职工平时的生活，在这样的环境中，员工就会毫无斗志。

一名非常优秀的大学生毕业后进入了一家民营企业，不到两年的时间，他便成长为公司的一名骨干，但正当他备受公司认可的时候，他却突然提出辞职。上级领导很是不解，私下沟通才知道了他离职的真正原因。"除了上下级关系之外，我实在无法认可我的领导。我与他一同出差，路上意外生了病，他却不理不问，一味督促我提前完成任务，缩短行程安排。我无法从内心尊重他，在日常工作中总是难免有意见冲突。"

一件小事，让公司苦心培养的人才尽付东流，我们在感叹这位员工承受力不够的同时，是否能够想到领导的失职之处呢？

因此，关心员工的身心健康，就是关心企业的健康成长和持续发展。损害员工身心健康的职业压力，也是阻碍企业健康成长和持续发展的强大阻力。

用人情话赢得下属的心

虽然作为上司，你在职能和地位上与下属是有区别的，但是，在人格、尊严等方面，上司与下属是平等的。要想跟下属搞好关系，就要学会笼络下属的心。只有这样，下属才能服从领导，配合工作，从而将工作做得更好。

一般来说，领导们都习惯说一些收买人心的人情话来获得他人的忠诚。

秦穆公就很注意施恩布惠，收买民心。一次，他的一匹千里马驹跑掉了，结果被不知情的百姓逮住后杀掉吃了。官吏得知后大惊失色，把吃了马肉的三百多人都抓起来，准备处以极刑。然而秦穆公听到禀报后却说："君子不能为了牲畜而害人，算了，不要惩罚他们了，放他们走吧。而且，我还听说吃过好马的肉却不喝酒，是暴殄天物，并对身体大有坏处。这样吧，再赐他们些酒，让他们走。"

过了些年，晋国大举入侵，秦穆公率军抵抗。这时有三百勇士主动请缨，原来正是那群被秦穆公放掉的百姓。这三百人为了报恩，奋勇杀敌，不仅救了秦穆公，还帮秦穆公捉住了晋惠公，大获全胜而归。

从上面的故事可以看出：领导让下属办事也要学会收揽人心。只有笼络住下属的心，才能更好地让下属心甘情愿地为自己效力。

无论是谁，都愿意在一个富有人情味的团队里工作和生活。因此，在这个团队中，领导是否善解人意，是否体恤和关怀下属，直接决定着这个团队人性化氛围的浓度，决定着这个公司发展的好坏。善解人意，才能赢得下属的肯定，才能实现公司的稳定发展。

晚清红顶商人胡雪岩是个商业奇才，同时他还是个善于笼络下属的高手。

一天，胡雪岩外出，路上遇到了刚被一家钱庄辞退的档手李治鱼，就邀他来到一家路边小店一起喝酒。席间胡雪岩问道："李师兄，到乡下有什么好活计？"

李治鱼叹道："无非就是割麦插秧，笨重农活，只求果腹而已。"

胡雪岩说："可惜了你一身银钱绝技，却派不上用场，难道就这样英雄末路，委屈一生吗？"

"恶名在外，谁还敢雇咱，只好认命啦。"李治鱼无奈地说。

胡雪岩目光炯炯，逼视他道："如果有人相信师兄的为人，请师兄再回钱庄主掌档手，你意下如何？"

李治鱼疑惑道："若果真如此，便是重生父母，再造爹娘，但谁又能如此大胆，敢违抗同业大会的意愿？"

胡雪岩道："此人远在天边，近在眼前，便是小弟我。"

李治鱼大吃一惊："果真如此吗？"

胡雪岩爽快答道："小弟与师兄同业同行，英雄说英雄，惺惺惜惺惺，对师兄向来极为敬佩，今日愿请师兄主掌钱庄，共同干一番事业。"

李治鱼方知是实,绝境之中的希望,哪有不愿意的道理!当下便要给胡雪岩跪谢大恩。胡雪岩忙扶住他说:"自家弟兄,不必如此拘礼,今后务必同舟共济,共兴钱庄大业。"然后掏出一张两千两的银票给他,说:"从现在起,师兄就是阜康钱庄的档手,每月定饷十两,年底另有花红,这银票拿去,随取随用,订房子、雇伙计、购什物,任你支派,不够再说一声,我随时补上。"

一番慷慨大度的安排,令李治鱼心悦诚服,高叫道:"雪岩老弟不必多虑,只看咱神算李手段!"

胡雪岩道:"从此以后,咱弟兄俩就是一根线上的蚂蚱啦,同呼吸共命运,吃香喝辣,都在一块儿。"一番人情话说出后,一个钱庄的好手已成了他死心塌地的战友。

有时,有些人情话尽管轻描淡写,却也能收到奇效。

例如,一个员工今天气色不好,你要问问他有什么不舒服;如果他请假去照料他生病的妻子,那么当他来上班时,要问问他妻子康复了没有;如果他经常谈起他女儿上学的事,可过问一下他女儿在学校的成绩如何。这些只是一点儿小小的关心,做起来不难,然而在日常生活中,你会惊奇地发现,这种小小的关心竟使你的上下级关系迥然不同。

女人要懂得用人情话来赢得下属的心。大人物也好,小人物也好,这种让人从心里感动的人情话都应该多说,这样会给自己的人际关系创造一个良好的氛围。

Chapter 8

走进顾客心里，满足顾客需求

我们经常会听到推销员这样的牢骚：有时候，为了满足客户的一个很过分的要求，会不分昼夜地四处奔走；有时候即使觉得客户的要求毫无道理，但因为对方是客户，也只能委屈自己按照对方说的去做。的确，每天都很辛苦。

那么，怎样才能成为一个好的推销员呢？客户最需要的，就是我们最关注的。急客户所急，想客户所想，与客户交谈时，永远设身处地地为客户着想。只有这样，你才能立于不败之地。

喊出客户名字，选择合适称谓

很多女人在跟客户的交往中可能会遇到这样的情况：大家在街上相遇，可是你使劲地怎么想也没有想起对方的名字，没有办法，只好避开。没有记住对方的名字，是件很尴尬的事情，它会使人误解为你不重视对方，疏远了对方，从而加大了你们之间的距离。

人际交往中，如何恰当地称呼别人，这是构建和谐人际关系的重要细节，也是尊重别人的具体体现。懂得恰当称呼别人的女人，才会让人喜欢。

卡耐基认为，如果你要别人喜欢你或者想要达成某种意愿，牢记他人的名字，等于给予他一个巧妙而有效的赞美！

在美国总统的专业幕僚群中，有一位幕僚的工作内容，就是专门替总统记住每一个人的名字，然后每当总统在遇见某人之前，这位负责幕僚就会先一步告诉总统此人的姓名。而那位被总统叫得出名字的人，也就会因总统竟然会记得他，而雀跃不已，进而更坚定对总统的支持。

记住对方的名字，是尊重一个人的开始，也是创造自己个人魅力的第一步。记忆姓名的能力，在事业上、交际上和政治上是同样重要的。

法国皇帝拿破仑三世，曾经自夸自己虽然很忙，可是，他能记住所见过的每一个人的名字。他有什么高招吗？其实很简单，假如他没有听清楚，他就说："对不起，我没有听清楚。"如果是个不常见到的名字，他就这么问："对不起，请告诉我这名字如何拼？"在与别人谈话中，他会不厌其烦地把对方姓名反复地记忆数次，同时在他脑海中把对方的姓名和他的脸孔、神态、外形连贯起来。如果这人对他是重要的拿破仑就更费劲了。在他独自一人时，他会把这人的姓名写在纸上，仔细地看着、记住，然后把纸撕了。这样一来，他眼睛看到的印象，就跟他听到的一样了。

第二次世界大战期间美国民主党全国委员会主席、邮务总长吉姆是一位传奇人物。他小时候家里很穷，十岁就辍学去一家砖厂工作。吉姆没有机会受更多的教育，可是他有爱尔兰人达观的性格，使人们自然地喜欢他，愿意跟他接近。在成长过程中，吉姆逐渐养成了一种善于记忆人们名字的特殊才能，这对他后来从政起到了重要的作用。

罗斯福开始竞选总统前的几个月中，吉姆一天要写数百封信，分发给美国西部、西北部各州的熟人、朋友。然后，他乘上火车，在十九天的旅途中，走遍美国二十个州，行程一万两千里。他除了火车外，还用其他交通工具，像轻便马车、汽车、轮船等。吉姆每到一个城镇，都去找熟人进行一次极诚恳的谈话，接着再开始一段行程。当他回到东部时，立即给在各城镇的朋友每人一封信，请他们把曾经谈过话的客人名单寄来给他。那些不计其数的名单上的人，他们都得到吉姆亲密而极礼貌的复函。

吉姆早就发现，一般人都对自己的姓名感兴趣。把一个人的姓名记住，很自然地叫出来，你便对他含有很微妙的恭维、赞赏的意味。若反过来把那人的名字忘记或是叫错了，不但使对方难堪，而且对你自己也是一种很大的损失。

像富兰克林、罗斯福这样的大忙人，都还不忘花时间去记一些与他们来往的市井小民的名字。爱默生曾经说："完美的品格，是得由无数的小小牺牲才能换来的。"要达到这个目标，绝非一蹴而就，定得相当时日之累积方可得。所以，别忘了：人最重视、最爱听，同时也是最希望他人尊重的就是他们自己的姓名。

名字是人们活动于人世间的一个个符号，做为个体而言，每个人都十分在意、重视自己的名字。记住一个人的长相并不难，但要铭记他人的名字却不是一件轻而易举的事。但是，若能牢记他人的名字并准确地、很自然地叫出口，这是一种最简单、最明显，而又是一种最能获得好感的方法。

同样，如何称呼别人，是非常有讲究的一件事。用得好，可以使对方感到亲切，给别人留下一个良好的印象。反之，如果称呼不得体，往往会引起对方的不快甚至恼怒。

刘女士今年快70岁了，由于保养得好，看上去比实际年龄要年轻些。她去菜市场买菜，一个新来的年轻姑娘迎上来说："老奶奶，我们家的菜可新鲜了，看看您需要点什么？"

没想到刘女士的脸色很难看，没搭理那个姑娘，径直走了。这位姑娘感到很纳闷，不明白是怎么回事。旁边的人悄悄对姑娘说："她不喜欢别人叫她老奶奶，你得叫她阿姨，她就对你热情了。"

原来，这刘女士虽然年纪有点大了，但是却不愿意别人叫她"奶奶"。她经常来这个菜市场买菜，大家都认识她，而这个姑娘是新来的，对此当然不知道。

第二天，刘女士又来买菜，那个姑娘亲热地叫了一声："阿姨，看看我们家的菜吧，便宜又新鲜。"刘女士高兴地凑了上去，看看这个，瞅瞅那个，选了不少菜。

由此可见，对别人称呼的重要性。称呼他人是一门极为重要的艺术，若称呼得不妥当则很容易让他人产生反感，甚至记恨在心，久久无法释怀。

既然称呼如此重要，那么在交往当中就要注意慎重地选择称谓。一个会说话的女人，在对别人的称呼上是绝对不能马虎的。在称呼别人时，除了要注意有礼貌之外，还要注意各地方的地域差别。风俗人情不同，不同的称呼所蕴涵的意思是不一样的，这一点我们要多加注意。

在交际过程中，称呼往往是传递给对方的第一个信息。因此，为了保证交际的正常进行，我们要根据对方的年龄、职业、地位、身份，以及同对方的亲疏关系和谈话场合等一系列因素选择恰当的称谓。

积极"套近乎"，让客户放下戒心

中国人都注重亲情和友情，像同事关系、师生关系、老乡关系、军人关系、父子关系、姊妹关系、亲戚关系等等，不胜枚举。有一句话，叫做"老乡见老乡，两眼泪汪汪"，就是"情"的极致，"情"的写照。利用这一点来与客户套近乎，定能收到立竿见影的效果。

美国著名推销员吉拉德在商战中总结出的"250定律"，利用的就是这个原理。这个原理是说：真诚款待一个人，可以带来更多的消费者，这就是"250定律"带给企业最大的法宝。

在一次葬礼上，吉拉德忽然发现了一个现象：每次参加葬礼的人数一般都是250人左右。他忽然想到，每一位顾客身后，大体有250名亲朋好友。如果赢得了一位顾客的好感，就意味着赢得了250个人的好感；反之，如果你得罪了一名顾客，也就意味着得罪了250名顾客。这就是吉拉德的"250定律"。

在这个定律的指导下，每年一月，吉拉德会寄给他的客户一封充满喜庆气氛图案的信函，下面是一个简单的署名，"雪佛兰轿车乔·吉拉德上"。二月，信函中写的是："祝您情人节快乐！"三月、四月、五月……每月都有不同内容的卡片。吉拉德说："我这样推销不是在推销车，而是在推销自己。"吉拉德的推销是极其成功的，他曾连续12年平均每天销售6辆车，这个纪录至今无人能破。

这一定律有力地论证了与客户"套近乎"的重要性。如果我们想要有个稳定的客户群，我们就要懂得"套近乎"。因为这样，不仅对方自己会成为稳定的客户，还会发展他的亲朋好友成为客户。在这方面，希尔顿饭店为我们提供了很好的榜样。

有一次，一位出差的经理前来投宿，服务人员检查了一下电脑，发现所有的房间都已经订出，于是礼貌地说："很抱歉，先生，我们的房间已经全部订出，但是我们附近还有几家档次不错的饭店，要不要帮您联系看看。"

然后，就有服务人员过来引领该经理到一边的雅座去喝杯咖啡，一会儿外出的服务人员过来说："我们后面的酒店里还有几间空房，档次跟我们是一样的，价格上还便宜30美元，服务也不错，您要不要现在去看看？"

那位经理高兴地说："当然可以，谢谢！"之后服务人员又帮忙把经理的行李搬到后面的酒店里。从此以后，这位经理就成为了希尔顿饭店的常客，还常常介绍自己的朋友来。

类似的服务，在希尔顿饭店经常发生，尽管他们的行为超出了自己的职责范围，但是，却令顾客感到了满意和惊喜。试想想，如果你受到这样超越期望的服务，你下次一定还是会选择希尔顿饭店，不是么？因为你知道，你在这家饭店一定会得到最好的服务，他们一切服务都是以实现你的最大利益为出发点的。

受到热情、真诚接待的客户，会对酒店留下极好的印象，不仅自己会成为其忠诚的客户，还会广泛推荐它，这样便会在既有的和潜在的客户群中形成良好的声望和口碑，吸引更多的客户消费。

在中央首长视察中央电视台的前一天，中央电视台的有关领导告诉节目主持人敬一丹，明天首长来视察的时候，你要想办法得到首长的题词。敬一丹听了既感到欣喜，又感到多少有些为难：我怎么向首长提出这个请求呢？第二天，首长在有关部门领导的陪同下，来到中央电视台。他走进《焦点访谈》节目组演播室，在场的所有人都起立鼓掌，气氛一下子热烈起来。首长跟大家相互问好之后，坐到主持人常坐的位置上，大家簇拥在周围，争先恐后地与首长交谈。一位编导说："在有魅力的人身上，总有一个场，以前我听别人这样说过。我看您身上就有这样一个场。"首长不置可否地笑了。演播室里的气氛更加活跃、和谐，敬一丹感觉这是一个好时机，一个很短暂的、稍纵即逝的时机。于是走到首长面前说："首长，今天演播室里聚集在您身边的这二十几个人只是《焦点访谈》节目组的十分之一。"首长听了这话，说："你们这么多人啊！"敬一丹接着说："是的，他们大多数都在外地为采访而奔波，非常辛苦。他们也非常想到这里来，想跟您有一个直接的交流。但他们以工作为重，今天没能到这里来。您能不能给他们留句话？"敬一丹说得非常诚恳，而且非常婉转，然后把纸和笔恭恭敬敬地递到首长面前。首长看一下敬一丹，笑了，接过纸和笔，欣然命笔，写下"舆论监督，群众喉舌，政府镜鉴，改革尖兵"16个字。首长写完，全场响起一片掌声，热烈的气氛进入了高潮。

敬一丹的绕圈子的确运用恰当，可圈可点。请求题词，先把在外"四处奔波"、"非常辛苦"的记者抬出来，在感情、道义上绕好了一个让人不宜也不忍拒绝的

"套子",另外语气曲折委婉,表述又贴切诚恳,终于如愿以偿。

考虑别人的需要既是为了别人,又可以给自己带来益处。因为设身处地地服务客户、了解客户的需求,不仅能化解双方冰冷的情绪,而且还能让该客户成为你的忠诚客户,并吸引更多人。

让优雅的笑容为你的语言加分

俗话说得好:"一笑解千愁"。有一副对联也说,"眼前一笑皆知己,举座全无碍目人"。真诚的微笑是交友的无价之宝,是社交的最高艺术,是人们交际的一盏永不熄灭的明灯。聪明女人的脸上应时时挂着微笑。

有人曾经做过一个有趣的实验,以证明微笑的魅力。

给两个模特儿分别戴上一模一样的面具,上面没有任何表情,然后问观众更喜欢哪一个人,答案几乎一样:一个也不喜欢,因为那两个面具都没有表情,他们无从选择。

然后再要求两个人把面具拿开,舞台上出现了两个不同的个性,两张不同的脸,其中一个人把手盘在胸前,愁眉不展并且一句话也不说,另一个人则面带微笑。

再问观众:"现在,你们对哪一个人更有兴趣?"所有人的答案也是一样:他们选择了那个面带微笑的人。

这充分说明了微笑受人欢迎,微笑能拉近与生人的距离。有了微笑,办事就有了良好的开头。的确,没有人能轻易拒绝一个笑脸。笑是人类的本能。微笑能够缩短人们之间的距离,具有神奇的魔力。

在葛丽泰小姐初入推销界时,处境十分惨淡。在那段艰难的日子里,葛丽泰小姐并没有自怨自艾,依然用微笑对付它,因为她始终坚信,生命的天空总会有晴朗的一天。

有一次,葛丽泰小姐前去拜访一位客户。之前,她曾了解到此人性格内向,脾气古怪。见面后果真如此。

"你好,我是葛丽泰,斯坦化妆品公司的业务员。"

"哦,对不起,我不需要化妆品。"

"能告诉我为什么吗?"葛丽泰小姐微笑着说。

"这不需要理由的!"客户忽然提高声音,显得有些不耐烦。

"听朋友说你在这个行业做得很成功,真羡慕你,如果我能在我的行业也能做得像你一样好,那真是一件很棒的事。"葛丽泰小姐依旧面带笑容地望着她。

听葛丽泰小姐这么一说,她的态度略有好转:"我一向是讨厌化妆品推销员的,可是你的真诚和笑容让我不忍拒绝与你交谈。好吧,你就说说你的化妆品吧。"

原来是这样,她并非真的讨厌化妆品,而是不喜欢推销员。看到问题的实质后，事情就好办了。在接下来的交谈中，葛丽泰小姐始终都保持微笑，客户在不知不觉中也受到了感染，谈到她们感兴趣的话题，彼此都兴奋地大笑起来。最后，她愉快地在单上签上了她的名字，并与葛丽泰小姐握手道别。

有的公司，在招聘职员时，以面带微笑为第一条件。有两名刚毕业的大学生同到一家公司应聘。面对发问，甲滔滔不绝甚至不等主考官说完就大发意见，很有"英雄无用武之地"的感慨。而相貌平平的乙，却始终面带微笑，平静而又不失机灵地陈述着自己的见解。结果只有乙被录用了。究其原因，用主考官的话来说：就是从乙的微笑中，看见了乙礼貌、自信和稳重的品质，看见了乙潜在的创造力。

无论你是生活上求助于他人，还是请求上司变换工作，只要你巧施微笑，你一定会左右逢源，万事皆顺。

同样，珍妮小姐也是利用她的微笑，征服了她的面试官，赢得了自己的第一份工作。

珍妮小姐去参加联合航空公司的招聘，当然她没有关系，也没有熟人，也没有先去打点，完全是凭着自己的本领去争取。

令珍妮惊讶的是，面试的时候，主试者在讲话时总是故意把身体转过去背着她。你不要误会这位主试者不懂礼貌，而是他在体会珍妮的微笑，感觉珍妮的微笑，因为珍妮的工作是通过电话工作的，是有关预约、取消、更换或确定飞机班次的事情。

那位主试者微笑着对珍妮说："小姐，你被录取了，你最大的资本是你脸上的微笑，你要在将来的工作中充分运用它，让每一位顾客都能从电话中体会出你的微笑。"

虽然可能没有太多的人会看见她的微笑。但他们通过电话，可以知道珍妮的微笑一直伴随着他们。

在适当的时候、恰当的场合，一个简单的微笑可以创造奇迹。一个简单的微笑可以使陷入僵局的事情豁然开朗。

有一年，底特律的哥堡大厅举行了一次巨大的汽艇展览，人们蜂拥而来参观，在展览会上人们可以选购各种船只，从小帆船到豪华的游轮都可以买到。

在这次展览中，一位某一产油国的富翁，站在一艘大船面前，对站在他面前的推销员说："我想买价值2 000万美元的汽船。"我们都可以想像，这对推销员来说是求之不得的好事。可是，那位推销员只是毫无表情地看着这位顾客，以为他是疯子，没加理睬，他认为这位富翁是在浪费他的宝贵时间，所以，脸上冷冰冰的，没有笑容。

这位富翁看看这位推销员，看着他那没有笑容的脸，然后走开了。

他继续参观，到了下一艘陈列的船前，这次他受到了一个年轻的推销员的热情招待。这位推销员脸上挂满了欢迎的微笑，那微笑就跟太阳一样灿烂。由于这位推销员的脸上有了最可贵的微笑，使这位富翁有宾至如归的感觉，所以，他又一次说："我想买价值2 000万美元的汽船。"

"没问题！"这位推销员说，他的脸上挂着微笑，"我会为你介绍我们的系列汽船。"

这位富翁留了下来，签了一张500万元的支票作为定金，并且他又对这位推销员说："我喜欢人们表现出一种他们非常喜欢我的样子，你现在已经用微笑向我推销了你自己。在这次展览会上，你是唯一让我感到我是受欢迎的人。明天我会带一张2 000万美元的保付支票回来。"

这位富翁很讲信用，第二天他果真带了一张保付支票回来，购下了价值2 000万美元的汽船。

古人云："笑开福来"。微笑因幸福而发，幸福伴喜悦而生。世界上最伟大的推销员乔·吉拉德曾说："当你笑时，整个世界都在笑。"微笑，它不花费什么，但却创造了许多奇迹。

布莱曼是一家旅店的总经理，这家旅馆有一百年的历史了，她每天都需要做很多事，如房间预约、床位安排、床单更换、食物供应等等，但她却能安排得很好，没有一点错误。

作为一个总经理，每天要管理一大堆职员，从侍者到厨师，从女仆到乐队，而且还要解决其他问题，做得如此有条有理，我们问她有什么秘诀？她说她的办法很简单。"我在问题还没有发生以前，便用微笑把它笑走了，至少可以避免将小问题变成大问题。微笑，是我性格的一部分，我就用微笑来避免遭遇问题。"

微笑产生于一刹那间，却给人留下永久的记忆；它创造家庭快乐，建立人与人之间的好感；它是疲倦者的休息室，沮丧者的兴奋剂，悲哀者的阳光。所以，我们女人要懂得用微笑去赢得别人的欢迎，学会给人以真心的微笑。

学会用发问摸清客户虚实

在与客户交往过程中，当我们在没有摸清对方虚实的情况下，如果随意开口，说不定就会在不经意间得罪别人。因此，这个时候，不要随意说话，可以采取发问的方式，来摸清客户的虚实。

玛格丽特正在宾夕法尼亚一个富裕的荷兰移民区进行农业考察。"为什么这些人不用电器呢？"她经过一家管理良好的农场时，问该区的代表。"他们是守财奴。你无法卖给他们任何东西，"那位区代表厌恶地回答说，"此外，他们还对公司很不友好，我已经试过了，没有任何希望。"

也许是没有任何希望，但玛格丽特还是决定无论如何也要尝试一下，她敲响了农家的门。只见门打开了一道小缝，屈根堡夫人探出头来。当她一看见是公司的代表，就重重地把门一摔。玛格丽特再次敲门，她再一次把门打开。这次，她毫不留情地告诉玛格丽特，她不需要这些东西。

"屈根堡夫人，"玛格丽特说，"很抱歉打搅了你，但我不是来向你推销电器的。我只想买些鸡蛋。"

屈根堡夫人把门再打开了些，探出头来，用怀疑的目光望着玛格丽特。

"我很想买一打新鲜鸡蛋，你那是多明尼克鸡吧。"玛格丽特说。

此时，门又打开了一点。"你怎么知道我的鸡是多明尼克鸡？"屈根堡夫人好奇地问。

"我自己也养鸡，但我必须承认，我从来都没有见过比这更好的多明尼克鸡。"

"那么你为什么不吃你自己的鸡蛋？"屈根堡夫人仍带着怀疑地问着。

"因为我的鸡下的是白壳蛋。你是一位烹调高手，当然会知道做蛋糕时，白壳蛋不如棕壳蛋好。"

到这时候，屈根堡夫人放心地走了出来，到了走廊上。这时她已温和多了。

"屈根堡夫人，我敢打赌，事实上，你养鸡赚的钱比你丈夫养奶牛赚的钱还多。"

这时，屈根堡夫人高兴极了！确实是她赚得多！后来，屈根堡夫人又请玛格丽特参观了她的鸡舍。在参观的时候，玛格丽特留意到她制造的各种小器械，又向玛格丽特介绍了有关食料及温度方面的情况，片刻之间，她们很高兴地交换了许多经验。

过了一会儿，屈根堡夫人说她的几位邻居在他们的鸡房中装了电灯，据说效果很好。屈根堡夫人问玛格丽特是否值得采取同样的方法。

过两个星期以后，屈根堡夫人的多明尼克鸡就在电灯的光照下满足地叫唤着、活动着。玛格丽特也拿到了订单。

我们不能强迫别人接受我们的建议。如果我们一开始就摆出自己的观点，反而会使别人产生逆反心理，排斥我们。所以，我们女人要懂得用发问的方式，试着去了解对方，然后再试着把自己的观点变成对方的观点。要获得听众的掌声，就要捕获听众的心，而不能把自己的思想强加给听众。

大家都知道日本有不少人是世界上著名的谈判专家，被称为谈判高手。他们谈判成功的诀窍之一也是利用发问探清对方的虚实。

有一次，日本某公司就引进一条生产线同法国的一家公司进行谈判。为让日方了解产品的性能，法国方面做了大量的准备工作，各种资料一应俱全。谈判一开始，急于求成的法方代表口若悬河，滔滔不绝地进行讲解，翻译忙得满头大汗。日本人埋头做笔记，仔细聆听，一言不发。法方最后问道："你们觉得怎样？"日本代表有礼貌地回答说："我们不明白。""不明白？这是什么意思？"法方代表焦急地问道。日方代表仍然以微笑作答："不明白，一切都不明白。"法方代表看到一切都要前功尽弃，付之东流，沮丧地说："那么你们希望我们怎么办？"日方提出："你们可以把全部资料再为我们重新解释一遍吗？"法方不得已，又重复一遍。这样反复几次的结果，日本人把价格压到了最低点。

日方抓住法方代表急于达成协议的弱点，以"不明白"为借口，不急于表达自己的意见，像演戏一样，来打探对方的虚实，这样牢牢抓住了对方的底牌。

因此，当工作和生活中遇到难题的时候，女人们千万不要去钻牛角尖，而是要懂得放松一下，换个方式考虑问题，把相同的问题用戏剧性的方式表示出来，以一种轻松愉快的方式表达出来，让对方乐于接受。

唤起顾客的好奇心

人们常常有这样的感受，别人越是不想让我们知道的东西，我们就越是迫不及待地想知道；越是不想让我们听到的话，我们越是要伸长耳朵悄悄地听。这是为什么呢？这是我们的好奇心在作祟。同样，如果我们能在实际推销工作中，用话先勾起客户的好奇心，引起对方的注意和兴趣，那么我们产品的销量也会随之增加。

人人都有好奇心。因此，在经营中就要善于利用人们的好奇心，设法引起众人的注意和兴趣，以此来促进交易。那下面让我们看看聪明的女人是怎样利用人们的好奇心的。

张丽在闹市地段租了一块地皮，造了一间小木屋作为酒坊。小木屋四周均留有小圆孔，并挂上一块醒目的牌子，上面写着"禁止观看"四个大字。来往路人经不住好奇心的驱使，越是禁止观看他们越是想看，就簇拥着通过小圆孔往里面偷看。

这恰恰中了张丽的圈套，他们透过小孔看看见屋内的另一块牌子上写着"美酒飘香，请君品尝"八个字，这时小孔下面正放着的一坛美酒香气扑鼻。窥视者挡不住的诱惑，于是忍不住争相品尝购买。

因此，如果人们对你卖的东西产生好奇，也就意味着你拥有了一半的成交机会。商人如能巧妙地利用人们的好奇心，就很容易达到促销的目的。

还有这样一个例子。玛丽安娜在星期五黄昏的时候经过一个小镇。她身无分文，无法食宿，只好到教会堂找执事，请他推荐一个提供安息食宿的家庭。执事查了一下记事本说："本周五，路经本镇的人很多，每家都住满了客人，唯有一家开金银店的西梅尔家例外，但是他从来不接纳客人。"执事示意玛丽安娜要做好心理准备。"他肯定会接纳我的。"玛丽安娜很自信地说。

之后，玛丽安娜就去了西梅尔家。门打开后，玛丽安娜就神秘地把西梅尔拉到一旁。只见玛丽安娜从大衣兜里取了一个砖头大小的沉甸甸的小包，小声说："请问您一下，砖头大小的黄金值多少钱？"金银店的老板眼睛一亮，可是这时已到了安息日，不能继续谈生意了。为了能做成这笔生意，他就连忙挽留玛丽安娜在自家住宿，到明天日落后再谈。因为按照教规，每周五日出至日落，这24小时为安息日，这期间不得从事任何工作。这一天，即使旅人也不出门。孤身在外的旅客在这期间有权利在路经的人家里获得食宿的照顾。

在整个安息日，玛丽安娜都受到了热情的款待。当周六晚上可以做生意时，西梅尔满面笑容地催促玛丽安娜把"货"拿出来看看。玛丽安娜故作惊讶地说:"我哪有什么金子,只不过是想问一下砖头大小的黄金值多少钱而已。"玛丽安娜的聪明让她在周五晚上有了栖息之地。

在这则故事中,玛丽安娜利用"假象"引起了金银店老板的好奇心。他在一个不谈生意的时候,问了一个似乎是生意上的问题,而且表情神秘,拿着一个砖头大小的小包,这就使对方产生了"想象",感觉是有客户来了,加之对方又求财心切,结果一厢情愿地把玛丽安娜当作客户。

好奇心是所有人类行为动机中最有力的一种。最好的推销方法之一就是:推销员能够把握好时机,唤起顾客的好奇心。唤起好奇心的具体办法则可以灵活多样,我们要尽量做到得心应手,运用自如。

卡耐基就非常擅长用这种方式来推销产品。卡耐基抵达南达克达后,就去拜访当地各家零售商。他与零售商们攀谈,从天气到农作物收成,接着再把话题绕到阿摩尔公司及其所提供的瘦腊肉等各种产品上。

卡耐基总是设法让对方相信他所推销的产品。"为什么你该选择阿摩尔的产品呢?"当卡耐基的话题吸引了店主的兴趣后,就会采取问答的方式向他们赞赏阿摩尔公司超级优良的服务态度和产品的高质量,并且,他还非常肯定地告诉店主,公司的货品任何情况下都能准时送到。如此的反复说明和推销,令顾客完全满意。

在整个商品宣传的过程中,卡耐基大量地运用了父亲养猪和养牛的经验。并且,所有的演说,卡耐基都以带有鼻音及充满密苏里口音的语言发表。这使他深受南达克达商人的信赖。卡耐基就是凭着热心的态度和真诚的笑容,凭着坚韧不拔的意志和随机应变的能力,在南达克达取得了一连串的成功。

唤起了顾客的好奇心,就等于成功了一大半。顾客往往会被推销者的那一番饶有兴趣的话语和动作而吸引,进而推销者就有机会向顾客介绍产品。

一位人寿保险代理商每次一接近准客户就问:"五公斤的软木,您打算出多少钱?""如果您坐在一艘正在下沉的小船上,您愿意花多少钱?"这些令人感到好奇的问题,常常也能引起一段令人好奇的对话,借此引发顾客对保险的重视和购买的欲望。

在一次贸易洽谈会上,卖方对一个正在观看公司产品说明的买方说:"你想买什么呢?"

买方说:"这里没什么可买的。"

卖方说:"对呀,别人也这样说过。"

当买方正为此得意时,卖方又微笑着说:"不过,他们后来都改变了看法。"

"哦?为什么呢?"买方好奇地问道。

于是,卖方开始进入正式推销阶段,公司的产品得以卖出。

该事例中,卖方在买方不想买时,没有直接向他叙说自己公司产品的情况,而是设置了一个悬念——"别人也说过没什么可买的,但后来都改变了看法。"从而引发了买方的好奇心。于是，卖方有了向其推销产品的机会。

引起对方好奇心的方法很多，其中一个方法就是用一些大胆的陈述或强烈的问句来开头。

丽芙是一位非常成功的销售员，她每次在拜访客户时，都会将一个三分钟的蛋形计时器放在桌上，然后说："请您给我三分钟时间，三分钟一过，当最后一粒沙穿过玻璃瓶后，如果您不希望我继续讲下去，我就离开。"

她在推销产品时，会利用蛋形计时器、闹钟、二十元面额的钞票等各式各样的花招，使自己有足够的时间让顾客能静静地坐着听她讲话，并对她所卖的产品产生兴趣。

在推销过程中，有经验的推销员都能使用恰当的语言艺术创造一种轻松愉快的场面。而当与客户产生意见分歧时，恰当的语言艺术又能转移或搁置矛盾，化解或缩小分歧。同时，在阐述意见和要求时，合理的语言表达方式既能清楚地说明自己的观点，又不致引起对方的不快或反感。

如果你卖的是电脑，你首先不要问客户有没有兴趣买电脑，或问他们是不是需要一台电脑，而要问："您想知道如何用最好的方法让你们公司每个月节省五千元钱的营销费用吗？"这类问题可能更容易吸引客户的注意力。

"您知道一年只需花几块钱就能防止火灾、水灾和失窃吗？"保险公司的推销员开口便问顾客，对方一时无以应对，但又表现出很想了解的样子。此时推销员要赶紧补一句："您有兴趣了解我们公司的保险吗？我这里有二十多个险种供您选择。"

总之，作为一个优秀的推销员，就要学会用各种方法来激发客户的好奇心，这样才能成功地把自己的产品推销出去。

有效倾听是为了交出更好答卷

生活中，最有魅力的女人一定是一个倾听者，而不是滔滔不绝、喋喋不休的人。

卡耐基曾经说过这样一句话："在生意场上，做一名好听众远比自己夸夸其谈有用得多。如果你对客户的话感兴趣，并且有急切想听下去的愿望，那么订单通常会不请自到。"

倾听，不仅仅是对别人的尊重，也是对别人的一种赞美。我们知道，在社交过程中，最善于与人沟通的高手，是那些善于倾听的人。

安吉丽娜是美国某食品公司的"推销冠军"，这天，她像往常一样将某产品的功能、效用告诉顾客，但女主人并没有表示出多大的兴趣。

安吉丽娜立刻闭上嘴巴，开动脑筋，并细心观察。

突然，她看到主人家的阳台上摆着一盆美丽的盆栽，便说："好漂亮的盆栽啊！平常真的很难见到。"

"没错,这是一种很罕见的品种,叫嘉德里亚,属于兰花的一种。它真的很美,美在那种优雅的风情。"女主人听到她对自己盆栽的赞美,来了兴致。

"这个宝贝很昂贵的,一盆就要花八百美金。"

"什么?八百美金?我的天哪!每天是不是都要给它浇水呢?"

"是的。每天都要很细心地养育它……"

于是,女主人开始向安吉丽娜倾囊相授所有与兰花有关的学问,而安吉丽娜也聚精会神地听着。

最后,这位女主人一边打开钱包,一边说:"就算我的先生也不会听我唠唠叨叨讲这么多,而你却愿意听我说了这么久,甚至还能够理解我的这番话,真的太谢谢你了。希望改天你再来听我谈兰花,好吗?"

随后,她爽快地从安吉丽娜手中接过了某产品。

一名优秀的业务员,要想充分了解顾客的想法和感觉,就必须知道顾客想要什么,这就需要倾听,倾听是对别人最好的尊敬。专心地听别人讲话,是你所能给予别人的最有效,也是最好的赞美。人们总是更关注自己的问题和兴趣,同样,如果有人愿意听你谈论自己,你也会马上有一种被重视的感觉。

有一次,一位顾客去买车。推销员丽贝卡为他推荐了一种最新的车型。顾客对车很满意,并掏出1万美元打算作定金,眼看生意就要成交了,对方却突然变卦,掉头离去。

对方明明很中意那辆车,为什么改变了态度呢?丽贝卡为此事懊恼了一下午,百思不得其解,到了晚上11点她忍不住按照联系簿上的电话号码打电话给那位顾客。

"您好!我是丽贝卡,今天下午我曾经向您介绍一辆新车,眼看您就要买下,为什么却突然走了?"

"喂,您知道现在是什么时候吗?"

"非常抱歉,我知道现在已经是晚上11点钟了,但是我检讨了一下午,实在想不出自己错在哪里,因此特地打电话向您讨教。"

"真的吗?"

"肺腑之言。"

"很好!你在用心听我说话吗?"

"非常用心。"

"可是今天下午你根本没有用心地听我讲话。就在签字之前,我提到小儿子的学科成绩、运动能力以及他将来的抱负,我以他为荣,但是你却毫无反应。"

丽贝卡确实不记得对方说过这些事情,因为当时她认为已经谈妥那笔生意了,根本没有在意对方还在说什么,而是在专心地听另一个同事讲事情。

丽贝卡失败的原因在于没有倾听顾客的谈话,那位顾客除了买车,更需要被人称赞他有个优秀的儿子,而丽贝卡却忽略了这一点,因此,买卖没有成交。

真正的倾听，是要用心、用眼睛、用耳朵去听。女人不但要学会用耳朵倾听，还要学会用心去倾听。

如果你想成为一名受欢迎的女人，建议你在和别人，尤其是和顾客谈话时，还是应该把好的机会留给对方，让他说，说他关心的事，你只要做个好的听众就够了。

某个电话公司曾碰到过一个蛮横的客户，这位客户对电话公司的有关工作人员破口大骂，怒气冲冲地威胁要拆毁电话，他拒绝付某种电信费用，说那是不公正的，而且写信给报社，向消费者协会提出申诉，到处告电话公司的状。

电话公司为了解决这一麻烦，派了一位最善于倾听的"调解员"去见这位难缠的人。这位调解员静静地听着那位暴怒的客户大声地"申诉"，并对其表示同情，让他尽量把不满的情绪尽情地全都发泄出来。3个小时过去了，调解员非常耐心地静听着他的牢骚，此后，还两次上门继续倾听他的不满和抱怨。

当调解员第四次上门去倾听他的牢骚时，那位顾客已经完全平息了怒火，而且把这位调解员当作好朋友一样地看待了。

最后，这位蛮横的客户终于变得通情达理，付清了所有该付的费用，还撤销了向有关部门的申诉。

调解员利用了倾听的技巧，友善地疏导了暴怒顾客的不满，不但解决了矛盾，而且成为了顾客的朋友。

一般人在与别人交谈时，大多数时间都是自己在讲话，或尽可能想自己说话。而一般推销员在推销产品时，70%的时间是自己在讲话或推销产品，这样的推销员总是业绩平平。而那些顶尖的推销员，通过经验总结出了一条规律：如果你想成为优秀的推销员，就要将听和说的比例调整为2:1；也就是：70%时间让顾客说，你倾听；30%时间自己用来发问、赞美和鼓励他说。这样，你才能打开你的推销之门，成为受欢迎的人。

倾听、倾听、倾听！因此，我们女人要学会倾听。

积极在顾客的自尊心上下工夫

人人都有自尊心，有些人的自尊心表现在孩子的学业上，有些人会以老公的事业为傲。如果你能够设法先满足顾客的自尊心，必要时再营造竞争的气氛，就会不知不觉地把东西卖出去了。

有一天，珍妮的朋友王兰找她一起去聚餐，到了聚餐场合后，珍妮发现清一色都是女性，而且"金光闪闪"，一看就能感觉到，这是一个由"贵妇人"所组成的团体。

在这个团体中，每一个人都珠光宝气，讲话的时候都会特别强调手势，让珍妮不看到对方手上的钻戒都不行。

一顿饭下来，珍妮发现聚会上的贵妇人们谈的都是珠宝之类的东西，甲说："这是我新买的钻石手表。"乙说："这是我昨天才买的LV限量包。"丙说："我身上这一套香奈儿，是老公送我的。"丁说："我老公下星期要带我去美国东部两个星期。"

大概在第三次聚会时，同桌的一位贵妇又有意无意地秀出她的钻戒，此时，珍妮趁势开口问："你那颗钻戒多少钱？"

"没多少钱……"对方说，"30万美元而已。"

听到30万美元，王兰心中暗自庆幸，还好还好，原本珍妮是想问对方"你那颗钻戒是不是得十多万？"幸好没说出口，不然一定被人家笑话。

然后，珍妮又看到她的手腕上戴着一只玉镯。于是王兰又问："你手上的玉镯多少钱？"

"哎呀，特别便宜，才10万美元而已。"对方说。

"真不知道何时我才能戴这些珠宝，"珍妮故意叹了一口气之后接着说，"不过，如果我戴，人家也会说是假的。"

就在贵妇心花怒放时，珍妮话锋一转又说："虽然我目前赚不了这么多钱，好在我做了一项投资，将来就可以让儿女过这种好日子。"

珍妮的话果真引起了贵妇的好奇心，反问珍妮做了什么投资？

于是，珍妮抓住这个时机，把公司发行的投资型商品大大地介绍了一番，还故意轻描淡写地说："某某太太就买了很多，将来她就可以把这个当做秘密武器……"

"是吗？那我也要看看。"贵妇说。

珍妮成功地做成了这笔生意。

每个人有每个人的弱点，只要找到了对方的弱点，满足了对方的自尊心，我们就能成功地把顾客拴住。

一位顾客来到一家百货公司，要求退回一件外衣。她已经把衣服带回家并且穿过了，只是她丈夫不喜欢。她辩解说"绝没穿过"，要求退掉。

女售货员米雪检查了外衣，发现明显有干洗过的痕迹。但是，直截了当地向顾客说明这一点，顾客是绝不会轻易承认的，因为她已经说过"绝没穿过"，而且精心伪装了没有穿过的痕迹。这样，双方可能会发生争执。

于是，机敏的米雪说："我很想知道是否你们家的某位成员把这件衣服错送到了干洗店去。我记得不久前我也发生过一件同样的事情，我把一件刚买的衣服和其他衣服一起堆放在沙发上，结果我丈夫没注意，把这件新衣服和一大堆脏衣服一古脑儿塞进了洗衣机。我怀疑你是否也遇到这种事情——因为这件衣服的确看得出已经被洗过的明显痕迹。不信的话，你可以跟其他衣服比一比。"顾客看了看证据知道无可辩驳，而米雪又为她的错误准备好了借口，给了她一个台阶——说可能是她的某位家庭成员在没注意的情况下，把衣服送到了干洗店。于是顾客顺水推舟，乖乖地收起衣服走了。米雪的话说到顾客心里去了，使她不好意思再坚持。一场可能的争吵就这样避免了。

正是米雪满足了顾客的自尊心，才成功地避免了这场争吵。所以，要想轻松说服别人，就要理解人们的合理需要，保护人的自尊心，只有这样才能把话说到别人心坎里去。

林女士做公交车售票员十多年了，颇受乘客与单位领导的好评，因为无论遇到什么情况，她从来都没有发过火，她的声调永远是柔和的，嗓音永远是甜美的，最重要的是她的语气是婉转的，让人听着就舒服。

一天傍晚，正逢下班高峰期，公交车上很拥挤，而这时又上来一位抱小孩的妇女。林女士像往常一样对乘客喊道："哪位同志给这位抱小孩的女同志让个座？谢谢了。"也许是太拥挤了，她连喊两次，仍无人响应。

林女士就站起来，用期待的目光看了看靠在窗口处的几位青年乘客，提高嗓音说："抱小孩的女同志，请您往里走，靠窗口坐的几位小伙子都想给您让座儿，可您得先过去。"

话音刚落，"呼啦"一声，几位小伙子都不约而同地站了起来让座。这位女同志坐下之后，只顾喘气定神，忘记对让座的小伙子道谢，小伙子面有冷色。

林女士看在眼里，心里顿时明白，她忙中偷闲，逗着小孩说："小朋友，叔叔给你让个座儿，你还不谢谢叔叔。"一语提醒了那位妇女，连忙拉着孩子说："快，谢谢叔叔。"那位青年听到小孩道谢，忙笑着说："不客气，不客气。"

林女士可谓是高手，通过满足别人自尊心的方法，成功地给那位抱着孩子的女同志找到了座位。

所以，我们女人在平时说话时，要懂得满足别人的自尊心。只有这样，我们的话语才能更容易让人接受。

Chapter 9

寻找幸福爱人，用心经营爱情

喜欢一个人的话，最好的表白方式是什么？为什么恋爱中的男女说着同样的话，表达的意思却完全不一样？爱情是让其水到渠成还是要用心去经营？恋爱中的男女，总是有那么多的问号。

恋爱是人生美好的阶段，女人终其一生都在寻找浪漫唯美的爱情、踏实幸福的婚姻。本章节的内容取自日常生活，以生动有趣的方式，忠实呈现两性在恋爱中容易发生的沟通和理解方面的问题，并站在女性思维的角度提出解答与建议。

主动开口，追到你的"白马王子"

相对于男孩来说，女孩总是被动的、害羞的，即便遇到自己心仪的男生，也不敢大胆地表达。如果因为女孩的羞怯而错失一生的幸福，那该是多么遗憾。因此，作为女孩，也可以放下自尊，主动出击。主动出击总比被动等待来得要好，能主动去追求自己的幸福的女孩值得肯定。

事实上，也并不是所有男人都敢于主动追求女孩，他虽然外表高大，却很可能是一个保守而又内向的人。也许，他在心里对你暗暗的喜欢，却不敢表达。所以，当你遇到了你心目中的"白马王子"，你就要大胆地表达，大胆地开口，让他知道你的心里话。

一位个性内向害羞的年轻人，暗恋一位女同事很久了，可是一直不敢表态。后来这位女同事跳槽到另外一个公司了，临走的时候，给这位年轻人留了一封信。

年轻人打开一看，信封里面只有一张用笔戳破了一个洞的白纸。年轻人一下子泄了气，想："她是叫我看破，不必太认真。"

后来，年轻人失落了很长一段时间，才让自己的心情慢慢地平复。两年之后，这位年轻人接到了那位女同事的电话，邀请他去参加自己的婚礼喜宴。

在电话中女同事说："有一件事我想问你，你看过当年我留给你的信了吗？"年轻人叹口气回答："看过了。"女同事问："那你为什么没有再和我联系？""你不是让我看破吗？所以……"没等他说完，女同事气恼地说："哪里是要你看破，我是要你突破！"

从上面的故事可以看出：爱除了要有心灵的感应外，还需要语言的表白。很多男孩在表达爱意时，比女孩更胆怯，那么女孩就应该学会鼓励那个自己心中也暗暗喜欢的男孩。

有句俗话："男追女隔重山，女追男隔层纱"。这样看来，女孩追求男孩应该容易得多。但是，由于受传统文化的影响，认为女人的美德就是温婉内敛，就应该享受被追求的快乐。因此，女追男，常被认为自贬身价。殊不知，这种态度，只会让自己错过很多机会。

夏燕大学毕业后在一家银行上班。同事华明是一个比她大3岁的男生，浓眉大眼，风度翩翩，事业心强，人品也好，还热爱体育、文学。华明和夏燕兴趣相同，很合得来，两人经常一起唱歌、跳舞，形影不离，简直是谁也少不了谁。渐渐地，夏燕发现自己爱上了华明，她也知道华明没有意中人。

但是，夏燕却一直不敢向华明表白，她期望华明能洞察她的心。一年两年过去了，可惜华明的知觉有些"迟钝"。两年后，戏剧性的事情发生了，华明在一次同学聚会上认识了一位长相酷似夏燕的女孩晓雪。与夏燕不同，晓雪的性格爽朗明快，并且疯狂地喜欢上了华明，她对华明频频发动爱情攻势。

当有一天，华明把晓雪作为自己的女朋友介绍给同事时，夏燕惊呆了，她的眼泪夺眶而出。

所以，如果女孩不主动把握住进攻的机会，也同样会失去机会，到那时，只能一个人悲伤，一个人后悔了。

幸福其实就把握在自己的手中，但生活中有许多女孩，虽然明知道爱情来了，却因为有这样或那样的顾虑，从而错失了许多良机。敢于用女人的智慧、温柔、善良来追求幸福的女人，更有能力来把握她的未来。

有一位姑娘爱上了同事，她既没有勇气向他表白，又不甘心目前这样的关系，更害怕别的姑娘捷足先登抢走了心中的"白马王子"。经过一番深思熟虑，她开始行动了，每当小伙子遇到什么困难的时候，她就及时而得体地问"要不要我帮你？"或者以充满温情的口吻说："你这么急不是办法，我倒可以帮帮你！"她在向他暗示她对他的关心、爱护、体贴、好感，也在为他求爱表白创造气氛和环境。结果可想而知，天长日久地沉浸于这种温馨、关怀、爱护、柔情的氛围中，能不制造出一个动人的爱情故事吗？

所以聪明的女孩子要学会该出手时就出手，不要错失大好时机。

李瑶在公关部是位才貌双全的"明星"人物，倾慕她的小伙子似一股"多国部队"。然而，她喜欢的阿文总是对她躲躲闪闪，有时她主动与他讲话，他也别别扭扭的，她的感觉告诉她：阿文也是爱自己的。在一次"派对"的"见面礼"上，李瑶不动声色地主动向阿文伸出自己的纤纤玉手。于是，有情人心照不宣地走进了爱的世界。

李瑶在向阿文这样一位腼腆的心上人表达爱意时，既主动又很有分寸。因此，当心爱的小伙子就在你面前，你羞于主动开口，可又迫不及待地希望他对你表示意思。那你总得想法子一步步引导他，把你的爱无声地在某种氛围中表达，让他明白你的意思，为他创造表白的契机。

女人只要稍用点心思，是不难找到表达爱的契机的，你如果表达得恰到好处的话，还可让对方耐不住先向你说"我爱你"。

女人初次约会时，要三思后说

女性与男友第一次约会时给对方所留下的印象将是最深刻的。因此，女性朋友在说话时切勿信口开河，给对方留下不好的印象。

晓丽和初恋男友分手后，朋友又给她介绍了一个男孩。在朋友家里，晓丽和男孩见了一面。男孩的条件很优秀，是晓丽喜欢的那种。看得出来，男孩对晓丽的感觉也很好。三天之后，男孩打电话给晓丽，约她周末出去吃饭。晓丽的心里感到很开心，又有些紧张。

可是，约会后，那个男孩就再也没和晓丽联系。后来朋友埋怨晓丽："你也真是的，干嘛非在约会的时候提起你从前的事？你可是和人家第一次约会，原来的男友是好还是不好有什么关系呀？人家对我说了，说你心还在原来的男友身上，现在的状态不合适谈恋爱。"

晓丽很委屈地说："我和原来的男友一点联系都没有了。我不是故意提起的。恰好经过一个公园，而那个公园正是我和原来男友经常去的地方，我就随口说了几句而已。"

朋友说："很多话是不能随口说的，尤其要看场合，那可是你和人家的第一次约会啊！"

其实，很多女人都存在和晓丽一样的问题，就是喜欢也擅长与人分享秘密。她们会毫不保留地把过去一些不愉快的或者愉快的经历说出来，跟现在的男友分享。其实，女人这样做的动机是好的，她们不想有事情瞒着男友。殊不知这样，却会伤害现在男友的心。现在的男友会觉得你还很怀念过去，他们非常在意。

交浅言深是女孩约会的大忌。男人更喜欢神秘的女人，一个时而性感温柔，时而如修女般冷漠的女人具有令男人无法抵抗的魔力。

因此，当女孩在遇到心仪的男孩时，在第一次约会时就想毫无保留和全方位地自我介绍，甚至想要和他分享自己的成长足迹和生活经历的时候，一定要学会冷静，说话时要学会三思，因为这种直言不讳的倾诉无法引起对方的共鸣和好感。

热恋之中，保持语言温度

在两个人相处的过程中，总会有一些磕磕碰碰。当我们想要生气的时候，一定要注意冷静，不要用过分的言语来刺伤对方。因为，身体上的伤痛容易恢复，但是心灵的伤痛，却需要慢慢地修补。

插一把刀子在一个人的身体里，再拔出来，伤口就难以愈合了。无论你怎么道歉，伤口总是在那儿。即使大家是最亲密的男女朋友，也会为此而变得关系冷淡。因此，我们要尽量避免伤害别人。相反，如果我们女人能够事事包容对方的错误，对男友或者丈夫采取宽容的态度，你会发现他们更乐于承认自己的错误。

小王和小芳刚开始在一起的时候，很多人都不看好他们的关系。因为小芳是个心思细腻敏感、对生活要求很高的人；而小王，却是个性格开朗，感情粗线条、直爽的人。小芳出身在书香世家，小王来自普通职员家庭。总之，两个人无论是生活习惯，还是情趣爱好都有着很大差别。

但是，正是这种差别强烈地吸引着两个人。他们两个人最初决定在一起的那天，小王就诚恳地对小芳说："我这个人有很多毛病，也缺乏自省能力，有时候自己做错事也不知道，所以请你要多多包涵。"

小芳点点头，说："在人的一生中，有许多事情做错了是可以改正的，但是有些事错了，就永远不能回头了。所以，我列出十个我能够原谅的错误，如果你犯了这十条中的任何一项错误，我都会选择原谅你。如果你犯了其他错误，我就没有办法了。"

在恋爱的六年里，他们的生活果然出现了许多的磕磕绊绊。小王好胜，经不住别人的诱惑，就把一个月的工资押在了牌桌上，结果搞得身无分文。之后，小王也很后悔，就问小芳："我犯的是可以原谅的错误吗？"小芳点点头，原谅了他。小王有一次喝醉后发起了酒疯。酒醒后，他又问小芳："我犯的是可以原谅的错误吗？"小芳又点点头。

小芳因为工作的关系，和一位男同事接触很多。小王知道了，心里很不高兴。他总会情不自禁地担心小芳会变心。有一次，小芳和那个男同事在办公室里加班，小王突然闯了进来，这让小芳觉得很伤心。小王知道自己这一次错得很严重，他用乞求的眼神请求她的原谅。最后，小芳终于点了点头。

很多年慢慢过去了，小王提出了他心中长久的疑问："当初允诺我可以原谅的十个错误是什么呢？"小芳笑着说："说实话，这几年，我始终没有把这十个错误具体地列出来。每当你做错了事，让我伤心难过时，我马上就会提醒自己：他犯的是我可以原谅的十个错误之一。"

两个人相处，总会有点点摩擦，这是生活带给我们的火花，如果我们妥善处理，会使我们的感情更加巩固。

纽约州汉普斯特市的山姆·道格拉斯，过去常常说他太太花了太多的时间在整修他们家的草地，拔除杂草，施肥和剪草上。他批评她说一个星期她只需要这样做两次，因为草地看起来并不比四年前他们搬来的时候更好看。他这种话当然使太太大为不快，因此每次他这样说的时候，那天晚上的和睦气氛就给破坏无遗了。

道格拉斯先生从来没有想到她整修草地的时候自有她的乐趣，以及她可能渴望别人为她的勤劳而夸赞她几句。后来道格拉斯先生在和同事聊天时，才发现懂得欣赏妻子是多么重要。于是，他改变了自己的看法。

一天吃完晚饭以后，妻子要去除草，并且想要道格拉斯陪她一起去。道格拉斯先拒绝了，但是稍后他又想了一下，跟她出去了，帮她除草。妻子显然极为高兴，两个人一同辛勤地工作了一个小时，也愉快地谈了一个小时的话。

自那以后，他常常帮她整理草地花圃，并且赞扬她，说她把草地花圃整理得很好看，把院子中的泥土弄得好像水泥地一样平坦。结果两个人都更加快乐了。

我们每个人都有自己的自尊，每个人都渴望得到别人的尊重和关心。所以，即使吵架了，也不要说伤害对方的话。

杰克是一个节目主持人，人长得帅气，又有口才，很多女人都喜欢他。

而她就是一个普通的女人，骑着自行车上下班，每天淹没在上下班的人群中，没有出众的才华，也没有奇特的思维，但她是他的女友。

他们在一起三年了，他越来越红，她还是从前的样子。

她知道他是靠嗓子吃饭的。她喜欢给他剥莲子，把莲子里小小的芯抽出来，然后煮成茶给他喝。

而他的应酬总是特别多，甚至很少和她一起吃饭。后来，他有了隐情，和一个下属好了。

她没有和他争吵，还是默默为他剥莲子芯，把细细长长的芯剥出来。

有一次晚上，他回家，看到她在屋里坐着，没有开灯。他开了灯问："你在干什么？"

她在剥莲子，黑着灯也能熟练地剥。他的心软软一动，喉咙有些哽咽，但刹那间就掩盖了过去，只是淡淡地说："你能再给我煮一杯莲子茶吗？"

她欣喜若狂，赶紧煮上。望着升起的白烟，他眼睛湿了。他什么也没有说，就走了。下楼的时候她追过来，他停住，皱着眉头，以为她要骂他。

但她只递给他一包东西，是她剥好的莲子芯，她说："不要忘了，多喝对你嗓子才好，你还指着嗓子吃饭呢。"

那天晚上，他想了很久。他拿出那包剥好的莲子芯，用滚烫的水为自己沏了一杯。

喝一口，苦而涩。

再喝一口，已然清香，但那淡淡的苦依然在唇齿之间。就在这刹那，他忽然明白了他应该选择什么样的生活。

爱情需要两个人好好经营，好好呵护，所以，我们要多从对方的角度考虑问题，千万不要说让对方伤心的话。或许，有的话一开口，就会造成无法挽回的后果，到时候后悔就来不及了。

有一对年轻人在热恋中，晚饭后，他们一起出去散步，来到了青青的河滩，看见有一头牛在默默地吃草，缓缓地移动。小伙子指着牛说："看那头牛多好呀，悠然自得，乐不思返。"

姑娘微微一笑："那头牛是好，但也有不尽如人意的地方。"

小伙子说："怎样才能尽如人意？"

姑娘道："要是这头牛吃了晚饭，把碗筷统统端进厨房洗了就尽如人意了。"

小伙子不好意思地笑了，显然是接受了姑娘这幽默的暗示，记起自己在未来的岳母家吃了饭，把碗筷一丢的毛病，这可能会使岳母不悦。

心灵上的伤口比身体上的伤口更难以恢复。你的另一半是你宝贵的财产，他让你开怀，让你更勇敢。他总是随时倾听你的忧伤，你需要他的时候，他会支持你，向你敞开心扉。因此，女人要懂得告诉自己的爱人，自己是多么爱他。

如何表达自己的结婚意愿

女人一旦遇到自己心仪的男人，不仅常常追问男人"你爱我吗？"更期盼男人尽快说出"嫁给我吧！"然而很多男人都不愿意过早地受婚姻的约束。因此，如何要男友尽快向自己求婚或者如何向男友表达自己的结婚意愿，聪明的女人需要运用一定的谈话技巧。

晓倩最近有点落寞。几个闺密都步入婚姻殿堂。每场喜宴，刘晓倩都刻意拉上男友郭启强。刘晓倩与郭启强交往了一年，尽管晓倩说不出自己到底有多爱启强，但在晓倩看来，启强是个条件不错的结婚对象。而启强呢，虽然常常请晓倩吃饭，有时也会接她上下班，就是不把结婚摆上议事日程。有时，晓倩觉得启强对自己深情款款，有时又觉得他若即若离。晓倩摸不透启强的心，非常渴望他能给自己吃颗定心丸。

那天喝完别人的喜酒，启强开着车，晓倩坐在副座上。一曲《香水百合》的音符在狭小的空间跳跃，借着"七彩飘逸衣裳，感动世界，大声说出情话……"这句歌词，晓倩冷不丁冒出一句话："启强，我会是你最后的选择吗？"晓倩的话令启强措手不及，差点把车开到路旁的花坛上。"我在开车呢。"启强故意岔开话题。晓倩眉头一扬，不满地说："我要你现在就回答我！"启强不回答只顾闷头开车，晓倩气得眼泪都冒了出来。

"停车！"她打开车门，幽怨地甩下一句话："别逃避了，我就知道你心里没有我。"启强呆望着晓倩，弄不明白她为何生那么大气。他不是游戏感情的人，只是他觉得，他们的恋爱还没发展到谈婚论嫁的阶段。

一段感情就这样结束了，或许我们都为他俩感到惋惜。这个故事也告诉我们一个道理：作为女人，我们要找到合适的途径，向男友表达我们对婚姻的渴望。

爱情的表达方式多种多样，表情、语言、行为、文字等，古往今来大同小异。但在表达时，含蓄还是外露，冷静还是疯狂，因人而异，效果有时也是大相径庭。

爱情是一首诗。在中国式的爱情当中，如果双方都倾吐无遗，那么很可能会导致爱情索然无味。只有让爱情朦胧含蓄，才能沁人心扉。

雯和明拍拖已久。可温吞水样的明，迟迟不见有向雯求婚的迹象。不是明不够爱雯，而是美丽智慧的雯就像一枚璀璨的水晶，明有拿在手中怕碎了的感觉。实际上，雯一直深爱着明，她根本不在意这些，只等明对她说："嫁给我吧！"明的不徐不急让雯非常失落，她没料到，原本可以欣然享受的被追求被求婚的权力，正在变成一种煎熬。

为了让他们的感情更明朗，那天约会时，雯隔着餐桌凝视明，郑重地说："小美要结婚了。"明迷惑不解地问："好事呀，可这跟我们有什么关系？"雯严肃地问："我们是不是该好好谈谈我们的事？"明被雯的神态镇住了，手心渗出了汗，小心地说："我们，我们这样不是挺好的吗？"雯本想抛砖引玉，让明主动求婚，谁知明却没将话题引到正题上。雯失落的同时，还误以为明不够爱她，否则怎么可能对她的暗示和敦促无动于衷呢？

如果女方一本正经地提出："我们必须谈一谈我俩的关系。"男人会以为你要批评他，从而不敢做出什么承诺。如果你换一种方式，对他说道："我觉得你是我认识的男人里与我最贴心的，我只想与你好好相处。"男人受到鼓励会很乐意与你谈心，从而达到你既定的目标。

事实上，无论是西方还是东方，爱情的美丽就表现在恋爱方式也是一种含蓄的美，爱情的含蓄美是贯穿于爱情生活的全过程的。

所以，女人们要懂得含蓄地向恋人表达爱意，而且要做到"细水长流"，让爱情像一条隧道，曲折而幽深，给人以永不枯竭的追求兴致，使神圣的爱情永远充满新鲜感。

是女人，撒娇一点又如何

撒娇是女人的天性，女人不一定要漂亮，但一定要会撒娇，因为撒娇是女人的武器，学会撒娇，也是一门艺术。

在恋爱中撒娇能取得恋人的愉悦，婚后撒娇同样能使你老公产生爱恋之情。娇媚的妻子在丈夫面前撒一番娇，给他一个深深的吻，顿时可激起爱之涟漪、情之浪花。撒娇是妻子对丈夫千恩百爱的释放，丈夫会在此时领略到被爱的自我价值而获得高度的心理满足。

郭大娘自从老伴去世，含辛茹苦地拉扯着两个儿子——郭钢、郭铁。眼瞅着郭氏兄弟都长成了五大三粗的小伙子，郭大娘打心眼儿里高兴。前年春，大儿子郭钢娶了媳妇，二儿子郭铁也谈上了对象，郭大娘心里别提多高兴了。苦日子终于熬到了头，这下该安度晚年啦。

谁知，儿子却没有让老人家晚年有安。

郭钢结婚时间不长。新房里便时常发生一些"战事"。郭钢打小就性如烈火，谁知他的妻子也"刚硬而刻板"，本来一件小事，丈夫不冷静，妻子也不忍让，针尖对麦芒，每次都是越吵越凶，到头终酿成一场场"恶战"。

郭钢夫妇"战事"不断，感情渐伤，双方都觉得再也难以过下去，只好办了离婚证，各奔前程了。

转眼又是一年。郭铁也热热闹闹地把新媳妇娶回了家。郭大娘却又开始担心。当娘的最了解儿子，郭铁的脾气也不比他哥哥强多少，也是动不动就吹胡子瞪眼，弄不好就抡拳头。

郭大娘密切注意着这对新婚燕尔的年轻夫妻，随时准备着去调解"战争"。

这一天终于来了。不知为什么事，郭铁扯着嗓子对妻子大喊大叫地训斥起来。郭大娘闻听"警报"，立即闯进了小两口的房间。

郭大娘看到，郭铁黑虎着脸，拳头已高高举起。

"浑小子，你——"

郭大娘话没说完，却见二儿媳一不躲，二不闪，冲着丈夫柔情蜜意地一笑，娇滴滴地说："要打你就打得轻点呀，打吧，打是亲，骂是爱嘛。"

这下可好，郭铁不但收回了高举的拳头，连虎着的脸也被逗了个"满园桃花开"。

可能发生的一场风波顿时平息了，郭大娘被儿媳那股撒娇样儿逗得差点笑岔了气儿。

日子一天天过去，郭大娘发现二儿子发脾气举拳头的时候几乎不见了，后来，二儿子对她说："妈，我算服了她了，还是她'厉害'，有涵养。"

郭大娘也由衷佩服这个懂得"撒娇艺术"的儿媳妇了。

撒娇是一门艺术，其实就是古之兵法上"以柔克刚"的艺术。恰当运用"柔"，任何坚强的东西都会为之融化。巧妙地运用"撒娇"，就可以使得夫妻之间关系融洽。

巧用撒娇的艺术，确实能消除夫妻相处中的误会。因此，做妻子的，当你的丈夫大发脾气时，你不妨试试这招"撒娇绝技"；当你的丈夫心情闷郁时，你不妨用用这女人的"独门暗器"，这对增进你们夫妻之间的感情，肯定会大有效用。

孙倩和老公约好下班出去吃饭，已经到时间了，可孙倩由于工作没完还不能出去。心想：老公一定会生气，他很珍惜时间的。忙完工作，到了约定好的饭店一看，老公果然阴沉着脸，气呼呼地坐在那里。孙倩在老公的视线里缓慢地走了过去，说："都是这双讨厌的凉鞋，早不崴脚，晚不崴脚，偏偏赶上这时候，唉，我疼点无所谓，可是却耽误了你的时间，真让我过意不去。"说完还一脸疼痛和自责的表情，老公心疼地说："你该让我去接你嘛，快让我看看脚。"

女人要想在男人面前永葆魅力，就一定要学会用娇嗔之语，说得他心花怒放，说得他心服口服，他自然就会对你言听计从，爱恋有加。会撒娇的女人可以使春风化雨，会撒娇的女人可以化腐朽为神奇。

人行道上，慢慢地走来一对老人。他们每天都从这里走过，走过大约几百米，走到一家西餐馆，去用晚餐。

这天他为她要了一份奶油小蘑菇汤，一个煎鸡蛋，一份精致的甜点。

她发现鸡蛋煎得略微老了一些，嘴巴就撅起老高，人也在座位上扭动起来。

他立即察觉了，招呼服务生，为她重新来了一份，将那份煎老的鸡蛋，挪到自己面前。她粲然一笑，像个小女孩。

她已经82岁了，他86岁。然而他壮实，她纤弱。看见这一对老人，才知道撒娇和年龄没有关系，只要幸福，女人就会撒娇。

但是，大多数女人在婚后，就逐渐会被柴米油盐的琐碎生活磨掉爱的激情，也逐渐丧失了撒娇的心情或者能力。变成了唠叨的妇人，这样难免让男人厌倦。只有做一个称职的"娇妻"，你才会发现婚姻生活的真谛。

我们还要明白：撒娇不是做作，不是不纯装纯、不嫩装嫩，撒娇要自然，不要适得其反；撒娇不是撒野，太过就变成了撒泼撒野，如果你总是把蛮横霸道当成撒娇，哪怕你是百年不遇的绝代佳人，估计也没人会买你的帐。

会撒娇的女人一定懂得打扮自己，懂得不断学习不断提升自己的素养，让自己越来越秀外慧中。会撒娇的女人才是女人中的极品。因此，女人要学会撒娇。

Chapter 10

变换表达方式，熟谙沉默智慧

世间男女，都盼望自己的婚姻美满。成功的婚姻不仅使人感到莫大的幸福，更是一股无形的精神力量，同时也是一种很具体、很强大的助力，给人在家庭以外的各个方面以有力的支持，帮助人在事业上谋取成功。

婚姻是人生的一条漫长道路，幸福快乐的婚姻生活是每一个人所希冀的，那么怎样才能把幸福掌握在自己手中呢？

换个说法，效果不同

交流永远是要双方互动的，如果只有一个人说话，永远都算不上是交流，更谈不上是有意义的交流。所以，有效地互动，你一言我一语才是交流成功的前提。那么，怎样才能在交往过程中与人有效互动呢？女人要懂得用各种不同的方式跟别人交流，打开别人的话匣子。

如果既要让别人开口，又想自己掌握和控制谈话，那么你就要学会提问。有效的提问可以促进交谈，使双方的表达更加顺畅。一个得体恰当的提问往往能引起对方积极的回应和愉悦的情绪。不过，别小看了提问，我们当中很多人其实并不懂得如何开启话题。

小路生了孩子后就做了全职太太，一心一意在家里相夫教子。每天丈夫下班回来，为了表示对丈夫的关心，她都会关切地问一句："今天怎么样啊？"

丈夫会冷淡地回应一句："还行。"

接下来，两个人似乎都失去了表达的欲望。

这样的问题太宽泛了，丈夫似乎只能回答简单的两个字或一句话，两个人没有形成有效的互动。而且，"今天怎么样"这样的问题听上去就像是随口问问，不是真的想了解什么情况，所以回答也往往是敷衍，让丈夫每天都要回答这样的问题，他一定会感到厌烦。

如果小路换个方式来做，效果就会好很多：

小路可以读读报纸，看看新闻，然后在丈夫休息的时候就他比较熟悉的话题提出一些具体和开放式的问题。采取这个方案之后，小路果然不再向丈夫提出诸如"怎么样"之类的问题，而是和丈夫谈起了自己小时候爱吃的零食，而这些零食现在已经销声匿迹了。小路的回忆也勾起了丈夫的无限怀念，两个人你一言我一语地谈了很久，都非常开心。最后，丈夫还轻轻吻了小路一下，跟她说："老婆，你今天真好！"

还有一个例子：

小刘在一次聚会上碰到了医生小肖，对他产生了好感，准备和他聊聊。于是，她大胆地走过去，说："你觉得医院和诊所的医资水平有多大差距？"

小肖顿时不知道该如何回答她，只好尴尬地说："哦，一时也说不好。"

小刘的问题在于问话实在是太复杂了。这样的问题让小肖需要很多精力和时间来回答。在初次见面的时候一般人不会有这样的耐心去回答这样的问题。

再比如：

小洁第一次和男朋友约会，想表现得有主见，所以当男朋友想去吃饭时，她马上提议："我觉得去那家韩国饭店就挺好的，是吧？"

"……好吧。"

小洁提出的是一个典型的带有引导性的问题，对方似乎只能同意她，而不是跟她商量。这样的例子还有："每天晚上看两个小时电视就够了，你说呢？""已经很晚了，你就不要出去了。怎么样？"

假如小洁意识到自己的控制欲，她可以这样改正：

"我喜欢吃烧烤，你喜欢吃涮肉，要不我们这次先听你的？下次再听我的？"

男朋友很高兴，连忙说："不用啦。这次就满足你的愿望吧。"

这些例子生动地告诉我们，交流要掌握分寸和技巧，不合时宜的提问会引起对方的厌烦；不合适的问题也会招致别人的反感。因此，会说话的女人就像是一个会打乒乓球的人，一定要把球打出去还要让对方接得到，这样一来一往，才能够算得上是真正的交流。

即使"老夫老妻"，也要甜言蜜语

热恋时，"鲜花"、"咖啡"和"电影"，几乎所有工作之余的时光都被甜美、温馨的二人世界占满了。然而，随着步入婚姻殿堂，婚后许多实际的家庭生活琐碎问题开始接踵而来，夫妻之间说甜言蜜语的机会也没有了。殊不知，甜言蜜语是生活中的催化剂，能够给生活带来温馨和愉悦。即使老夫老妻，也要甜言蜜语。

调查表明，在现在这个信息高度发达的社会中，只有16%的夫妻在婚后每天都会进行情感交流，有41%的夫妻一周能够做到3次情感交流，还有22%的夫妻一周可以做到5次交流。另外，还有21%的夫妻一周只进行一次情感交流。

很少有人能认识到在日常工作和生活中，我们是多么需要甜言蜜语，因为甜言蜜语，不仅使我们能够感受到乐趣和温馨，同时也能给人带来自信。

一个女人，如果不善于赞美恋人，就很难获得他的好感，更难得到他的爱情。在恋人心里，赞美如优美动听的音乐，悦在耳畔，醉在心中。赞美，会使他深深地感受到你的心迹：我时刻在关注你，我真心地喜欢你，你在我心中不可取代。

俗话说：良言一句三冬暖。通常人们在婚前都会些甜言蜜语，结婚后以为是自己人了，没必要那么讲究了。其实，一家人，也需要尊重，也需要赞美，需要讲究语言艺术。在婚后，如果能恰当地称赞对方，婚姻会更幸福。

有很多女人总是习惯了听男人的甜言蜜语，却不曾对男人说过什么"肉麻"的话。其实，男人和女人一样，也爱听甜言蜜语。会说话的女人会适时地把自己的甜言蜜语送给他，博得他的欢喜和宠爱。

邻居家的老头和老太太一场大闹。原因是老头称老太太"这女人"。老太太说："我为你生了五个孩子，这么大年纪了你竟然说我是'这女人'！"不过是简单的一句话，却闹得很不愉快。

女人的要求很简单，有时只需要一句赞美，一个轻吻，一个拥抱。女人是情感动物，请多关心她的内心，女人开心了，一个家也就其乐融融了。一个男人每天辛苦挣钱，日子一天天地好。终于车房俱备，妻子却并不开心。有一天，妻子生日，丈夫问妻子，"你要什么礼物，老婆，是钻戒还是金项链？"妻子说："你可不可以抱着我飞翔！"原来女人要的不过是这个。

如此事例举不胜举。不管是男人还是女人，都喜欢听别人的甜言蜜语。

甜言蜜语还可以为你的爱情增辉添彩，充实你的生活。让我们携起手来，将甜言蜜语的种子撒向生活中的每一个角落，学会用甜言蜜语来点缀生活。

唠叨是丈夫最烦的声音

生活中有很多女人喜欢唠叨，总是把烦恼的事挂在嘴边，不但把自己搞得烦躁不安，而且也把别人弄得心烦意乱。

卡耐基在他的《人性的弱点》中说过：唠叨是爱情的坟墓。陶乐丝·狄克斯认为："一个男性的婚姻生活是否幸福和他太太的脾气性格息息相关。如果她脾气急躁又唠叨，还没完没了地挑剔，那么即便她拥有普天下的其他美德也都等于零。"

李慧从大一的时候，就和宋强谈起了恋爱。大学毕业后一年，他们喜结连理。按说，他们结束了恋爱马拉松，走进婚姻，应该是幸福的一对。可是，自打结婚以后，李慧的手中就拿起一把无形的尺子，只要见到丈夫就必须要量一量。丈夫洗衣服时，她会说："你看看，这领子，这袖口，你连衣服都洗不干净，还能干什么？"丈夫做饭，她会说："哎呀，做饭怎么不是咸就是淡，一点味都没有，让人怎么吃呀？"丈夫做家务，她会说："怎么这么笨，地也擦不干净。"丈夫办事情，她更是牢骚满腹："看你，连话都不会说，让人怎么信任你呢？"诸如此类，家庭噪音不绝于耳。

刚开始的时候，宋强常常是黑着脸不吱声，时间久了，他会说："嫌我洗衣服不干净，你自己洗。"然后把衣服往那一扔，摔门而走。他还会说："我做饭没味，以后你做，我还懒得做呢。"有时候，他也会大发雷霆，和她大吵一通，然后好几天两人谁也不理谁。

过几天，两人和好了，但是李慧仍然改不了自己的习惯，仍然会在他做事的时候唠叨不止，日子就这样在吵吵闹闹磕磕绊绊中过了几年。终于有一天，李慧又在唠叨他碗洗得不干净时，他再也无法忍受，把所有的碗都摔在了地上，大声吼道："你烦不烦，看我不顺眼，干脆离婚算了，看谁顺眼跟谁过去。"

李慧万万没有想到宋强会提到离婚两个字，她顿时泪如雨下："我说你，还不是为了你好？换了别人我还懒得说呢！要离婚，好，现在就离！"结果，宋强摔门而去。

本来生活中的这些小事就没有对错，但是，李慧一直唠叨，就会使宋强忍无可忍。一个人偶尔说错一两句话也是在所难免，而不断地唠叨，把这些常人都有的小毛病加以无限的放大，才会使丈夫无法接受。

著名的心理学家特曼博士对1 500对夫妇做过详细调查。研究表明，在丈夫眼中，唠叨、挑剔是妻子最大的缺点。

托尔斯泰是历史上最著名的小说家之一，他那两部名著《战争与和平》和《安娜·卡列尼娜》，在文学领域中，永远闪耀着光辉。托尔斯泰深受人们爱戴，他的赞赏者，甚至于终日追随在他身边，将他所说的每一句话，都快速地记录下来。

除了美好的声誉外，托尔斯泰和他的夫人，有财产、有地位、有孩子。普天下，几乎没有像他们那样美满的姻缘。他们的结合，似乎是太美满了，所以他们跪在地上，祷告上帝，希望能够继续赐给他们这样的快乐。

后来，发生了一桩惊人的事，托尔斯泰渐渐地改变了。他变成了另外一个人，他对自己过去的作品，竟感到羞愧。就从那时候开始，他把剩余的生命，贡献于写宣传和平、消灭战争和解除贫困的小册子。

托尔斯泰的一生，应该是一幕悲剧，而造成悲剧的原因，是他的婚姻。他妻子喜爱奢侈、虚荣，可是他却轻视、鄙弃这些。她渴望着显赫、名誉，和社会上的赞美。可是，托尔斯泰对这些，却不屑一顾。她希望有金钱和财产，而他却认为财富和私产是一种罪恶。

这样经过了好多年，她吵闹、谩骂、哭叫，因为他坚持放弃他所有作品的出版权，不收任何的稿费、版税。可是，她却希望得到从那方面而来的财富。

当他反对她时，她就会像疯了似地哭闹，倒在地板上打滚，手里拿着一瓶鸦片，恐吓丈夫，要吞服自杀。

这个年老伤心的妻子，渴望着爱情，在某一天的晚上，她跪在丈夫膝前，央求他朗诵五十年前，他为她所写的最美丽的爱情诗章。当他读到那些美丽、甜蜜的日子，现在已成了逝去的回忆时，他们俩都激动地痛哭起来。生活的现实和逝去的回忆，那是多么的不同。

最后，在82岁的时候，托尔斯泰再也忍受不住妻子折磨的痛苦。就在1910年十月，一个大雪纷飞的夜晚，他脱离他的妻子而逃出家门，逃向酷寒、黑暗，而不知去向。

经过十一天后，托尔斯泰患肺炎，倒在一个车站里，他临死前的请求是，不允许他的妻子来看他。这就是托尔斯泰夫人抱怨、吵闹和歇斯底里所付出的代价。

如果一个妻子总是强迫丈夫赞同某事，或者抱怨丈夫不温柔体贴，那丈夫的反应可能是逃避，甚至对你抱有敌意。最明智的办法是将你所期望的赏识给予丈夫，如果你的丈夫对周围的事物反应迟钝或者太自私，不明白你需要的东西，你应该温柔地让他知道你的想法。如果你总是抱怨，要么就摆出一副委屈的样子，那你只能得到他的反感情绪。

好丈夫从来就不是天生的，但是一个聪明的、有耐性的妻子运用渗透方法能够造就出一个好丈夫。也就是让丈夫在不知不觉中接受你的观点。如果你态度强硬地指责他，那他学不到任何东西，更不会成为一个好丈夫。

乔恩和姑父住在一个抵押出去的农庄上。那里土质很差，灌溉不良、收成又不好，所以他们的日子过得很紧，每分钱都要节省着用。可是，姑妈却喜欢买一些窗帘和其他小东西来装饰家里，为此她常向一家小杂货铺赊帐。乔恩姑父很注重信誉，不愿意欠债，所以他悄悄告诉杂货店老板，不要再让他妻子赊帐买东西。姑妈知道后，大发脾气。

这事至今差不多有50年了，她还在发脾气。乔恩曾经不止一次听她说这件事。

乔恩最后一次见到她时，她已经70多快80岁了。可是，她依旧还在抱怨这件事情。乔恩对她说："姑妈，姑父这样做确实是不对。可是你都已经埋怨了半个世纪了，这不比他所做的事还要糟糕吗？"

过去的事情就让它们过去了，我们再想也不能给现在的生活带来任何改变，那些烦心的小事还会影响我们的生活质量。我们现在所能做的就是把握好今天，去迎接更加灿烂辉煌的明天。

可见我们不要试图去改变自己的爱人，而要学会包容，学会一起生活，学会从相通的东西中找到两者的共同点，从而找到生活的乐趣。

总之，如果我们真心地爱一个人，就让我们用一个善良的心去包容他的一切吧。

丈夫失意时，积极安慰，切莫冷嘲热讽

每个人在失意的时候，都希望得到别人的安慰。即使男人也不例外，他们更需要自己的女人去安慰他那颗受伤的心。

男人并非是天生的坚强刚毅，是社会观念迫使男人无论在何时何地都强撑着刚毅的架子。在男人事业失利时，他们同样也会沮丧，同样也需要有人来安慰。

卡耐基与洛莉塔结婚后，生活得一直很不幸福。洛莉塔自视为贵族，看不起别人，时常嘲讽卡耐基的各种行为。这对卡耐基的自尊和信心是一种打击。

婚后不久，卡耐基就致力于《暴风雨》的写作。但这时他的文章似乎显得没有灵气。他经常写不下去，写一段东西得花上很多时间，因此他感到很沮丧。有时他在改写文章中某段时要反复四十次，这一情形表明这段时间卡耐基显得有些力不从心。

每当这时，洛莉塔却不知道关心卡耐基，给他安慰，相反还嘲笑他。卡耐基不理她，她就一个人去喝酒，一定会喝得酩酊大醉才回来。回来后还会撒酒疯，破口大骂："卡耐基，你这个混蛋，为什么不陪我喝酒，只知道写你的小说，见鬼去吧！"

卡耐基这时只好默不作声，任洛莉塔辱骂和摔打东西，或者干脆走出家门，到凡尔赛附近的公园和花园里写作，唯有写作才是他真正的心灵寄托。

这时，卡耐基的心是孤独的，他无法领略家庭的温暖。原本期望的家庭生活并没有展现在他的眼前，由此，他更加怀念他的故乡。

卡耐基面对着生活的挑战。心情恶劣，家庭的不和谐使他的作品在困境中完成。当他完成《暴风雨》时，心中长长地松了一口气。

然而，《暴风雨》是一本失败的作品，而且是彻底的失败。他试着给许多出版商推荐他的作品，但出版商往往都拒绝出版这部作品。

这给卡耐基的打击太大了。这时卡耐基的经纪人劝他放弃《暴风雨》，继续尝试去写别的作品。

卡耐基当时的心情用他自己的话来说："如果有人在那个时候用棒子打在我的头上，我都不会吃惊。我茫然若失，发觉我正面临人生道路的决择时刻，那个时候，我的心情真是非常痛苦。我该怎么办？我该转向何方？"

此时的洛莉塔依然嘲讽卡耐基，认为卡耐基应该去从事一份更赚钱的职业，这段婚姻就在洛莉塔的埋怨声中走到了尽头。

卡耐基从自己不幸的婚姻中，总结出为人处世应学的第一课，若想婚姻成功，就要找到一个好配偶，让你感受到家庭生活的幸福快乐。

2008年8月17日，北京射击馆男子50米步枪三姿决赛，当埃蒙斯第9枪射出9.8环后，他轻轻地点了点头，对自己的成绩感到很满意。埃蒙斯对第二名还是保持有

3.3环的巨大优势，下一枪他只需要射出不低于6.7环的成绩，就可以获得他在北京奥运会上的第一枚金牌。埃蒙斯最后一枪比谁射得都慢，当所有选手都完成最后一枪后，他才缓缓端起枪托，瞄准，射击，4.4环！在全场观众不知所措的惊叹声中，埃蒙斯将几乎到手的金牌让给了中国选手邱健。

意识到自己与金牌擦肩而过的埃蒙斯这时只是站在原地，一动不动，然后呆在那里。

作为捷克电视台的解说员，埃蒙斯的妻子卡特琳娜在现场目睹了全部过程。卡特琳娜的眼睛里满是忧伤地说："这太令人难以置信了！整整4年，他都在等待这场比赛，没想到结局是如此不幸。"

埃蒙斯和卡特琳娜相识于2004年雅典奥运会。同样，在2004年8月22日，雅典奥运会，同样是在男子50米步枪三姿决赛中，同样是第九枪结束后，位于2号靶位的埃蒙斯领先第二名的中国选手贾占波4环，然而最后一声枪响后，子弹竟然飞到了3号靶子上。

那一年，埃蒙斯同样在最后一轮痛失金牌，当天他一个人躲在僻静的角落喝闷酒。这时一个金发姑娘走了过来，对埃蒙斯说道："喝一杯怎么样？一切都会过去，不是吗？"听到这话，埃蒙斯抬起头，认识了面前这个美丽的姑娘。2007年6月30日，在卡特琳娜的家乡，26岁的埃蒙斯和24岁的卡特琳娜结婚了。

看着丈夫重演了四年前的悲剧，卡特琳娜来到埃蒙斯身边，与他紧紧拥抱在了一起。已经27岁的埃蒙斯，这时就像一个孩子一样将脑袋深深埋在了卡特琳娜的怀里，久久不愿离开。

过了好久，埃蒙斯才终于把头抬起来，他看到的是妻子鼓励的眼神，卡特琳娜双手握住埃蒙斯的脑袋，眼睛直视着埃蒙斯，嘴里则在轻声鼓励："亲爱的，你做得很好，你前面打得很棒，你已经证明了自己。"

"我现在可以喝啤酒去了。"

或许是受了妻子的鼓励，沮丧的埃蒙斯走回了赛场，向其他运动员拥抱表示了祝贺，并向裁判表示了感谢。

这一刻，现场的观众把同情、鼓励、祝福的掌声送给了埃蒙斯。

四年前，正是卡特琳娜的安慰，才使埃蒙斯从失利的阴影中走了出来，同样这次，正是有了卡特琳娜的安慰，才使丈夫再次鼓起勇气，接受了这个现实。

男人其实也很脆弱，在事业拼搏时会有失败和痛苦，如果能在妻子的柔情中得到安慰，他会更努力。妻子的爱对丈夫是动力和自信！愿天下女人在共同的生活中以脉脉温情去安慰男人那颗也需要安慰的心！

积极倾听，给丈夫发牢骚的机会

现代社会，男人承受的压力越来越大，他们需要倾诉，需要一他们双给予关注和温暖。但遗憾的是，很多女人一旦结了婚，就开始染上了唠叨的毛病，一天到晚都把丈夫的耳朵塞得满满的，根本不给他倾诉的机会。

作为一位称职的妻子，你要细心观察你的丈夫。特别是当丈夫心烦意乱、十分消沉的时候，你要用爱心去安抚他，让他从情绪的低谷中摆脱出来。当你的丈夫跟你说起他的烦恼时，作为妻子，要认真倾听，因为你的丈夫这时非常需要你的关爱和安抚。

通常情况下，女人总是喜欢向男人倾诉，倾诉自己的委屈，也倾诉自己的快乐，把男人的倾听当作一种温暖的依靠。很少有女人想到，男人也一样需要倾诉，有时候，你的倾听就能给他安慰、支持和鼓励。

倾听，能让你更快地交到朋友，赢得别人的喜欢。当然，倾听，也能赢得丈夫的疼爱。但倾听不仅仅是保持沉默，用耳朵听听而已。

晓璐一直暗恋与她从小一起长大的邻居张涛，不过张涛只把她当作小妹妹，并无什么特殊的情感，况且他有女朋友。张涛与人合伙办公司，最终别人携款跑了，多年的辛苦付诸东流，张涛心灰意冷，被女友一通臭骂后，他心情更是沮丧到了极点，找了晓璐一起去酒吧喝酒。

张涛一杯接着一杯地喝，从最初的创业一点一滴说起，晓璐就仔细听着，偶尔在他新开一瓶酒的时候，说一句："别再喝了。喝多了身体受不了。"一个晚上，张涛一直说着，而晓璐就始终在默默地听着，天亮后，叫了辆出租车，她把张涛送了回去。

第二天，张涛清醒后就去找晓璐，他发现自己再也不能忽视这个女孩的心意了。如果此刻自己不说出来，是会后悔一辈子的。他结巴着说："我想……我们能不能在一起……相处一下。"晓璐愣了半天才回过神来。没有想到的是，盼望已久的话竟然因为自己的倾听轻而易举地赢来了，激动的双眼里充满了泪光。

一年后，他们的新婚之夜，张涛对她说："亲爱的，知道你陪我的那一晚带给我的是什么吗？我第一次发现你是那么的美丽，你身上像披了一件有光芒的外衣，虽然你一直在沉默，但是，我感觉得到你沉默的背后是相信我和肯定我的。这对我来说很重要。"

一位心理学家说："作为一个妻子应该做的一件重要事情，就是让她的丈夫尽情地倾诉在办公室里不能宣泄的苦恼。"作为妻子，一定要做丈夫最好的听众，而不是三心二意，心不在焉。

王先生匆匆忙忙地回到家里，顾不上喘气，兴奋地嚷道："亲爱的，你知道吗？今天真是个值得庆祝的日子！董事会把我叫过去，向他们详细汇报有关我做的那份区域报告，他们称赞我的建议非常不错……"

他的妻子却没有表现出高兴的样子，显然想着别的事情："是吗？挺不错。亲爱的，要吃酱猪蹄吗？咱们家的空调好像出了点问题，吃完饭你去检查一下好吗？"

"好的，亲爱的。我终于引起董事会的注意了。说真的，今天在那么多董事会成员面前，我都紧张得有些发抖了，不过情况很好，甚至连老总都很赞赏，他认为……"

他的妻子打断他的话："亲爱的，我觉得他们根本不了解你，也不重视你。今天孩子的老师打电话来，要找你谈一谈，孩子最近成绩下降了不少。对于你的宝贝儿子，我已经没有任何办法了。"

王先生终于不再说话了，他想他的妻子是不会听的。

可以想象，当我们有一肚子的话想要倾诉，兴致勃勃地要说给爱人听的时候，对方却心不在焉，根本无心倾听，我们的心中是什么滋味？每个人都会遇到开心或者不开心的事，都需要向别人倾诉，来缓解和放松自己的心情。善于倾听的女性，能让丈夫感觉到她对他的爱、理解和尊重，倾听是对他最大的安慰和鼓励。

大多数女人总是喜欢喋喋不休地说，迫不及待地把自己的想法告诉给对方；还有些女人会埋怨说："他从来也不和我说话，什么事情都不给我说。"她们没有想想，自己是否准备好了听他说的耳朵。

一般说来，男性不想听劝告，他们需要的是认真的倾听。毕竟，办公室里通常没有发表意见的机会，遇到特别高兴的事情，也不能在那里引吭高歌。遇到不痛快的事情，也不能向同事倾诉。因此当他们回到家里，都需要宣泄一番。如果你不能安静地听丈夫说话，不能适时地给予安慰，那么你们的感情终究会出现问题。

男人，不只需要你时常夸奖他，不只需要你关爱的叮咛，更需要你留一只耳朵听他说话，听他的喜怒哀乐。女人，请准备好你的耳朵，让男人尽情地倾诉吧！

敢于为自己的错误而道歉

"我错了，也许你是对的。"很多人觉得这句话不是不可以说，而是难以启齿。但是，当与配偶意见不和或争论问题时，你们之间会发生争吵。如果你能爽快地承认自己错了，对方是对的，你们之间的沟通就能更加畅通无阻，夫妻关系也能得到深化。

晓敏与丈夫结婚三年了，其间也争吵过。那次，家里装修，他们又吵起来了。本来说好了墙面要刷成绿色和紫色，丈夫却临时改变主意了，问晓敏说墙刷成白色和蓝色行不行。晓敏的脾气一向急躁，当时就很大声地说了他几句，丈夫有点生气，说他只不过是想商量一下，晓敏不必那么凶。丈夫平时对晓敏百依百顺，这次却和晓敏顶嘴，让晓敏很是恼火，"离婚"两个字一下子从晓敏的嘴里蹦了出来。

晓敏当时和丈夫结婚的时候做过约定，无论怎样都不要随便说"离婚"。晓敏想起了这个约定，再看看丈夫的样子，也觉得有点小题大做。可是，晓敏碍着面子，硬是不跟丈夫承认错误，整个上午也不跟丈夫说话。

快到中午的时候，晓敏有些饿了。晓敏不会做饭，平时都是丈夫在做饭。她打开冰箱一看，里面的东西全是生的。晓敏肚子饿极了，心里一酸，眼泪就忍不住落了下来。

丈夫在外屋听见了晓敏的抽泣声，探头看了她一眼，然后走过来，虎着脸说："肚子饿了？"晓敏点点头。"那我给你做饭去？"晓敏又点点头。"你招我生气了，快给我道歉。"丈夫终于找到机会了。

从那以后，只要晓敏和丈夫一吵架，丈夫就会冲她先说"你招我生气了，快给我道歉！"晓敏立马识相地顺着台阶而下，乖乖地给丈夫道歉，夫妻俩和好如初。

女人要懂得抓住下台阶的机会，知道适时机地给丈夫道歉。

其实，只要是你的确有错，就应该心甘情愿地承认。作为女人，我们可以耍小姐脾气，不讲理，但是男人的忍耐也是有限度的，我们要见好就收。

明天就是雯雯的生日。头天晚上，雯雯提醒丈夫，明天就是自己的生日，要给她准备好生日礼物。丈夫当时表现出很重视很诚挚的样子，说要好好为雯雯庆贺一下，并承诺将送她一份惊喜的礼物。

第二天下午，雯雯早早下班回家，布置好房间，烧好可口的饭菜，换上漂亮的晚装，只等丈夫回家。可等到下班时间过去好久，也没见他的踪影。锅里的菜凉了，雯雯孤身一人坐在客厅真想流泪，打丈夫的手机总是没人接，雯雯心里的火直往上蹿。

晚上10点，丈夫裹着一身酒气回来了。一进门就连人带包陷进沙发里，全然不顾满屋闪闪烁烁的小彩灯和雯雯的脸色。丈夫若无其事地说："下午有个业务会开长了，晚上跟几个外来投资商一块吃饭，喝多了。""为什么不打个电话说一声？""没时间。"说完这话，丈夫突然想起什么，去摘腰间手机，却是个空套，手机放办公室了，在充电……

雯雯的火一下子冒起来："你说过今天要给我过生日的，我好心提前回家，做好饭菜，等你几个小时，为的是什么……"说着说着，雯雯委屈的泪水流出来，一肚子气发出来。"好，我走，今天我就走给你看！"雯雯抓起外衣穿在身上，奔出屋外。雯雯在深夜的大街上慌乱地奔走，其实自己也不知道去哪里，娘家又不在这个城市，朋友同事深夜不便惊扰。雯雯带着生日的伤感站在车站广场进退两难，心中一片茫然。

"夫人，你忘了带钱包。"一只手突然从后面搭在了雯雯的肩上，回过头，看见醉意朦胧的丈夫将雯雯忘带的提包递过来，嬉皮笑脸地说："老婆，无论你要去天涯还是海角，我都跟着你，给你拿包，当护花使者。"见雯雯不理他，丈夫跟得更近了，压低声音说："趁夜深人静，正好私奔，上刀山下火海，我跟定了你。"雯雯的心一下暖热了，正在犹豫接不接包的时候，丈夫一下子抱住她，将她的头揽进了怀中，雯雯的眼泪奔涌而出。

男女吵架，女人，特别是妻子也许有许多无理之处，却总想要得胜。这样，男人就要试着给他的爱人找个台阶，否则，本来一点小事，也会闹到非得分开的地步。作为女人，要试着学会主动承认错误，因为男人更爱面子。

珊珊跟她丈夫从认识到结婚，就从来没有停止过争吵，两人都是耿直脾气，一言不合，就会爆发争吵。

要是珊珊错了，吵过之后，看丈夫还死绷着脸，她就装可爱，装可怜，装精灵鼠小弟，装蜡笔小新，装樱桃小丸子，总之，就是死皮赖脸地往丈夫身上粘。要是珊珊占理，丈夫错了，珊珊会适当给一些搭话的机会，丈夫就会十分诚恳地向她道歉，诚恳到珊珊绷不住脸。

有时候，他们吵完架后，会两三天不见面，但珊珊却对丈夫的行踪了如指掌，两三天过后，珊珊就会一脸坏笑地突然出现在他面前，然后装作什么事都没有发生过，和他的朋友谈笑风生，对他体贴入微，他去哪儿就跟去哪儿。如果丈夫想骗她原谅，一定会买礼物送她，他心里清楚得很，只要一见到礼物，珊珊的心就软了。

其实，女生下台阶的方式很简单，只要把脸皮磨厚点就行，在爱你的人面前，厚脸皮也格外地可爱。

夫妻相处，难免会有小摩擦。当我们一方有错时，双方都要采取包容的态度，主动承认自己的错误，另一个主动包容对方的错误。只有这样生活在一起，才会幸福美好。

附：沟通能力调查问卷

1. 目的与功能

本工具调查个人的沟通能力。通过对个人语言表达能力、倾听能力、揣摩对方心理的能力、主动沟通的能力、尊重他人的能力以及及时调整自己心态的能力等方面的调查，帮助被调查者了解自己多方面的沟通能力，发现优势，找出不足，从而为提高沟通能力、改善人际关系提供有益的参考。

2. 适用对象

本工具适用于想了解自己沟通能力的所有人员。

3. 使用说明

这份关于个人沟通能力的调查问卷由50道题目组成，每道题目陈述一个观点。请被调查者根据自己对此观点的同意与否，凭直觉尽快做出选择，不用过多考虑，同时也不要遗漏。

4. 测验题目

题号	题目	选项	
		是	否
1	我与人交谈时声音很大。	是	否
2	我已经意识到我的语调会影响其他人。	是	否
3	当我和别人交谈时，自己的注意力一向集中。	是	否
4	我认为自己是个电话沟通专家。	是	否
5	当我知道某些东西会伤害别人时，我会克制着自己不说。	是	否
6	当别人在说话的时候，我总是在试着弄清楚他的意思。	是	否
7	当和上级谈及敏感话题的时候，我能表达得很自如。	是	否
8	在交谈中，我会等别人说完之后，再对他说的做出反应。	是	否
9	让我去接受他人的建设性批评并不难。	是	否
10	在交谈中，我总是主动找到新的话题。	是	否
11	当我在说话的时候，别人总是专心地听。	是	否
12	交谈的时候，经常以我为中心。	是	否
13	当有重要事情要说的时候，我的意思能够完全表达出来。	是	否
14	虽然某些人伤害了我的情感，但我还会和他们讨论这个问题。	是	否
15	在交谈中，即使自己不同意对方的观点，也不轻易打断对方的谈话。	是	否
16	在讨论中，让我从他人的观点中获得新信息并不困难。	是	否
17	我得到过他人关于对我的听说能力的赞美之辞。	是	否
18	即使我反感讨论的主题，我也不想改变话题。	是	否
19	我讲话时特别注意察言观色，对不同的人采取不同的说话方式。	是	否
20	人们经常听我讲话。	是	否
21	当某些人的情感被我伤害了之后，我当然会向他们道歉。	是	否

续表

题号	题目	选项	
22	我会很认真地听别人说话。	是	否
23	交谈时,我时时注意变换谈话的内容,选择适合对方的话题。	是	否
24	当某些人反对我时,我绝不会心烦。	是	否
25	让我去相信别人并不困难。	是	否
26	在交谈中,我总是用自己喜欢的方式说话。	是	否
27	当自己生某些人的气的时候,我依然能够很清楚地进行思考。	是	否
28	在交谈中,我能分清别人所说的和自己所感觉到的。	是	否
29	当自己不是很明白对方的问题时,我会让他解释他的意思。	是	否
30	我会通过说出自己的感受和信仰来帮助别人认识自己。	是	否
31	我虽然害怕别人会生气,但我还是去反对别人。	是	否
32	当自己要做解释时,没人想要教我如何讲。	是	否
33	在我说话的时候,我注意到了别人对自己的话的反应。	是	否
34	当自己和他人之间发生问题时,我会平心静气地和对方讨论。	是	否
35	不需要解释,别人就能明白我讲话的意思。	是	否
36	我不会刻意向别人隐瞒自己的过错。	是	否
37	我对自己调停和别人的分歧的方式感到很满意。	是	否
38	对我来说,向别人表达自己的看法很容易。	是	否
39	让我去和其他人交谈一点儿也不困难。	是	否
40	我没有感觉到其他人希望我是另外一种人。	是	否
41	通常来说,我能够相信其他人。	是	否
42	在谈话中,我会找到自己和他人都感兴趣的话题。	是	否
43	当某些人扰乱我的时候,我不会长时间生气。	是	否
44	其他人能理解我的感受。	是	否
45	当他人和我的观点不一致时,我要表达自己的想法并不困难。	是	否
46	我很讲究称赞别人的技巧。	是	否
47	没有人评论说我总是认为自己是正确的。	是	否
48	在交谈中,我会试着把自己放在别人的位置上。	是	否
49	我做错事情的时候,我会承认我的错误。	是	否
50	在听他人讲话时,如果非插话不可,我总是在向对方表示抱歉并征得对方同意后再讲。	是	否

5. 结果分析

(1) 计分方法

选择"是"得2分,选择"否"得1分。将分数相加,即得出你的总分数。它基本上反映出了你的沟通能力。

(2) 测验分数的解释

80分以上,说明你很善于沟通:喜欢与别人交流并能够倾听别人;善于有效地收集反馈信息；善于通过不同的"渠道"，用适当的方法来维持清晰的交流；能用不同的交流方式，以确保真实的消息能够以多样化的方式上传下达，而且引人注意。

60~79分，说明你有一定的沟通能力。

60分以下，说明你的沟通能力比较差：在很有必要沟通的场合，你可能会错失交流的机会；没有用更长的时间来设计和考虑如何最好地传递信息；没有找出时间来倾听反馈意见并相应地调整他人的行为；在沟通时可能显得很仓促，没有时间去仔细整理自己的信息，没有考虑谁将接受这些信息，没有考虑好如何才能最好地传递信息。

第二篇

掌握交际策略，做聪明女人

　　交际是一种社会活动。交际也是一种能力，一种生存的具体活动。一个给人良好印象的女人会有比较高的成功几率和机会。

　　众多的人际交往中，女人起着关键的作用。和谐幸福的家庭往往是有一个好女人；协调有序的社会往往是有一群好女人。那么，怎样才能做个在交际中讨人喜欢、赢得好人缘的女性呢？

　　现代女性的社交活动越来越频繁，一个女人拥有了端庄的举止、优美的仪态、迷人的神韵、高雅的气质再加上内在的品格力量，便拥有了打开社交之门的交际魅力，良好的交际能力有助于女性取得生活和事业上的成功。

Chapter 1

社交改变命运，人际创造财富

有人说，没有沟通，世界将成为一片荒凉的沙漠。我们生活在世上，每天都不可避免地与他人交往，高超的交际艺术是成功的资本，拥有良好的交际能力和高超的处世技巧，就等于拥有了成功的点金术。正如一位著名的心理学家所言：一个人成功的因素，85%来自社交和处世。

众多的人际交往中，女人起着关键的作用。和谐幸福的家庭往往是有一个好女人；协调有序的社会往往是有一群好女人。那么，怎样才能做个在交际中讨人喜欢、赢得好人缘的女性呢？

女人的社会属性

女人拥有与生俱来的社会属性。人的社会属性是指人由于生存在社会中需要具备的一些属性，比如：你吃饭要吃熟食，要使用碗，走路的时候要走马路，要上学，要工作等等。人的一生中离不开人的自然属性和社会属性。

女人是社会的一道美丽的风景，美丽是女人的属性，但人们对于美丽却见仁见智。那种众人一词的"漂亮"是女人们一心追求的，是上帝赐予一部分女人的属性，但漂亮的女人容易忽略她作为女人的基本属性。如果女人没有温柔，漂亮只是一张令人望而生畏的虎皮。如果女人没有聪明，漂亮只是授人以柄的绣花枕头；如果女人没有浪漫，漂亮只是留在相片上的一张笑脸；如果女人没有成熟，漂亮只是青青小草。

温柔是女人的护肤品，平日的琐事会如同灰尘般在不知不觉中爬上女人的脸庞，温柔的女人会用平静之心拂去心头的灰尘，回复到原来的恬淡，那种恬淡一旦具有感染力，女人才可称得上漂亮女人。

聪明是女人的化妆品，因这化妆品追求的是扬长避短，而女人的聪明是修饰自己的最佳方法。许多事实已证明，才学过人的女子，往往不漂亮，却被人称之为美女，过去现在都是如此。但是，浓艳的化妆也会吓倒别人的。聪明如果太露锋芒，会少一份亲切可爱之感。

浪漫是女人的美钻，因为钻石是含蓄而变化多彩的，没有这些气质，再漂亮的女人也会变得乏味。

成熟是女人身上的职业装，因为它给予了女人另一种属性，女人因职业装而变得更加独立与坚毅。女人在经历了年少的清纯之后，生活的磨砺往往能使之更美。虽然岁月会使漂亮的脸蛋皱纹平添，身材也不再那么苗条，但是成熟会让女人举手投足都得体大方，仪态万方之中显出富贵典雅。

女人的社会属性是女人在社会各个层面上的不同位置，是以女人为中心所展现出的各种姿态。男人和女人，共同构成了人类的两性平衡，阳刚与阴柔，感性与理性。在以男性为主的传统社会结构中，男人总是占据社会的优势地位，但两性的差异并不等于两性的优劣。比如，女人在多数场合比男人更能适应环境，更经得住灾难的打击；在面临人生灾难和重大抉择的时刻，女人也往往比男人理智；而且女人合群，善于妥协和在妥协中巧妙地坚持，善于营造轻松的氛围。女性智慧是一种尘世的智慧，实际生活的智慧。因为女性的韧性与包容，女性的感性与理性，我们的生活才充满生机。

这些社会属性都真实而自然的存在于女人本身，在这个物欲横流的时代，女人应充分运用自己的社会属性，做个幸福女人，自信并成功地活着。

商品社会，人脉就是财脉

女人的人脉：是自己的亲朋好友，是自己的社会关系，是自己可以借用的人际资源，是家庭中的温情，是职场中的友善，是生活中的交际，是事业中的沟通。当我们的人脉愈加发达与通畅时，生活就愈加轻松，工作就愈加顺利，人生就愈加有意思，成功就会离自己越来越近。

女人的钱脉：是自己的能力，是把握住的机会，是独到的眼光，是高超的手腕，是支配金钱的意识，是打理金钱的技巧，是聚敛财富的本事，是驾驭金钱的智慧。当我们的钱脉愈加雄厚与旺盛时，梦想就会成真，生活就更自由，事业就更有保证，成功就会掌控在你自己手中。

明确了人脉、钱脉对女人的重要性，就要运用智慧将二者有机地结合起来并为我所用。我们不妨看看下面这位女性——柴田和子，是如何做到将人脉与钱脉有机结合的。

柴田和子是日本推销女神。她连续11年享有日本寿险"终身王位"称号，国际组织MDRT会员。她的业绩相当于804位业务员业绩之总和。

柴田和子是如何利用人脉资源进行销售的呢？

首先她善于利用以前所积累的人脉资源。柴田和子高中一毕业就到"三阳商会"任职，直到结婚为止。其早期的人脉资源完全是以"三阳商会"为基础，然后透过他们的介绍以及转介绍而成的。

另一个为她穿针引线的则是她的母校——"新宿高中"。"新宿高中"是一所著名的重点高中，它培养了一大批优秀人才、社会中坚。其学生都在社会上占有一定的地位。

除此之外，当时日本的银行发挥着极大的金融效能，在银行与企业的权力结构中，银行居于绝对支配地位。因此，银行的推荐相当有力量。柴田和子就利用银行开发客源，使得她在面对目标对象时更加有底气。为了具体了解企业名称，她曾经一整天坐在银行柜台窗口前的椅子上，一听到银行小姐喊"工业公司"、"会"，就一个一个地把名称抄录下来。再上二楼的贷款部门请求工作人员为她介绍那些企业，然后再去一路拜访。当柴田和子成功地获得一家银行的推荐后，其他的银行也逐渐地对她伸出双手。

在目标客户中寻找关键人物是柴田和子获得行销成功的又一个重要手段。由于老板是握有决定权的关键人物，只要使那个人说"Yes"，剩下的就只是事务性工作了。因此，行销人员必须要能洞悉谁才是问题的关键。

还有关键的一点，就是柴田和子绝对不带给别人不愉快。即使是自己的秘书，她也认为让他在严寒或是酷热的地方等候是不对的，因此她绝不耽误与别人的约会时间。柴田和子说："保险行销要成功，必须要懂得体谅别人，即人情练达。"

柴田和子认为有效率的做事方法，就是将已经建立的人脉资源活用于工作生活之中。每个人总有亲戚、校友和乡亲，从这些关系中去开展事业，而正是这些人脉资源和人情练达造就了柴田和子的成功。

对女性而言，成功有着多重含义，而且不同的人有着不同的理解。有人把命运的改变，事业的完成当作人生奋斗的目标，也有人把物质的享受，精神的满足当作生命的归宿。其实就个人而言，成功的定义应当主要包括三项内容：一是充分展示了自身的价值；二是在自己从事的事业中取得了重大突破；三是为他人、为社会作出了突出的贡献。以此衡量，成功就不仅仅是看一个人获得了什么名誉，得到了多少财富，而是能否让生命变得有意义，有价值，让自己更加幸福，让生活因为你的付出与努力而变得快乐。一个现代女性，要做到这一点，最根本的条件是：人脉与钱脉一个都不能少。

但是生活告诉女人：只有钱脉，没有人脉，最终会使得钱脉丧失；只有人脉而没有钱脉也会使得人脉渐渐远离。人脉经营得好必然会给我们带来钱脉，钱脉维护得好必然会给我们带旺人脉。可以说，人脉与钱脉互相交织在一起，互相作用与影响。作为希望成功的现代女性，缺失了哪一方面，都会造成人生的不完整，也都不会顺利地实现自己的人生目标。

总结当代成功女性的人生经历，可以看出，她们最初也许很平凡，但她们凭借良好的人脉渐渐创造了一个新的自我；她们自身也许很普通，但她们却有着超常的经营钱脉的头脑与能力，于是，生活中出现了鲜花和掌声，事业中添加了辉煌与卓越。成功的翅膀便是人脉加钱脉。任何一位女性有了这双翼，都可以创造出自己的人生奇迹。

无钱无能，凭口才也能成功

语言是一条纽带，它能够将人们紧密联接起来，纽带质量的好坏，直接决定了人际关系的和谐与否，进而会影响到事业的发展以及人生的幸福。尤其对于女人，卓越的口才、有技巧的说话方式，不仅是家庭幸福的法宝，更是事业披荆斩棘的利剑，增加自身个性魅力的法码。

有些女人是天生的社交高手，这不是因为她们拥有倾城的外貌，而是因为她们无论在什么场合，都能口吐莲花，妙语连珠，博得满堂彩。会说话的女人能适时送出赞美，让人听了如沐春风；会说话的女人，能让批评也变得悦耳；会说话的女人懂得什么时候该温柔婉转，什么时候该仗义执言；会说话的女人面对不同的人，会采取不同的语言策略；会说话的女人能适时转变话题，以免气氛冷场；会说话的女人，不仅会说，更会倾听。

优秀的口才不仅给人好的印象，在关键时刻，更能使原本困难的事情得到很好地解决。推销大王吉诺·鲍洛奇的故事就很好地阐释了口才的重要性。吉诺·鲍洛奇之所以能在日后成就不同寻常的业绩，正是少年时代一次特殊的推销经历，使他感悟到了口才非凡的力量，也正是这非凡的力量推动着他的事业一步步走向了辉煌。

那时，小鲍洛奇正为老板贝沙先生打工。由于库房失火，十八箱香蕉被火烤得有点发黄，皮上面还沾了许多的小黑点。贝沙先生吩咐他低价出售。然而，香蕉摆到摊子上，看到那种"丑样"，根本就无人问津。一天过去了，竟然连一个也没有卖出去，如果第二天再卖不出去，这些经过火烤的香蕉恐怕就会烂掉。第二天把香蕉摆上摊子后，他剥了一个香蕉尝了尝，发现经火烤后的香蕉样子虽不好看，可味道却好多了，于是他灵机一动，高声喊了起来："快来看呀！最新进口的阿根廷香蕉，南方风味，全城独此一家。"没有人吃过阿根廷香蕉，大家很快就围笼过来。小鲍洛奇一看把人给吸引过来了，立刻来了精神，将香蕉的品种、口感和奇特的来历大大渲染了一番。就在这时，他看到一位年轻的小姐眼里放着光彩，知道被自己说动了心，就主动把一支剥好的香蕉递到那位小姐的面前说："你尝尝吧！"那位小姐尝后，觉得确实不同于以往的香蕉风味，也不禁大加赞赏起来。结果，十八箱香蕉竟以高出市价近一倍的价格销售一空……

戴尔·卡耐基在他的著作中不断提到，一个人的成就，85%决定于与人沟通的能力，而专业知识只占有15%。

沟通是什么？沟通就是互相交换彼此的想法，然后使双方达成理解取得一致的过程。

沟通就是倾听别人的心声之后，再将你的想法种植到别人心中。

沟通就是表达理念，使人接受并产生同感。

善于沟通的人一定拥有众多支持者，因为别人理解他；善于沟通的人一定是个顶尖推销员，因为顾客接受他；善于沟通的人一定是个好的领导者，因为他了解下属，下属也相信他；善于沟通的人一定是个好的演讲者，因为听众的心都会向着他。

会沟通的母亲，子女比较听话；有沟通的婚姻才会幸福；懂得用沟通的方式教育学生的老师，学生一定用功。

这个世界处处都需要沟通。遗憾的是，大部分人不会沟通，学校也往往不教你如何沟通，如何与人交往。沟通总是先由对方开始，先倾听后表达。一味地只顾自己说个不停，完全不听他人的观点，这样的沟通是不会维持多久的，而且也达不到沟通的目的。除了要注重倾听，还要认识到沟通中需要赞美，肯定对方正确的观点。在沟通中时常会遇到意见不同或者相悖的情况，要想好好解决问题就要委婉地表达自己的观点，不能断然否决，要极力避免同对方对抗。沟通的学问很多，如果你能精通这些方法，那你成功的希望就很大了。

亚里士多德曾经说过，漂亮比一封介绍信更具有推荐力，也更容易被人们所接受。已经有统计显示，外貌出色的女人一般取得成功的机率相对较高。可以说，美貌是女人天生的一种竞争力。但天生貌美如花的女人有几个呢？令人欣慰的是，与美貌相比，良好的口才更是女人脱颖而出的资本！而且它比美貌更具优越性：美貌是有期限的，并且有很大的遗传因素，而口才不仅没有期限，而且是可以靠后天修炼出来的。如今的女人，早已摆脱了成天围着灶台转的命运，她们走出了家庭，走入了社会，成了干练的职场丽人，成了叱咤商场的女强人，而这无疑对她们的口才能力有了更高的要求。毫无疑问，女人的形象固然重要，但更加不可忽视的是女人的口才，会说话的女人才是最出色的！那么，作为女人，如果你没有骄人的外貌，也不要为此耿耿于怀，你完全可以通过不断修炼、完善自己的口才，来为你的美丽加分，为你的魅力加分！

信心满怀，克服社交恐惧症

曾几何时，社交恐惧开始威胁女性的生活，让她们因此而缺少自信，更让她们因此而缺少魅力。于是当每一次成功的机会来敲门时，却只能眼睁睁地看着它溜走，尽管你后悔、你懊恼，可是，当下一个机会再次来到你面前时，你却又开始犹豫、胆怯、手颤、心慌，久而久之，自信心在一次次地徘徊犹豫中丧失。

虽然人人都会说自信的女人是最美的，但是如何才能在社交场合保持自信呢？热爱聚会的女人们，又怎么让自己在聚会上充满自信？

出门前多照镜子，先找到自己的最佳感觉。这不是自恋，有时你认真照镜子，会发现后面裙子的拉锁没有系到头，头发有一绺没梳好，再或者丝袜后面有个小洞等等。这些都是让你在聚会上不自信的隐患。还有一个很重要也很常见的问题，就是女人们最爱的高跟鞋，太高的高跟鞋是危险的，要是你平时不太习惯穿高跟鞋，那不要尝试8厘米以上的高跟鞋，那会让你看起来有点奇怪。

还有个保持自信的诀窍，就是学会微笑，没有人会拒绝一个微笑的女人，不管你漂亮不漂亮，微笑是最好的交际名片。

为什么会出现社交恐惧症呢？一个很常见的原因就是有些人在交谈中不懂装懂，结果导致十分尴尬的局面出现，久而久之就会对社交产生畏惧心理。可能谈论的话题完全在你的知识体系之外，比如炒股，虽然是很热的话题，可是你一无所知，那就大方说地自己不懂。不懂一点都不丢人，不懂装懂才容易露怯。

除了这些，别认为有人一小时去洗手间照一次镜子是不正常，恰恰相反，这不仅正常而且十分重要。有时贪了两杯，有时玩得兴起，但不要忘了去照照镜子，看看自己的妆容是否还整齐，这是一个优雅女人在派对上保持自信和分寸的秘诀。

到底什么样的情况属于社交恐惧症呢？用下面这个故事来告诉大家：

23岁的小张来自农村，现在某大学读书。她性格内向，父母对她期望很高。小张进入高中后，成绩一直不错，每到期末考试阶段，都通宵达旦拼命读书。可没料到去年高考考砸了，没有考上理想中的重点大学，仅考取某高校二级学院。看着父母失望的眼光，她由此产生很强的自责感，觉得自己没出息。随着时间推移，这种感觉越来越强烈，以致发展到不能正常与人交流，与别人交流时就浑身感到不自在，一跟人说话就脸红冒汗，不敢正眼注视对方，好像做了亏心事一样。

很明显，小张患上了一种心理疾病——社交恐惧症。患有恐惧症的病人在遇到害怕的社交场合或已进入害怕的情境时才会出现症状，此时患者会表现出不同程度的紧张、不安和恐惧，并常伴有脸红、出汗、心慌或口干等植物神经症状，害羞脸红是社交恐惧症最突出的表现。

人们往往对女人有些许的误解，认为但凡自信的女人都是所谓的女强人，其实不然。女强人的雷厉风行、不可一世总使人敬而远之。而自信的女人却没有这样的特点，她们或者刚强，或者柔弱，或者中性，但都让人易于接近、喜欢接近。刚强的她们，会露出豪爽的一面，用一份坦诚与爽朗使你心悦诚服；柔弱的她们，总容易使人们对她心生怜爱，继而心甘情愿为她做事；中性的她们，无论男人女人都对她欣赏佩服，更是源于一份自信的洒脱了。

心理学中曾有这样一个著名的实验案例：

一个长相很丑的女孩，对自己非常缺乏信心，她从来不打扮，整天邋邋遢遢的，做事也不求上进。心理学家为了改变她的状态，要求大家每天对丑女孩说"你真漂亮"、"你真能干"、"今天表现不错"等等赞美的话，经过一段时间之后，大家惊奇地发现，女孩真的变漂亮了。

其实，她的长相并没有任何改变，只是心理状态发生了变化。她不再邋遢了，她变得爱打扮，做事积极，并开始喜欢表现自己了。

为什么会有这么大的变化呢？心理学家解释说，那是因为她对自己产生了自信心。所谓相由心生，这位女孩其实只是展现出了每个人都蕴藏着的自信美而已。这种美只有在我们相信自己，而周围的人也都肯定我们的时候才会被充分地展现出来。

时刻保持自信，对未来充满信心的女人是永远不会服输的。经营家庭，她们能够使父母顺心、丈夫放心、子女开心；经营爱情，她们绝对是成功男人背后的女人，默默的支持，温柔的关心，体贴的安慰，都会使在外奋战的男人感到前所未有的放松，既而更加信任她们，更加爱护她们；经营友情，她们是最好的良友，会在朋友需要的时候出现，用自信的微笑扫去友人脸上的阴霾，用轻柔的话语化解友人心中的苦闷。

自信的女人，不一定天姿国色，不一定闭月羞花，甚至可能相貌平平，但是，因为那份自信，她们瞬间便变得光彩耀人，变得淡雅高贵，而且永远不会因为容颜的衰老而失去自己的魅力。无论在哪个场合，她们都是最耀眼的焦点。

读懂社交心理，女人也能成为社交天才

有很多女性不能够坦然地应对正常的人际交往活动，她们不善于与陌生人交谈，不知道怎么来表达自己的思想观点，更有甚者她们会因为过分担心自己表现不好而患有社交恐惧症，所以对于这些不良的女性社交心理，我们不能够再忽视！

人们在相互联系、相互作用的活动中，自然会产生某种行为——交际，以及直接承受交际行为作用的心理——交际心理。交际与交际心理存在着相互促进、互相制约的因果关系。一切交际行为既会促进交际意识的发展，又会调节交际心理，同样地，交际心理既是交际行为作用的结果，又可以影响交际行为的效果。因而，明确交际心理，有助于指导我们的交际行为。

美国宾州大学的塞利格曼教授曾对人类的消极心态做过深入的研究，他指出了三种特别模式的心态会造成人们的无力感，最终毁其一生。"永远长存"，即把短暂的困难看作永远挥之不去的怪物，这是在时间上把困难无限延长，从而使自己束缚于消极的心态不能自拔。"无所不在"，即因为某方面的失败，从而相信自己在其他方面也会失败。这是在空间方面把困难无限扩大，从而使自己笼罩在失败的阴影里看不到光明。"问题在我"，即认为自己能力不足，一味地打击自己，使自己无法振作。这里的"问题在我"，不是勇于承担责任的代名词，而是在能力方面一味地贬损自己，削弱自己的斗志。女性朋友，你有过这样的情形吗？如果有，请尽快从消极心态的阴影里解脱出来。记住德国人常说的一句话："即使世界明天毁灭，我也要在今天种下我的葡萄树。"下文中的恩英是一个很好的例子。

大学毕业，恩英通过努力进了一家展览公司，也算是一个小小的白领了。在这家公司里，恩英做得很辛苦，很投入，经常不计报酬地加班。她终于脱颖而出，工作刚满一年，就荣升为项目主管。就在此时，恩英远在日本的男友决定回国发展并

与恩英结婚，众人都为恩英而高兴：婚姻美满，事业顺达。婚后不久恩英就怀孕了，而且是双胞胎，医生嘱咐她最好静养保胎，但这在工作超繁、压力超强的展览公司里是很难做到的。恩英的先生犹豫了："你还很年轻，事业刚刚起步，孩子我们以后还是可以有的。"恩英却一脸的坚毅："不，这是最好的礼物，我能拥有它，就是最大的幸福。"恩英义无反顾地辞了工作，得到了一对可爱的双胞胎儿子。

现在，恩英在一家公司里做协调员的工作，毕竟停了两年的工作，恩英还将从头做起。但是，她以前所在的那个展览公司已经发展成为一家大公司，公司职员的薪金也已经很令人羡慕。比起以前同事的高工资，恩英不仅没有不高兴，反而依旧快快乐乐地工作着，生活着。在新的公司里，她的工作态度和工作业绩同样博得了上司青睐，家庭也相当和睦。朋友们都羡慕她的生活，认为恩英将生活节奏掌握得很好。其实，原因就在于恩英无论在哪种生活情形下，都保持着一种很好的心态，不患得患失，以自己现在手上拥有的就是最好的角度出发，努力生活，努力工作，结果生活、工作都很称心、完美。

那么，什么是好的人际关系呢？美国社会心理学家爱舒尔茨认为，一般来讲，人际关系有三种类型。其一是谦让型，其特征是"朝向他人"，无论遇见何人，总是想到"他喜欢我吗"。其二是进取型，其特征是"对抗他人"，无论遇到何人，总是想知道该人力量的大小，或该人对自己有无用处。其三是分离型，其特征是"疏离他人"，无论遇到何人，总是想保持一定的距离，以避免他人对自己的干扰。

女人如果懂得了社交心理，并且在不同的场合针对不同人群的心理采用适合的社交技巧，一定能在各种社交场合中游刃有余，成为瞩目的焦点。成就女性社交，必须读懂社交心理学。

女人社交，首先要有良好的心态

女人一生中随时会碰到各种困难和挫折，甚至还会遭遇致命的打击。在这种时候，积极的心态会产生重大的影响。

现代社会是一个开放而广阔的社会，人际关系也变得越来越重要。不管你是身处职场，做一个风光的职业女性，还是待在家里，做一个家庭主妇，交际都是不可避免的。

生活中，难免要和各种各样的人打交道，特别是Office Lady，社交是展示风采的重要方面。可能因为一次成功的谈判，你便会升职；可能因为与老板的一次交谈，你会受到器重；可能因为一次晚宴，你将会发现梦中的白马王子……可是，你总是不由自主地退却，以致遗憾终生。

郑女士和崔女士同样在市场上经营服装生意，她们初入市场的时候，正赶上服装生意最不景气的季节，进来的服装卖不出去，可每天还要交房租和市场管理费，眼看着天天赔钱。

这时郑女士动摇了，她以亏了3 000元钱的价格把服装精品屋兑了出去。而崔女士却不这样想。崔女士认真地分析了当时的情况，觉得赔钱是正常的，一是自己刚刚进入市场，没有经营经验，抓不住顾客的心理，当然应该交一点学费；二是当时正赶上服装淡季，每年的这个季节，服装生意人也都不赚钱，只不过是因为她们有经验，能够维持收支平衡罢了。而且，崔女士对自己很有信心，知道自己适合做服装生意。果然，转过一个季节，崔女士的服装店开始赚钱。三年以后，她已成为当地有名的服装生意人，每年可有5万元的利润。而郑女士在三年内改行几次，都未成功，仍然一筹莫展。这倒让人想起了两则有趣的寓言故事：

传说，有这样一位国王，一天他做了个奇怪的梦，梦见城外的山倒了，护城河的水枯了，满园的花也谢了，于是，他便叫王后给他解梦。王后说："大势不好。山倒了指江山要倒；水枯了指民众离心，君是舟，民是水，水枯了，舟也不能行了；花谢了指好景不长了。"国王惊出一身冷汗，从此患病，且愈来愈重。一位大臣要参见国王，国王在病榻上说出他的心事，哪知大臣一听，大笑说："太好了，山倒了指从此天下太平；水枯指真龙现身，国王，你是真龙天子；花谢了，花谢见果子呀！"之后国王全身轻松，很快痊愈。

另一个故事是这样的：有一个老太太，她有两个儿子，大儿子是染布的，二儿子是卖伞的，她整天为两个儿子发愁。天一下雨，她就会为大儿子发愁，因为不能晒布了；天一放晴，她就会为二儿子发愁，因为不下雨二儿子的伞就卖不出去。老太太总是愁眉紧锁，没有一天开心的日子，弄得疾病缠身，骨瘦如柴。一位哲学家告诉她，为什么不反过来想呢？天一下雨，你就为二儿子高兴，因为他可以卖伞了；天一放晴，你就为大儿子高兴，因为他可以晒布了。在哲学家的开导下，老太太以后天天都是乐呵呵的，身体自然健康起来了。

从上面的故事我们看到，任何事物都具有其两面性，有利必有弊，关键就在于我们应该如何去看待。上面提到的郑女士只看到赔钱的一面，而看不到将来会赚钱的发展前景，不能以积极的态度去分析事物；而崔女士的态度则是积极的，她更多地从发展的角度看待当前的不景气，所以，她能顶住压力，坚持到成功。而国王也体会了同一件事情不同的解释所收到的不同效果，老太太则因按照哲学家的指导用积极乐观的心态来看待同样的事情而受益。可见在社交生活中，积极的心态对于成功的重要意义。

中国人，尤其是女性多数内敛、羞涩、含蓄，不轻易表达自己的感情或者想法，再加上个性上的弱点，很大程度上使得她们患社交焦虑症的几率增大。而患有社交焦虑症的女性，不得不放弃生活中许多很有意义的事情，小到一次上街购物，带孩子到公园，大到一次事关职位变迁的会议谈判……她们都容易错过！许多人轻而易举就能够办到的事，她们却望而生畏，就像是一个穷人看着橱窗里的珠宝，可望而不可即。社交恐惧，成为束缚她们心灵的桎梏。

社交恐惧症是一种强迫观念较为严重，患病率较高的心理疾病。患者害怕与人交往，对社交感到恐惧。当然，谁都有可能患有某种程度的社交恐惧，但若发展成神经质的症状时，恐惧、痛苦的程度就会非常深，以致于最后拒绝与任何人接触。

成功女人对人待事，不看消极的一面，只取积极的一面。如果摔了一跤，把手摔出血了，她会想：多亏没把胳膊摔断；如果遭了车祸，撞折了一条腿，她会想：大难不死必有后福。她会把每一天都当作新生命的诞生而充满希望，尽管这一天也许有许多麻烦事等着她，她又会把每一天都当作生命的最后一天，倍加珍惜。

美国潜能成功学大师罗宾说："面对人生逆境或困境时所持的信念，远比任何事都来得重要。"这是因为，积极的信念和消极的信念直接影响创业者的成败。

美国成功学者拿破仑·希尔关于心态的意义说过这样一段话："人与人之间只有很小的差异，但是这种很小的差异却造成了巨大的差异！很小的差异就是所具备的心态是积极的还是消极的，巨大的差异就是成功和失败。"是的，一个女人面对失败时所持的心态如何，往往决定她一生的命运好坏。

女人应该保持积极的心态，这样才能在遇到困难的时候勇于面对，充满希望和战胜困难的斗志。消极心态使人沮丧、失望，会对生活和人生充满了抱怨，自我封闭，限制和扼杀自己的潜能。积极的心态创造人生，消极的心态消耗人生。积极的心态是成功的起点，是生命的阳光和雨露，让人的心灵成为一只翱翔的雄鹰。消极的心态是失败的源泉，是生命的慢性杀手，使人受制于自我设置的某种阴影。选择了积极的心态，就等于选择了成功的希望；选择了消极的心态，就注定要走入失败的沼泽。如果你想成功，想把美梦变成现实，就必须摒弃这种扼杀你的潜能、摧毁你的希望的消极心态。

发挥性别优势，做男人做不到的事

人们一般认为，男性理解空间的因子一贯是出色的，在数字、几何、逻辑推理方面，男性表现比较突出，而女性一贯优越的是语言因子。女性语言表达比男性发育早，在语言的流畅性、叙述文的长度、语法、造句、阅读能力等方面，也是女性较为出色。同样条件、同样年龄的小孩，女性在词汇积累方面比男性强。一般女性比男性口齿要伶俐，在听觉上，女性比男性灵敏，女性对色彩、声音等方面的敏感度比男性高40%左右，所以在沟通能力方面，女性占有明显的优势。

日常生活中，人们对待男性和女性的态度和要求存在很大差异，而且将这种认识加诸于几乎所有人身上。一般认为男性应该坚强、勇敢，有事业心，雄心勃勃，而女性应该温柔、细腻、依赖、善解人意。女性要和男性平等竞争，必须以男性标准为榜样，向男性学习，而社会上对于女性向男性学习总是持宽容和鼓励态度，但对于男性向女性学习却持鄙夷和轻视态度，这原本是一个男性文化占统治地位的性别不平等现象，但在客观上却为女性优化自己的性别结构提供了广阔的空间。

社会中普遍存在的"男尊女卑"、"男强女弱"、"男主外、女主内"现象并非由于人们的生理性别所决定，而是后天社会化的结果。然而，从生物学角度来看，两性的性别差异却是一个永恒的存在。关键是，两性的生物学差异对于社会性别的形成到底有多大的影响？在知识经济社会，男女之间的体能差异以及由于男女生理构造及功能的不同所引起的其他差异会不会继续成为女性发展的障碍？这是一个摆在妇女研究学者面前的非常具有现实意义的重要课题。

"男强女弱"一直是我们社会中一个根深蒂固的观念。然而，近年来，越来越多的研究结果表明，女性在许多领域都有独特的性别优势。在未来的社会中，女性将越来越多地发挥出其在管理中的性别优势，从而形成女性独特的管理模式并获得更大的成功。

女性的优势在于处理一些棘手的问题时可以软硬兼施，不仅可以凭借自己柔弱的一面打动对方，还可以靠强硬的一面来应对。而对于男性来说，大多数人接受不了男性柔弱的一面，因此，在这方面，女性具有相对的优势。

洛杉矶加州大学分析过去10年男女比赛成绩后，大胆预测，到了21世纪中叶，在短距离赛跑中，女人可跑得和男人一样快。他们的依据是，自1955年以来，女子马拉松成绩提高60%，而男性只提高了18%，在田径比赛方面，女子提高的速率是男子的两到三倍。英国谢菲尔德学院运动医学和训练学的主任汤姆·克瑞认为，近5至10年，随着女性的独立意识增强，她们有了效仿的榜样和目标，男女之间的差距正在逐步缩小。专家预计三级跳和马拉松将在2020年左右，万米长跑和400米游泳将在2040年左右，女子运动员的成绩将超过男子。事实上，在游泳、马拉松方面，澳大利亚的雪莉·泰勒·史密斯已做到了这点。

运动科学家梅莉莎·圣·乔治认为女子在单纯力量方面的运动项目中永远不会超过男子，但是在要求耐力与技巧的项目上，女子往往有更大的优势。一个例子就是撑杆跳，1984年至1997年间，女子纪录从3.59米提高到了4.5米，而男子仅仅是从5.94米提高到了6.14米。格拉斯哥大学运动心理学家南提·穆瑞博士认为，现在男女运动员在训练条件、机会等方面差距已经很小，但女运动员更聪明，她们更会利用运动心理学、运动科学、营养学等方面来提高成绩。

由此看来，在运动方面，男女的差异可以通过不断的训练来消除，那么，在日常生活中或在职场上，女子该如何发挥自己的优势呢？

经济领域，向来被认为是女性参与最广泛，同时对女性的影响最直接的一个重要领域。由于社会给女性的发展提供了广阔的空间，因而女性的优势和潜能似乎也发挥得更加充分。

在1991年美国新建的企业中，到1995年，只有66.6%的企业存活下来，而由女老板掌管的企业生存率却达到了72.2%。根据美国中小企业管理局的调查，由女性做主的企业是美国经济中增长最快的。许多州的女企业家占了绝大多数，例如在阿拉斯加，比例就高达84%。女性掌管了500多万家的工商企业，所创造的就业机会比《幸福》杂志评出的500家大公司所创造的机会还要多。1980年—1988年，美国企业家总数增加了56%，女性企业家增长82%。同一时期，企业收入共增加56%，但女性企业的收入却猛增到129%。女性在商界的杰出表现，还可由美国众院中小企业委员会的一项报告看出：女性企业失败的比例小于1/4，而整体美国企业却有4/5是失败的。

Chapter 2

学会低调做人，莫招别人妒忌

水经常被人们用来形容女人。水是世界上最柔弱的东西，静静流淌，放在圆的容器中则圆，放在方的容器中则方，但是滴水可以穿石，当水积聚到一定程度，再大的岩石都可以冲走。所以像水一样做低调女人，高调生活，总会对自己有好处的。

低调做人既是一种策略，也是一种姿态，更是一种风度、一种胸襟。在万丈红尘中，低调的人始终以平和的心态来看待世间的功利得失，且能宠辱不惊、贫贱不移。低调是厚积薄发的原动力，低头是触底反弹的发力点。低处不代表低人一等，而是一种认真和专注，是自我反省的智慧锦囊和一飞冲天的胜利之剑。世事洞明皆学问，人情练达即文章。

为什么我不犯人，人却犯我

有些女人，有时候会觉得自己什么都不怕，什么都可以做，总是把事情想像得很美妙，结果却跌得很惨，也时常宽慰自己，人嘛，犯错误是正常的。然而凡事过犹不及，如果把握不好这个度，还不如低调呢。面对物欲横流的世界，做女人难，做一个低调女人更难，难于从躁动的情绪和欲望中稳定心态。这是一种修为，是一种对人生的理解，必须把自己调整到以一个合理的心态去踏踏实实做人。当然这其中包含了很多值得人们好好品味的内容。

女人，在姿态上要低调，"大智若愚，实乃养晦之术"。在时机尚未成熟时，一定要挺住；在毛羽不丰时，要懂得让步，所谓"高处不胜寒"。低调还体现在心态上，"满招损，谦受益"，不要过于骄傲，不要盛气凌人，要知道谦逊会使人不断地努力从而走向成功。《红楼梦》中的王熙凤"机关算尽太聪明"，乐极生悲。王熙凤就败在行为上过于高调，"才大不可气粗，居高不可自傲"，做人不能太精明。还有很多女人嘴上不饶人，言辞上的低调是免于揭人伤疤、伤害他人自尊的前提，得意而不要忘形，莫逞一时口头之快，要知道祸从口出，没必要自惹麻烦。

低调做人，不是指奴颜婢膝，低声下气，而是指要始终把自己当成普通一分子，使自身融入到大众中去，融入到社会中去，不自命不凡，不追名逐利，为人处世不张扬。高调生活，也不是指居高自傲，高人一等，而是说精神境界要高，综合素质要高，见解见识要高，品位要高，不庸俗。

没有人不期望自己有更好的生活品质，没有人不期望自己有更多朋友，没有人不期望自己成就更多事业，没有人不期望自己得到更多尊重。

高调生活，就是要志存高远，追求人生目标与精神的高尚，锲而不舍，在奔向成功的道路上不断前进。心动不如行动，拥有梦想就要去行动，要相信自己的潜在优势，犹豫不决的人将一事无成。要乐观，要时常给自己希望，保持向上的激情，别让借口"吃掉"你的希望，要相信，丑小鸭也能变成白天鹅，坚定生活的信念，把挫折当成垫脚石，对生活充满热情。另外，"细节决定成败"，注重细节，用心做事，对待任何事情，即使是小事也要倾注全部热情。

学开车的人，总是想把自己开车的水平练得越来越好，以少发生一些事故。可是很多时候，并不是你不去碰别人的车就行了，还要避免一些水平不高的司机与你亲密接触。这却不是自己所能控制的了。就好像你本不想去闹事，可是偏偏有人因种种原因，非要找上你来，与你分个高下一般。你本来与人为善，可是却总有人将你视为敌人，处处都要为难你。你经过自己努力奋斗，取得一定成绩，比别人站得高一点，可是总有人要过来进行一番讽刺中伤。

有一个故事是这么说的：一个将来要继承王位的王子到一军事学校去学习，过一段时间，却哭诉说有许多同学经常踢他的屁股，他不知是什么原因。经过了解，原来那些将来也许会成为军官的同学们，只是为了在王子继承王位后，自己与人交往时，可以向人吹嘘说，自己曾经踢过国王的屁股呢？向一个出色的人进行攻击，常常可以显得自己是多么伟大。因为人们总是认为，一个人的对手强大，则这个人也变得强大起来。

这样看来，当你足够优秀时，也许会常常经历"我不犯人，人却犯我"的事情，经常会有人攻击、中伤你。面对这些，且先不去管这些言论做法是否正确，而应坦然接受这些事实。其实反过来想，评论你的人多，则表明你被人关注得也多。而一个无所作为的人，是没有多少人愿意去理他的；一个对他人不能构成威胁的人，人们也懒得去想方设法打倒他。

女人的生活中也时常会有这样的"我不犯人，人却犯我"的情况出现。人们常常用柔情似水来形容女人，水是世界上最柔弱的东西，静静流淌，放在圆的容器中则圆，放在方的容器中则方，但是滴水却可以穿石，当水积聚到一定程度，再大的岩石都可以冲走。做低调女人，高调生活，总会对自己有好处的。

女人，恭谦礼让是你的社交工具

气质是与生俱来的，也是每个人都独有的潜在特质。要划分气质的种类，大体可以说成冷和热两种。有的人奔放豪迈，个性随和；而有的人温婉冷俊，个性低调。

女人，谦卑礼让是你的社交工具。现代社会中，这些光鲜亮丽的女明星能做到这一点，日常生活中的我们也要时刻将谦卑记心中。

一个人要想孤立自己并不难，只要自视高人一等就足以奏效。而谦卑礼让，低调做人，意味着你必须丢掉一些东西，比如身份感、优越感、尊贵感、荣耀感等。

电视剧《宰相刘罗锅》中有一段写实很值得人们玩味和思考。

彼时，官道上缓缓驰来两头毛驴，驴后还跟着一个人。众人正收拾东西，谁也没在意。那两头驴竟下了官道，向接官亭驰来。捕快朱文一见，提着水火棍怒喝道："呔，骑驴的瞎眼了，这是接官亭！再往前走，小心把驴腿打折了。"

不料，前面的骑驴人哈哈一笑，说道："我就是奔接官亭而来的！"

朱文一怔，仔细打量来人，前边这位，四五十岁模样，瘦巴巴的，虽然穿着长衫，却是一身的寒酸相，至多是个小行商。后边的那位，倒是年轻，却是一身仆人打扮，低眉顺眼，一看就知道是做奴仆的。最后那位步行者显然是个赶脚的，脸上布满灰尘，被汗水一冲，横一道，竖一道，像个唱花脸的。

朱文大怒："大胆刁民，竟敢来接官亭胡闹，不怕吃板子吗！"

他话音未落，后面骑驴的年轻人赶到面前问道："你们在此接迎的是哪位官人？"

"是从安徽调来的新任江宁知府刘大人。"

"前面这位正是你们要等的刘大人。"年轻人喊道。

"胡说！"朱文举起水火棍要打人，骂道："刘大人乃是朝廷命官，一定是八面威风，哪有骑驴上任的？你们敢冒充朝廷官员，不是找打吗？"

这时，赵武等人也围了上来。毕竟是捕头，赵武比朱文稳重一点儿，听对方出语不凡，便仔仔细细地围着两人看了一遍，见那位四十多岁的主子后背隆起，正是刘罗锅。

刘墉下驴的第一句话是："张成，可别忘了给人赶驴的脚钱。"

接官亭的人在此恭候的目的一是接刘墉，二就是要按惯例吃一顿，经过寒暄，这些人就请刘墉进了饭馆。

刘墉深知众意，轻松地一笑说："列位放心，贱内深知本府的肠胃，早就准备着呢，张成，把咱们的干粮拿来。"

张成在外厅与众差役一席，正要享用美食，听到老爷叫他，赶紧将行囊里的干粮拿了出来，往刘墉跟前一放，说："老爷，给您搁在这儿呢！"

刘墉说："张成，你也喜欢吃咱们山东的煎饼卷臭豆腐是不？去，叫伙计上两碗热粥，咱父儿俩陪诸位大人开宴。"

张成一听，老爷要琢磨什么，放着山珍海味不吃，偏要吃这掉渣的煎饼卷豆腐，不馋人嘛，可是他不能不听命，转身又出去了。

不多会儿，店伙计送上两碗热粥。刘墉向众人抱歉地一笑，说："我就是这个德性！"

这样的德性是什么呢？显然就是低调做人。

拥有此等品行，对这位高高在上的刘大人来说十分难能可贵。在众人面前主动放下自己的架子，平息自己的威风，这样一来也就很自然把自己的身价与大家扯平了。人们无不感受到他的平易与随和，从而为他后来顺利打开陌生环境中的交际之门创造了很好的条件。

这样的事例告诉女人们，谦卑的处事态度、低调的做事方式终究会使你受益匪浅的。

锋芒外露，你将危机四伏

女人应该意识到，不要完全暴露自己。过于敢作敢当的性格会使自己处于不利位置，甚至危机四伏。不完全暴露自己的哲学道理在中国古代众多博学人士就已经探讨过。

孔子年轻的时候，曾经拜老子为师请教学问。在谈到怎样为人处世时，老子说过一句话："良贾深藏若虚，君子盛德，容貌若愚。"这句话的意思是：善于做生意的人，总是把珍贵的宝货隐藏起来，不让人轻易看到；有修养、品德高尚的人，往往表面上显得很愚笨。

真正有大成就者、成大事业者，无不是虚心好学的人。他们知道"人外有人，山外有山"，能意识到自身有很大的不足，并以谦虚低调的心态去面对每一件事情、每一个人。

低调是一种美德。一个真正低调、谦虚的人即使在成功的时候，也知道强中自有强中手。无论你现在多么优秀，事业多么成功，一定还有比你更优秀、比你更成功的人。女人，当你真正的学会低调处事的时候，你将会比现在更成功，更有魅力。

《三国演义》里讲过这样一个故事：

曹操对刘备一向存有戒心，害怕他将来会对自己不利，因而想设法除掉他。可是，曹操却无法肯定这一点，他也不想因"误杀好人"而轻易背上骂名。在左思右想、拿不定主意的情况下，曹操决定试探一下刘备是不是真的具有威胁性。

一天，他在府中设宴款待刘备。席间，曹操装作毫不在意地对刘备说："当今天下能够配得上称为英雄的人，就只有你和我两个了。至于袁绍、袁术、刘表等封疆大吏、一方诸侯，别看他们表面很风光，实际上是不值一提的草包。"

刘备正在夹菜，听到这句话时不禁心中一惊，吓得把筷子都掉到地上了。

恰在此时，天空中响了一声雷。刘备赶忙乘机对曹操说："雷声把我吓了一大跳，筷子都没能拿住。实在让我害怕呀！"

曹操本想借品评天下人物的话题来试探刘备是否具有英雄气概，将来是否会成为自己的心腹大患，但他没有想到，刘备竟这样"怯弱无能"，于是就从内心里看轻刘备了。因此，曹操便打消了除掉刘备的念头。

事实证明，曹操没有除掉刘备而后悔莫及，刘备因成功地隐藏自己而免去了杀身之祸。

这样的道理戴高乐将军也十分明白。他曾经说过一句发人深省的话："仆人眼里无伟人。"正因如此，所以他把保持"神秘感"作为自己担当领袖必须遵循的一个信条，而且竭尽全力地做到这一点。

事实上，假如一个人能被人一眼就看穿，让人一览无余的话，不仅难以受到别人尊重，而且还会因此而使别人更加小心防范，甚至陷自己于危险的境地。

如果你能巧妙地掩藏自己，不让别人轻易看透，那么，别人就会对你放松戒备，或是不敢对你轻易下手出招。这样，你就能更好地保护自己，获得更多、更好的机会。

过分地张扬自己，就会经受更多的风吹雨打，暴露在外的橡子自然要先腐烂。一个女人在社会上，如果不合时宜地过分张扬、卖弄，那么不管多么优秀，都难免会遭到各种明打击和暗算计。

控制情绪，喜怒哀乐要深藏心中

学会控制情绪是我们成功和快乐的要诀。如果你发起脾气，对人家说出一两句不中听的话，你会有一种发泄感。但对方呢？他会分享你的痛快吗？你那火药味的口气、敌视的态度，能使对方赞同你吗？

性格的力量包含两个方面——意志的力量和自控的力量。它的存在有两个前提——强烈的情感以及对自己情感的坚定掌控。善于控制自己情绪的人，比较善于驾驭人生。让我们努力提高这方面的能力，以及时、迅速、有力地赶走坏脾气。

弱者任由思绪控制行为，强者用行为有力地控制思绪。每天清晨醒来，假如你被悲伤、自怜、失败的情绪包围，那就如此与之对抗：沮丧时，你引吭高歌；悲伤时，你开怀大笑；病痛时，你适时娱乐；恐惧时，你勇往直前；自卑时，你换上新装；不安时，你提高嗓音；穷困潦倒时，你想象未来的财富；力不从心时，你回想过去的成功；自轻自贱时，你注视自己的目标。

人们总是说，要谦虚，不要炫耀自己，的确，水满则溢，月盈则缺。做人，一定要低调，学会了低调，也就是真正学会了把握事物的度，才能够控制自己的情绪。

美国政界的选举通常十分谨慎，因为关乎国家人民的重大利益，因而选民在投票给其中一位候选人时通常会考虑到很多方面。下面这个有趣的故事就是告诉大家学会控制情绪的重要性。

某个政党有位刚刚崭露头角的候选人，被人引荐到一位资深的政界要人那里，希望这位政界要人能告诉他一些在政治上取得成功的经验，以及如何获得选票。

为了考核候选者，这位资深的政界人士有一个好办法，他说："不论我说什么话，你都不能打断我，否则要罚款5美元。"

候选人想，这么简单的要求，当然能做到。于是，他一口答应。

"很好。第一条是，对你听到的对自己的诋毁或者污蔑，一定不要感到愤怒。随时都要注意这一点。"

"噢，我能做到。不管人们说我什么，我都不会生气。我对别人的话毫不在意。"

"很好，这是我经验的第一条。但是，坦白地说，我是不愿意你这样一个不道德的流氓当选的……"

"先生，你怎么能……"

"请付5美元。"

"哦！啊！这只是一个教训，对不对？"

"哦，是的，这是一个教训。但是，实际上也是我的看法……"资深政客轻蔑地说。

"你怎么能这么说……"新人似乎要发怒了。

"请付5美元。"

"哦！啊！"他气急败坏地说，"这又是一个教训。你的10美元赚得也太容易了。"

"没错，10美元。你是否先付清钱，然后我们再继续谈？因为，谁都知道，你有不讲信用和喜欢赖账的'美名'……"

"你这个可恶的家伙！"年轻人发怒了。

"请付5美元。"

"啊！又一个教训。噢，我最好试着控制自己的脾气。"

"好，收回前面的话。当然，我的意思并不是这样，我认为你是一个值得尊敬的人物，因为考虑到你低贱的家庭出身，又有那样一个声名狼藉的父亲……"

"你才是个声名狼藉的恶棍！"

"请付5美元。"

现在，这个年轻人用高昂的学费学会了控制情绪的一课，可想而知，他一定会记忆深刻的。然后，那个政界人士说："现在，就不是5美元的问题了。你要记住，你每发一次火或者对自己所受的侮辱而生气时，至少会因此而失去一张选票。对你来说，选票可比银行的钞票值钱得多。"

一旦你控制了自己的情绪，你就主宰了自己的命运，也就能够成为成功人士。一般人们认为，快乐、愤怒、恐惧和悲哀是人类四种最基本的情绪。这些情绪与人的本能需要紧密相联，是不需刻意学习就能表现出来的，通常还具有高度的紧张性。情绪上的长期紧张和焦虑通常会降低人体抵抗细菌和其他引发疾病因素的能力，特别是气愤和懊恼的情绪更是引起很多疾病的主要原因。"笑一笑，十年少；愁一愁，白了头"，就形象生动地说明了情绪与健康的利害关系。

露出"软弱"一面，博取对方同情

女人是水，常常给人以柔弱的印象。但是，现在我们越来越发现，很多女人常常隐藏自己的柔弱面，而表现得很强势，要让周围的人称其为"女强人"。仔细想想，真正的强者只是口头上的吗？女人，何不趋利避害，露出自己"软弱"的一面，或许略微博取一点对方的同情，才是社交的上上之选呢。

古人说上善若水，大凡有修养的人做人处事都很谦卑！

女人在走入社会前，就应该做好充分的心理准备。在陌生的环境里，对很多事情都知之甚少，需要时刻请教别人，如果这时候没有虚心、耐心，恐怕要吃大亏。如果一不小心，犯了错误，更容易招致他人不满，被同事埋怨，被领导批评。甚至有时候明明不是自己的错，可领导却认为是你的责任。这时候如果自命不凡或者火气太大，就容易引起争执，影响彼此间的关系，也会使自己的工作难以开展。

面对这种种无奈，女性可以露出"软弱"的一面，来博得对方的同情，并争取对方的原谅，从而"山穷水复疑无路，柳暗花明又一村"。

在双方交谈尚未开宗明义之前，来一个巧妙的娱乐幽默，使对方处于欢乐情绪之中，就像刘姥姥一进大观园那样，首先给被请求方以轻松感，然后再侧面谈及农家之苦，把对方的骄傲情绪和同情心调动起来，他们自然乐于施舍了。利用自我解嘲的幽默，可生动地暗示自己的处境，唤起被求助方的同情。

一个人向他的朋友抱怨："我愈来愈老了。"

"当然，"朋友安慰他，"你看起来仍和从前一样年轻。"

"不，我不年轻了。"他坚持说，"过去总有人问我：'为什么你还不结婚？'而现在他们问：'你当年怎么会不结婚的呢？'"

朋友在被他的幽默逗笑的同时，也不免会为他年华逝去却还没有成家而同情他。要获得他人的同情，我们要首先脱掉虚伪的外衣，真诚地表露自己。而幽默能帮助我们移去障碍和欺骗。有时候，在大庭广众之下，我们会犯一些小错误，闹一些小笑话，这时候，就可以用幽默帮助我们表达真诚，来解除大家的嘲弄。

女人，不要将"软弱"视为一种缺点和弊端，合理地运用，"软弱"不仅可以帮助你处理棘手的社交问题，而且，还会给人留下良好的印象。看似是缺点，实则是女人的优势和社交中的巧妙计策。适时地露出"软弱"的一面,博取对方的同情,这样在对方看来也是给对方足够的面子,从而使事情更好处理。女人,如果一味的强硬或是太过于耿直,对方即使想出手帮忙,可能也会碍于面子而袖手旁观。

守林人在林中抓到了一个狩猎者。"你在干什么?"守林人声色俱厉地问道,"春天这里是严禁狩猎的,你难道不知道吗?"

"这我知道,"狩猎者说,"可我实在是因为遇到了一件不幸的事,想来这里自杀的。只是因为开枪时手抖得很厉害,不知怎么,子弹竟误落到了野鸭身上。"

狩猎者在偷偷狩猎的时候,恰好被守林人撞见。狩猎者明白自己做的事情不对,为争取守林人的谅解,他采用了温和、软弱的说话方式。

女人在处理社交问题时,有时觉得根本无从下手,那何不学习一下这位狩猎人,改变策略,从"软弱"的口气入手,从而打动对方,博得同情和认可。

大智若愚才是聪明之举

与人相处,稍有点处理不当,就会招致不少麻烦。轻则,工作不愉快;重则,影响职业生涯。在当今社会,主张的是个性张扬、才华外露,这固然是人性解放、社会发展的表现。但很多时候,为了未来的发展前途,我们更应该暂时收敛一下自己的锋芒,适当地放低一下自己的姿态。女人,在面对纷繁复杂的事情时,不要一味的硬碰硬,有时候装傻不失为一种聪明之举。

"难得糊涂"历来被推崇为高明的处世之道。懂得装傻,并非是真傻,而是大智若愚。做人切忌恃才自傲,不知饶人。锋芒太露易遭嫉恨,更容易树敌。

美国开国元勋之一的富兰克林年轻时,去一位老前辈的家中做客,昂首挺胸走进一座低矮的小茅屋,一进门,"嘭"的一声,他的额头撞在门框上,青肿了一大块。老前辈笑着出来迎接说:"很痛吧?你知道吗?这是你今天来拜访我最大的收获。一个人要想洞明世事,练达人情,就必须时刻记住低头。"富兰克林记住了,也就成功了。

古典小说《红楼梦》中有一段这样的故事:元春省亲与众人共叙同乐之时,制一灯谜,令宝玉及众裙钗粉黛们去猜。黛玉、湘云一干人等一猜就中,眉宇之间甚为不屑,而宝钗对这"并无甚新奇","一见就猜着"的谜语,却"口中少不得称赞,只说难猜,故意寻思"。有专家们一语破"的":此谓之"装愚守拙",因其颇合贾府当权者"女子无才便是德"之训,实为"好风凭借力,送我上青云"之高招。读之而想,不由拍案:薛宝钗的"装傻"谋略实在令人佩服,其待人接物极有讲究,且善于从小事做起,都是值得当代女性学习的地方。

在政治风云中,有时当危险将要落到自己头上时,通过装傻弄呆,还可以达到逃避危难、保全自身的目的。我国古代著名的军事家孙膑,遭到庞涓暗算后,身陷绝境。然而孙膑不向恶势力妥协,他决定佯狂诈疯,以懈庞涓的警惕之心,然后再图逃脱之计。一天庞涓派人送晚餐给孙膑吃，只见孙膑正准备拿筷子时，忽然昏厥，一会儿又呕吐起来，接着发怒，张大眼睛乱叫不止。庞涓接到报告后亲自来查看，只见孙膑痰涎满面，伏在地上大笑不止。过了一会儿，又嚎啕大哭，庞涓非常狡猾，为了考察孙膑狂疯的真假，命令左右将他拖到猪圈中，孙膑披发覆面，就势倒卧猪粪污水里。此后庞涓虽然半信半疑，但对孙膑的看管比以前大大地松懈了。孙膑也终日狂言诞语，一会儿哭一会儿笑，白天混迹于市井，晚上仍然回到猪圈之中。过了一段时间，庞涓终于相信孙膑真的疯了，这才使孙膑不久得以逃出魏国。

"装傻"不仅是古代人在处理问题时经常采取的策略，也是在现代国际外交方面的有效战略。在一次联合国会议休息时，一位发达国家外交官问一位非洲国家大使："贵国的死亡率一定不低吧？"非洲大使答道："跟贵国一样，每人死一次。"

外交官问话是对整个国家而言，对非洲的落后存在挑衅，大使并不理会其问话的要害点，故意将死亡率针对每个人，颇具匠心地回答，起到别样的幽默效果。

这样的装傻幽默既有效地回敬了外交官的傲慢，又维护了本国尊严。

答非所问讲究机巧，抓住表面上某种形式上的关联，不留痕迹地闪避实质层面，有意识地中断对话逻辑的连续性，寻求异军突起的表达，旨在另起新灶，跳出被动局面的困扰。

有个爱缠人的先生盯着小仲马问："您最近在做些什么？"

小仲马平静地答道："难道您没看见？我正在蓄络腮胡子。"

胡子是自然而然长的，小仲马故意把它当作极重要的事情，显然与问话目的不相符合。小仲马表面上好像是在回答那先生，其实并没给他什么有用信息。小仲马自然是懂得对方问话意思的，但他偏要答非所问，用幽默暗示那人：不要再继续纠缠。

生活中，女人不要总是太"精明"，若能"装傻"惹得对方疼惜怜爱，不是更胜一筹的"精明"吗？适当的"装傻"处事不仅给对方适当的余地，对自己也绝对是没有损失的。长此以往，与他人的交往就会更加自在自如。

闭口不谈得意事，只字不提光荣史

一个初出茅庐的女孩，将全世界作为自己的梦想，在别人踌躇犹豫时，她已踏遍四个大洲。她的成长过程是游学与经历的过程。

这个女孩曾经作为一名导游带团游历了几乎整个中国，这种奔波在外的生活大大开阔了她的眼界，磨砺了她的性格，于是，到大千世界去闯荡一下成了她心中默默的夙愿。借着一次到法国出国考察的机会，女孩终于圆了自己踏出国门的梦想。自此之后，一个怀揣梦想、身背行囊的中国女孩便开始了领略全世界的征程。在多年的走走停停中，她感到世界各地的文明与传统大相径庭，对美的崇敬却是相通的。"人们的感情如此相似，无论生活方式多么不同，都懂得向美好致敬。因此，我必须从事美的事业。"

在1993年，欧莱雅在中国的筹备之初，女孩便被招入麾下。1997年香港回归后，她来到上海担任欧莱雅中国公司对外交流及公共关系部总监。粗粗一算，十几年的光阴一晃而过，而她几乎是欧莱雅中国公司中工龄最长的员工。

女孩从一般助理开始做起，经历了公司创业阶段天旋地转的忙碌。欧莱雅在中国一天天成长壮大，而她的血液中也融入了整个欧莱雅的精神。"我是一步一步走到现在的。"她只是简单地概括了对事业的全情投入，"认真地从人生经验中获得积累，除此以外，没有其他任何捷径。"

一个人们眼中的女强人，在描述自己的成功之路的时候是那么的平静，并没有任何的骄傲之情，只是低调简单地向人们展示了成功是平时一点一滴积累的结果。正所谓不积跬步无以至千里，不积小流无以成江海。闭口不谈得意事，也从没听她说过自己光荣的过去。

在她办公桌上，一张与法国总统希拉克的合照十分引人注目。照片中，她挽起长发，俨然一位美丽的东方女子，抬起手，向总统先生讲述着什么。而总统则全神贯注地倾听。

对瑰丽往事女孩总是尽量地一带而过，所有别人口中的惊叹、艳羡，在她那里都平淡如水。唯有细节的感动最为持久，也更加真切。

女人，不一定非要炫耀自己的得意事，炫耀会减弱人们对你的欣赏程度，甚至还会适得其反。低调的生活才会得到欣赏的眼光，只字不谈光荣史也是向前看的积极表现。

在任何时候目中无人、高高在上的人都不能得到他人喜欢。搭建关系最重要的一点，就是要学会谦虚，也就是学会尊重他人。

年轻时候的富兰克林，非常的骄傲自大，而且言行简直就是不可一世，无论到哪都显得咄咄逼人。造成他这个坏脾气的最大原因是他的父亲对他太纵容了，对他的这种行为从不训斥。倒是他父亲的一位挚友看不下去了，有一天，把他叫到面前，用很温和的语气对他说："富兰克林，你想想看，你不肯尊重他人意见，事事都自以为是的行为，结果将使你怎样呢？人家受了你几次这种难堪后，谁也不愿意再听你那骄傲的言论。你的朋友们也会远远地避开你，免得他们会受你一肚子的冤枉气，如果你还这样下去，那么你从此就不能交到好朋友，你也不能从他人那里获得一点知识了。再说你现在所知道的事情才是那么一点点，很有限，这样是不行的。"

听了这一番话后富兰克林大受感触，他也看清楚了自己过去的错误，决定从此要痛改前非，在处事待人的时候处处都改用研究的态度，言行也变得谦恭了，时时慎防有损别人的尊严。不久后，他便从一个受人鄙视、拒绝与之交往的自负者，变成了一个到处受人欢迎的人际交往高手，并且他从朋友那里学到了很多以前不曾学到的知识与经验，使他的能力与素质不断地增强。靠着自我修养的提高与丰富的人际关系资源,他成为了美国一位伟大的领袖。

试想如果富兰克林没有接受他人意见改变自己的毛病,仍然是一意孤行,说起话来还是不分大小,不把他人放在眼里,那么他的结果一定不堪设想。

在我国古代东汉初时,名将冯异在建立东汉王朝的战争中屡立功勋,然而他在每次战争后,总独自躲在大树下,而不像其他人那样,聚在一处争说自己的功劳,因而赢得了"磁树将军"的美称。南朝梁时的开国良将冯道根,在梁武帝最初举兵时,受命为先锋,立了大功。每次征伐取得胜利之后,他从不自吹自擂。梁国的宰相沈约对梁武帝称赞冯道根说:"此陛下之大树将军也!"功劳是客观存在的,别人抹杀不掉,自己的吹嘘也终是徒劳。

那些不断夸大自己成功的人,往往因为恃才傲物,或是受到别人排挤,或是因自大而放松了对自己的要求,小看了对手,最终落得个失败的结果。只有那些继承了谦虚美德的人才能"赢得生前身后名",为人所津津乐道。美国南北战争时期就有这样的一个例子。

当时,北军格兰特将军和南军李将军率部交锋,经过了一场激战后,南军溃不成军,李将军也被迫受审,签订降约。然而格兰特将军在这次胜利后,很谦恭地说:"李将军是一位很值得我们敬佩的人物。他虽然战败了,但是他的态度仍旧是那么镇定。他仍旧是穿着全新的、完整的那套军服,腰间还佩着政府奖赐他的名贵宝剑;而我却远远的比不上他呀。"他还说他能取得这次战争的胜利,都是因为偶然的机会造成的。"我们能够取得这次胜利是因为我们运气好,当时敌方军队在佛吉尼亚,几乎天天都遇到阴雨,害得他们不得不陷在泥泞中进行作战。然而,我们所到之处,几乎每天都是好天气,非常方便我们行军,我们就是因为幸运才取得胜利的。"

这些谦虚的话,要比自吹自擂好得多。一个真正深通人际关系的人,是不会自我吹嘘、自我炫耀的,你所取得的成绩,别人比你看得更清楚。

女人,尤其应该注意,如果因为自己取得一点点小成绩,就把它当作一桩了不得的大事情而得意忘形,那么非但得不到人们的称赞,反而会给人留下哗众取宠的坏印象。

淡化别人评论,坚守自己原则

我们常常被别人的评论所左右,因别人的言语而苦恼,其实,大可不必。每个人都有自己的生活方式,我们不必为没有得到理解而遗憾叹惜。

有这么一个故事:白云守端禅师有一次和他的师父杨岐方会禅师对坐,杨岐问:"听说你从前的师父茶陵郁和尚大悟时说了一首偈,你还记得吗?"

"记得,记得。"白云答道:"那首偈是'我有明珠一颗,久被尘劳关锁,一朝尘尽光生,照破山河星朵'"语气中免不了有几分得意。杨岐一听,大笑数声,一言不发地走了。白云怔在当场，不知道师父为什么笑，心里很愁烦，整天都在思索师父的笑，怎么也找不出他大笑的原因。一天晚上，他辗转反侧，怎么也睡不着，第二天实在忍不住了，大清早去问师父为什么笑。杨岐禅师笑得更开心了，对着因失眠而眼眶发黑的弟子说："原来你还比不上一个小丑，小丑不怕人笑，你却怕人笑。"白云听了，豁然开朗。是啊，只要自己没有错误，笑又何妨呢？

很多时候我们就是陷于别人给我们的评论之中。别人的语气、眼神、手势……都可能搅扰我们的心，削弱我们往前迈进的勇气，白白损失了做个自由快乐的人的权利。

还有这样一个故事，有一个小和尚非常苦恼沮丧，禅师问他何故，他回答："东街的大伯称我为大师；西巷的大婶骂我是秃驴；张家的阿哥赞我清心寡欲，四大皆空；李家的小姐却指责我色胆包天，凡心未了。究竟我算什么呢？"禅师笑而不语，指指身边的一块石头，又拿起面前的一盆花。小和尚恍然大悟。

其实，禅师的笑而不语，正是一语道破了生命的本义。石块就是石块，花朵就是花朵，自己就是自己，根本不必因为别人的说三道四而烦恼，别人说的，由得别人去说，那只是别人的看法而已。

女人，不要过于在意他人对自己的评论，认识自己、了解自己，坚持自己的原则和低调的生活态度即可。

要知道，嘴长在别人身上，你若想要别人在你背后闭嘴不谈论你，除非你是隐形人，或者你和大家都没有利害关系和冲突。事实上这是不可能实现的。那么，你唯一能做的，就是不要理会这些"酸风醋雨"。如果你在意它们，它们就会渗入你的身体，折磨你的神经，腐蚀你的信心，将你改造成一只畏头畏尾的惊弓之鸟。

可见，当别人对你的所作所为蜚短流长时，最好的方法，就是抱着"有则改之，无则加勉"的心态。如果你没有做错事，那么就挺起胸膛，勇敢地面对众人挑剔的目光吧。相信一句老话："时间能证明一切。"你的所作所为终究会代替不实的传言，从而在别人心中塑造出你真正的形象。

Chapter 3

事事趋利避害，时时扬长避短

女人似水，上善若水。女人的天性更易以柔克刚，以优雅的风范赢得成功。有大智慧的人不争一时之长短，意气用事的人常为眼前得失断了后路。

每个女人都有自己的优点和长处，也有自己的弱点和不足。扬长避短，能屈能伸之人能够审时度势，能够根据实际情况的变化保持必要的弹性和韧劲，拥有容人容事的度量和大处着眼、不拘小节的胸怀。在与人合作时，他们可以放弃争强好胜的心理，能够谦虚与自强兼重，减少与他人摩擦、实现资源与能力的互补；在与人竞争时，他们能够做到"知己知彼"，并能够在充分衡量双方力量对比的前提下最大限度地以己之长，克敌之短，还懂得在敌我力量悬殊的情况下克制情绪、蓄积力量，等时机成熟时再谋大业。这样的女人，能时刻保持最佳状态，趋利避害，在社交中做到游刃有余。

小人，要谨慎提防，更要灵活应对

女人在社会中生活，避免不了与人交往，有的是为工作，有的是为友情，还有的是为了生活，良友犹如益师，而损友则会让人走上歧途，在我们生活的缤纷世界里存在着形形色色的人群，有些人是断然不能交往的，并且要谨慎提防，灵活应对。

喜欢搬弄事非的人。这种人极端自私，喜欢按照自己的喜恶标准和个人利益来判断事物的好坏，这种人特别喜欢把道听途说的事情进行添油加醋地加工后到处传说，虽说有的人并不是存心想与你为敌，可他们的心里藏不住东西，总是会情不自禁地到处说道，因此，谁都不喜欢和这种喜欢搬弄是非的人做知心朋友，他们会把聊天时涉及到需要保密的信息自觉或不自觉的曝光在大众面前，让你万分无奈。这种人在工作上很不适合作为重要岗位的人选，因为，这种人的破坏能量往往会超过你的想象。

刺探别人隐私的人。这类人的行为大致可以分为善意的和恶意的两种。善意的人往往也不知道要保护别人隐私的基本道德，看到了、听到了就随口一说，不知道事情的严重后果。而恶意者往往会在别人不经意间收集或刺探别人的隐私，这一类人喜欢挖掘别人的隐私以供自己向他人炫耀，显示自己的能力，抬高自己的身价。其实，这些都是徒劳，而且久而久之人们自然会了解内情。

善于阳奉阴违的人。这种人是"当面一套背后一套"，当着你的面可以把你捧上天，而背着你又会把你说得一钱不值。这种人是非常可恶的，可你就是拿他没辙，你不可能为了他的阳奉阴违而当面指责，即便你感到他的做作太可恶了，你也只能是微微的一笑。这种人是最能瓦解团队斗志，最能造成朋友间、同事间不和的势利小人，因此，对付这种人的最好办法就是不与之交往。

缺乏基本道义的人。不管学历有多高，受教育的时间有多长，有的人就是天生缺乏道德修养，缺乏基本的道义和礼仪。当身边的朋友遇到困难的时候，基本上是很难得到这种人帮助的，不仅如此，这种人的为人处世更多的时候是让人侧目的。如在公众场所随口吐痰或乱丢垃圾，经常做一些破坏性的事情，乘坐公共交通不给老人让坐，捐款捐物时经常缺席等等。

缺乏团队意识的人。我们都能体会到，在一个团队中如果有几个人缺乏团队的意识，无视团队的纪律和安排，没有任何工作计划，就会给整个团队带来麻烦。当团队中绝大多数人老是在为个别人的自以为是付出代价时，你就会非常厌恶这些人，自然而然的在心理上排斥或产生不想和这类人共事的想法，这是一件很自然的事情，毕竟在我们为事业奋斗的过程中，每个人的团队意识和团队精神总是会影响到我们整个事业的成败。

过于自私自利的人。有的人把自己的利益看得比西瓜大，把集体和团队的荣誉看得比芝麻小。做任何事情之前首先要权衡自己的利害得失，对自己有利的事情是削尖脑袋往里钻，对无利可图的事情，不管别人怎么动员就是无动于衷。这种人经常会为几块钱而找你理论，为加班调休安排而找你评理。他们习惯性地用放大镜来看别人的缺点，而对自己的缺点可以视而不见。和这种比"铁公鸡"还厉害的"糖公鸡"共事或做朋友，每次都会"粘掉你一层皮"，让你望而生畏。

不懂得知恩图报的人。中国古话说"喝水不忘挖井人"，"滴水相赠当以涌泉相报"，说得就是人应该学会知恩图报，学会感恩。在你企业即将倒闭时，在你所在的求学面临经济或其他困难时，在你生病无力支付巨额医药费时，那些在你的生命中给你提供过帮助的人，我们是否应该怀着感恩之心，在自己有能力的时候自觉地回报社会，回报恩人？当然。但是社会中也总是存在着与之相反的一类人，这类人缺乏知恩图报的心，对于别人的恩惠认为是当然的，甚至有些人非但没有知恩图报反而还恩将仇报，这样的例子也是数不胜数的。女人，我们要提防那些忘恩负义的小人，远离他们，也时刻告诫自己不能成为那样的人。

察言观色，随机应变

察言观色是女人社交生活中需操纵自如的基本技术。不会察言观色，等于不知风向便去转动舵柄，弄不好还会在小风浪中翻了船。

女人自认为直觉敏感，但也更容易受人蒙蔽，懂得如何推理和判断才是察言观色所追求的顶级技艺。

言辞能透露一个人的品格，表情眼神能让我们窥测他人内心，衣着、坐姿、手势也会在不知不觉之中出卖它们的主人。

言谈能告诉你一个人的地位、性格、品质及至流露内心情绪，因此善听弦外之音是"察言"的关键所在。

如果说观色犹如察看天气，那么看一个人的脸色也如"看云识天气"般，有很深的学问，因为不是所有人所有时间和场合都能喜怒形于色，相反可能是"笑在脸上，哭在心里"。

"眼色"是"脸色"中最应关注的重点。它最能不由自主地告诉我们真相，人的坐姿和服装同样有助于我们察人于微，进而识别他人整体，对其内心意图洞若观火。

我们如能真的在交际中察言观色，随机应变，也是一种本领。例如在访问中我们常常会遇见一些意想不到的情况，访问者应全神贯注地与主人交谈，与此同时，也应对一些意料之外的信息敏锐地感知，恰当地处理。

在与主人交谈时，若他总是略微向另一个地方看，或者这时还有人在小声讲话，就说明，在你来访之前主人正进行或者将要进行一件比较重要的事，但由于你的来访不得不临时暂停一下，但是主人仍有点耿耿于怀的感觉。在这个时候，如果你能看出他的心理，并很明智地说："您一定很忙。我就不打扰了，过一两天我再来听回音吧！"主人心里定对你既有感激，也有内疚："因为自己的事，没好好接待人家。"这样，他会努力完成你的托付，以此来补报。

在交谈过程中突然响起门铃、电话铃，这时你应该主动中止交谈，请主人接待来人，接听电话，不能听而不闻滔滔不绝地说下去，使主人左右为难。

当你再次访问希望听到所托之事已经办妥的好消息时，却发现主人受托之后尽管费心不少但并没圆满完成甚至进度很慢。这时你难免发急，可是你应该将到了嘴边的催促化为感谢，充分肯定主人为你作的努力，然后再告之以目前的处境，以求得理解和同情。这时，主人就会意识到虽然费时费心却还没有真正解决问题，产生了好人做到底的决心，进一步为你奔走。

人际交往中，对他人的言语、表情、手势、动作以及看似不经意的行为有较为敏锐细致的观察，是掌握对方意图的先决条件，测得风向才能使好舵。要做好社交中的"天气预报"，需要更为详尽的"气象"知识，在接下来的小节中，我们将分门别类介绍给读者。

观色是指观察人的脸色，获悉对方的情绪。这与老猎人靠看云彩的变化推断阴晴雨雪，是一个道理。

人类的心理活动非常微妙，但这种微妙常会从表情里流露出来。倘若遇到高兴的事情，脸颊的肌肉会松弛，一旦遇到悲哀的状况，也自然会泪流满面。不过，也有些人不愿意将这些内心活动让别人看出来，单从表面上看，也会让人判断失误。

比如，在一次洽谈会上，对方笑嘻嘻地完全是一副满意的表情，使人很安心地觉得交涉成功了，"我明白了，你说得很有道理，这次我一定考虑考虑。"可是最后的结果却是以失败而告终。

由此看来，我们不能只简单地从表情上判断对方的真实情感。在以表情突破对方心理时要注意以下两方面：

一是没表情不等于没感情。

例如，有些职员不满主管的言行，敢怒不敢言，只好故意装出一副无表情的样子，显得毫不在乎。但是，其实内心的不满很强烈，如果你这时仔细地观察他的面孔，会发现他的脸色不对劲。碰到这种人，最好不要直接指责他，或者当场让他难看。可以这样说："如果你有什么不满，不妨说出来听听！"这样可以安抚下属正在竭力压抑着的感情。

但如果直接指出，或者反复地要求其表达自己的不满，反而会产生不好的效果，正确的做法应该是另外选择合适的时间对该事件进行沟通交流，这样就可以圆满解决与下属的这种低潮关系，主管的好形象就树立起来了。

毫无表情有两种情形，一种是极端的不关心，另一种是根本不看在眼内。

二是愤怒悲哀或憎恨至极点时也会微笑。

通常人们说脸上在笑，心里在哭的正是这种类型。纵然满怀敌意，但表面上却要装出谈笑风生，行动也落落大方。

人们之所以要这样做，是觉得如果将自己内心的欲望或想法毫无保留地表现出来，无异于违反社会的规则，甚至会引起众叛亲离的状况，或者成为大众指责的罪首，因为害怕受到社会的制裁，不得已而为之。

由此可见，观色常会产生误差。满天乌云不见得就会下雨，笑着的人未必就是高兴。很多时候，人们虽有苦水往肚里咽着，脸上却是一副高兴的样子。反之，脸拉沉下来时，说不定心里在笑呢。总之，女人在面对社交的各种场合时都应该学会察言观色，从而很好地处理各种突发事件。

女人社交不可或缺的是笑容

微笑的女人能巧妙打开社交圈。"一笑倾人城，再笑倾人国"女人的笑容往往具有强大的力量。一个真正懂得微笑的女人，总能轻松穿过人生的风雨，迎来绚丽的彩虹。

在人生的旅途上，最好的通行证就是微笑，因为，当你笑时，整个世界都在笑。微笑是一种富有感染力的表情，你的快乐情绪可以马上影响你周围的人，为深入沟通与交往创造温馨和谐的气氛，所以人们把微笑比做人际交往的润滑剂。

首先自己要在心中培养笑的种子——积极的人生态度与相信自我的情绪，这是一个人快乐与成功的不竭源泉。

笑对于女性尤其重要，适当场合的笑，能够展示自身的最佳气质。笑容是一种能令人感觉愉快的面部表情，可以缩短人与人之间的心理距离。

笑一笑，十年少；愁一愁，白了头。我们大家都应该熟知这句话。英国的莎士比亚也说："快乐的人活得长久。"这都是从健康、长寿的角度，对欢笑作的肯定。喜、怒、哀、乐，人之常情。但是，一个人若常常处于愤怒与悲哀之中，肯定有损健康，也于事无补。医学文献记载，有个叫瑞秋的人在9岁时因喝滚烫的蛤蜊汤，食道受到了严重的烫伤，完全失去了功能。为了维持生命，瑞秋只好接受了一项罕见的外科手术，将胃拉出腹壁以外11厘米。每当吃食物时，瑞秋便将咀嚼过的东西吐入与管子相连的漏斗，使它们进入体外的胃中。因此，瑞秋的胃功能反应，别人能看得清清楚楚。他53岁时，在一位名叫沃尔夫的医生说服下，自愿担当了胃的"活动试验室"，借以观察人的胃在各种不同情况下的不同反应。很快，沃尔夫发现，每逢瑞秋受到什么威胁，或当他发怒时，其胃就泛红，毛细血管充血，消化液分泌增多，把原来保护胃黏膜的一层层的粘液也"吃掉"了，这种情绪持续下去时，胃壁的皱折处便渗出许多的血点。试验表明，发怒、忧伤等不良情绪，的确损伤着人体。

面露平和欢愉的微笑，说明心情愉快，充实满足，乐观向上，善待人生，这样的人才会产生吸引别人的魅力。生活不能缺少笑声。如果我们能够永远保持达观的笑容，不仅会有益健康，而且也会成为我们事业成功的巨大动力。

1988年的奥运会上，美国人对游泳名将马特·比昂迪寄予厚望，许多人都认为他会像1972年奥运会上的马克·德皮兹那样大展神威，一举夺取7枚金牌。但是，在第一场的200米自由泳和第二场的100米蝶泳比赛中，马特·比昂迪均未如人愿，与金牌失之交臂。

于是，体育界的记者们纷纷发表"高见"，认为这两场比赛已使马特·比昂迪的斗志严重受挫，大多数人也都这么附和。然而，在接下来的几场比赛中，马特·比昂迪重整旗鼓，信心十足地一口气夺得5枚金牌，这一结果把人们惊得目瞪口呆。唯有一人对马特·比昂迪的辉煌战果毫不吃惊，他就是美国宾夕法尼亚大学心理学家马丁·塞利格曼。

原来，在大赛开始前，马丁·塞利格曼就对比昂迪作过测试。测验中，他让比昂迪尽力大展身手。尽管比昂迪表现不错，但他却故意让教练告诉比昂迪说表现较差。当比昂迪失利后，马丁·塞利格曼让他稍事休息，并告诉他赛前测试的实情。

结果，当人们对比昂迪的两局失利表示失望时，比昂迪却急起直追，连夺5金。看来，微笑、肯定和鼓舞对人有强大的激励作用。

微笑反映出自己的心底坦荡，善良友好，待人真心实意，而非虚情假意，使人在与其交往中自然放松，不知不觉地缩短了心理距离。面带微笑，表明对自己的能力有充分的信心，以不卑不亢的态度与人交往，使人产生信任感，容易被别人真正地接受。

笑能够带来催人奋进的情绪，增强人们的自信心。事实上，无论是人们内心深处的达观情绪，还是荡漾在自己脸上的层层笑容，都十分清楚地展示了对自我能力的充分认识与无比的信赖。对此作过大量研究的斯坦福大学心理学家阿尔伯特·班杜拉认为："人们对其能力的自信心会对其能力的发挥产生巨大影响。能力不是固定资产，弹性极大，关键是怎样发挥它。"

在生活中，常常可以看到有些女人成天开开心心的，别人看了也心情舒畅，而那些整天板着脸的女人，不管有多漂亮或者穿的多光鲜，在相处中总会让人们感到不舒服。从简单的微笑与否，就可以看出一个女人是否热爱生活，懂得人生的真谛。诚如古语所说："仁者乐山，智者乐水。"欧阳修说："山水之乐，得之心而寓之酒也。"即是说，如果自己心中无乐，再好的山水也不会使你快乐。

永远保持乐观的精神状态，经常"笑一笑"，不仅可以"十年少"，而且对我们事业的成功也大有裨益。俄国伟大的诗人普希金，曾写诗劝慰一位对人生充满失望与忧伤的朋友，希望这位朋友从痛苦的阴影中走出来，重新焕发对生活的乐观情绪。诗的结尾这样说："啜饮欢乐到最后一滴吧，潇洒地活着，不要忧心！顺遂生命的瞬息过程吧，在年轻的时候，你该年轻！"在年轻的时候，你该年轻！普希金这最后一行饱含深情的嘱语，很值得女人们永久地思忖。

笑对于女性尤其重要。微笑，最好是笑不露齿，比较斯文得体。在一些不熟悉的场合，当别人友好地看着你时，你微微一笑，那么人与人之间的关系就不会显得紧张，易使人产生好感。而真正的微笑发自内心，笑容中渗透着自己的情感，表里如一。毫无包装矫饰的微笑才具有感染力，才能被视作"社交的通行证"。

不同的笑具有不同的魅力，作为女性，恰当地采用各种笑，不仅是有教养、风度的表现，同时也可增强自己对外界的吸引力。

爽朗的笑，这种笑给人以一种愉快开心的感觉，易博得好感。但笑时切忌拍手拍腿，因为这样会显得粗鲁，除非是和非常熟悉的朋友在一起。这种笑是笑出声，甚至会笑得前合后仰。但在一般的社交场合中最好控制自己不要笑得太过分。

瞬间的笑，这种笑有附和、同意、赞赏和鼓励等意思在内。

而在笑容当中，微笑最自然大方，最真诚友善。人们普遍认同微笑是基本笑容或常规表情。

女性的微笑是交际中的美妙"语言"，是双方情感交流的导体。一颦一笑，传递了多少情绪和信息。对素不相识的人微笑，表示你的随和；对冒犯你的人微笑，表示你的宽容；对钟情于你的人微笑，表示你的倾心；对追求你的人微笑，表示你的接纳……微笑使女性蕴含深邃的内涵。所以恰到好处的微笑是女性交际的王牌。

凡事留余地，绝处得逢生

《周易》曰：物极必反，否极泰来。意思是说，行不可至极处，至极则无路可续行；言不可称绝对，称绝则无理可续言。做任何事，进一步，也应让三分。古人云："处事须留余地，责善切戒尽言。"

人生一世，万不可使某一事物沿着某一固定的方向发展到极端，而应在发展过程中充分认识其各种可能性，以便有足够的条件和回旋余地来采取随机的应付措施。留余地，就是不把事情做绝，不把事情做到极点，于情不偏激，于理不过头。这样，才会使自己最完美无损的得以保全。人生大舞台，风云变幻，何处没有矛盾？何时没有纷争？社会上的人，有坦荡君子，也有戚戚小人，如果你没有宽容的心怀，就无法与他人和睦相处。与他人发生矛盾，你若能够理解包容，留几分余地，矛盾也许就会迎刃而解，你还会得到更多人的信任和尊敬。

据说李世民当了皇帝后，长孙氏被册封为皇后。当了皇后，地位变了，她的考虑更多了。她深知作为"国母"，其行为举止对皇帝的影响有多大。因此，她处处注意约束自己，处处做嫔妃们的典范，从不把事情做过头。她不尚奢侈，吃穿用度，除了宫中按例发放的，不再有什么要求。她的儿子承乾被立为太子，有好几次，太子的乳母向她反映，东宫供应的东西太少，不够用，希望能增加一些。但她从不把资财任情挥霍，从不搞特殊化，对东宫的要求坚决没有答应。她说："做太子最发愁的是德不立，名不扬，哪能光想着宫中缺什么东西呢？"她不干预朝中政事，尤其害怕她的亲戚以她的名义结成团伙，威胁李唐王朝的安全。李世民很敬重她，朝中赏罚大臣的事常跟她商量，但她从不表态，从不把自己看得特别重要。皇上要委她哥哥以重任，她坚决不同意。李世民不听，让长孙皇后的哥哥长孙无忌做了吏部尚书，皇后派人做哥哥工作，让他辞职。李世民不得已，便答应授长孙无忌为开府仪同三司，皇后这才放了心。长孙无忌也成为一代忠良。

长孙皇后从来不忘记为自己留余地，不论什么时候都不把所有好处都占有，得到了周围人的爱戴和尊敬，在复杂的皇室家族中站得最稳。集处世经验之大成的《菜根谭》说："滋味浓时，减三分让人食；路径窄处，留一步与人行。"留人宽绰，于己宽绰；与人方便，于己方便。这是古人总结出来的处世秘诀。

让三分，留余地，字面上包含两方面意思，一是给自己留余地，使自己行不至于绝处，言不至于极端，有进有退，措置裕如，以便日后更能机动灵活地处理事务，解决复杂多变的问题。二是给别人留余地，无论在什么情况下，也不要把别人推向绝路，万不可逼人于死地，迫使对方做出极端的反抗，这样一来，事情的结果对彼此都没有好处。

人能生时定要求生，有百条生存之路可行，斗争中给他断去99条，留一条与他行，他也不会提着自家脑袋来拼命。倘若连他最后一条路也断了去，那么，他一定会揭竿而起，拼命反抗。想一想，世界之大，人事之繁，何必逼人无奈，激人至此呢？

完美女人的进化，首先体现在礼仪的层次。给别人留余地，实质上也是给自己留余地；断尽别人的路径，自己路径亦危；敲碎别人的饭碗，自己饭碗也易脆。不让别人为难，不于自己为难，让别人活得轻松，让自己活得阔绰，这就是让三分，留余地的妙处，是处世交往的良方。

留有余地，就是不把事情做绝，于情不偏激，于理不过头，这样才会处变不惊，从容不迫，游刃有余。

俗话说："利不可赚尽，福不可享尽，势不可用尽。"说的是做事的时候给自己留点余地，以备不时之需。21世纪是一个充满风险、充满挑战的时代，我们的生活、职业、娱乐、思维方式都将发生很大的变化，要在这样的环境里好好生存，就要学会深思远虑，防患于未然。

孔子曾说过这样的一句话："己所不欲，勿施于人"。意思就是说不要把自己不喜欢的事情再强加给别人，而要设身处地为别人着想，也就是从别人的角度想事情。这句话不仅我们国人自己喜欢，也是西方哲学家推崇的一句名言。

在日常生活中，时时都会出现如何要求别人以及怎么对待自己的问题。待人和律己的态度，可以充分反映一个人的修养，也是决定能否与人和善相处的一个重要的因素。

留有余地是人生智慧，也是生活经验。雕刻人像时，鼻尖先留高一点，不像的话再慢慢削减，这是留有余地；做菜时，先少放一点盐，不够再添，这是留有余地；新买的裤子，因为太长穿不了，去裁的时候叮嘱裁缝少剪点，以免剪短了不合穿，这也是留有余地。

每个人都是一样的，平等的，你自己都不喜欢的事情，别人也肯定不会喜欢，如果你非要强加到别人身上，对于对方来说也是无法接受和容忍的。按照孔子的理论，只有一视同仁，才能做到与人很好地相处，不会招致怨言。要以宽容的态度待人，以理解对方为基础，给人以客观的态度评价，这是对别人的基本尊重，既能从对方身上看到自己所没有的优点，还能对别人的缺点或错误善意地给予谅解，体现自身的修养和知识。

多为别人着想，为对方设身处地的考虑问题，会让你赢得更多的朋友。肯尼斯·吉德在他一本叫《如何使人变得高贵》的书里有这样的话：暂停一分钟，冷静地想一想，为什么你对有些事情兴趣盎然，对另外的事情却漠不关心？你将会知道，世界上任何人都有使他感兴趣的事情，也有他漠不关心的事情。感兴趣和漠不关心都是有原因的。如果你能站在别人的立场多想想，就不难找到妥善处理问题的方法，因为你和别人的思想沟通了，彼此就有了理解。

不让别人为难，也不为难自己，让别人活得轻松，让自己活得愉快，这就是让人三分，留有余地的妙处，是女人处世交往的良方。

社交的关键是对自己了如指掌

当你坦然地展现自己时，你会带给周围所有人一种昂扬奋发、热爱生活的感受。如果你看到一位女人潇洒自如地处理事务时，也会觉得那是一种享受。

有多少女人能够说对自己已经了如指掌了呢？想必没有几个人可以非常肯定地回答。可是女人对自己是否了解直接决定了她们社交的成功与否。

笛卡儿如是说："我思考，因此我活力四射！"

女人其实比男人更聪明，不过大多数女人都回避这个问题。多罗茜·帕克警告说："女人有才，男人不爱。"因此，我们在公开场合总是刻意显得傻乎乎的，不愿压倒或吓坏那些陪伴我们的男人，其实最重要的是要了解自己，了解自己的需求。

对女人而言，风情万种固然不错，才智敏锐也不可或缺。作为女人，你会细声细气地说话，你会羞涩地回避男人的眼光，你也会搔首弄姿、撅撅嘴、玩弄发梢、甩甩长发。不过，这些都是小把戏。当女人不再压抑自己的才智，不再贬低自己，大胆展现自己的内在价值时，女人才是最有魅力的。你可以在会议上大声说出自己的想法，你可以脱口而出敏锐、真诚、打动人心的话语。了解自己，你就是这样的女人。

大多数女人都没有好好欣赏自己的优点。了解自己就是为了更好地释放自己、表达自己，发挥自己的能力，让所有人看到。

与此相比，下面这个故事中的青蛙却是由于不了解自己的缺点而造成严重的后果。

森林中，动物在举办一年一度的比"大"比赛。老牛走上台，动物们高呼："大。"大象登场表演，动物也欢呼："真大。"这时，台下角落里的一只青蛙气坏了，难道我不大吗？它一下子跳上一块巨石，拼命鼓起肚皮，同时神采飞扬地高声问道："我大吗？"

"不大。"台下传来的是一片嘲讽的笑声。

青蛙不服气，继续鼓着肚皮。随着"嘭"的一声，肚皮鼓破了。可怜的青蛙，到死也还不知道它到底有多大。

与青蛙相反，有一位登山队员，一次他有幸参加了攀登珠穆朗玛峰的活动，到了7 800米的高度，他体力支持不住，停了下来。当他讲起这段经历时，我们都替他惋惜，为什么不再坚持一下呢？再往上攀一点高度，再咬紧一下牙关，爬到顶峰呢？"不，我最清楚，7 800米的海拔是我登山生涯的最高点，我一点也不为此感到遗憾。"他说。

青蛙不了解自己，受到了命运的惩罚；登山队员了解自己，所以他安然无恙。了解自己，这是一种生存的明智。

现代人都有一种通病，那就是不了解自己，女人也不例外。我们往往在还没有衡量清楚自己的能力、兴趣、经验之前，便一头栽进一个过高的目标——这个目标是与别人比较得来的，而不是了解自己之后定出来的，所以每天要受尽辛苦和疲惫的折磨。

做人了解自己的短处不容易，了解自己的长处也很难。虽然有不少人自恃其长，炫耀于众，但也确有不少人不知其长，只知其短，有的甚至因其短而对自己全盘否定，悲观失望。一代武侠小说大师金庸先生写的《射雕英雄传》中说，二次华山论剑，西毒欧阳锋气血逆行，武术倒练，结果二手着地，成为战无不胜的武林邪士。然而，欧阳锋武功虽强，神志却不甚清醒，根本不知己长。刚好黄蓉抓住这点，开口便问："谁说你是天下第一？有一个人你就打不过。"欧阳锋大怒，连问是谁？黄蓉道："他名叫欧阳锋。"欧阳锋不觉迟疑，不禁又问，黄蓉又说："不错，你武功虽好，却打不过欧阳锋。"欧阳锋心中愈是糊涂，只觉"欧阳锋"这名字好熟，定是自己最亲近的人，可是自己是谁呢？黄蓉冷笑道："你就是你，你自己却不知道，怎来问我？"欧阳锋心中一寒，便神魂颠倒，狼狈而去。节中描写虽近乎离奇，但也说明一个问题，即：一个不知己之所长的人，也等于不认识他自己，更不能发挥其长，甚至视"长"为"短"，只能落得个狼狈而去的结局。

做一个成功的女人，你必须主动摆脱对自己的怀疑，认识到自己内在的天赋和才能。对自己了如指掌，才能在社交的风云中立于不败之地。

发挥光环效应，以长荫短

光环效应（Halo Effect）又称"晕轮效应"、"成见效应"、"光圈效应"、"日晕效应"、"以点概面效应"，它是一种影响人际知觉的因素。指在人际知觉中所形成的以点概面或以偏概全的主观印象。光环效应不但常表现在以貌取人上，而且还常表现在以服装定地位、性格，以初次言谈定人的才能与品德等方面。在对不太熟悉的人进行评价时，这种效应体现得尤其明显。

若一个人的某种品质，或一个物品的某种特性给人以非常好的印象，在这种印象的影响下，人们对这个人的其他品质，或这个物品的其他特性往往也会给予较好的评价。

这种爱屋及乌的强烈知觉的品质或特点，就像月晕的光环一样，向周围弥漫、扩散，所以人们就形象地称这一心理效应为光环效应。和光环效应相反的是恶魔效应。即对人的某一品质，或对物品的某一特性有坏的印象，会使人们对这个人的其他品质，或这一物品的其他特性的评价偏低。

既然女性相对男性，在这些方面具有自己的优势，那么，就应该扬长避短，充分体现女性在社交中的作用和魅力。

通过培养气质来使自己变美的女子，比用服装和打扮来美化自己的女子，要具备更高一层的精神境界。前者使人活得充实，后者把人变得空虚。而最完美的恰恰是两者的结合。

"女人不是因为生为女人才为女人，是因为做女人才为女人"，做女人自然就要讲究味道，讲究那么点自然的风韵和魅力。浓淡冷暖的女人四味是从形象上划分而来的，她们或意味悠长，或清纯透明，或有些涩，或有些甜，但都精致不做作，值得细细品味。

发挥各类女子的光环效应，在适当的社交环境下以长荫短，从而彰显各自的独特魅力。

带浓香的女子，多情，俏丽，优雅迷人。她用馨香把自己填满，同时也把爱深藏。

青春女子，淡香并且自然脱俗，宁静舒缓。带淡香的女子，素雅，细腻，含蓄却不失激情。她也是浪漫的，让人沉湎于遐想，悄然贴心。

成熟女子，冷香并且有一种高贵与浪漫的气质。像镜子里的花，美丽优柔却不能亲近。带冷香的女子，清高得有些神秘，她喜欢诗一样的情事，喜欢有创意的生活。

如果说容貌、服饰、身体是魅力之形，悟性、阅历、修养则是魅力之本。执著、专注、自信、创意、灵气、多情、善良、有情趣、有教养、懂得情绪管理等内在素养的培养，才能让魅力女人的心灵不断丰满。发挥光环效应，扬长避短的社交方式才能不断提高女人的社交能力并让女人从中享受到社交的乐趣。

眼睛与耳朵，女人社交的重要工具

眼睛是心灵的窗户，社交中，眼神的交流也是重中之重。无论和任何人做任何形式的交流，都要直视对方的眼睛，并保持一两秒。

对任何人微笑，在你注意别人双眼的时候也微笑。有人为你服务时，一定要对他微笑。对老人和孩子微笑。这样做多了，微笑也就变得自然而然了。这样做还可以用自己的积极心态来影响周围的人，而不是被其他人影响。

关于在交谈时到底应该把眼神聚焦到哪里聚焦多长时间这个模糊动力学问题，本来纯属个人风格，相当"多元化"。但是在众多关于社交指导的书籍中，却被进一步提升到礼仪的高度，成为一道只有"有限解"甚至"唯一解"的方程式。

在一本礼仪书中，专家对此进行了匪夷所思的量化指导，说，如果两人面对面交谈30分钟，对方看你的时间如果少于10分钟，那一定是"不把你放在眼里"；如果注视你的时间在10到20分钟，则说明对方对你是友好的。

而当注视时间超过了20分钟这个临界值，问题又变得复杂起来，表示对方对你极为重视，但也不排除"敌视"的可能性。这就对我们脑内的生物钟功能提出了高标准，要求精确到分钟级，一旦不慎，就有"化友为敌"的危险。

看来眼睛在女性社交中起到了举足轻重的作用，正确得体地处理自己的眼神是一个社交女性应该具有的能力。从眼睛看人的方法由来已久。情所表现最显着、最难掩的部分，不是语言，不是动作，也不是态度，而是眼睛，言语动作态度都可以用假装来掩盖，而眼睛是无法假装的。我们看眼睛，不重大小圆长，而重在眼神。

德国某人际交往专家认为，交谈中眼光最正确的轨迹是：首先看着对方的眼睛，随后把视线缓慢移到嘴部，过一段时间后再返回到眼部。

不过，对相当多人而言，把眼光锁定在对方身上有限的部位，不仅面临礼仪上的难题，更有来自生理上的障碍。实际上人在面对面交谈时，时常无法如礼仪专家所愿，将目光关切而持久地放置在对方面积有限的脸孔上。一篇发表在2005年11月的《记忆与认知》杂志上的一篇论文称，人们在某些谈话场合，会不自觉地目光飘走，或者"微闭双眼，抬头望天空"，甚至"把脸转到一边"。

这种"眼神游走强迫症"据说有多元素的成因。苏格兰心理学家费尔普斯表示，"目光相接"这种行为，被视为一种表征"亲密"关系的信号。当心理上并不是很亲密的人陷入不可避免的面对面"亲密式"交谈，大脑就会自发移动你的目光，以减少这场谈话的"亲密指数"。还有实验表明，谈话者在空间上越是"亲密无间"，眼睛注视对方的时间将随之减少，构成一个平衡。

研究还表明，在交谈中，目光注视着对方，则大脑中有一部分就在获取其信息，而减少了对所表达信息的控制能力，这样，大脑就会迟钝。

眼睛，是心灵的天窗，因此，目光是最富于表现力的一种体态语言。正如诗人泰戈尔所说的："眼睛的语言，在表情上是无穷无尽的。像海一般深沉，碧空一般清澈，黎明的黄昏，光明与阴影，都在这里自由嬉戏。"

一个成熟的、有教养的女性，她的眼神里应该展示着一种落落大方、亲和友善的淑贤睿智神韵，让那些失礼的斜视、盯视、瞟视、瞥视、眯视的人感到自惭形秽，从而受到某种程度上心灵的净化。这样的女人，眼神里写满了内容，能"说"出语言所无法表述的含义。

谈话交流中另一个重要因素就是耳朵。在女性社交中，倾听成为女性克敌制胜的法宝。

一个时时带着耳朵的人远比一个只长着嘴巴的人讨人喜欢。与人沟通时，如果只顾自己喋喋不休，根本不管对方是否有兴趣听，这是很不礼貌的事情，也极易让人产生反感。

做一个好听众，不仅要自己说，更要尊重别人说，效果要比你说得天花乱坠好得多。倾听并不只是单纯的听，而应真诚地去听，并且不时地表达自己的认同或赞扬。倾听的时候，要面带微笑，最好别做其他的事情，应适时地以表情、手势如点头表示认可，以免给人敷衍的印象。

特别是当对方有怨气、不满需要发泄时，倾听可以缓解他人的负面情绪。很多人气愤地诉说时，并不一定需要得到什么合理的解释或补偿，而是需要把自己的不满发泄出来。这时候，倾听远比提供建议有用得多。如果真有解释的必要，也要避免正面冲突，而应在对方的怒气缓和后再进行。

Chapter 4

发言依人依景，讲话冷暖兼用

是否敢说又善言，对我们每个人的生活、事业乃至闲暇娱乐都起着至关重要的作用。在生活中，敢于说话又善于说话的人，处处都受人喜爱和欢迎。他能使许多本不相识的陌路人走到一起，携手共进；能使许多志趣各异、性格有别的人互相了解，互相觉得彼此需要；能够排难解纷，消除人与人之间的误会与隔阂；能使愁苦烦闷、郁郁寡欢者得到安慰，使悲观厌世、无思进取者得到鼓励；能够使自己和周围人的生活变得更快乐、更美好。

判断对方身份，挑选应对之词

话，人人会说，但说得好，说得恰到好处，却并非是人人皆会的。恰当的言辞会给你带来融洽的人际关系；不得体的话语则会成为你前进路上的绊脚石，两者有着天壤之别。人类语言交流的实践证明：在同一个社会环境表达同一思想内容，不同交际场合要求采取与之相应的语言形式，否则就达不到交际的目的。在进行言语交际时，我们说的话应当符合特定身份的要求，从称谓到措词组句，从语气到表达方式都要不失身份，恰当得体。所以要看对方的身份说话，对什么人说什么话。如果不看身份说话，人们听起来就会觉得别扭，甚至产生反感，那势必要影响交际效果。此外，与人说话时还要分清什么时候适宜多说，什么时候少说为宜。如果不分主次，谈笑风生、海阔天空则会招致对方的厌恶。所以说话要分清界限，理清场合才能助我们在人生的道路上扬帆而行。

让我们从下面这个历史故事中得到一些启发：

明朝开国皇帝朱元璋出身贫寒。他当上皇帝后，儿时的一位穷伙伴有一天来京求见。那人一进大殿，就大礼下拜，高呼万岁，然后说："我主万岁！当年微臣随驾扫荡卢州府，打破罐州城。汤元帅在逃，拿住豆将军。红孩子当兵，多亏菜将军。"朱元璋心里高兴，重重封赏了这个老朋友。过了不久，另一个当年一起放牛的伙伴也上门来了。见到朱元璋，他开始指手画脚地在金殿上嚷嚷道："我主万岁！你还记得吗？当年咱俩给人放牛，在芦苇荡里用瓦罐煮偷来的豆子吃；你抢着吃，连罐子都打破了，结果把草根卡在嗓子里；最后，还是我给你出的主意，叫你吞下一把青草，这才把草根带下肚子给拉出来了……"

朱元璋还没听完，就恼怒地呵斥道："哪里来的疯子！来人，快给我轰出去！"

朱元璋发迹后，他的两个旧时朋友来找他，一个善终，另一个却不得善终。为何会有这样的差别呢？一句话，就是后来者没有看对方身份说话，不懂敬畏，结果被赶出了门。所以，说话一定要注意对方的身份。即使是再好的朋友，也要注意你们所处的场合以及他现在的位置，只有设身处地地为他着想，他才会更加尊重你，更加重视你们的友谊。

敬畏包括两方面：一是尊敬。有人可以和自己看不起的人交朋友，但却很少能够和看不起自己的人交朋友。假如失去了尊敬，同时你也就失去了朋友。二是畏惧。这是需要特别重视的一点，就是要和他人保持一定的距离，不要去碰人性的"黑洞"。

与尊者发展友情，首先要准确把握双方关系，给其以相应位置，充分表现出对他的尊重恭谨。这是对双方关系的确认和定位，也是对对方的一种尊重愿望的满足，必须严谨有致，不可苟且。小许很得一位行署教委领导的赏识。这位领导是教师出身，人也平易近人。他与小许并未谋面，但他赞赏小许的才华，便约请小许与他聊聊。小许在领导面前并没有得意忘形，忘乎所以，言谈举止都严谨得宜，很有分寸，注重距离。领导虽性情开朗，多次表示要小许随意些，但还是对小许的举动发自内心地高兴，他觉得没有看错人。就这样，小许与那位领导逐步建立了友情。

尊重是有原则的。如果不顾原则，另有目的，人格沦丧，不知廉耻，就会表现出阿谀奉承来。这表面上似是尊重对方，其实它与尊重是本质不同的。阿谀奉承，虚情假意，夸大其辞，别有用心，只能让被尊者反感、嫌恶。这样即使你有再强的能力，再高的才学，也会受到别人的鄙视，让人感觉你很不真诚。

尊者无论地位，还是阅历、学识，都高我们一筹。与他们交往，常令我们肃然起敬，有时我们还有一种威压感而噤若寒蝉。作为平常人，尤其是初踏入社会的青年人，在这种情势下往往言语嗫嚅，别扭、生硬。其实受尊重者也是我们平等的交际对象，我们一方面要尊重于彼，另一方面也立足于己，守住方寸，保持本色，自然而正常地交往，不必拘谨。这反倒能显示自己的交际魅力，会赢得对方的认可和尊重，对方也会乐意与我们发展友情。小斌是有才华求上进的青年人，他很想与一些德高望重的前辈交往，可最终结果都是以失败告终。究其原因，主要是小斌太拘谨了，总是一副唯唯诺诺的样子，当然让前辈大失所望，怎会与他发展友情呢？

从交往的过程来说，我们一定要注意到自己的角色，在社交环境中不要乱了身份。这是交际现状，也是交际规律，是由彼此交往身份和交际能量决定的。小灿总希望展露才华，让一位他最敬重的老人认可他。一次，老人在晚会上唱京剧，虽然唱得不算好，但还是赢得了掌声，小灿想，自己亮亮嗓子必会让老人有知音之感。

于是一曲京剧唱得嘹亮高亢，却让老人感到很不自然。小灿虽是善意，但如此"抵"老人，老人还会同他发展友情吗？

主动积极，充满真诚，先迈出一步，做出友好的姿态，这是尊长敬上的美德，也是交际的惯例。只有正确地认识对方的身份，才能在社交过程中合理地运用语言与交往态度，从而最大限度地达到交往的目的。

语言，不同场合，不同方式

人们在不同的场合，要使用不同的语言与人交流，因为环境的不同会影响一个人的心情，一个人的感受。比如开玩笑，在不恰当的场合可能就会引起别人的反感。就像前一节所讲朱元璋的故事一样，有些人喜欢和朋友开玩笑，奚落朋友一顿，可是在有些时机和场合却很不合时宜。当着很多人的面，尤其这其中有朋友的下属，生意伙伴等，这样会让朋友下不来台，以至于影响了友情，只图嘴上痛快，却想不到会给友人带来很大的麻烦，这样的玩笑不开也罢。

与人初次见面，言谈举止往往给人留下深刻的印象。因此，注重礼节非常重要。初次见面介绍用语不当会失礼，而不给人做介绍则是最不礼貌的事。但绝对不能用命令的语气介绍。如果带着自己的朋友去参加宴会，在场的其他人都不认识他时，要尽可能把他介绍给大家，但切不可带着他满屋子乱转。不必把你的朋友介绍给在场的所有人，但应把他介绍给周围的一些人，以便他能和他们交谈。介绍时最好先称呼在场某人的名字，再介绍你的朋友。

自我介绍是人际交往中主动与别人进行沟通，从而使双方相互认识，建立联系的一种社交方法。自我介绍要保持一个良好的态度，务必做到自然、亲切、随和，落落大方，不卑不亢。而不要小里小气，畏首畏尾，或者虚张声势，矫揉造作，给人留下轻浮夸张的印象。自我介绍有五要和六不要，五要是：1.要镇定而且充满信心。2.要预先准备。3.要热诚地表示自己渴望认识对方。4.要善于用自己的眼睛表达自己的友善、关怀及渴望沟通的心情。5.要复述对方的姓名。六不要是：1.不要过分地夸张和热忱。2.不要打断别人谈话而介绍自己，要等待适当的时机。3.不要态度轻浮，要尊重对方。4.不要守株待兔。5.不要只结识某一特殊人物，应该和多方面的人物打交道。6.不要提醒对方记性不好。自我介绍有几种方式，应酬式介绍在是某些公共场合和一般性的社交场合进行一般接触的交往，或者属于泛泛之交。这种介绍要简洁精练，一般只介绍姓名就可以。工作式的自我介绍主要适用于工作和公务交往之中，是以工作为介绍的重点。工作式自我介绍有三要素：本人姓名，供职单位及其部门，担负的职位或从事的具体工作。交流式的自我介绍比较随意，可以包括介绍者的姓名、工作、籍贯、学历、兴趣以及与交往对象的某些熟人的关系。而比如演出、庆典等一些正规而隆重的场合，则要运用礼仪式的自我介绍，介绍要包含自己的姓名、单位、职务等项。所以我们需根据特定的场合，来选择自我介绍的方式，这样可以让你的介绍更加自然，还要注意掌握相应的语气、语速，以适应当时的情境，并且力求做到实事求是，真实可信，不过分谦虚，贬低自己，也不自吹自擂，夸大其辞。这样，才能为日后进一步交往打下良好的基础。

而我们应该怎样去结束一段很快乐，很成功的交谈呢？不管是正式的交谈，还是非正式的聊天，都必须有个结束的时间。交谈的气氛、过程和内容很重要。交谈的内容要有意义，过程要愉快。但是交谈的结束也很重要。不欢而散是大家所不愿看到的。

最好的结束时间就是该结束的时间。但是，还是有许多该结束而没有结束的时候，或者你会觉得两人谈话已没有意义，或者是你有更重要的事要去做，你需要结束这次谈话。

在不同场合运用不同的谈话方式，将会使你的社交能力有很大的提高，一定要知道，正如衣服的选择一样，必须根据具体的情况对语言进行选择。

嘘寒问暖，极其必要的社交虚词

嘘寒问暖在社交当中即是寒暄。寒暄者，应酬之语是也。寒暄的主要用途，是在人际交往中主动地打破僵局，缩短人际距离，向交谈对象表示自己的敬意，释放自己的善意，或是借以向对方表示自己乐于与之结交的意思。所以说，在与他人见面之时，若能选用适当的寒暄问候语句，往往会为双方进一步的交谈，做好良好的铺垫。反之，在本该与对方寒暄几句的时刻，反而一言不发，这是极其无礼的，尤其在正式的社交场合。

万事开头难，会晤开始前离不开寒暄。音乐始于序曲，会晤起于寒暄。寒暄和言辞是会晤和商务活动中的重要内容，是人与人之间表达情感的一种方式。寒暄是会客中的开场白，是坦率深谈的序幕。言辞则是人们互相接触交往而进行的谈话，它是人们增进了解和友谊的重要方式。要使寒暄与言辞达到预期的交往目的，就必须遵循一定的礼节。

寒暄是会晤双方见面时以相互问候为内容的应酬谈话，属于非正式交谈，本身没有多少实际意义，它的主要功能是打破彼此陌生的界限，缩短双方的感情距离，创造和谐的气氛，以利于会晤正式话题的开始。那么我们应该以什么方式来进行寒暄问候呢？说第一句话的原则应是：亲热，贴心，消除陌生感。比较常见的寒暄方式大体有以下几种类型：

问候型寒暄。问候寒暄的用语比较复杂，归纳起来主要有以下几种：表现礼貌的问候语，如"您好"、"早上好"、"节日好"、"新年好"之类，这些是受外来语的影响在近几十年中流行开来的新型招呼语。过去官场或商界的人，初交时则常说："幸会！幸会！"表现思念之情的问候语，如"好久不见，你近来怎样？""多日不见，可把我想坏了！"等等。表现对对方关心的问候语，如"最近身体好吗？"

"来这里多长时间啦？还住得惯吗？""最近工作进展如何，还顺利吗？"或问问老人的健康，小孩的学习等。表现友好态度的问候语，如"生意好吗？""在忙什么呢？"这些貌似提问的话语，并不表明真想知道对方的起居行止，往往只表达说话人的友好态度，听话人则把它当成交谈的起始语予以回答，或把它当作招呼语不必详细作答，只不过是一种交际的触媒。

攀认型寒暄。俗话说："山不转水转，水不转路转。"人际互动中的关系也是这样。据国外专家统计，只要通过五个认识的人，就可以将世界上任何两个人联系起来。在人际交往中，只要彼此留意，就不难发现双方有着这样那样的"亲戚"、"朋友"关系，如"同乡"、"同事"、"同学"，甚至远亲等沾亲带故的关系。在初见时，略事寒暄，攀认某种关系，一见如故，是建立交往、发展友谊的契机。三国时，鲁肃见诸葛亮的第一句话是："我，子瑜友也。"（子瑜就是诸葛亮的哥哥诸葛瑾）这短短一句话，就奠定了鲁肃与诸葛亮之间的情谊。在现实生活中这种攀认型的事例比比皆是。"我出生在武汉，跟您这位武汉人可算得上同乡啦！""您是研究药物的，我爱人在制药厂工作，咱们可算是近亲啊！""咦，您是北大毕业的，说起来咱们还是校友哩！"这些事例，说明在交际过程中，要善于寻找契机，发掘双方的共同点。从感情上靠拢对方，是十分重要的。

敬慕型寒暄。这是对初次见面者尊重、仰慕、热情有礼的表现。

如"我可久仰大名了！""早就听说过您！""您的大作，我已拜读，获益匪浅！""您比我想象的更年轻！""小姐，您的气质真好，做什么工作的？""您设计的公关方案真好！"简单一句敬慕的话语，就可以使对方愿意与你交流。

寒暄语或客套话的使用还应根据环境、条件、对象以及双方见面时的感受来选择和调整，没有固定的模式，只要让人感到自然、亲切，没有陌生感就行。那么，寒暄应注意些什么呢？

态度要真诚，语言要得体。客套话要运用得妥贴、自然、真诚，言必由衷，为彼此的交谈奠定融洽的气氛。要避免粗言俗语和过头的恭维话。如"久闻大名，如雷贯耳"、"今日得见，三生有幸"，就显得不自然。

其次要看对象，对不同的人应使用不同的寒暄语。在交际场合，男女有别，长幼有序，彼此熟悉的程度不同，寒暄时的口吻、用语、话题也应有所不同。一般来说，上级和下级、长者和晚辈间交往，如前者为主人，则最好能使对方感到主人平易近人；如后者为主人，则最好能使对方感到主人对自己的尊敬和仰慕。寒暄用语还要恰如其分。如中国人过去见面，喜欢用"你又发福了"作为恭维话，现在人们都想方设法减肥，再用它作为恭维话恐怕就不合适了。西方小姐在听到人家赞美她"你真是太美了"，"看上去真迷人"，她会很兴奋，并会很礼貌地以"谢谢"作答。倘若在中国小姐面前讲这样的话就应特别谨慎，弄不好会引起误会。

除了看对象以外，当然还要注意场合是否合适，只有在合适的场合进行适当的寒暄才能给对方留下一个好的印象。拜访人家时要表现出谦和，不妨说一句"打扰您了"。接待来访时应表现出热情,不妨说一句"欢迎"。庄重场合要注意分寸,一般场合则可以随意些。有的人不分场合,甚至在厕所见面也问别人:"吃过没有?"使人啼笑皆非。当然,也有适合范围较广的问候语和答谢语,如"您好!""谢谢!"这类词,可在较大范围,也可在各色人物之间使用。

发挥温柔秉性,运用暖话感化他人

玫林·凯公司是一家知名的化妆品公司。为了扩大自己公司产品的影响,玫林·凯女士自己用的化妆品都是公司所生产。她也不建议公司职员使用其他公司的化妆品。因为她不能理解凯迪拉克轿车的推销员开着福特轿车四处游说,人寿保险公司的经理自己不参加保险。那么,她是如何同职员交流这一想法的呢?

有一次,她发现一位经理正在使用另外一家公司生产的粉盒及唇膏。她借机走到那位经理桌旁,微笑地说道:"老天爷,你在干吗?你不会是在公司里使用别的公司的产品吧?"她的口气十分轻松,脸上洋溢着微笑。那位经理的脸微微地红了。几天后,玫林·凯送给那位经理一套公司的口红和眼影膏并对她说:"如果在使用过程中觉得有什么不适,欢迎你及时地告诉我。先谢谢你了。"再后来,公司所有的新老员工都有了一整套本公司生产的适合自己的化妆品和护肤品。玫林·凯女士亲自做了详细的示范,她还告诉员工,以后员工在购买公司的化妆品时可以打折。

玫林·凯亲和的态度,友善的表达,使她自然地与员工打成一片,成功地灌输了她正确的经营理念。

女人应该发挥温柔的秉性,经常让你的朋友你的亲人感到温暖,这样你就会很有亲和力。这种方式的优点在易于消减人与人之间的隔膜,进而使传达者有效地把自己的思想传递给被传达者。

我们可以把亲和力比作盛装佳肴的器具,而把我们所要表达给别人的思想比作佳肴。如果这器具是脏兮兮且令人讨厌的,恐怕也不会有人愿意品尝盛在其中的佳肴。

生活中处处需要我们用真心相待我们的家人和朋友,用温暖的语言来保护和爱护他们。马丽接受乳房肿瘤切除手术时,她的亲人都来给她种种支持和帮助。"母亲替我照顾孩子,妹妹替我上市场买东西,丈夫每天在医院陪我,"她说,"可是我几个最要好的朋友来了,却喋喋不休地无所不谈,就是不谈我的病,好像根本没有发生过什么似的。我觉得很不是味儿。"

我们大多数人都有过这样的经验,就是无意中说错了一句话,巴不得能把它收回。我们怎样才能在某个人处于困难时对他说适当的话呢?作为女人,我们有很细腻的情感,同样我们要明白我们的朋友也是这样,在交往中女人往往对细节方面注意得很多,这就要求我们应该更加用心地体会对方的感受,更加温柔地使对方感觉到我们的关心。虽然这种关怀的话语没有严格的准则,但有些办法可使我们衡量情况和做出得体而真诚的反应。

在处事过程中，留意对方的感受，不要以自己为中心。当你去探访一个遭遇不幸的人时，你要记得你到那里去是为了支持他和帮助他。你要留意对方的感受，而不要只顾自己的感受。

不要以朋友的不幸际遇为借口，而把你自己的类似经历拉扯出来。

丧失了亲人的人需要哀悼，需要经过悲伤的各个阶段和说出他们的感受和回忆。这样的人谈得越多，越能产生疗效。要顺着你朋友的意愿行事，不要设法去逗他开心。只要静心倾听，接受他的感受，并表示了解他的心情。"我丈夫死后，"一位寡妇说，"儿女们老是说：'虽然你和爸爸的感情一直很好，可是现在爸爸已经过去了，你得继续活下去才好。'我不愿意别人那样对待我，好像把我视作摔跤后擦伤了膝盖而不愿起身似的。我知道我得继续活下去，而最后我的确活下去了。但是，我得依照我自己的方法去做。悲伤是不能够匆匆而过的。"

有些在悲痛中的人不愿意多说话，你也得尊重他的这种态度。一个正在接受化学治疗的人说，她最感激一个朋友的关怀。那个朋友每天给她打一次电话，每次谈话都不超过一分钟，只是让她知道他惦记着她，但是并不坚持要她报告病情。这就是用一种倾听者的温柔去关怀你的朋友，你的亲人，这个时候最真挚的语言却是无法名状的。

泰莉·福林马奥尼是麻州综合医院的护理临床医生，曾给几百个艾滋病患者提供咨询服务。据她说，许多人对得了绝症的人都不知道说什么才好。

他们说些"别担心，过一下就会好的"之类的话，明知这些话病人自己也知道并不真实。

"你到医院去探病时，说话要切合实际，但是要尽可能表示乐观，"福林马奥尼说，"例如'你觉得怎样？'和'有什么我可以帮忙的吗？'这些永远都是得体的话。要让病人知道你关心他，知道有需要时你愿意帮忙。不要害怕和他接触。拍拍他的手或是搂他一下，可能比说话更有安慰作用。"

要是一个朋友的悲伤似乎异常深切或者历时长久，那么你就应该用你的温柔来体会他现在所经历的痛苦，送去你最真诚的问候，你要让他知道你在关心他。你可以对他说："你的日子一定很难过。我认为你不应该独立应付这种困难，我愿意帮助你。"

批评讲方式，"软"话更有效

尽量去了解别人，而不要用责骂的方式；尽量设身处地去想——他们为什么要这样做。这比起批评责怪要有益得多。

有关心理学家早就以实验证明：在训练动物时，一个因良好行为就得到奖励的动物，要比一个因行为不良就受到处罚的动物学得快得多，而且能记住它所学的东西。进一步的研究表明，人类也有同样的情形。我们用批评责怪的方式并不能够使别人产生真正的改变，反而常常会引起反感和愤恨。所以，对别人挑剔、批评、责怪或抱怨都是愚蠢的行为。

英国思想家培根就说过："交谈时的含蓄与得体，比口若悬河更可贵。"在言谈中，有驾驭语言功力的女人，就会自如地运用多种表达方式，不断探索各种语言风格。有些话，或许非直言不讳不行。但生活中并非处处都能"直"，有时还需要含蓄、委婉些，使其表达效果更佳。批评的语言常常带给人比想象更严重的后果，而委婉的语言才能够促成事情。下面这个例子就真实地体现了这一点。

有一次居里夫人过生日，丈夫彼埃尔用一年的积蓄买了一件名贵的大衣，作为生日礼物送给爱妻。当她看到丈夫手中的大衣时，爱怨交集，既感激丈夫对自己的爱，又心疼不该买这样贵重礼物，因为那时试验正缺款。她婉言道："亲爱的，谢谢你！谢谢你！这件大衣确实是谁见了都会喜爱的，但是我要说，幸福是内在的，比如说，你送我一束鲜花祝贺生日，对我们来说就好得多。只要我们永远一起生活、战斗，这比你送我任何贵重礼物都要珍贵。"居里夫人用一种很婉转的方式批评了丈夫，既能起到提醒的作用，又不会让丈夫的感情受到伤害，这一席话使丈夫认识到花那么多钱买礼物确欠妥当。

委婉是一种修辞手法。即在讲话时不直陈本意，而是用委婉之词加以烘托或暗示，让人思而得之，而且越揣摩，似乎含义越深越多，因而也就越有吸引力和感染力。

在社会交际中，人们往往会遇到不便直言之事，只好用隐约闪烁之词来暗示。如1972年美国总统尼克松访华，周恩来在一次酒会上说："由于大家都知道的原因，中美两国隔绝了二十多年。"真是妙绝。既让人体会到造成这一实事的原因，又不伤美国客人的面子，听者皆发出会心的微笑。

使用委婉语，必须注意避免晦涩艰深。谈话的目的是要让人听懂，如一味追求奇巧，反而会使他人丈二和尚摸不着头脑，甚至造成误解，影响表达效果。

有时，人难免因一时糊涂做一些不适当的事。遇到这种情况，就需要把握指责别人的分寸：既要指出对方的错误，又要保留对方的面子。这种情况下，如果分寸把握得不当，或者会使对方很难堪，破坏了交往的气氛和基础，并带来一系列严重的后果；或者会让对方占"便宜"的愿望得逞，给自己造成不必要的损失。为了一时嘴上之快，而影响了自己的人际关系或是前途实在是得不偿失。

一位干部到广州出差，在街头小货摊上买了几件衣服，付款时发现刚刚还在身上的100多元外汇券不见了。货摊只有他和姑娘两人，明知与姑娘有关，但他没有抓住把柄。当他向姑娘提及此事时，姑娘翻脸说他诬陷人。

在这种情况下，这位干部没有和她来"硬"的，而是压低声音，悄悄地说："姑娘，我一下子照顾了你五六十元的生意，你怎么能这样对待我呢？你在这个热闹街道摆摊，一个月收入几百上千，我想你绝对看不上那几张外汇券的。再说，你们做生意的，信誉要紧啊！"

他见姑娘似有所动，又恳求道："人家托我买东西，好不容易换来百把块外汇券，丢了我真没法交待，你就替我仔细找找吧，或许忙乱中混到衣服里去了。我知道，你们个体户还是能体谅人的。"

姑娘终于被说动了，她就坡下驴，在衣服堆里找出了外汇券，不好意思地交还给他。

上述案例中，这位干部的一番至情至理的说辞，不但使钱失而复得，而且还可能挽救了一个几乎沦为小偷的青年。

现实生活中，人们普遍存在着吃软不吃硬的心态。对于这样的人就应该讲求批评的技巧，特别是对性格刚烈、很有主见的人，你如果说"硬"话，比如以命令的口吻，对方不但会不理睬，说不定比你更硬；你如果来"软"的，对方反倒产生同情心，纵使自己为难，也会顺从你的要求。

恳求就属于"软"话的一种。很多时候，你要想说服人，说软话要比说硬话效果好得多。然而恳求并不是低三下四地哀求，而是一种"智斗"，是一种心理交锋。通过恳求的语言启发、开导、暗示对方，并使对方按你的意思行事。

春秋时期，齐景公放荡无度，喜欢玩鸟打猎，并派烛邹来专管看鸟。一天，鸟全都飞跑了，齐景公大怒，要下令斩杀烛邹。这时，大臣晏子闻讯赶到，他看到齐景公正处在气头上，怒不可遏，便请求齐景公允许他在众人之前尽数烛邹的罪状，好让他死个明白，以服众人之心。齐景公答应了。于是，晏子便对着烛邹怒目而视，大声地斥责道："烛邹，你为君王管鸟，却把鸟丢了，这是你第一大罪状；你使君王为了几只鸟儿而杀人，这是你第二大罪状；你使诸侯听了这件事，责备大王重鸟轻人，这是第三条罪状，以此三罪，你是死有余辜。"

说罢，晏子请求景公把烛邹杀掉。此时，景公早已听明白了其中的意思，转怒为愧，挥手说："不杀！不杀！我已明白你的指教了！"

很明显，晏子是反对景公重鸟轻人的，但他看到景公正处于气头上，直谏反而不妙，于是就采取了以退为进、以迂为直的方法来间接地表达自己的意见，使齐景公得以领悟其中的利害关系和是非曲直，达到了既救烛邹之命，又得以说服景公的目的。而且，晏子也避免了直接触犯景公，给自己引来不必要的麻烦。

沉默是美，言多语失

俗话说，"逢人只说三分话"。你也许以为大丈夫光明磊落，事无不可对人言，何必只说三分话呢？细察老于世故的人你会发现他们的确只说三分话。

说话须看对方是什么人？对方不是可以尽言的人，你说三分真话，已不为少。孔子曰："不得其人而言，谓之失言"，对方若不是深相知的人，你也畅所欲言，以快一时，对方的反应如何呢？在谈话过程中往往是说者无意，听者有心。若彼此关系浅薄，你与之深谈，会显出你没有修养；若你不是他的诤友，忠言逆耳，会显出你冒昧。所以逢人只说三分话，不是不要说，而是不必说，不该说，与事无不可对人言并没有冲突。只说三分话，也绝不是不诚实，绝不是狡猾。说话本来有三种限制，一是人，二是时，三是地。非其人不必说，非其时，虽得其人，也不必说。得其人，得其时，而非其地，仍是不必说。非其人，你说三分真话，已是太多；得其人，而非其时，你说三分话，正是给他一个暗示，可看看他的反应；得其人，得其时，而非其地，你说三分话，正可引起他的注意，如有必要，不妨择地作长谈，这才叫通达世故。

　　人在满怀喜悦或满腔忧愁的时候，在承受压力或突然心中巨石落地的时候，总是会想找一个可以倾诉的朋友宣泄一下，人们可以在倾诉中抒发自己的情绪，也可以在倾诉中整理自己的思绪，审视自己的行为。通常人们需要一个安静、理智的倾诉对象，需要对方同情和沉稳的目光。如果人们的倾诉被一次次地打断，那么他的倾诉心理就得不到满足。美国的女企业家玫林·几·阿什曾说：这种艺术的首要原则，就是你全神贯注地听取对方的谈话内容；其次，当别人请教你的时候，你最好的回答就是：你看怎么办？她举了一个例子：有一次，公司里的一位美容师来向她倾诉自己婚姻的不幸，并问她，自己是否应提出离婚。玫林并不熟悉她的家庭，不可能为她拿主意，只好每次在美容师问她的时候，反问一遍"你看应该怎么办？"她每问一次，美容师就认真地考虑一下，然后说出自己应该如何如何。第二天，玫林就收到了美容师的鲜花和感谢信。一年以后，玫林又收到了她的信，说他们的婚姻已十分美满，感谢玫林为他们出的好主意。事实上玫林什么主意也没有出，只是以足够的耐心和沉静的态度感染了当事者，让她能够从非理智的情境转换到理智情境，像思考别人的事那样思考自己的事，从而寻找出适合于她自己的解决方法。这就是"聆听"的魅力所在。

　　当然，上述的"聆听"只是沉默的一种情况。它只是我们在与他人交流时所采取的一种仔细感受对方并保持沉默的方法。实际上沉默是一种以守为攻的主动性行为，并非始终一言不发。对对方的谈话表现出惊奇有趣的表情，可以使他的谈兴大增。更主要的是仔细聆听，可以了解对方的秉性和爱好，从而选择自己的谈话内容。

　　如果你想要用言语慑服别人，你说得越多，就越显得平庸，而且越不能掌控大局。

　　即使你是在说平凡无奇的事情，如果你能说得模棱两可、没有定论，好像猜谜语一般，对方将会感到非常新鲜有趣。而你说得越多，就越有可能说出愚蠢的话，俗语说言多必失。

　　科里奥拉努斯是古罗马时代一名了不起的英雄，他赢得了许多重要战役，屡次拯救罗马城免于杀戮。

　　由于他大半光阴都消耗在战场上，罗马人很少认识他本人，这使得他成为谜一般的传奇人物。

后来，科里奥拉努斯打算角逐高层的执政官来拓展名望，进入政治界。

竞逐这个职位的候选人必须在选举初期发表公开演说，科里奥拉努斯以自己十多年来为罗马征战累积下来的伤疤作为开场白。虽然群众中很少有人真正去听接下来的长篇演说，但是他那些伤疤证明了他的勇猛与爱国情操，令人们感动得泪如雨下，几乎每个人都认定他是注定当选了。

但是事情总会和人们事先想象的不一样，结果没有揭晓之前，谁也不知道会发生什么，在投票日来临的前夕，科里奥拉努斯由所有的元老及城内贵族陪同进入会议厅，这时，目睹这种排场的平民们对于他在选举前如此大摇大摆的态度开始感到不安。

果然当科里奥拉努斯发言时，内容绝大部分是说给那些陪同他前来的富有的市民听的。

他不但傲慢地宣称注定胜选，又再度吹嘘在战场上的功绩，更说了一些讨好贵族的无聊笑话，或者无理、愤怒地指控对手，同时预计自己会为罗马带来财富。

这一次人们仔细听了，原来这名传奇英雄也只是个平庸的吹牛大王。

科里奥拉努斯第二次演说的讯息迅速传遍罗马，于是人们改变了投票意向。

这就是说多错多的一个实例，人们总是不喜欢过分夸大自己功绩的人，因为这样的人往往没有忧患意识，而且狂妄自大，目中无人。

公司里有一个女孩子，平日只是默默工作，并不多话，和人聊天总是微微笑着。

有一年，公司里又来了一个好斗的女孩子，很多同事在她主动发起的攻击之下，不是辞职就是请调。

最后，矛头终于指向了那个沉默的女孩子，火药点燃，劈里啪啦一阵，谁知那位女孩只是默默笑着，一句话也没说，只偶尔问一句："啊？"最后，那个好斗的女孩只好主动鸣金收兵，但也已气得满脸通红，一句话说不出来。

过了半年，这位好斗的女孩子也自请他调。

你一定会说，那个沉默的女孩子修养实在太好了。

其实不是这样，只是那位女孩子听力不大好，虽然理解别人的话不至于有困难，但总是要慢半拍，而当她仔细聆听你的话语并思索你的话语的意思时，她则会表现出一副很茫然、很诧异的表情，让人不明白她在想什么，好像根本不知道你是在说与她有关的事情一样。

好斗的女孩对她发作那么久，她回答的却是"啊？"的不解声，难怪斗不下去，只好鸣金收兵了。

这个故事也说明了一个事实：面对"沉默"，所有的语言力量都消失了！而装聋作哑可以不战而胜！

沉默是最有力的攻击武器，它最大的特点就是不战而屈人之兵。

万不可在背后说人坏话

《伊索寓言》里讲过这样一个故事：

有一头狮子老了，病倒在山洞里。除了狐狸外，森林里所有的动物都来探望过他们的国王。狼因为对狐狸有所不满，就利用探病的机会在狮子面前诋毁狐狸。

狼说："大王，您是百兽之王，大家都很尊敬、爱戴您！可是，您现在生病了，狐狸偏偏不来探望您，他一定是对大王心怀不满，所以才会这样怠慢您啊……"

正说着，恰好狐狸赶来了，听见了狼说的最后几句话。一看见狐狸走进来，狮子就气愤地对着他大声怒吼起来，并说要给狐狸最严厉的惩罚。

狐狸请求狮子给自己一个解释的机会。他说："到您这里来的动物，表面上看起来很关心您，可是，他们当中有谁像我这样为您不辞劳苦地四处奔走，寻找医生，问治病的方子的？"

狮子一听，便命令狐狸立刻把方子说出来。狐狸说："只要把一只狼活剥了，趁热将他的皮披到您身上，大王的病很快就会好了！"

顷刻之间，刚才还在狮子面前活灵活现地说狐狸坏话的狼，就变成了一具死尸，躺在地上了。狐狸笑着说："你不应该挑起主人的恶意，而应当引导主人发善心。"

喜欢在背后议论别人的人，通常都是爱挑拨离间的人。正因为是在背后议论别人，才为挑拨离间者提供了生存的土壤和空间。尤其是在背后说的大多是坏话而不是好话。喜欢搬弄是非、挑拨怨仇，到处说别人坏话的人，最终都会使自己受害。即使能够伤到别人，那也只是暂时的，却不可能使自己长期受益。

俗话说："纸里包不住火"，若要人不知，除非己莫为，说别人的坏话，迟早都会传到别人的耳朵里面去，结果必将引来仇恨和报复。

当你多说别人的好话时，不管是当面说的，还是背后说的，最后也都会传到别人那里去。而且，在背后多说人好话，比当面直接说的效果往往更好。这些好话也必将使你大大获益。

古人指出："见得天下皆是坏人，不如见得天下皆是好人，有一番熏陶玉成之心，使人乐于为善。"意思是与其把天下之人都看成是坏人，不如把天下之人尽看成是好人。这样做的好处是以自己的真善美之心来熏陶别人，帮助他人也形成向善的思想。

这条古老的名言在这里说了一个很简单的道理，那就是人的心境完全取决于人的思想观念，当你看天下所有人都是坏人，都对你有不良企图的时候，你的心情肯定好不了，整天疑神疑鬼，担惊受怕。但是，当你认为天下人都是好人，都会给你关心，给你帮助时，你的心情一定会开朗，感觉每一天都是阳光灿烂的日子。

在工作中的确存在这样一种人，他们说话做事，人前一个样，人后又是一个样。这样的人在别人面前时甜言蜜语，而背后却很可能说你的坏话，给你造成不利的人际关系。

生活中的有些事情，是不能用是非曲直把它说清楚的，抑或根本就没有必要去分出个是非高下。生活中，我们总希望活得轻松、自在，为什么要像法官那样费尽周折去定是非呢？所以定要分清是非曲直是争强好胜的心理在作祟，图自己一时的痛快，全然不顾他人的感受，对于那些生活上的鸡毛蒜皮之事，即使弄明白你对了他错了又能说明什么问题呢？结果并不见得是对方承认你聪明，反而倒是在彼此心上拉开了一段距离，影响了夫妻之情、手足之谊或朋友之间的和睦气氛。

我们反对当面不说背后乱讲，并不是因为"隔墙有耳"，关键是在别人背后说人家的闲话这本身就是不道德的行为。所以，有这种毛病是切记要改的。

所以，不轻率地讥评别人，要紧的是在内心中戒除一个"傲"字，对待朋友、家人都不能过于苛刻，处理事物时要处处留有分寸，看待周围的人时多从好处着眼，只要大是大非不乱，小是小非就不要去深究了。这样天长日久，在你身边必定会形成和谐顺畅的氛围。

适时亮明观点，应对他人欺凌

人们经常感叹马老实了任人骑，人老实了任人欺。遇到这种情况有必要反思一下，为什么自己没有勇气表现起初的自我？如果你发现自己常常扮演违心的角色，那么你不要指望别人改变看法，而要自己拒绝扮演。因为别人不尊重你的人格，总是要求你百依百顺，这是你自己一味忍让的结果。尽管这是你无意中教会别人这么做的。

女人，在适当的情况下，放狠话，该发火时就发火才是解决问题的最有效的办法。不能让强势的人永远欺凌我们，要争取自己的合法权益，并且守住道德底线。不要因为一时的忍气吞声助长了对方的气焰，也避免影响周围的人纷纷效仿。

表明新态度时，不仅要用言辞，而且要用行动。许多人以为斩钉截铁、干脆明确地说话和行动将会令人不快，或是蓄意冒犯。其实不然，这样做意味着大胆而自信地表明你的权利和人格，或是声明你有不容侵犯的立场。不要再说那些什么"我是无所谓的"、"我可没什么能耐"之类的话。当你碰到吹毛求疵、好挑剔、夸夸其谈、强词夺理、强人所难、专横跋扈的欺人者，你就该冷静地指明他们的言行不合情理，是不能接受的。请记住：是你教会人们怎样对待你的，若把这一条当作指导你的生活的原则，你就能解放自己了。

在人际交往中，如果你不能表现真实的自我，为了让别人满意不得不装模作样，扮演违心的角色，那么第一个牺牲品就是你自己，你也不会赢得别人的信任和喜爱。显然，不表现真实的自我，包括避短藏拙，就是自我贬低和束缚，就是自欺欺人。人不完美很正常，很真实，何必总想在别人面前表现出自己是一个完美的人呢？

　　人要在世上立足，首先需要的是自强自立。即使想结交比自己更强的人物，也要有所选择。如果一味地讨好别人，盲目巴结、依附他人，只会自取灭亡。

　　女人，不能总是扮演弱者的角色。虽然说有"家和万事兴"、"维护和平"以及"得饶人处且饶人"等等这些大道理，但是，面对欺负和凌辱，我们应该勇敢地亮明观点，让对方知难而退。

Chapter 5

铺路实交之前，储备人际资源

聪明的女人善于打造自己的交际圈，她们在多个交际圈中长袖善舞，这不但是女人自信，也是女人魅力的表现。以一种高尚的人格做人，以一种独特的魅力社交，丰富的人脉就自然掌握在你的手中。

"送你一件美丽的武器，让你的生活悄然碧绿"，假如你要寻找成功处世的捷径，假如你要寻找一份事业成功的喜悦，假如你要寻找浪漫四溢的生活，请时刻记得要未雨绸缪，投资友情、投资爱心、投资希望，才能收获成功。

我们应该像智者那样，在生活中，在事业上，始终保持警惕性、危机感，对有可能出现的问题及早处理、防微杜渐，把祸患消灭在萌芽之中，而不能有愚者那种心怀侥幸、"亡羊补牢"的错误想法，这样，你就不会把事情弄到不可收拾，无法挽回的被动局面了。

投资社交，难以衡量的高回报率

据统计资料表明：良好的人际关系，可使工作成功率与个人幸福率达85%以上；一个人获得成功的因素中，85%决定于人际关系，而知识、技术、经验等因素仅占15%；某地被解雇的4 000人中，人际关系不好者占90%，不称职者占10%；大学毕业生中人际关系处理得好的人平均年薪比优等生高15%，比普通生高出33%。

几乎所有的人都懂得处理好人际关系的重要性，但尽管如此，大多数人都不知道怎样才能处理好人际关系，甚至相当多的人错误的认为拍马屁、讲奉承话、请客送礼，才能处理好人际关系。其实，处理人际关系的决窍在于你必须有开放的人格，能真正的去欣赏他人和尊重他人。

要学会从内心深处去尊重他人，首先必须能客观地评价他人，能看到别人的优点，你会发现你的亲人、朋友、同事、上司或下属身上都有令你佩服、值得你尊重的闪光之处。发自内心地去欣赏和赞美他们，在行为上以他们的优点为榜样去模仿。这时你就会发自内心地去尊重和欣赏他人，你就达到了处理人际关系的最高境界。换个角度想，若有人对你有发自内心的毫不虚假的欣赏和尊重，你肯定会由衷地喜欢他（她）们并与他（她）们真诚相待。

不能否认的是，人都有一个共同的弱点，就是希望别人欣赏自己、尊重自己，这一点在女人身上尤其明显。比如，我们买了漂亮衣服，满心欢喜地穿出去，总是希望别人出口称赞，而且如果没有得到称赞还会郁郁寡欢的。人是非常容易看到别人的缺点而很难看到别人的优点的，我们必须克服这些人性的弱点。客观地观察别人和自己，你会惊奇地发现，原来自己还有许多不足，而身边的人都有值得你学习、借鉴的地方。我们不能因为别人有一点比你差的地方就去否定别人，而是应该因为别人有一些比你强的优点而去欣赏和尊重别人，肯定别人。

在企业里与上司、同事、下属相处时，若你能客观地发掘别人的优点并真诚地尊重和欣赏别人时，你的人际关系便如鱼得水了。但总有一些人认为自己怀才不遇，看到自己上司有一点点不如自己的地方便从内心看不起上司，私下抱怨上司，工作上不配合上司，结果连与上司的关系都处理得不好，更不用说同事和下属了，这种人必然会自食其果。

女人，如果能够懂得在社交中如何欣赏、尊重他人，处理好人际关系就会带来无尽的好处和机会：其一，成本最低，不用花费金钱去请客送礼，不用伪装自己去浪费感情；其二，风险最低，不必担心当面奉承背后忍不住发牢骚而露馅，不必担心讲假话，提心吊胆，食寐不安；其三，收获最大，因为你能真心尊重和欣赏别人，你便会去学习别人的优点并克服自己的弱点，使自己不断地完善和进步。

一个懂得用欣赏人、尊重人的方式处理人际关系的女人会过得很愉快，别人也会同样地欣赏和尊重她，而一个提倡欣赏人和尊重人的团队也将会是一个关系融洽的大家庭，团队中的每一位成员都能欣赏和尊重别人，因此每一位成员也受到别人的欣赏和尊重，每一位成员都会心情舒畅，于是这个团队的凝聚力会提高。

有这么一个值得我们深思的寓言故事：

有一天，一只老青蛙遇见一只老蜘蛛，大吐苦水道："我一辈子都在辛勤工作，但只能勉强糊口。现在我年老体衰，等待我的命运却是要饥饿而死。而你，我从没见你劳动过，却衣食丰足，即使现在老了，仍不愁吃喝，自有投网者，送来美味佳肴，这世道真不公平啊！"

老蜘蛛回答："你说得不对，想当年，我每天操劳，日复一日地织我这张网，好不容易生活才有了依靠。就是现在，我还随时要修复经常出现的破洞。你之所以生活艰辛、老而无靠，那是因为你是靠四条腿在生活，而我是靠一张网在生活，网不会因我年老而衰，所以我虽然年事已高，而生活不愁。如果我也像你一样靠我这几条纤细的腿来生活，我会过得比你还惨百倍。"

人又何尝不是如此？靠个人能量，搏不过狮子，但倚仗外来的能量，却可以把狮子关在笼子里供人观赏。

所以，个人的能量大小和成功与否，很大程度上取决于人际关系，而良好的人际关系，则来自于良好的社交。

人的一生就是社交的一生，如果你注意观察，人与人之间的交往举目皆是，并且都体现着社交的真谛。

在你面临危险时，有朋友就不用害怕；在你伤心无助时，有朋友什么事情都能拨云见日；有朋友在身边，可以分享快乐，分担痛苦。

社交是发展事业的前提，事业成功的机率与社交圈的大小体系相关。

在生活和工作中，人们都希望充分地发挥自己的才能，但是，人们又常常感到，有时自己的才能得不到充分的发挥，其中原因之一就是受人际关系的影响。

某家人际关系研究中心曾花费三年时间对2 000人的档案记录进行分析，结果发现，"智慧"、"专业技术"和"经验"只占成功因素的14%，其余的86%决定于良好的人际关系。

相反，有些人并无过人之处，但他们由于深谙社交之道，在人际间开辟了广阔的天地，因而成为令人羡慕的成功者。

选择朋友就是选择坦途

交友不可不慎。古人云："近朱者赤，近墨者黑。"这个道理古今贯通。人的一生如果交上好的朋友，不仅可以得到情感的慰藉，而且朋友之间可以互相砥砺，相互激发，成为事业的基石。朋友之间，无论志趣上，还是品德上、事业上，总是互相影响的。一个人一生的道德与事业，都不可避免地受到身边人的影响。从这个意义上，可以说选择朋友就是选择命运。

王充在《论衡·程材篇》中说："蓬生麻间，不扶自直；白纱入缁，不染自黑。"

如今，许多人都有一个共同的感叹：工作中再大的困难咱不怕，就怕人际关系太难处，真正的朋友太难觅。

真朋友总想和你交流，假朋友总想和你交易。越是真朋友，越不愿麻烦对方，怕影响对方。假朋友则相反，总是想方设法要对方为自己办事。真朋友是一笔精神财富，假朋友则是一颗炸弹。

故，慎交友，先要讲"友道"。友道之义在于真情实意，志同道合。当然，人是社会的人，越是走向高位，人际关系也越复杂。因为社会关系不仅仅是"友道"，而且要打上很多互相帮助、互相利用的印迹。

假朋友犹如身边隐藏着的一颗定时炸弹，随时会爆炸。清末名人曾国藩说过："一生之成败，皆关乎朋友之贤否，不可不慎也。"今日吟读，仍觉得余音绕梁，受益匪浅。朋友之贤愚，只是外因，一生之成败，关键还在自身。

在人的生命中，财富不是一生的朋友，而真正的朋友是一生的财富。人生漫漫长路上交朋友不在多，贵在交诤友。交友的原则是：善交益友、乐交诤友、不交损友。

所谓"诤友"就是勇于当面指出缺点错误,敢于为"头脑发热"的朋友"泼冷水"的人。

诤友之所以可贵,就在于他们能以高度负责的态度,坦诚相见,对朋友的缺点、错误决不粉饰,敢于力陈其弊,促其改之。如果能结识几个诤友,那么在前进的道路上,就会少走弯路。

人非圣贤,孰能无过?谁都不可能是"足金完人"。失误总是难免的,但由于是"当局者"的原因,犯错误还往往不能自知。这时如果没有"旁观"的诤友直言相告,及时提出批评,就可能迷失方向,误入歧途,后果不堪设想。如果身旁有了诤友,就能在诤友的帮助下,迅速地从错误和混沌中解脱出来。翻开我国历史,因交诤友而成大业者不乏其例。"以人为镜"的唐太宗,用诤臣,交诤友,开言路,明得失,从而成就了"贞观之治"的辉煌业绩。因而,凡是想成就一番事业的人,都十分重视交结诤友。

女人在社交中,要想交结诤友,则必须要有宽广的胸襟,如果凡事都斤斤计较,则不可能结交到真正的诤友,因为所谓诤友都是不用拐弯抹角的相处,可以一针见血地批评。倘若没有唐太宗"从谏如流"的气度,就会把他们的"逆耳之言"看作是找茬儿、刁难人,不但不会与之结成诤友,反而会给"小鞋"穿,甚至排挤、打击他们。

交结诤友,必须要有正视自己缺点和改正错误的勇气。一个"讳疾忌医"者,是不可能让诤友"刮骨疗毒"的。这种人文过饰非,喜顺恶逆,对于诤友之言不以为然,我行我素,即使知错也不肯改。诤友只好离他而去。西楚霸王项羽,不听诤言,不容诤友,直到众叛亲离,独身脱逃至乌江边还仰天长叹:"此天之亡我,非战之罪也。"这位"盖世之才"是死不认错的。试想,这样的人怎么能留住诤友呢!

交结诤友,是以共同理想和事业为前提的。如此才能肝胆相照,以诚相待。为了共同的理想和正义的事业,可以慷慨解囊,可以物我两抛。诤友之间,知无不言,闻过即改;只有信任,没有欺诈;只有激励,没有姑息;友情为重,不失原则;患难与共,决不苟且。这样的友谊,才是真正的友谊。

有一句名言:如果你把快乐告诉一个朋友,你将得到两个快乐,而你如果把忧愁向一个朋友倾诉,你将被分掉一半忧愁。无论成功还是失败,真朋友都会站在你的身边。假朋友则不然。你成功时,他或许会和你在一起。而一旦你失败了,他便掉头离去,甚至千方百计陷害你。所以,选择朋友就是选择坦途!

悬挂信誉牌匾,矗立美德口碑

在生活和事业上,你有时可能由于说真话而失去某些东西。但是在漫长的人生旅途中失掉一两次机会算不了什么。你需要的是建立起信誉,树立起正直诚实的声誉。你的话应该被人信任、尊重；让别人知道你是一个靠得住、值得信赖的人。

诚实的人给人一种安全可靠的感觉，你一眼就可以看得出来。同诚实的人打交道，你用不着去揣摩、猜测他在想什么，有什么企图，他们会直接告诉你。

信用既是无形的力量，也是无形的财富。领导者若能得到大家的信任，众人自然会为他效力。

"敦厚之人，使可托大事"，一个不够诚实、不讲信誉的人是不会拥有真正的朋友的。这样的人在社交中也必定受人鄙视。所以，失信于人其实是一件愚蠢的事，你必须时刻提醒自己，一定要爱惜自己的信誉。

获得众人的信任，铸就自己的信誉，不论你采取何种方法，但笃诚、守信及勤劳是最根本的要诀。

如果说实现对自己许下的诺言是负责任的表现的话，那么同样地，遵守对别人的诺言也是诚实、负责任的表现。

承诺的力量是强大的。遵守并实现你的承诺会使你在困难的时候得到真正的帮助，会使你在孤独的时候得到友情的温暖，因为你信守诺言，你的诚实可靠的形象推销了你自己，你便在生意上、婚姻上、家庭上获得成功。

相反地，有些人随随便便地向别人开"空头支票"，却又无法兑现，相信他们无论在哪一方面都不会成功的。

在女性社交中，信誉也是尤其重要的。诚信是做人之本，一旦失信于人，不仅给人留下人品不端的坏印象，而且对于长久的利益来说，也会造成很大的损失。因此，不要为了一时的小利而损失自己宝贵的信誉，树立良好的信誉会使你受益匪浅。

什么是信誉？所谓信誉，是指依附于人之间、单位之间和商品交易之间形成的一种相互信任的生产关系和社会关系。信誉构成了人之间、单位之间、商品交易之间的双方自觉自愿的反复交往，消费者甚至愿意付出更多的钱来延续这种关系。信誉包括两方面的内容。

一是信守契约，即"言必信，行必果"。不论与人约会，还是与人合作，或者答应别人的事，只要是有约在前，就必须遵守，有言在先，就必须做到。不能出尔反尔，如果有特殊原因确定不能履约，也应该先通知；事发突然来不及告诉的，事后定要恳切说明，表示道歉。

二是对自己的言辞负责。在非开玩笑的场合，只要对方是在认真地与你交谈，你就必须力求言而有据，用词准确，实事求是。

古人言：人无信不立。进入现代文明社会，一个企业如果没有信誉，它的经营将一落千丈；一个人一旦失去信誉，在社会中也将寸步难行。社交中的信誉，对一个人的形象，进而对其事业的影响是潜在的和深远的。

台湾有一位著名的企业家，很小的时候他就明白，一个人的名声是永远的财富。而对一个生意人而言，最好的形象，当然是诚信。

一次，他向某银行借了500元，他其实并不需要这笔钱，他之所以借钱，是为了树立声誉。

那500元钱，他实际上从未动用过，等催款的通知一来，他就立刻前往银行还钱。

他说："我并不需要借钱，但我却需要声誉。"

从那以后，银行对他十分信任，再大笔的贷款，他都可以拿到。

另有一位成功的推销商，他有一种独特的推销策略。每次登门拜访客户的时候，他总是开门见山地先声明"我只耽误你一分钟时间"，然后按下手表，计时开始，拿着一份精心设计的文案，口若悬河地讲一分钟。时间到了，他主动打住，留下材料，然后离去，绝不耽误客户的时间。

说用一分钟，就用一分钟，一秒不差。而这带给客户的印象就是"他说到做到"，即"有信誉"。

3天后，这位推销员再度来电，在电话中自我介绍，客户一定还记得他，记得那个只讲一分钟的人。而他留下的书面资料呢？大部分客户都会看的；有没有进一步的商机呢？大部分也都会有。

墨子曾说过："言不信者，行不果"。信用是难得易失的，费十年功夫积累的信用，往往由于一时的言行而失掉。可见，信誉的重要性所在，尤其是想要处理好人际关系、懂得社交之道的女人更要注意信誉的维护。

乐善好施，广结人缘

女人的社交中一个最基本的目的就是结人情，交人缘。俗话说："在家靠父母，出门靠朋友"，多一个朋友多一条路，人情就是财富。求人帮忙是被动的，可如果别人欠了你的人情，求别人办事自然会容易很多，有时甚至不用自己开口。做人做得如此风光，大多与善于结交朋友、乐善好施有关。

对于一个身陷困境的人来说，一碗热面、一杯热茶，可能就会使他度过人生中最艰难的时刻，重新树立进取的勇气和信心，成就一番事业。对于一个执迷不悟的浪子，一次交心的促膝之谈，可能就会使他重新树立人生的正确方向，积极努力，实现自己的理想。

人在"旅"途，情义无价，人人都需要别人的帮助。你对别人随意的一次帮助，可能就会使他领悟到善良的难得和真情的可贵。

人们既需要别人的帮助，也需要帮助别人。从这个意义上说，帮人就是积善积德。也许没有比帮助这一善举更能体现一个人宽广的胸怀和慷慨的气度的了。不要小看对一个失意的人说一句暖心的话，对一个将要跌倒的人轻轻扶一把，对一个无望的人赋予一次真挚的信任。也许你自己什么都没失去，而对一个需要帮助的人来说，也许就是醒悟，就是支持，就是宽慰。相反，不肯帮助人，总是太看重自己丝丝缕缕的得失，这样的人目光中难免闪烁着麻木的神色，心中也会不时地泛起阴暗的沉渣。别人的困难，他可当做自己得意的资本；别人的失败，他可化做安慰自己的笑料；别人伸出求援的手，他会冷冷地推开；别人痛苦地呻吟，他却无动于衷。至于路遇不平，更不会拔刀相助；就是见死不救，也许他都会有十足的理由。自私，使这种人吝啬到了连微弱的同情和丝毫的给予都拿不出来。

生活中经常还有这样的人，帮了别人的忙，就觉得有恩于人，于是心怀优越感，高高在上，不可一世。这种态度是很危险的，常常会引发反面的后果：帮了别人的忙，却没有增加自己人情账户的收入，正是因为这种骄傲的态度，把这笔账抵消了。

也总有一部分人抱着"有事有人，无事无人"的态度，把朋友当做受伤后的拐杖，自己伤势复原后就扔掉拐杖。此类人大多会被抛弃，没人愿意再给他帮忙；他去施恩，大概也没人愿意领受他的情了。人们在一起共事时，同舟共济，共同的命运把彼此联系在一起，只要采取合作态度，互相支持、互相帮助、互相关照，是最容易引起感情认同的。特别是在困难环境中的彼此相依为命、共渡难关。如此情谊深厚，可能终身难忘，友情也将更为牢固。比如，当年不少知识青年从城里到乡下插队，大家一个锅里吃、一个炕上睡，哪一个人受了欺负，大家一起为他鸣不平，如此心心相印的共同言行，必然转化为深厚的感情，铭刻在各自的记忆中，不管日后分散天南海北，做什么工作，任谁也不会忘记这段友情。

对身处困境中的人仅仅有同情之心是不够的，应给予具体的帮助，使其渡过难关，这种雪中送炭、分忧解难的行为最易引起对方的感激之情，进而形成友情。比如，一个人做生意赔了本，他向几位朋友借钱，都遭回绝。后来他向一位平时交往不多的同乡伸出求援之手，在他说明情况之后，对方毫不犹豫地借钱给他，使他东山再起，他从内心里感激。后来，他在事业上发达了，依然不忘同乡借钱的恩情，常常给对方以特别的关照。

朋友沟通还应该注意互相帮助。当对方有困难时，主动地伸出援助之手，会使对方备感温暖。而有时候恰如其分地请求对方帮助，还会加深朋友之间的友情。

女人在社交中常常会碰到这样的情况，有的女人平时朋友多得没法数，一起逛街、一起打牌、一起聊天，似乎人缘好的不得了，可到有事需要朋友帮助的时候，却抓不住一个，全都跑得无影无踪。有的女人平时朋友并不多，可在需要时个个都鼎力相助。

关注他人危难，及时雪中送炭

人生在世，没有一帆风顺的，总会有许许多多的艰难与困苦。当你遇到断崖险阻时，你需要的是帮助你架桥搭梯、雪中送炭的人。在这时帮助你的人，才是你真正的朋友。

雪中送炭、锦上添花都可落得人情，但两者之价值却有天壤之别。雪中送炭可以把人拉出火坑，走出困境。犹如你即将渴死在沙漠中，别人给你一口救命甘泉一样。就内心感受来说，给濒临饿死的人送一个馒头和给富贵的人送一座金山，是完全不一样的。

三国争霸之前，周瑜并不得意。他曾在军阀袁术部下为官，被袁术任命当过一个小小的居巢长，一个小县令罢了。

这时候地方上发生了饥荒，年成既坏，兵乱间又损失不少，粮食问题日渐严峻起来。居巢的百姓没有粮食吃，活活饿死了不少人，军队也饿得失去了战斗力。周瑜作为父母官，看到这悲惨情形急得不知如何是好。

有人献计，说附近有个乐善好施的财主鲁肃，他家素来富裕，想必囤积了不少粮食，不如去问他借。

周瑜带上人马登门拜访鲁肃，刚刚寒暄完，周瑜就直接说："不瞒老兄，小弟此次造访，是想借点粮食。"

鲁肃一看周瑜丰神俊朗，显而易见是个才子，日后必成大器，因此根本不在乎周瑜现在只是个小小的居巢长，哈哈大笑说："此乃区区小事，我答应就是。"

鲁肃亲自带周瑜去查看粮仓，这时鲁家存有两仓粮食，各3 000担，鲁肃痛快地说："也别提什么借不借的，我把其中一仓送与你好了。"周瑜及其手下一听他如此慷慨大方，都愣住了，要知道，在饥馑之年，粮食就是生命啊！周瑜被鲁肃的言行深深感动了，俩人当下就交上了朋友。

后来周瑜发达了，当上了将军，他牢记鲁肃的恩德，将他推荐给孙权，鲁肃也终于得到了干事业的机会。

还有这样一个故事：玛吉是个受到大家普遍赞扬的女人，朋友们都说她像阳光一样和煦而温暖。有人问她："你是怎样让大家喜欢你的？"玛吉是这样说的：多年前的一天，我接到了一个不幸的消息，我哥哥、嫂子和他们的孩子都在一次车祸中丧生了。"快来吧！"母亲在电话中悲哀地请求道。我被这一打击弄懵了，神志恍惚地在屋里来回走着，不知做些什么。实际上要做的事情很多，买机票，整理全家动身要带的衣服，托人照管房子等等。得知消息的许多朋友给我打来电话，几乎每个人都说："如果要我帮忙的话，请告诉一声。"然而我心里乱得很，静不下来做任何一件事。就在这时，门铃响了，我朋友小唐站在走廊上，"我是来帮你们刷鞋子的。"我感到很困惑，他解释说："记得我父亲去世时，我花了不少时间来刷洗孩子们要去参加葬礼的鞋。"于是，他把孩子们的脏鞋一双双拿到手边，连我和丈夫的也拿去了。他默默地刷着鞋子，看着他的背影，我禁不住流下眼泪，身上顿时有了力量，我开始一件一件做那些很急迫的事情。这件事给了我很深的教育，从此当朋友们需要我时，我从不打一个含混的电话说："如果有什么事要我帮忙……"而是尽力去做一点对他们有用的事。

人们对雪中送炭之人总是怀有特殊的好感。有位女士如此说："我有一位朋友，我每次需要帮助的时候，他一定出现。例如：我有急事需要用车，只要我打个电话，他一定到，可以说每求必应。事情一过去，我们又各忙各的。到过年过节的时候，我总是忘不了给他寄一张贺卡，打电话给他拜个年。"

人与人之间的交往是一种平等互惠的关系，也就是说，你对别人怎么样，别人就会怎样对你。你帮助我，我就会帮助你。正所谓"投之以桃，报之以李"，一个人只有大方而热情地帮助和关怀他人，他人才会给你以帮助。所以你要想得到别人的帮助，自己首先必须帮助别人。

坚持双赢思想，吃独食会卡到喉咙

作家刘墉曾写过一个故事：某天他到友人家做客，聊天时女主人突然跳起来："糟了，我忘记今天清洁工要来。"于是她开始扫地，把脏东西倒进垃圾桶。"不能让她觉得我一周没打扫，把工作全留给她。"话才说完，清洁工就到了，她请清洁工先清扫卧室，且立刻开启了卧室的冷气。作家夸朋友体贴，女主人点点头："我为她开冷气，她会感谢我；因为有冷气，她会仔细整理，汗水也不会到处滴，受惠的还是我。"用心体贴，坚持双赢，是女主人的智慧投资。

某个叛逆高中生顶撞母亲，父亲见他恶形恶状，便斥责："你妈是我捧在手心的宝，我呵护、照顾她，对她轻声细语，你凭什么对她大声？"孩子从此改过。这位父亲对儿子语带威胁，却又包含对妻子的疼惜，"怒目"、"幽默"实是父亲双赢的智慧教育。

生活中多用心，让事情化险为夷、反败为胜，便是双赢的智慧。

在人类历史上，人们相互之间的交往与合作，一直受到零和游戏原理的影响。所谓零和游戏，是指一项游戏中，游戏者有输有赢，一方所赢，正是另一方所输，游戏的总成绩永远为零。零和游戏的原理使游戏的利益完全向一方倾斜，而不顾及另一方的利益，胜利者的光荣往往伴随着失败者的屈辱和辛酸。因此在零和游戏的原理中，双方是不可能维持长久的交往关系的。因为谁也不愿意长久地以损害自己的利益为代价来保持双方的关系。人类在经历了两次世界大战、经济的高速增长、科技进步、全球一体化以及日益严重的环境污染之后，"零和游戏"观念正逐渐被"双赢"观念所取代。

无可否认，竞争和利己心是人类最古老的法则。以获得利益与损失利益为标准，人们相互之间的交往与合作，可以获得以下几种结局：利己——利人；利己——不损人；利己——损人；不利己——利人；不利己——不损人；损己——不利人。

社会学家告诉我们：利己不一定要建立在损人的基础上。即便在必须有输有赢的体育竞赛中，人们也认识到，通过比赛可以提高参与意识，增进相互了解，促进人类体质与精神层面的共同进步。而在各种经济合作中，只有一方获利的局面是不可能维持长久的。所以，要通过有效合作，达到双赢的局面。

双赢，是以退为进曲臂远跳的战略；双赢，是海纳百川有容乃大的气概；双赢，是人情练达皆学问的智慧。

双赢根植于人的内心，如果带着追求双赢的思想待人处事，很多看似对立的状况都可以达到双赢的效果。木匠与石匠，本非同行，属于见面点头微笑一下的关系，恰遇某次竞标活动，两行有了合作的机会。此时，老木匠与无知任性的小徒弟起了不应有的内讧，结果两人均身陷被惩处的危境。小木匠也后悔了，但错误已成事实，不可更改。关键时刻，作为竞争对手的石匠却做出了大义之举——他利用自己的长处及时挽救了木匠面临的危难。纯朴而智慧的石匠没有"落井下石"，而是不计前嫌地朝木匠伸出了援助之手，把一场灾难及时地消除在了萌芽状态。于是，木匠与石匠从此和解，他们在日后继续合作，取长补短，带来了事业的良性发展，实现了真正意义上的双赢局面。

还有这么一则寓言故事。

一只狮子和一匹狼同时发现一只小鹿，于是商量好共同追捕那只小鹿。它们合作良好，当野狼把小鹿扑倒，狮子便上前一口把小鹿咬死。但这时狮子起了贪心，不想和野狼平分这只小鹿，于是想把野狼也咬死，可是野狼拼命抵抗，后来狼虽然被狮子咬死，但狮子也深受重伤，无法享受美味。

试想一下，如果狮子不如此贪心，而与野狼共享那只小鹿，岂不就皆大欢喜了吗？

这个故事讲述的道理就是人们常说的"你死我活"或"你活我死"的游戏规则。

我们说，人生犹如战场，但毕竟不是战场。战场上，敌对双方不消灭对方就会被对方消灭。而人生赛场不一定如此，为什么非得争个鱼死网破，两败俱伤呢？

大自然中弱肉强食的现象较为普遍，这是出于他们生存的需要。但人类社会与动物界不同，个人和个人之间，团体和个体之间的依存关系相当紧密，除了竞赛之外，任何"你死我活"或"你活我死"的游戏对自己都是不利的。

我们在为人处世的时候，应把"双赢"作为一个核心，牢记在心，探求一种对大家都有利的方案，而不是一味地想要多赚别人一点儿。

每个人都有自己的世界，有自己的生活圈子，包括自己的亲朋好友、同学同事等等，保持一种双赢的心态，将会建立自己的和谐世界，将会使自己的社会整体效益最大化。

在人类社会里，你不可能将对方绝对毁灭，因此你的"单赢"策略将引起对方的愤恨，成为你潜在的危机，从此陷入冤冤相报的循环里。

所以无论从什么角度来看，那种"你死我活"的争斗从实质利益、长远利益上来看都是不利的，因此你应该活用"双赢"的策略，彼此相依相存。

在人际关系上，注重彼此和谐与互助合作，面对利益时与其独吞，不如共享。

在商业利益上，讲求"有钱大家赚"，这次你赚，下次他赚，这回他多赚，下回你多赚。何必一次贪够？

总而言之，"双赢"是一种良性的竞争，更适合于现代社会的相互竞争。女人在社交中，如果能够懂得"双赢"的道理，必定能够在处理人际关系和各种棘手问题时做到与他人互惠互利，最终达到自己的目的。

Chapter 6

把握社交分寸，不越雷池半步

人际交往中的分寸感是一种智慧和能力，需要不断修炼。古人云："得意便思有矜辞色否，失意便思有怨望情怀否。"无论得意时还是失意时，都需要不断自我反思与修炼。

男人的成功通常是经过有效的竞争取得，而女人的成功大多则是通过人际关系取得，其中的一个重要因素就是要把握好说话的尺度和办事的分寸。在现实生活中，有些女性很有知识，但因为缺乏"嘴上工夫"，因而不受欢迎。不善于处理人际关系，也便错过了一次又一次的晋升机会。成功的生活是由办得漂亮的一件件事日积月累形成的，为了顺利地办好各种事情，说话行为都是要讲究水平的。作为一个成功的女人，一定要讲究说话的尺度和办事的分寸。

坚持刺猬法则，保持合适距离

歌德有一句名言："距离是一种美，不善于把握适当的距离是很难产生真正的爱情的。"

柴可夫斯基和梅克夫人是一对相互爱慕而又从来未见过面的恋人。梅克夫人是一位酷爱音乐、有一群儿女的富孀，她在柴可夫斯基最孤独、最失落的时候，不仅给了他经济上的援助，而且在心灵上给了他极大的鼓励和安慰，使柴可夫斯基在音乐殿堂里一步步走向顶峰。柴可夫斯基最著名的《第四交响曲》和《悲怆交响曲》都是为这位夫人而作。

他们从未见过面的原因并非他们两人相距遥远，相反他们的居住地仅一片草地之隔。他们之所以永不见面，是因为他们怕心中的那份朦胧的美和爱，在一见面后被某些现实、物质化的东西所代替。

森林中有十几只刺猬冻得直发抖。为了取暖，它们只好紧紧地靠在一起，但却因为忍受不了彼此的长刺，很快就各自跑开了。

可是天气实在太冷了，它们又想要靠在一起取暖，然而靠在一起时的刺痛使它们又不得不再度分开。就这样反反复复分了又聚，聚了又分，不断在受冻与受刺两种痛苦之间挣扎。

最后刺猬们终于找出了一个适中的距离，既可以相互取暖又不至于被彼此刺伤。

在人际交往中，距离是一种美，也是一种保护。因此，交朋友要有一种弹性，要保持一定的距离。

有人认为，好朋友应该常聚会呀，保持距离不就疏远了吗？问题就在于常聚会，好朋友最初在一起，都能够融洽相处，但因为彼此来自不同的环境，受不同的教育，因此价值观再怎么接近，也不可能完全相同，便不可避免地要碰触彼此的差异。于是他们会从尊重对方，慢慢变成容忍对方，到最后成为要求对方。当要求不能如愿，便开始背后挑剔、批评，然后结束友谊。

两个人若能认识到刺猬法则，彼此保持合适的距离，就能避免这样的情况发生。有位女青年，与一个才貌双全的男青年由结识发展到相爱。他们酷爱诗文，常常在狄金森、拜伦、马雅可夫斯基的诗行中一起行走，很快进入热恋阶段。但随着接触的日渐增多，她开始发觉他"心胸狭隘，不会关心人，体谅人"，心渐渐"冷"了下来，想到同他分手。当爱情风波渐起时，想不到他和她暂时离别了，他要进藏支援文教建设。

一年后他们见面，都发现对方更具有魅力，变得更完善、更完美了，他们重归于好，而且彼此爱得更炽热、更深沉。

正像莫洛亚说的："朋友间保持适当的距离，能给双方美化升华的机会。"合适的社交关系需要的是含蓄、沉着，切不可过于袒露。

同事间交往的分寸是社会上各种关系中最不好把握的。与同事相处，太远了显然不好，人家会误认为你不合群、孤僻、性格高傲；太近了也不好，因为这样容易让别人说闲话，而且也容易使上司误解，以为你是在拉帮结派。

最理想的做法是，用适当的距离平衡同事间的关系，不即不离、不远不近的同事关系，才是最合适和最理想的。所以，与同事相处，切记有些话能说，有些话绝不能说。如果口不择言，毫无忌讳，那就很可能伤害同事，或者为同事所厌恶。

现实中，说话直爽常被人们视作一种优点。但也同时存在这样一种现象，同样是直来直去的人，有的人处处受到欢迎，而有的人却处处得罪人。

之所以会有这种现象，根本原因就在于说话分寸的把握。

事实上，直爽绝不等于言语毫无顾忌，只图说个痛快，不讲方式方法。那些因说话直接而得罪同事的人，问题就出在方式上。有的人讲话不分场合，如批评同事，虽然对方心里明白自己毫无恶意，但因为没考虑到场合，使被批评的同事下不了台，面子上过不去。同事的自尊心由此被伤害，当然会有意见。又或者平时说话没有注意，触动了别人的短处或隐私，无意之中得罪了同事。

交友时，必须把握好交往过程中主客体间的空间距离，要考虑到双方彼此间的关系、客观环境的因素等，过近不好，过远的做法同样也不可取。

所以，为了友谊，为了人生，不要怕孤单寂寞，要在人际交往中和朋友保持一定距离，避免因过分地亲密，而失去朋友。

过度热情常会让人"感冒"

不要认为只要热情待人就一定能获得别人的好感，很多时候，别人之所以远离你，恰恰是因为你太热情了，从而让人产生怀疑和误解。虽然说热情是人际交往的"升温剂"，但是倘若失控，温度超过了正常值，也会导致焚毁人际关系的悲剧发生。

在社交场合中，有的人怕受人冷落，急于和人建立良好的人际关系，所以就对人表现得十分积极、主动，好像与人已经认识了很久似的，无话不谈，没话找话。

我们通常称这类人为"自来熟"，他们总是表现出一副热情的态度，在各种场合都让人感觉人缘很好的样子。但有时候结果却不是我们所预想到的。付出和所得的不对等，经常使他们陷入痛苦之中。

有一位大学生，毕业后总想多多和别人交往。一进入单位，无论碰到谁他都拿出一副热情的态度，在各种社交场合中，他也总是寻找机会和人拉关系。

凡是和他有过一面之缘的人，有事想找他办，他也从未拒绝过，总是笑眯眯地说："好的，让我想想办法。"

开始时，大家都以为这个年轻人肯帮助别人，十分慷慨好义，但时间一长，人们却发现他所答应的事情没有一件办成的。

这个人明明知道有很多事情自己根本帮不上忙，但为了和人拉关系，就不分青红皂白地对别人的话"照单全收"。久而久之，人们便送给他一个绰号"老沙皇"，即"老撒谎"的谐音。

然而，这位大学生本人却在心里沾沾自喜，自以为是，因为从表面上看来，他的"人缘不错"，"熟人很多"。殊不知，他只是和别人"混个脸熟"罢了，根本没有一个人愿意真心和他交往。

一般说来，当我们和别人交往时，一旦别人对我们表现得过分热情，超过了一定程度，那么我们心里都会打上一个问号："他到底想干什么呢？"

这是人类的一种普遍心理，不仅对熟悉的人是如此，陌生人间的交往也是一样。

比如说，当你走入一家商店时，如果售货员对你冷若冰霜，你就一定会不高兴；但是，如果售货员对你热情万分，嘘寒问暖，不停地与你搭讪，推荐、介绍各种商品，那么你也会感到浑身不自在。结果，你不但不愿意购买任何商品，而且很快就拂袖而去。

过分热情的售货员，往往会让人产生一种误解："他一定是想多赚我的钱，或者是这里的商品不好卖，所以才会如此热情地向我介绍、推销的。"所以那些懂得销售技巧的人，都是十分善于把握分寸的人——既不冷漠淡然，也不过分热情。否则的话，就一定会遭到顾客的拒绝。

人与人之间的关系，是循序渐进、久而弥笃的。俗话说："路遥知马力，日久见人心。"不到一定的"火候"，人们之间的感情就不可能变深厚。

与人交往，不可刚一见面就表现得仿佛相交多年似的，更不要说话口无遮拦，太过随意。这种人际交往上的"揠苗助长"倾向，常常会导致彼此的关系早早夭折，迅速"死亡"。

如果你想受到别人的欢迎，积极主动的态度是必不可少的，但同时也要注意不过分热情。这样做，才更容易让人接纳你。

由于场合、年龄、性别、辈分以及交往的程度深浅等等方面的不同，热情也应该有程度上的区别。如在公开场合中，即使熟人、恋人相见，也不要旁若无人地高声纵情说笑，过度的亲昵举动则更不合适了。

"心急吃不得热豆腐"，人们之间的感情是慢慢培养起来的，也只能随着时间的推移而变得越来越深厚。这是一条不可违背的自然规律。

莫揭人短处，勿戳人痛处

每个人，回忆里总会有一些难言的往事和不愿提及的伤痕。与人相处时，给人留些颜面和自尊，切莫揭人家的短。交谈时的含蓄与得体，比口若悬河更可贵。

在生活的待人处世中，场面话谁都能说，但并不是谁都会说。一不小心，也许你就踏进了言语的"雷区"，触到了对方的隐私或痛处，犯了对方的忌，对听话者造成了一定的伤害。其实，每个人都有所长，亦有所短，待人处世的成功，一个很重要的因素亦是善于发现对方身上的优点，夸奖对方的长处，而不是抓住别人的隐私、痛处和缺点，大做文章。切记：揭人之短，伤人自尊！"揭短"有时是故意的，那是互相敌视的双方用来作为攻击对方的武器。"揭短"，有时又是无意，那是因为某种原因一不小心犯了对方的忌讳。有心也好，无意也罢，在待人处世中揭人之短都会伤害对方的自尊，轻则影响双方的感情，重则导致友谊的破裂。所以，还是俗话说得好，"打人不打脸，揭人不揭短"，要想与人友好相处，就要尽量体谅他人，维护他人自尊，避开言语"雷区"，千万不要戳人痛处。

明太祖朱元璋出身贫寒，做了皇帝后自然少不了有昔日的穷亲戚穷朋友到京城投靠他。这些人满以为朱元璋会念在昔日共同受苦的情分上，给他们封个一官半职，谁知朱元璋最忌讳别人揭他的老底，认为那样会有损自己的威信，因此对来访者大多都拒而不见。一个儿时一起长大的好友，也由于揭皇帝的短处而引来杀身之祸。

人不可能不犯错，也不可能一直祥光罩身。几乎每个人都有不太光彩的过去，或者有身体或性格上的缺陷，而这些就构成了一个人的短处。每个人的短处都是不愿意让人知道的。所以，与人相处时，即便是为了对方或为了大局而必须指出对方的缺点、错误时，也要讲究正确的方法、策略，否则不仅达不到本来的目的，还可能会惹下麻烦。

忽视关键细节，社交就是败笔

芭芭拉·帕克特曾说过："无论何时，细节总是具有魔力——这种魔力可能比你所认为的大得多。"

危机是一个人在不经意间积累的，成功也是由许多细节积累而成的。很多时候一个人的成败就取决于某个不为人知的细节。

女人一向被教导要做个"有魅力的女人"。那么什么是女性的魅力？甜美的笑容、得体的装扮、娇嫩的嗓音、温柔的气质……这些都是女性魅力的体现，但最能体现女性魅力的还是一些细节。女人在追求事业的过程中注意细节可以使自己获益良多。

老子说：天下难事，必作于易；天下大事，必作于细。成功的标准，就是追求细节上的完美，这是成功者的要求，也是成功者的想法。如果你能这样想，无论你做什么，做得多么好，都不会自满。因为很少有东西是完美的，即使是最好的产品都有缺陷。

只要你追求细节上的完美，就可以促使你成功。而世界上为人类创立新理想、新标准，扛着进步大旗、为人类创造幸福的人，就是具有这种追求完美无缺素质的人。无论做什么事，如果只是以做到"还可以"为满意，或是半途而废，那就很难成功。

曹操晚年曾让长史王必任总督御林军马，司马懿提醒他说："王必嗜酒性宽，恐不堪任此职。"曹操反驳说："王必是孤披荆棘历艰难时相随之人，忠而且勤，心如铁石，最是相当。"不久，王必便被耿纪等叛将蒙骗利用，发生了正月十五元宵节许都城中的大骚乱，几乎导致曹氏集团的垮台。司马懿从王必嗜酒这一习性而预见此人日后将铸大错，以一斑而窥全貌。而曹操在任用王必上一叶障目，两者成为鲜明对比。

聪明人做事，追求细节的完美。他们在常人忽略的地方付出了超常努力，他们自然就会在人生竞争中脱颖而出。巴尔扎克有时用一星期时间，只写成一页稿纸，但他的声誉，却远非近代的某些不严肃的作家所能企及。狄更斯不到预备充分时，不肯在公众前读他的作品。

细节就像火种，能爆发出惊人的威力——或者点燃一炉熊熊大火；或者引发一场火灾事故。

有些人不明此理，在细节方面马马虎虎。他们天真地认为，做人做事只要大方向不错，小节上不用太认真。他们还用一句老话来安慰自己的马虎：行大事者不拘小节。

但是，他们却不知道，世间每年因轻视细节造成的生命财产损失，比战争、瘟疫和自然灾害加起来还要多。1996年的大兴安岭大火，是一个工人随手扔下一个烟头造成的；1998年的九江大堤决口，是建筑单位马马虎虎应付工程设计造成的。每年发生的数十万起车祸，种种一切，无不透着马虎的影子。

一位出租车司机，将遗失在车上的钱包还给了失主。他耽搁了几天的出车时间，去报社，到电视台，出招领启事。

失主打开钱包，将里面的钱数了三遍。"硬是当着众人的面数了三遍。"出租车司机委屈地说，"数一遍也就可以了，数了三遍，还拿着些钱对着阳光照照，我当时尴尬得无地自容，难道我会抽出几张或者换几张假币进去，那样我又何必去还？"

数三遍，也许是失主一种下意识的动作，一种习惯。可是，动作附带的信息，相应地也传递到人的心里。每一个细节都有深长的意味和指向，每一个动作的背后都隐含着一种逻辑。将失而复得的钱，数上三遍，对于失主，也许就是习惯；而对捡钱的人，则可能是一种情感伤害。

在生活中，人的命运也经常会因为一些看起来微不足道的小事而改变。有些人也许还没有意识到，自己生活境遇不顺利的原因，并不是"大节"出了差错，而是对细节关注不够。不拘小节的毛病正在不知不觉地使我们失去友谊、失去爱情、失去机会。人际中的许多矛盾，往往不是因为谁的人品存在问题，而是一句话、一件小事造成的；工作中的失败，往往不是因为谁的能力不足，而是某些不良习惯造成的……细节虽然不起眼，它却经常产生决定性的作用。

戴维·帕卡德说："小事成就大事，细节成就完美。"成功就是由一件又一件小事、一个又一个细节积累而成的。如果能把握住这些细节，人们就能获得成功；如果不注重细节的积累，而只想一举成功，那实在是做白日梦。

办事留有余地，做事不可做绝

通常情况下，女人一看到竞争对手，都会产生一种敌视情绪，在与对手相处时，态度极为冷淡，时时保持警惕之心。但切记做事不可做绝，改变一下你的态度这样除了可在某种程度之内降低对方对你的敌意之外，也可避免恶化你对对方的敌意。换句话说，为敌为友为己，都留下了一条灰色地带，免得敌意鲜明，反而阻挡了自己的去路与退路。

话不说绝、事不过分是一个人老练成熟的标志。毛头小伙一般总喜欢说些过激的话，做些过分的事。凡事留有余地是给自己方便，也是给别人方便。

人与人之间并没有"势不两立"的厉害冲突，很多事情之所以搞得双方都下不了台，起因都是一些小问题、小磨擦，只要在交往中我们本着宽厚之心，多去体谅对手，那对手就一定也能体谅你。

一个人不可能每次都能在竞争中取胜。在失败的时候试着让自己拥有一颗宽容的心，远离嫉妒，让心绪变得平和，使自己能理解别人，这也是竞争中的一个重要原则。

古代南宋有一个叫沈道虔的人，家有菜园，种有萝卜。这天，沈道虔从外面回家，发现有一个人正在偷他家的萝卜，他赶紧回避开，等那人偷够了走后他才出来。又有一次，有人拔他屋后的竹笋，沈道虔便让人去对拔竹笋的人说："这笋留着，可以长成竹林。你不用拔它，我会送你更好的。"后来，他让人买了大笋去送给那人，那人十分羞惭，没有接受，沈道虔就让人把大笋直接送到了那人家里。沈道虔家贫，常带着家中小孩去田里拾麦穗。偶尔遇上其他拾麦穗的人相互争抢麦穗，他就把自己拾到的全部给争抢的人，使那些争抢的人非常惭愧。

懂得宽容的人更加容易获得胜利。宽容有很多种，包容别人的错误是其中一种。替犯错误的人掩藏几分，可能会被别人看做是没有原则，但是，这确是做人的一种大智慧。

理解、包容自己的对手，看淡结果的得与失，那么你的心，会因着这份平和而充满宁静和宽容。这样，在面对你的竞争对手时，你也可以微笑着迎接新的挑战了，胜利了，赢得辉煌；失败了，同样美丽。

曹操的曾祖父曹节素以仁厚著称乡里。一次，邻居家的猪跑丢了，而这头猪与曹节家里的猪长得一样，邻居就找到曹家，说那是他家的猪。曹节也不与他争，就把猪给了他。后来邻居家的猪找到了，知道搞错了，就把曹节家的猪送回来了，连连道歉，曹节也只笑笑，并不责怪邻居。

沈道虔和曹节表面看来，无是无非，甚至显得窝囊懦弱，但实际上，却显出了他们宽大厚道的为人。偷萝卜拔笋争麦穗，是不好的行为，但也是人穷家贫的无奈，何必深责？替他掩藏几分，反倒能使他自惭改过。邻居错认猪，尽管有自私一面，但失猪对一般人家也毕竟是大损失，情急之下错认，也可以理解。

对于这些对手，不必斤斤计较。最好不要采取粗鲁方法来公开揭穿打击，而可厚道待人，让其自己惭愧反省。

女人，如果你可以这样做的话，你的任何对手都会对你甘拜下风，因为你已经赢在起点了。不要和对手势不两立，要懂得放弃一些眼前利益，来获得长远的利益。

一位搏击高手参加锦标赛，自以为稳操胜券，一定可以夺得冠军。但最后的决赛中，他遇到一个实力相当的对手，双方竭尽全力出招攻击。比赛中，搏击高手意识到，自己竟然找不到对方招式中的破绽，而对方的攻击却往往能够突破到自己防守中的漏洞。比赛的结果可想而知，这个搏击高手惨败在对方手下。

他找到师傅，并且将搏击过程给师父重新演练了一遍，请求师父帮他找出对方招式中的破绽。他决心根据这些破绽，苦练出足以攻克对方的新招，决心在下次比赛打倒对方。

师父笑而不答，在地上画了一道线，要他在不能擦掉这道线的情况下，设法让这条线变短。

搏击高手百思不得其解，转向师父请教。师父在原先那道线的旁边，又画了一道更长的线。两者相比较，原先的那道线，看起来变短了。

师父开口道："夺得冠军的关键，不仅仅在于如何攻击对方的弱点，正如地上的长短线一样，如果你不能在规定的情况下使这条线变短，你就要懂得放弃从这条线上作文章，寻找另一条更长的线。那就是只有你自己变得更强，对方就如原先那道线一样，也就在相比之下变得较短了。如何使自己更强，才是你需要苦练的根本。"

搏击高手恍然大悟，领会到："要懂得放弃，以自己的强项攻击对方的弱项，才能够胜利。"

学会选择，懂得放弃，你才能成为自己的冠军。

在与对手交往时，如果因为一些无谓的利益而使双方"拳脚相向"时，我们不妨适时的收手，不要把事情做绝，给对手留余地，最终将获得更大的利益。

凡事点到为止，不要将窗户纸捅破

生活中很多尴尬是由自己一手造成的，凡事多些考虑、留有余地总能给自己留条后路。这在外交辞令中是最常见的，每个外交部发言人都不会说绝对的话，要么是"可能、也许"，要么是含糊其辞，以便一旦有变故，可以有回旋余地。

如果我们在批评别人时不注意方法，将对方批得体无完肤，那么，对方很可能就会"明知道自己错了，可就是不改正"。

一般来说，批评要适可而止，没有必要非置对方于死地。因为我们批评人的目的是为了救人，为了帮助人。

如何才叫说话不过分，做事不过火呢？我们只要把握一个原则：对事不对人，不要伤害他人的自尊和人格，不要让一个人觉得无地自容。对人宽容些，别人会感激你的。而我们往往容易在高兴和气愤的时候说些绝对的话，做些过火的事，其结果往往是难以收拾。拿破仑在一次出访邻国时因高兴而说了这么一句话："只要法兰西帝国存在一天，我就会派人送来一枝玫瑰。"许多年以后，邻国向法国政府提出要履行诺言，法国人一算，吓了一跳，那简直是一个天文数字，最后只能通过外交途径解决了问题。

聪明的女人，在对人批评教育时，总是三言两语点到为止，不忘给对方留下一定的余地；然而有些女人就不是这样，他们总是不肯善罢甘休，非要将对方置之绝境，结果是过犹不及，反而将事情推到了反面。

Chapter 7

掌握进退心法，学会通权达变

《菜根谭》中说："路径窄处，留一步与人行；滋味浓时，减三分让人尝。此涉世一极安乐法。"作为女人，我们要学会通权达变、进退自如。

有一则寓言：从前，有一条大河，河水波浪翻滚。河上有一座独桥，桥很窄，仅用一根圆木搭成。有一天，两只小山羊分别从河两岸走上桥，到了桥中间两只山羊相遇了。但因桥面太窄，谁也无法通过，而这两只山羊谁也不肯退让。结果，两只山羊在桥上用角顶撞起来。双方互不示弱，拼死相抵，最终双双跌落桥下被河水吞没了。

人生之路，尽管每个人的道路各不相同，或者"行走"的方式不同，但都必须要"走"，而要真正走好自己的路不容易。因为我们的人生之路上可能会有坎坷和不平，可能会有荆棘和险阻。因此，我们要想走好自己的路，就必须学会应对坎坷和不平的技巧，要有披荆斩棘的斗志，要有战胜艰难险阻的勇气，也要有懂得通权达变的智慧。

强在弱中取，进在退中求

每个人都渴望成功，而且希望成功连续不断，从一次小小的成功，到更大更多的成功。仿佛人天生就是追求成功的，而不允许自己有所失败。当然，这种心思可以理解，毕竟人人都想进步，都有一种追求优越感、超过别人的愿望，但事实上，人不可能在所有方面都超过别人。一味追求成功，闷在一条死胡同里，必然会导致失败甚至无谓的牺牲。

人没有理由不允许别人超过自己。为什么非要去计较一城一池的得失呢？为什么非要为一点利益争得头破血流呢？为什么不回头看看？退一步海阔天空。聪明的人总是有远见卓识，他们不会一味地钻死胡同，相反，他们善于在广阔的人生海洋中发现机会。

"退"从表面上看，意味着胆怯、失败。但是下面一个事实也许会令你感叹不已。森林中，唯老虎为百兽之王，谁见谁怕。虎者，可谓威风凛凛的权威和王者象征也。可是，你仔细观察，这样的虎王，在捕食时却总是先后退几步，然后狂奔而上，紧紧地抓住猎物。老虎尚且知道在进攻时后退几步，以便产生更大的势能，而我们又何苦于只知前进、不知后退呢？

"进"固然重要，但是以"进"为目的的"退"也是可取的。小王的孩子最近数学成绩一直下降，急得他吃不好睡不好的，不知道该如何办。分析原因，他觉得也并非孩子不刻苦用功，老师每天布置的作业使孩子累得连自己心爱的足球赛也无法看，体育锻炼的时间就更无法保证。可这孩子对戏剧艺术挺感兴趣，无论什么时候一谈起京剧便能脱口而出，而且其嗓音也是极其出色的。但小王认为，在目前社会学京剧是没有出息的。于是对孩子的兴趣横加指责而不鼓励他自由发展。难道是自己太急于求成了？

后来，他找到专家咨询，专家建议他必须退让，不能强逼孩子去干自己不愿干的事，也不能强逼他放弃自己的兴趣和业余爱好，唯一可行的办法就是退一步海阔天空，让孩子在广阔的天地里找到自己的欢乐、痛苦、失败，当然，最终他肯定也会找到自己的成功！

果不出所料，过了几周，小王的孩子参加了业余京剧班，进步很快。同时，学习上也得心应手，心理压力去掉了，似乎前边的路更宽，走起来也很轻松。

这样的情况十分常见，每个家庭都会有孩子喜好与学习不相符的情况，家长应该正确理智地根据孩子的情况来决定取舍。同样的道理，在大家耳熟能详的大禹治水的故事中也有所体现。传说尧在位时年年大水泛滥。尧让鲧治水，鲧采用的方法是筑堤防水，可是今天刚筑好的堤坝，明天就被大水冲垮了。这样鲧足足用了9年时间却仍没将大水治服，结果被舜杀掉了。舜让鲧的儿子禹来治水，禹在治水过程中，善于思考，善于总结前人的经验，做让步思考，不钻死胡同。他凭着自身的智慧和顽强的斗争精神，经过十几年的艰苦斗争，利用疏导的办法，开凿了许多条河流渠道，终于把洪水引入大河，又由大河流入大海，最终取得治水的成功。其实，疏导对于筑堤来说就是一种后退，但面对汹涌而来的河水，我们不后退怎么能行呢？后退并非意味着河水强大不可战胜，而是为了寻找更好的时机和手段来控制它、牵引它，使它按渠道流入大海。这种方法不是更有效吗？

退本身并不能说明我们胆怯、弱小、是逃兵。相反，能进能退、能屈能伸是我们智慧的象征。古人形容大丈夫就说能屈能伸为大丈夫也，可见大丈夫行事，理应是有进有退。退的目的是为什么呢？是为了更好地进攻。在战场上，战斗一旦打响，就需要战士们有勇往直前、百折不挠的精神，这是战争打赢的关键之一，但适当的时候也需要有以退为进、以守为攻的战略做支撑。退到我们反攻为止，这时的反攻，其势绝对不可挡，强大的势能加上有韧性的战斗，胜利一定属于我们！

很多男孩子在追求女孩子的过程中，便很会利用这种战术。开始猛烈地进攻，使她眼花缭乱，无法招架。突然，进攻却停止了，对方也感到纳闷了，心想，这人怎么回事？于是，渴望被进攻的愿望加强了，这时男孩再勇敢地发起第二次进攻，不用说在锐气不可挡的情况下，必然会成为胜者！

女人在面对困难时，更不能一味的蛮干，"不撞南墙不回头"的精神有时候会让事情发展得更糟。认清自己的目标，暂时的停滞甚至后退并不会影响我们最终的目标和成绩，相反，磨刀不误砍柴工，采取正确的办法，甚至是以守为攻的做法有时会收到意想不到的效果。

强在弱中取，进在退中求。女人在面对社交中的困境时可以考虑暂时驻足或者退一步来看，或许可以柳暗花明，这比一味的强硬作风要有效得多。

小女人也要有大局观

"若争小可，便失大道"。这句贤文是说一个人如果一味地争夺个人小利，就会损害全局利益，有违道德标准，旨在教育人们，做人要顾全大局，要有全局意识。

当然，现代社会的女性也要有大局观，顾大局识大体。

大局是指整个的局面和整体的形势。一般来说，人的认识是有局限性的，对于与自身相关的局部事物看得重一些，而对全局的把握总是有一定难度的，因此，要通过不断的学习，培养自己的大局观念。要善于学习我国古人的智慧，汲取古人的教训，做一个顾全大局的人。

三国时期的汉寿亭侯关羽，曾过五关，斩六将，单刀赴会，水淹七军，是何等英雄气概。他与刘备、张飞桃园结义，成为不求同年同月生、但愿同年同月死的异姓兄弟，是何等的仁义。然而，就是这个万众信奉的偶像，却有一个致命的弱点——不顾大局、刚愎自用，结果不仅命丧他人，还使得蜀汉丧失了进一步发展的机会。

当关羽受刘备重托留守荆州时，诸葛亮再三叮嘱他要"北拒曹操，南和孙权。"可是，当孙权想与关羽成为儿女亲家，派人来向关羽提亲时，关羽一听大怒，喝道："吾虎女安肯嫁犬子乎？"把好事变成了坏事，由此得罪了盟友孙权，最终导致了吴蜀联盟破裂，双方刀兵相见，关羽也落个败走麦城，被俘身亡的下场。

关羽不但看不起对手，也不把同僚放在眼里。名将马超来降，刘备封其为平西将军，远在荆州的关羽大为不满，特地给诸葛亮去信，责问说："马超能比得上谁？"老将黄忠被封为后将军，关羽又当众宣称："大丈夫终不与老兵同列！"其目空一切，盛气凌人，以致当他陷入绝境时，众叛亲离，无人救援。

为人要学大，莫学小，志气一卑污了，品格难乎其高；持家要学小，莫学大，门面一弄阔了，后来难乎其继。

为人要有大局观，不可因小失大、后悔莫及！下面这个故事就是告诉大家因小失大的后果。从前，有个人非常讨厌老鼠，他花许多钱买了几十只猫，准备用来捉老鼠。他每天给猫吃鲜鱼肥肉，并让它们睡在珍贵的毛毯上。猫儿们吃得饱饱的，又安逸又舒服，当然用不着去捉老鼠充饥了，甚至还有个别猫竟然同老鼠打成一片，在一起玩耍游戏，老鼠因此越发猖獗。

这个人十分恼火，于是不再养猫了，他认为天下没有一只好猫。他又设下捕老鼠的夹子，可是没有一只老鼠去踩夹子。那个人气极了，又在饵料里下毒，老鼠就是不来吃。这个人恨老鼠恨得咬牙切齿，把所有的灭鼠方法都用上了，结果还是没有把老鼠灭掉。

一天，他家的房子着火了，火烧到了米仓，并延伸到寝室里。这个人不但不救火，却跑到大门外，哈哈大笑起来。邻居们看见他家着火，都来帮助灭火，这个人却大发脾气地说："那些老鼠正要被这场大火烧死，你们却去救它们，谁要你们多管闲事？"众人一听，都十分生气，于是便扔掉手中的救火工具走开了。火越烧越大，这个人的米仓和寝室都被大火化为了灰烬。至于那些老鼠呢，却早已通过地下通道跑得无影无踪了。

听了这样一个故事，我们不禁要考虑一下顾全大局的重要性所在了。如果顾此失彼，只考虑局部的细小的问题，而忽视了全局利益，则损失巨大！女人在社交中，如果只注意到细小的、局部的利益，而忽视了大局利益，很有可能对自己、对集体造成巨大的损失。因此，时刻提醒自己，顾全大局才是正确的社交准则。

好马要吃回头草，智女要吃眼前亏

常言道：识时务者为俊杰。所谓俊杰，并非专指那些纵横驰骋如入无人之境，冲锋陷阵无坚不摧的英雄，而也应当包括那些看准时局，能屈能伸的处世者。

传统观念认为，好汉不吃眼前亏。这其实是一种误解。好汉的眼光宛如鹰眼一样锐利，它关注的是长远的根本利益所在，而不会执著于眼前的祸福吉凶。鼠目寸光的人，才吃不得眼前亏，因为他们心胸狭窄，容不得一丁点儿的损失；高瞻远瞩的人，却吃得眼前亏，因为他们视野辽阔，纳天地于心中。韩信是一个好汉，肯吃眼前亏，堪受胯下之辱，因此后来功高盖世，列土封疆。

小女子要吃眼前亏，越是聪明的女人越懂得吃眼前亏。

吃眼前亏的目的是为了以后更好地发展，这与为五斗米折腰一样。在文学作品中，描述一个人不慕富贵穷得有志气，就会用"不为五斗米折腰"来表达。其实不然，在现实生活中，残酷的生存环境不容许我们这样做。人无论怎么立志高远，胸怀大志，也得屈服于生活的压迫。生活是一个无比深广的海洋，浅滩暗礁星罗棋布，让你无处躲藏逃匿。而人不过是一艘小船，行进在颠簸的大海上，它首先要考虑的不是航向遥远的彼岸，而是如何能在波涛汹涌的海面上存活下来。

生存权是我们人类最根本、最主要的权利。一个人如果连生存权都无法保证，别的一切更无从谈起。人只有先糊口，先填饱自己的肚子，才有力量去追求发展。

为五斗米折腰也好，吃眼前亏也好，归结起来就是，一个成功的人必须学会忍耐。一时的容忍并不是对命运的屈服，也不是卑躬屈膝，而是对未来做好铺垫和积累。

"智女要吃眼前亏"，也是为了以吃"眼前亏"来换取其他的利益，是为了"生存"和更高远的目标，如果因为不吃眼前亏而蒙受巨大的损失或灾难，甚至把命都弄丢了，那又何来未来和理想？

困苦、伤痛、艰难、挫折、孤独、寂寞……几乎每一个人在其人生的旅程中都经历过这样的磨难，当你不甘心命运的安排但又不能扼住命运的咽喉之时，你必须也只有学会忍耐。忍耐是人生的一堂必修课。无论何时，无论何地，我们都会遭遇它。心字头上一把刀——忍，忍耐的过程是漫长的，忍耐的感受是痛苦的，所以忍耐本身也是一件艰难的事情，但是如果经不住忍耐的考验，我们的人生将会是一片苍白。

一个人在一系列不可抗拒的因素下，要想走有利于自己发展的道路，就要有长远的战略规划和发展目标。既然重在长远，就不能在意眼前，该退让的时候就退让。

有一则寓言故事，一匹精良的马从草原上经过，眼前全是绿油油的青草，它一边随便地吃几口，一边向前走。

它越走越远，而草越来越少，几天后，它已经接近沙漠的边缘了。它只要回头走就可以重新吃到美味的青草，但它想："我是一匹精良的马，好马不吃回头草。"后来，在饥饿的折磨下，它倒在了沙漠中。

有时候，你并不能把"骨气"与"意气"划分得清楚。绝大多数人在面临该不该退让时，都把"意气"当成"骨气"，或用"骨气"来包装"意气"，明知"回头草"又鲜又嫩，却怎么也不肯回头去吃。

如果你不吃回头草就会饿死，吃"回头草"时又会碰到周围人对你的非议。因此你吃你的草，全然不要顾忌那么多，填饱肚子就可以了！何况时间一久，别人也会忘记你是一匹吃回头草的马，甚至当你回头草吃得有成就时，别人还会佩服你：果然是一匹"好马"！

面对残酷的现实，饿死的"好马"也终究只是"死马"，不是一匹"好马"了。

所以说："好马要吃回头草，智女要吃眼前亏"，因为眼前亏不吃，可能要吃更大的亏，回头草不吃，可能永远都没草吃了！

只要能赢，你可以超常规出牌

大多数人的人生套路都是上完小学上中学，上完中学上大学。本科出来后找工作，找不到就去读研，不行出国，回来再继续找工作。找到工作以后，求得一份稳定的收入，再成家过日子，将来有个孩子，然后再让孩子走跟自己一样的道路。10个人大概9个都是这样度过自己一辈子的。

女人的"套路"就是做个贤妻良母。现代社会越来越多的女性开始抵抗这样一种"套路",寻求适合自己的、创新的生活方式。"不按套路出牌"还体现在女人社交中。在社交中,没有一成不变的交往模式,你可以选择别人认为不符合常理的,但只要合情合理,即使是别人没有采用过的、被人们认为是激进的方法,如果行得通,也未尝不可。女人,何必在乎他人的眼光和口水,这些人不会帮助你成功,只有靠自己的力量,寻求适合的处事办法才能成功。

当今社会上人才济济,想要出人头地还真是不容易。我们以往用来衡量一个人的标准就是他的成绩,他的文凭。但是,学习好的人就一定做事成功吗?答案是否定的。一个人的成绩优秀,也最多只能说明他在学习这方面很突出。若要让一个高考的状元去修一辆自行车,未必有路边没有受过什么教育的老大爷修得好。可惜在当今社会的激烈竞争之下,文凭不能说是一个最好,但也是相对较好的衡量标准。所以才会有人不远万里到国外去镀金,进高校进修等等,为得也是能拿到一个好文凭,找到一份好的工作。

但有了好的文凭就等于有了好的工作吗?答案也是否定的。规规矩矩地拿着你的文凭简历,在人才市场的混沌中挨个公司地投递,估计也不会有什么机会。

女人,在社交中如果没有想过这些问题,可能终究要做一个默默无闻、按部就班的人。

女人,柔弱就是你的制胜法宝

太阳慢慢地躲到了山后面,微风出来了,天气变得凉爽起来。小区的林荫道上,慢慢地走过来一对老人。他们每天都牵着一条白色的"贵妇"小狗出来散步。

那天,老太太牵着小狗走在前面,老先生拿着一件衣服跟在后面。一会儿,老先生走到老太太跟前,跟她说了句什么,老太太把头扭了过去,好像很生气的样子,继续往前走。

过了一会儿,老先生又走到老太太身边,又说了句什么。老太太把嘴巴撅得老高,开始跺起脚来,老先生把衣服披在她身上,也被她甩开了。

老太太撒起娇来,像个孩子,很可爱。一会儿,老太太把脸侧向一边,微微一笑,但笑得很谨慎,生怕被身边的老先生发现。然后,当她把脸转过去的时候,她又回复了紧绷的神情。

那偷偷的一笑,证明了她是幸福的。

撒娇是一种情趣,更是一种智慧,是女人与爱人对话的一门艺术。即使有少许耍赖的成分在里面,男人们也会心甘情愿地听从差遣。

温柔是一种无形的力量。温柔的力量在于不知不觉之间,有着"润物细无声"的效果。看一篇有趣的小故事。

有一天,英国女王伊丽莎白与丈夫闹别扭。丈夫很生气,关门不出。很久后,女王怕丈夫在里面闷坏,心疼地叫他开门,说:"快开门,我是女王。"对方硬是不开门。

于是,女王很礼貌地说:"我是伊丽莎白,请开门。"丈夫还是没有理睬他。

女王灵机一动,温存地说:"亲爱的,开门,我是你的妻子!"整天生活在女王影子下的丈夫,受压抑很久,听到如此温柔的话,如浴春风,叫他如何不开门。"进来吧!夫人!"于是,他眉开眼笑地开门迎妻。

一个女人无论在外面表现得多么的精明能干,在家庭中,她便要充当一个温柔妻子的身份。

温柔,首先是一种善良。一个温柔的女人,会为路边的流浪小狗暗自流泪,她的善举能感染身边的每一个人。她待人彬彬有礼,从不骄傲自大。

当撒娇变成女人对男人感情的释放,男人会在此时领略到被爱的自我价值而获得高度的心理满足,从而使夫妻间的亲密升华到一个更深的层次。

说到底,撒娇,其实也是一种温柔!

女孩处世交友妙方多样,刚柔相济之法是其中重要的一种。当你受"爱情攻击"而又不想过早涉入"爱河"时,请灵活运用你的"刚"与"柔",用你"柔"的心灵、"柔"的微笑、"柔"的语言,和你"刚"的自主意识、适时的"刚"的态度,使你的举止"柔"中有"刚","刚"中融"柔",这样,既能使友谊长驻,更会使你魅力无穷。

自以为是的人,常会被盲目自信所困,所以以刚克刚是他们小聪明的表现。而真正的强者常善于以柔克刚,此可谓真智慧!

有句俗语叫"四两拨千斤",讲的正是以柔克刚的道理。俗话说:"百人百心,百人百性。"有的人性格内向,有的人性格外向,有的人性格柔和,有的人则性格刚烈,各有特点,又各有利弊。然而,我们不难发现,刚烈之人往往容易被柔和之人征服利用。正如一块巨石如果落在一堆棉花上,则会被棉花轻轻地包在里面。以刚克刚,两败俱伤;以柔克刚,则马到成功。

大凡刚烈之人,其情绪颇好激动,情绪激动则很容易使人缺乏理智,仅凭一股冲动去做或不做某些事情,这便是刚烈人的特点,恰恰也是其致命的弱点。

俗话说:"牵牛要牵牛鼻子,打蛇要打七寸处。"应以己之长,克其之短,对待刚烈之人如果以硬碰硬,势必会使双方都失去理智,头脑发热,最终,各有损伤。过犹不及,悔之晚矣。

倘若以柔和之姿去面对刚烈火暴之人,则会是另一番局面,恰似细雨之于烈火,烈火熊熊,细雨丝丝,虽说不能当即将火扑灭,却有效控制住了火势,并一点点地将火灭去。但若暴雨一阵,火灭去,又添洪水泛滥之灾,一浪刚平又起一浪,得不偿失。女人,请谨记,柔弱是你的制胜法宝!

将错就错，真理未必越辩越明

中世纪时，有个埃及国王接连打败了几个王国。但他连年用兵，国库就快空了，此时，又急需一笔巨款，却发现再也拿不出钱了。他的主意打到了犹太富翁麦启士德的身上。但他知道犹太人决不会轻易出钱，得做个圈套让他钻才行。国王思索了好久，总算想出了一个妙计。

他把麦启士德请进宫，摆上山珍海味盛情款待。酒过三巡，国王喷着酒气向富翁请教道："麦启士德先生，听说您学识渊博，智慧过人，我想借此机会向您讨教一个问题。"

麦启士德心里清楚，国王见他一定不怀好意，于是他一举一动都非常谨慎，还要注意国王的言外之意，免得落入圈套。他急忙说："不敢当，不敢当，我麦启士德不过是个酒囊饭袋而已。"

"不必谦虚。"国王继续说，"听说您对宗教很有研究，所以我想请教一下，在犹太教、伊斯兰教、天主教中，到底哪一种才算是正宗呢？"

聪明的麦启士德一听此话，就知道国王在耍弄阴谋诡计，假如自己偏袒哪一方，而贬低另外一方，说不定都会中他的圈套。这问题不能直接回答，不妨同他兜个圈子再说。他想了一会，沉着地说："陛下所提的这个宗教问题，真是太有意义啦！这使我想起了一个有趣的故事，假如陛下允许我讲完那个故事的话，就一定能得到一个美妙的答案。"

于是，国王不得不耐心地听麦启士德讲他的故事。

麦启士德的故事是这样的：从前有个大富翁，家里有数不清的金银财宝，特别有一件稀世珍宝，是一枚闪烁着异彩的戒指，价值连城，富翁特别珍爱。临终前，他在遗嘱上写道：得到这戒指的便是他的继承人，其余的子女都要尊他为一家之长。遗嘱还要后代永久保存好这个传家之宝，不能让它落到外人的手里。得到这戒指的子子孙孙，都用同样的方法立遗嘱教后代们遵守，谁得到戒指谁便是一家之长。后来，这戒指传到某个后代手里，他有三个儿子，个个他都钟爱。在临终前，他拿不定主意，到底把戒指传给谁。

当然，三个儿子都想得到这个戒指，也纷纷向父亲提出请求。但矛盾的他始终想不出能够解决的办法，后来，他决定私下请一个工匠将戒指仿造两枚。父亲临终前，就把这3枚连匠人也难分真假的戒指，私下里分别传给了3个儿子。这下可好，待父亲一闭眼，3个儿子都拿出戒指作为凭证，要求以家长的名义继承产业，可是谁也分辨不出哪只是真品。于是，究竟谁应该做真正的家长的问题，直到现在还无法解决。麦启士德讲完故事后，微笑着对国王说："尊敬的陛下，天父所赐给三种民族的三种信仰，难道不是和这三种情形一样吗？你问我哪一种才算正宗，其实，大家都以为自己的信仰是正宗。他们都可以抬出自己的教义和戒律来，以为这才是真正的教义、真正的戒律，以为自己是天父的真正继承人。这个问题之难以解决，就像是那3枚戒指一样，实在叫人无从做出正确判断。陛下您说对吗？"

国王面对聪明机灵的麦启士德，一时无言以对。

在与人交往的时候，要懂得含蓄和回避矛盾。有些问题最好不回答，真理未必是越辩越明。

将错就错并不是不追求真理、盲目、错误的表现，而是面对一些社交情形时行之有效的办法。面对一位心怀不轨的人，如果一味的与其辩论是真是假，到头来不仅不能解决问题，反而会遭到反驳甚至恶意反抗。

一位声名显赫的医学教授讲过这样一个故事：有一次，他回老家过春节，除夕之夜，家人按照风俗在堂屋搁了两盆预示来年红红火火的木炭火。火烧得很旺，一家人围着火说话看电视，其乐融融。这时，他妹妹感到头疼，身为医生，他马上反应过来，说："是煤气中毒！"父亲说："大家都没事，怎么可能是煤气中毒？"他一边开窗，一边强调："肯定是煤气中毒！"父亲不高兴地说："就你知道！你是医生！"除夕的氛围一下子就显得有些尴尬。

他感到纳闷：父亲平时不是这样固执的人，今天怎么会不高兴呢？过了很多年，他才醒悟：当他发现妹妹中毒时，开窗或者将她扶到屋外透气，都是必需的，他是在履行一个医生的职责。但当父亲反驳他时，没必要再次强调"煤气中毒"的事实，在家里，他是在生活，不是为求证医学真理。

女人享受人间烟火，食五谷杂粮，需要的是宽容之心，友善之心，需要的是崇善不求真的这份睿智。

社交达人，一切以中和为尺度

你是怎样的一个女人呢？开朗的，还是内向的？古板的，还是不羁的？果敢的，还是犹豫的？每个女人的性格不同就决定了其所擅长的领域不同。

"取相于钱，外圆内方"，是近代职业教育家、中国民主同盟领袖黄炎培为自己书写的处世立身的座右铭。

中庸性格，能够把圆和方的智慧结合起来，做到该方就方，该圆就圆，方到什么程度、圆到什么程度，都恰到好处，左右逢源，就是古人说的中和、中庸。

在女人的社交生活中，时常会有这样"中庸"的人出现。宋代程颐这样解释，不偏之谓中，不倚之为庸。中者，天下之正道；庸者，天下之定理。中庸里的中，就是不偏不倚，过犹不及；庸，就是平常、平庸。

孔子是一个处世大师，他不如颜回仁德，但可以教他通权达变；他不及子贡有辩才，但可以教他收敛锋芒；他不如子路勇敢，但可以教他畏惧；他不及子张矜庄，但可以教他随和。孔子吸收了他们各人的长处又避免了他们的短处，他之胜于人，就在中庸之道。

荀子也深知中庸之道，他认为，对血气方刚的人，就使他平心静气；对勇敢凶暴的人，就使他循规蹈矩；对心胸狭隘的人，就扩大他的胸襟；对思想卑下的人，就激发他高昂的意志。他左之，则右之；他上之，则下之。总之，一切以中和为尺度。

如果你不急不躁、不偏不倚、不左不右、不上不下、可进可退、可方可圆，则不论在何时何地，你都能拥有一个和谐的状态。

我们通常把违心说话、违心做事，看成是一种世故、一种懦弱、一种人格破损和刁钻处世。其实，这也未必。许多时候，它可以是智慧，也可以是一种善良、一种献身。

如果说世界是一个矛盾复合体，那么处在这个复合体中的人，必然会领受许多外部世界与内部世界、物质客体与精神自我的不协调和不统一。矛盾的错综决定了人们在解决它时出现"二律背反"。为了外部世界的那些需求，人们不得不做出一些牺牲自我的抉择，于是，便产生了说违心话和做违心事的现象。

许多时候，我们在做着自己并不想做的事，说着自己并不想说的话，甚至还很认真。因为慑于压力、屈于礼仪、拘于制度、限于条件，我们进了不想进的门，陪了不想陪的客，送了不想送的礼。

人都想自由自在，都想随心所欲，但是，世界从来不是因你的意愿而改变的，我们每个人都在被动地做一些自己不想做的事。因为，我们不仅有自身还有环境，不仅有现在还有未来，不仅追求实现自我还在追求安全、友爱和形象。奉献出自己的一部分心愿换取平静、换取尊严、换取良好的环境还是十分必要的，尽管你对这种自我背弃并不很乐意。

在社交中，女人不仅要做到让自己开心，也要让自己身边的人因为自己的存在也开心起来。如果世界因为你的服从和委曲而有了风光，那这风光也不会少了你的那一份。当然，这风光也不会无限存在。如果你处处由别人支配，事事处于无自我状态，把自己规范成一钵盆景，只要别人喜欢、别人满意，自己扭曲成怎样都可以，那就怎么也风光不起来了。

我们生活在社会中，社会的环境、制度、礼仪、习俗无不作用并制约着你。台湾地区著名作家罗兰早有所告："我们几乎很难找到一个人能够整天只做自己喜欢做的事，过他自己所想过的生活。"随着社会文明的提高，人际间的纵向联络会日趋淡漠，但横向间的联系却会加强。如果你在交际中没有妥协、忍让和迁就的准备，那只能处于四面楚歌之中，纵使有三头六臂，也将牵制得你疲惫不堪而无法前进。所以，虽然妥协、迁就都有那种"不得不"的心态，但仍不失为人际间的"润滑剂"。

其实，为了群体和未来我们都有过献身和忍受；为了增强实现目标的合作我们都不应以自己为中心；为了避开更大损失都有过委曲求全；为了争取人心我们甚至都有过"这样想却去那样做"的经历，都曾扮演过"两面派"。所以为了融洽和顺利，违心也未尝不可。

Chapter 8

真诚赞美他人，学会巧妙拒绝

人生在世免不了求人拒人。要想把事办成就得通晓办事的乾坤。要有放低姿态的良好心态和事无巨细的做事风范。善于利用身边的一切资源，才能达到最终的目标。面对亲人、朋友、老乡、同事的一些要求时，有的人虽然内心并不情愿，可是担心别人会因此不愉快，只好硬着头皮应承，然而事后自己却因此沮丧烦躁很久。这些要求有的本身就不合理，有的超过了你的能力范围，无论如何，你内心是极不情愿的。你做着自己不愿意做的事，你心中的不满日积月累，有一天你终于失去了耐心，把积累的怨气一并爆发，想一想，那情形和结果将是怎样？为了你的心身健康，你有必要学会有效地拒绝别人，这也是人际交往中的一种策略。

踩上巨人肩膀，命运至此改变

牛顿曾说过："如果说我看得比别人更远些，那是因为我站在巨人的肩膀上。"

人们往往需要凭借"巨人肩膀"来实现自己的企图。一旦认定了攀附的目标，其专注投入的劲头绝不亚于在半空中盘旋，最终发现美餐的鹰隼。所谓"好风凭借力，送我上青云"。

要想成就一番大事业，单靠自己一方面的力量是不够的。在力量不够强大时，就要善于借助他方的力量，扛起有名望或有实力一方的大旗，寄人篱下，寻找大靠山。在他方的大树下面开辟一片新天地，这不仅仅是谋略，也是一种成功经验的智慧。

除了Windows，中国网民用得最多的软件恐怕非QQ莫属了。究竟是什么样的创新机制造就了腾讯，这个中国互联网业界举足轻重的公司。

在腾讯创业之初，曾有人质疑QQ只是对ICQ的简单模仿。可是随后的事实证明，不可思议的事情发生了，小企鹅帝国不知不觉已成为将近有6亿注册用户的庞大的即时通讯平台，以致于业内人士不得不为这个成功的模仿而感叹。当时学ICQ做即时通信的国内企业除了腾讯外有上十家，为什么只有腾讯成功了？QQ表情、QQ秀、QQ换肤、手机绑定、移动QQ等，正是这些在QQ基础上的创新功能，才为腾讯留住大量的用户起了关键性的作用。正是这些，奠定了腾讯今天坚固的行业地位。

在模仿中创新，腾讯就是站在巨人肩膀上一步步迈向成功的典范。不断地在原有的基础上突破和创新，已经远远超过了简单的复制。

女人必学的"戴高帽"式求人法

先来看这样一个故事：有个京城的官吏要调到外地上任，临走之前他去向自己的恩师辞别。恩师对他说："外地不比京城，在那儿做官很不容易，你应该谨慎行事。"官吏说："没关系，现在的人都喜欢听好话，我呀，准备了100顶高帽子，见人就送他1顶，不至于有什么麻烦。"恩师一听这话，很生气，以教训的口吻对他的学生说："我反复告诉过你，做人要正直，对人也该如此，你怎么能这样？"官吏说："恩师息怒，我这也是没有办法的办法，要知道，天底下像您这样不喜欢戴高帽的能有几人呢？"官吏的话一说完，恩师就得意地点头称是。

走出恩师家的门之后，官吏对他的朋友说："我准备的100顶高帽子现在只剩99顶了！"

上面这个故事虽然是个笑话，但却说明了一个道理，那就是谁都喜欢听赞美的话，就连那位教育学生"为人正直"的老师也未能免俗。这是因为人都有一种获得尊重的需要，即对力量、权势和信任的需要，对地位、权力、受人尊重的追求，而赞美则会使人的这一需要得到极大的满足。

赞美对于一个女人来说，似乎更为重要，因为女性是常以情感来体验生活的。

爱听赞美话是人的天性。俗话说"良言一句三冬暖"，人一旦被认定其价值时，总会喜不自胜，在此基础上，你再提出自己的请求，对方自然就会爽快地答应下来。心理学家证实：心理上的亲和，是别人接受你意见的开始，也是转变态度的开始。由此可知，求助者要想在求人办事过程中取得成功，一个行之有效的方法就是给予其真诚的赞美。

赞美和恭维别人是人际关系中至高无上的"润滑剂"，而且这种美丽的言词又是免费供应；如此"于人有利、于己无损而有利"的事，又何乐而不为呢？

赞美是一种博取对方好感和维系好感最有效的方法。要想在求人办事这条路上走得顺畅，就必须学会这一招。

金无足赤，人无完人。对每个人来讲，既有他的优点和强点，也有他的缺点和弱点。优点和强点很容易赢得赞美，而缺点和弱点则不然。

那么，赞美一个人为什么要了解他的弱点呢？了解弱点是为了对症下药，使你的赞美真正发挥得淋漓尽致，收到更好的效果。

首先，了解对方的弱点才能利用对方的弱点，用其弱点的对立面去赞美他，使他得到心理上的满足，从而达到你想要的结果。

在某城，一家文化公司欲建一座现代化的写字楼。这一天，公司张经理在工作，家具公司的工作人员小波找上门来推销办公家具。"哟，好气派！我从来没有见过这样漂亮的办公室。如果我有一间这样的办公室，我这一生的心愿就都满足了。"小波这样开始了他的谈话。他用手摸了摸办公椅扶手，说："这不是红木吗？这可是难得一见的啊！""是吗？"张经理的自豪感油然而生。说完，不无炫耀地带着小波参观了整个办公室，兴致勃勃地介绍设计比例、装修材料、色彩调配，兴奋之情，溢于言表。

结果可想而知，小波顺利地拿到了张经理签字的办公室家具的订购合同。他达到了目的，同时也留给了张经理一种心理上的满足。

小波成功的诀窍，就在于他向被求助者表达了赞美之情。他从张经理办公室入手，巧妙地赞扬了张经理所取得的成绩，使张经理的自尊心得到了极大的满足，并把他视为知己。这样，办公家具的生意也就自然非小波莫属了。由于人有自我意识，所以接受任何东西，哪怕是最中肯的劝告，也要受情绪和情境的影响。人向来注意外界对自我的评价，提高这种外界评价，就有助于创造良好的情境和情绪，从而有利于事情的解决。

女人，都喜欢被赞美和奉承，自然也会了解如果对方听到赞美的话的心情，因而，如何拿捏奉承话，女人可能自己就有一套办法。赞美话是求人办事所必备的技巧，赞美话说得得体，会使你更迷人！

要记住，在激励他人时，最有效的方式就是对对方的认可。如果你想让对方成为一个什么样的人，或者做成什么事，你只要赞扬他现在就是这样的人，或一定能做成这样的事就不会有错。

需要别人帮你办事，就要发出真心的赞美，因为只有情真意切的赞美才有感染力，虚情假意不是赞美，而是讽刺挖苦或是别有他求。战国时期齐国丞相邹忌，对同是称赞他美貌的三个人，他认为最真诚的是他的妻子："吾妻之美我者，私我（偏爱）也；妾之美我者，畏我也；客之美我者，欲有求于我也。"俗话说："心诚则灵。"真诚的赞美是发自心灵深处的，是对他人的羡慕和钦佩。真诚的赞美才能收到好的效果，才能使对方受到感染，发出共鸣。

及时感恩回馈，人情债不可多欠

女人虽然承担了生活中的许多琐碎和繁杂事，但不能让这些覆盖了心灵的圣洁，一个女人只有懂得感恩，感谢生活带给自己的一切，感动工作带给自己的成就，她对生活和工作才不会感到乏味，才会有一种超然的和谐，会比许多人更幸福。

曾经的你也许唱过：我来自偶然，我心像一颗尘土，有谁看出我的脆弱；我来自何方，我心归何处，谁在下一刻呼唤我。天地虽宽我的路却难走，我看遍这世间，坎坷辛苦。我还有多少爱？我还有多少泪？让苍天知道我不能输！感恩的心，感谢命运，让我一生永远做我自己！感恩的心，感谢友谊，花开花落，我依然会珍惜！

这首歌就叫《感恩的心》。

当有人对你说一声谢谢的时候，你的心里肯定会美滋滋的，同样，将心比心，你对别人礼貌地说一声谢谢，人家也会觉得你这个人有修养，有魅力。

在人际关系中，学会感谢他人，是一个女人所必需的一项礼节，人家即使是做了一件微不足道的小事，你也要说一声谢谢。作为同事，有时候你们可能在工作上从来没有什么往来，也许就因为常常说些"你早！多谢！"的话，别人对你的印象就不同，作为刚进公司的人更应该如此。多说一些客套话，看似微小，可到狭路相逢时，你有事了，别人也不会坐视不管，你工作出了毛病，人家也会主动地帮你，毕竟别人也想多一个会感恩的朋友。

所以说，一个人如果有了一颗感恩的心，他就是一个幸福的人，因为生活中的一切都源于感恩的情怀。一个健康的身体，如果没有感恩的心作为前提，不会快乐。能把乏味的工作变成自己的所爱这就需要有一颗感恩的心。在感恩的心情驱动下，你会感到每一份工作都是上天对你的恩赐。

拥有财富、容貌、浪漫情结的女人感到不幸福、不快乐的原因之一就是不懂得感恩生活的赐予，感谢生活收获的点滴，对于得到的东西不去珍惜。因此，学会"感恩"，幸福就会离你很近。

成功不成功，往往就取决于细小的感谢。

有些人感谢总是放在心里，像对家里人似的，毕竟你与同事的关系不够密切，要感谢，就要大声地说出来，要说到人家心里去，光放在你心里不行。

所以感谢要真心诚意，充满感情，大大方方，口齿清楚。

感恩之情，塑造着我们的心灵，它使世界变得美丽，使我们对生活更加充满热情，更让我们坦然面对生活的一切。

生活中，我们需要学会感恩。古人早已为我们建立了这样一个道德准则：滴水之恩当以涌泉相报。真诚、真挚地感谢你身边的人吧，这对你将有积极的意义，因为，从你那里得到感谢的人，会愿意一直帮助你的。

感恩是认定别人帮助的价值，从而达到彼此感情交流的一种有效手段。职场中的女人，在工作中应对身边的同事、上司、朋友时，多一些感谢，就会多一份爱心，多一份温馨，人与人之间的关系会在相互的感激中更加亲密，自己也会因此而得到更多人的信任、支持和帮助，这样大有益处的事，何乐而不为呢？

赠人玫瑰，手留余香。一个经常怀着感恩之心的人，心地坦荡，胸怀宽阔，会自觉自愿地给人以帮助，助人为乐，生活中将充满快乐！

拒人有方，不去轻易承诺

在社交活动中，常会发生这样的情况：别人有求于你，而你出于各种原因，不能接受，又不好直说"不行""办不到"，怕伤害对方的自尊心；对方提出一些看法，你不同意，既不想讲违心之言，又不愿直接顶撞对方；你看不惯对方的行为，既想透露内心的真实想法，又不愿表达得太直接，以免刺激对方。要很好地应付上述种种情况，你就要学会巧妙地拒绝，善于根据不同的情境说"不"，同时让"不"有一副可亲的面孔。

当别人邀请你出门，而你又不愿去时，可以彬彬有礼地说："我很感谢您的盛情。不过已经有人约了我，所以我今天就没有福气享受您的美意了。"

在有些场合对某些人说明拒绝的理由，有可能会节外生枝，事与愿违。为减少麻烦，可以不说理由。如遇到曾经借钱不还的人又来向你借钱，你就可以明确表态："实在对不起，我恐怕帮不上您这个忙。"如果他继续纠缠，就再重复一遍，他就会知难而退。

还可以通过巧妙的诱导使对方否认自己的观点，从而达到拒绝的目的。比如当有人问你一些需要保密的事时，你可以学习美国前总统罗斯福的做法，当他被好朋友问及新建潜艇基地的情况时，他就问他的朋友："你能保密吗？"回答是"能"。于是，罗斯福笑着说："我也能"。对方就不再问了。

女孩初涉世，最难应付的事也许是如何说"不"了。你身边的每个人，亲戚、朋友、同事、上司都不时要求你这样或那样，如何说"不"才不会令对方难堪呢？

有时候微笑是最好的回答。女人在遇到一个需要立即表示否定的问题时，微笑是说"不"的最好方式。

还有一种拒绝方式，比如外交官们在遇到他们不想回答或不愿回答的问题时，总是用一句话来搪塞："无可奉告"。生活中，当我们暂时无法说"是与不是"时，也可用这句话。

再有一种话可以用作搪塞："天知道"，"事实会告诉你的"，"这个嘛……难说"等等。

适当的恭维对方，然后再婉言谢绝，能收到很好的效果。敏是某公司公关人员，很受公司器重。另外有一家M公司看中敏的才华，而敏却不愿跳槽。于是，敏婉转地对M公司来人说："承蒙厚爱，我很高兴。我对贵公司真的十分钦敬，可惜我现在干得很好，暂时不想离开，你的美意我只能心领了。"

一位作家想同某教授交朋友。作家热情地说："今晚我请你共进晚餐，你愿意吗？"不巧教授正忙于准备学术报告会的讲稿，实在抽不出时间。于是，他笑了笑，带着歉意说："对你的邀请，我感到非常荣幸，可是我正忙于准备讲稿，实在无法脱身，十分抱歉！"他的拒绝是有礼貌而且愉快的，但又是那么干脆。

与先恭维后婉拒的方法类似，我们在需要拒绝的时候可以欲抑先扬，采取缓兵之计。就像下面这位智慧的女人薇。

薇是某宾馆大堂经理，当下属向她提出某些建议而又不太适用时，她总是说："这个建议非常好，但目前我们还不宜采用。"这种用肯定态度表示否定的方法，可以避免伤害对方的感情，而用"目前"或"一时间"等字眼，则表示还未完全拒绝。

一位客人请求你替他换个房间，你可以说："对不起，这得由值班经理决定，他现在不在。"

有人想找你谈话，你看看表："对不起，我还要参加一个会，改天行吗？"

一位男友想和你约会。他在电话里问你："今天晚上八点钟去跳舞，好吗？"你可以回答："明天再约吧，到时候我给你去电话。"你的同事约你星期天去钓鱼，你不想去，可以这样回答："其实我是个钓鱼迷，可自从成了家，星期天就被老公没收啦！"

除了上述方法以外，适当的幽默在面对需要拒绝的场合亦十分有效。

蔚是一位活泼可爱的女孩，很受男孩子们喜爱，她同航保持着一份纯真的友情，而航对蔚却是一往情深。在一个月色迷人的夜晚，两人坐在露天咖啡馆的圆桌旁，品着浓香扑鼻的咖啡，航突然双手握住蔚的手，激动地说："你愿意做我的女朋友吗？"蔚马上便反应过来，浅浅地一笑说："我难道不是你的'女朋友'吗？"航惊讶不解地望着她，蔚说："我们是朋友，而我又是女孩子，我当然是你的'女朋友'啦！"航立即明白了蔚话里的含意，放开她的手，说："是啊，你就是我的'女朋友'！"

面对亲人、朋友、老乡、同事的一些要求时，有的女性虽然内心并不情愿，可是担心别人会因此不愉快，影响到日后双方的交往，只好硬着头皮应承，然而事后自己却因此沮丧烦躁很久。这些要求有的本身就不合理，有的超过了你的能力范围，无论如何，你内心是极不情愿的。你做着自己不愿意做的事，你允许别人不断地利用你，你心中的不满日积月累，有一天你终于失去了耐心，你把积累的怨气一并爆发，想一想，那情形和结果将是怎样？为了你的心身健康，你有必要学会有效地拒绝别人，这也是人际交往中的一种策略。

危急时刻，切莫完全仰仗他人

一位刚毕业的大学生，进入一家电脑公司做职员。刚进这家公司的时候，他对什么事情都不太了解，大家都很忙，也没有什么人有空来协助他。

就在他不知如何是好的时候，有位行政职员非常热心地照顾他，两人成了好朋友。日子一久，他发现这位职员的牢骚愈来愈多，一开始，他只是倾听对方的牢骚。后来，工作一忙碌，压力过大，自己难免也有一些情绪的问题，于是也开始对公司和主管批评了起来。他心想，反正对方也批评公司，所以就很放心地不时吐吐苦水。

有一天，人事主管将他找了去，问起他对公司的批评。他吓了一跳，后来，他离开了这家公司。临走前，一位资深员工偷偷地指着那个行政职员对他说："你不知道他和你所学的专业相同吗？"

从某种意义上说，这个职员是幸运的。他虽然被排挤出了这家公司，但最终他了解到了事实的真相，从中得到很大的教训，日后在处理人际关系上定会小心谨慎多了。还有许多人，被人暗箭伤了还蒙在鼓里。

危急时刻，切莫完全仰仗他人。就像院子里的树。一棵因为有高墙的庇护，长得高大挺拔，从容秀立。而另一棵树就大不一样，因为要自己去承受风雨的袭击，它不得不随风生存，树干也就弯曲斑驳，非常难看。夏天，一场罕见的台风袭击了城市。台风过后，人们被眼前的情形震住了：高墙倒了，那棵秀立的大树也被齐腰折断，然而那棵斑驳的老树，虽然又倾斜了一些，但依旧傲然向上。

施放暗箭的人都是小人。小人有一个共同的特点，那就是为了掩饰他们内心的丑陋，为了使他们的小人作为不被察觉，在待人上通常会表现得很热情，让你感觉他就像一个亲密的朋友一样，而事实上，最可能出卖你的人就是那个首先被你排除的人！

别人不会无故害你，如果他要陷害你，那一定是与你有着利益上的冲突——通过排挤你，打击你的形象，巩固他自身的地位，或者把责任推到你头上使自己免受损失等等，借此获得短期或长期的利益。

有个官员在洗澡的时候发现澡盆里有几块石头，他很生气，想把司管浴盆工作的人抓起来打一顿，转念一想又放弃了，问管家如果司管浴盆的人不在了，谁将最有好处。管家回答了另一个人的姓名。官员把这个人叫来，问石头是不是他放的，这人见官员那么精明，只好承认了。

香港巨富李嘉诚，在教育孩子方面有一套独特的方法。他非常注意对孩子人格与品性的培养。他的两个儿子李泽钜和李泽楷长到八九岁时，李嘉诚就让他们参加董事会，不仅让孩子们列席"旁听"，还让他们插话"参政议政"，主要是学习父亲以诚信取胜的学问。

后来，两个儿子都以优异的成绩在美国斯坦福大学毕业了，想在父亲的公司里施展宏图，干一番事业，但李嘉诚果断地拒绝了："我的公司不需要你们！还是你们自己去打江山，让实践证明你们是否合格到我公司来任职。"兄弟俩去了加拿大，一个搞地产开发，一个投资银行，他们克服了难以想象的困难，把公司和银行办得有声有色，成了加拿大商界出类拔萃的人物。李嘉诚的"冷酷无情"，把孩子逼上自立、自强之路，陶冶了他们勇敢坚毅、不屈不挠的人格和品性。

女人，在危难时刻尤其要告诫自己，没有人比自己更可靠的。当然，这样的想法并不是提倡否认人性、否认真情，只是告诉社交中的女人，应该更加谨慎地处理人际关系，以尽量少在社交中吃亏受骗。女人，要更加独立，不要被小人蒙蔽了自己的眼睛。

Chapter 9

完美推销自己，让伯乐找上门

女人要勇于推销自己、展示自己的魅力，在社交中不要过分被动地等待伯乐的出现。勇于展示自己，不在于她的容貌，也不在于她的地位，而在于她的内心，在于她为人处世的态度。这是一个女人品质、作风、知识、才干、业绩以及行为榜样对他人所产生的影响力。它不是孤立存在的，而是在与他人达成一种关系即人际关系时才发生的。

歌德说："外貌只能炫耀一时，真美方能百世不殒。"在生活中我们常常可以看到这种现象，有的女人貌不惊人，语不压众，并不引人注意，但稍一接触就如沐清风，和煦迷人，悄然地流溢出品质如兰的缕缕幽香。

绽放个人魅力，让伯乐主动敲门

人们常说：处事要讲人格，处世要有魅力。由此可见，在当今社会中，为人处世的基本点就是要具备人格魅力。那么何谓人格魅力呢？人格是指人的性格、气质、能力等特征的总和，也指个人的道德品质和人的能力作为权力、义务的主体的资格。而人格魅力则指一个人在性格、气质、能力、道德品质等方面具有的能吸引人的力量。人格魅力是一种说不出的感觉，但可以很明显地从某个人身上散发出来，令人产生好感，甚至仰慕之情；它同时又是一种神秘的不可抗拒的力量，是美的隐形部分。很多人都有这样的感觉：一个女人十分漂亮，但由于她身上缺乏某些东西而显得不那么可爱；而一个未必漂亮的女人，却因身上具有某种难以用语言描绘的东西而显得十分可爱，这种"只能意会，不能言传"的东西就是魅力。在今天的社会里，一个人能受到别人的欢迎、容纳，实际上就是因为他具备了一定的人格魅力。

一个人的青春会随着岁月的流逝而逐渐失去光彩，而他的人格魅力却不会因此而消失，人格魅力是可以永恒长驻的，并随着时间的推移而显得弥足可贵。

女人的人格魅力不在于她的容貌，也不在于她的地位，而在于她的内心，在于她为人处世的态度。这是一个女人品质、作风、知识、才干、业绩以及行为榜样对他人所产生的影响力。它不是孤立存在的，而是在与他人达成一种关系即人际关系时才发生的。

人际关系，是一种最基本的关系，也是一种最复杂的关系。在主观上，虽然我们总是想尽善尽美地处理好各种人际关系，但有时其结果并不让我们感到满意。谁都渴望自己与周围人的关系是和谐融洽的，获得他人的信任、理解和友谊。然而良好的人际关系的产生取决于交往双方，即一个人不但接受他人，同时还能被他人所接受，相互间的关系才会不断发展。那么，怎样才能讨人喜欢，受人信赖呢？关键是看这个人是否具有人格魅力。

你自身的魅力或许是你的微笑，或许是你的亲切，或许是你广博的知识，或许是你诙谐的情趣，或许是你稳重的态度等。

从容、笃定、优雅、智慧、自信，对周遭人及环境的关心和爱是一个女人魅力的所在。创造魅力，让自己做一个自信十足的女人。

相传古代有位老禅师，一日晚在禅院里散步，突见墙角边有一张椅子，他一看便知肯定是院内的人耐不住寂寞违犯寺规越墙出去溜达了。老禅师也不声张，走到墙边，移开椅子，就地而蹲。少顷，果真有一小和尚翻墙，黑暗中踩着老禅师的背脊跳进了院子。

当他双脚着地时，才发觉刚才踏的不是椅子，而是自己的师傅。小和尚顿时惊慌失措，张口结舌。但出乎小和尚意料的是，师傅并没有厉声责备他，只是以平静的语调说："夜深天凉，快去多穿一件衣服。"

我们可以想象听到老禅师此话后，弟子的心情，在这种宽容的无声的教育中，弟子不是被他的错误惩罚了，而是被教育了。

老禅师用自己的行为去教化徒弟，用宽容去感化徒弟，这比直截了当的批评对徒弟的影响大得多。这就是一种人格魅力，是高尚的人最与众不同的地方。

美丽是与生俱来的，魅力是靠自己营造的！魅力非天生，努力可改善。所以如果你还年轻，希望你能拥有美丽并加上魅力，如果岁月已在你脸上留下痕迹，就让我们来改变内心世界，做个有魅力的女人。

联邦纽约市银行行长范登里普在挑选手下重要的行政助理时的首要条件就是人格高尚，没有高尚的人格，技能再优秀的人才也不能被录用。

杰弗德是从一个地位卑微的会计，通过勤奋学习和努力工作，后来成为美国电报电话公司总经理。每当有人问及他成功的秘密时，他都会说"人格"是事业成功的最重要的因素之一。他说："没有人能准确地说出'人格'是什么，但如果一个人没有健全的特性，便是没有人格。人格在一切事业中都极其重要，这是勿庸讳言的。"

范登里普、杰弗德等优秀人物眼里"人格"都是最重要的财富，是一个人存在于世，发展事业的根本。

所以说人格魅力是无往不利的法宝，它不仅可以调整人际关系的和谐，更是促使事业成功的关键因素。没有可靠的人格，就不会赢得他人的信赖和尊敬。

由此可见，一个人的人格魅力才是最能影响周围人的因素。女人要在职场中赢得一席之地，最有效的办法就是用自己的人格魅力去拓展自己的影响。除此以外的任何方法都不会比人格更能持久地打动人和使人信服。

优雅自然的化妆，风趣的谈吐，进退得宜的礼仪，稳重成熟的行为仪态，还有着装风格都能体现一个女人的内在素质。风格也是一种具有高度说服力的自我表达方法。为自己设计风格的关键是：决定你想表达什么，你想在别人的心中留有何种印象。如果你在一家公司任职，你就不能让自己看起来像一只性感的小猫，也不能打扮得像网球俱乐部的成员。

人格魅力同样不是与生俱来的，这是一个日积月累的长期的过程，是一个漫长的从量变到质变的飞跃，必须经过艰苦卓绝的努力才能拥有真实而持久的魅力。

一个企图以人格魅力来达到成功目标的女人是不会拒绝用勤奋的锻炼而使自己的魅力升值的，她还更清楚地知道"腹有诗书气自华"的道理，努力用知识充实自己，陶冶自己的性情，把自己塑造成一个魅力十足的高尚且高贵的女人。

及时捕捉机会，该出手时就出手

"天下没有免费的午餐"，一切成功都要靠自己的努力去争取。机会需要把握，也需要创造。

一定要充分利用生活中的闲暇时光，不要让任何一个发展自我的机会溜走。及时捕捉机会，而不是整日寺守株待兔，坐等机会的来临。有一天，尼尔去拜访毕业多年未见的老师。老师见了尼尔很高兴，就询问他的近况。这一问，引发了尼尔一肚子的委屈。尼尔说："我对现在做的工作一点都不喜欢，与我学的专业也不相符，整天无所事事，工资也很低，只能维持基本的生活。"

老师吃惊地问："你的工资如此低，怎么还无所事事呢？""我没有什么事情可做，又找不到更好的发展机会。"尼尔无可奈何地说。

"并没有人束缚你，你不过是被自己的思想抑制住了，明明知道自己不适合现在的位置，为什么不去再多学习其他的知识，找机会自己跳出去呢？"老师劝告尼尔。

尼尔沉默了一会说："我运气不好，什么样的好运都不会降临到我头上的。"

"你天天在梦想好运，而你却不知道机遇都被那些勤奋和跑在最前面的人抢走了，你永远躲在阴影里走不出来，哪里还会有什么好运。"老师郑重其事地说，"一个没有进取心的人，永远不会得到成功的机会。"

机会对于每个人都是均等的，没有任何的偏向，不同的是需要抓住机会的人的行动和思想。有一位名叫西尔维亚的美国女孩，她的父亲是波士顿有名的整形外科医生，母亲在一家声誉很高的大学担任教授。她的家庭对她有很大的帮助和支持，她完全有机会实现自己的理想。她从念中学的时候起，就一直梦寐以求地想当电视节目的主持人。她觉得自己具有这方面的才干，因为每当她和别人相处时，即使是生人也都愿意亲近她并和她长谈。她知道怎样从人家嘴里"掏出心里话"。她的朋友们称她是他们的"亲密的随身精神医生"。她自己常说："只要有人愿给我一次上电视的机会，我相信一定能成功。"

但是，她为达到这个理想而做了些什么呢？其实什么也没有！她在等待奇迹出现，希望一下子就当上电视节目的主持人。

西尔维亚不切实际地期待着，结果什么奇迹也没有出现。这样的情况或许司空见惯，因为这样的人到处都是，所以只有少数人才获得了成功。

另一个名叫辛迪的女孩却实现了西尔维亚的理想，成了著名的电视节目主持人。辛迪之所以会成功，就是因为她知道："天下没有免费的午餐"，一切成功都要靠自己的努力去争取。她不像西尔维亚那样有可靠的经济来源，所以没有白白地等待机会出现。她白天去做工，晚上在大学的舞台艺术系上夜校。毕业之后，她开始谋职，跑遍了洛杉矶每一个广播电台和电视台。但是，每个地方的经理对她的答复都差不多："不是已经有几年经验的人，我们不会雇用的。"

但是，她不愿意退缩，也没有等待机会，而是走出去寻找机会。她一连几个月仔细阅读广播电视方面的杂志，最后终于看到一则招聘广告：北达科他州有一家很小的电视台招聘一名预报天气的女孩子。

辛迪是加州人，不喜欢北方。但是，有没有阳光，是不是下雨都没有关系，她希望找到一份和电视有关的职业，干什么都行！她抓住这个工作机会，动身到北达科他州。

辛迪在那里工作了两年，最后在洛杉矶的电视台找到了一个工作。又过了五年，她终于得到提升，成为她梦想已久的节目主持人。

如果一个人把时间都用在了闲聊和发牢骚上，就根本不会想用行动改变现实的境况。对于他们来说，不是没有机会，而是抓不住机会。当别人都在为事业和前途奔波时，自己只是茫然地虚度光阴，根本没有想到跳出误区，结果只会在失落中徘徊。

机会，不但有天机所遇，还需要人去意会才能有完成机会的过程。而今人对机会的庸俗性表达，使选择机会更加艰难。今人由于对机会的急功近利的追求，太专注于发现机会的技术化而忽略了人的意会能力。

哲人把机会当成一个人的救星让人期盼，所以很多人学了一身本事要等到一有机会马上实施，却大多到死也没有等到，甚至连机会的光芒都没有看见就抱憾而终。殊不知，机会不是等来的，是要靠自己的努力才能获得的，而且，机会转瞬即逝，不容许犹豫不决和停顿，机会来了，该出手时就出手！

装扮自己，恰当穿着

在社会交往的过程中，外在形象给人留下的印象是深刻、鲜明的。一个人的服饰，不仅反映了他的审美情趣和修养，同时也反映了其对他人的态度。另外，一个人的服饰还可以掩盖个人的某些缺陷。一个形象邋遢、说话语无伦次的人不可能拥有好人脉，一个说话没有涵养、不修边幅的人也不可能拥有好人脉。皮卡托说："美若失去魅力，就是无钩的诱饵。"如果想拥有好人脉，你就需要了解相应的社交礼仪，培养自己儒雅的风度，修炼自己的演讲能力。

然而，装扮自己并不只是对于外在的装扮。年轻的女子追求时尚、追求名牌服装，而中年女子则在生活的历练中逐渐意识到气质对于女人的重要性绝不亚于外貌。外貌大多受到先天的影响，但是气质确是通过修养获得的。装扮自己，努力从提升气质，提升素质开始吧！

服饰这种静止的无声语言，也是一种重要的体态信号，它无时无地不在向世人展示主人的形象和风度。

另外，不可否认的是，我们必须注意发挥服饰在社交和口才中的作用。一般地说，服装、发型、饰物、化妆等，都要以美观、大方、入时、合群为准则，既不可不修边幅，也不必浓妆艳抹，过分打扮，更不能奇装异服，不伦不类。

在对外场合中女士的着装应当体现出女士的职业特点、个人风格和魅力，并且要与出现的场合、环境相协调。

在衣着方面，女士的选择范围是极为广阔的。即使是职业女性也是如此，既可穿最能展现女性魅力的裙装、西装套裙，又可自由自在地选择西装、夹克衫、牛仔装、衬衫、长裤等等。

上班时间，职业女性一般要穿灰色或蓝色的西装套裙，这样有助于提高自己的形象。女士也可以选择色彩柔和一点的衣裙，这样则显得平易近人一些。如果女士在社交、工作中穿着显得过于散漫的运动服、牛仔装或野味十足的服装，是不合时宜的。

除此之外，在任何场合女士的着装都要注意干净、整洁并且合身，并且要十分小心地针对不同场合选择不同的服装面料和颜色搭配等。参加宴会，女士要注意自己的衣着同宴会场所的色彩相和谐，而且要考虑同自己男伴的衣着相得益彰。参加婚礼时，女士不要穿与新娘的礼服同色的服装，否则会因为穿着不当引起别人的非议。而参加丧礼时，宜穿黑色或其他颜色庄重的衣裙。

合理得体的穿着不仅可以反映出一个人内在的高雅审美追求，而且还可以充分树立一个人的良好形象。因此，必要而恰当的穿着是人们在社交活动中不可或缺的。开启一个全新的社交天地，从装扮自己开始！

带着自信社交，你一定会满载而归

为什么有些人不断成功，而另一些人却总是失败？为什么有些人总是那么幸运？而有些人似乎看不到未来？

这样的问题，在罗萨贝斯·摩斯·坎特的新书《信心》中做出了回答："这不是幸运，而是信心。别小看信心的力量。"

坎特是哈佛商学院第一位被聘为终身教授的女性，被多家跨国公司和政府机构聘为顾问。在2003年的"50名最著名商界人士"中，她位列第九，紧随通用电气前任CEO（首席执行官）韦尔奇之后。《信心》是坎特参与编写的第十五本书，她说："这本书的观点凝结了我近年来管理实践的心得。成功和失败都是一种自我期望的实现过程，你播种什么样的种子，就会结出什么样的果实。信心是一种神奇的催化剂，有信心的人会克服所有困难，通过不懈努力和艰苦工作求得成功。"

自信不是孤芳自赏，也不是夜郎自大，自信更不是得意忘形，毫无根据地自以为是和盲目乐观；自信是激励自己积极进取的一种心态，是以高昂的斗志、充沛的精神，迎接生活挑战的一种乐观情绪，是战胜自己、告别自卑、摆脱烦恼的一剂灵丹妙药。女人可以没有美貌，可以衣着朴陋，她身上掩藏不住的那种闪亮的自信足可以让她折服所有的人。

自信的女人会正确地评价自己，发现自己的长处，肯定自己的能力。她理解"人贵有自知之明"，这个"明"，是如实看到自己的短处，也是如实分析自己的长处。如果只看到自己的短处，似乎是谦虚，实际上是妄自菲薄。所以要客观地估价自己，在认识缺点和短处的基础上，找出自己的长处和优势。自信的女人会欣赏自己，表扬自己，把自己的优点、长处、成绩、满意的事情，统统找出来，自己给自己鼓掌，自己给自己喝彩，反复刺激和暗示自己"我可以"、"我能行"、"我真行"，让自己感到生命有活力，生活有盼头，从而保持奋发向上的劲头。

在人生的道路上，自信是加速器，在你成功的路上如虎添翼，它可以引领你更快地实现自己的梦想，往往给你带来意想不到的成就。有了自信，求下则居中，求中则居上。

自信的例子比比皆是，我们可以从下面这个女老板的身上看到些许自信的力量。她是一家品牌服装专卖店的老板。红红火火的生意与她脸上洋溢着的自信而亲切的微笑，让谁能想到她辛酸的过去？

1996年，由于单位效益不好，她下岗了。那时她二十多岁，年轻的她对工作怀着一腔热情，希望自己能干出一个好前程，可美好的憧憬仅是一张"宣告"，就变成了一个噩梦。工作说没就没了，为此，她整天无精打采的。但她一直是一个性格外向的人，后来她想："人要面对现实，我相信自己能行！"刚开始，她加工过豆浆，卖过小百货。这些看似不起眼的经历，不仅实现了要靠自己的努力自立于世的初衷，更使她有了经济上的原始积累。后来，她的思想观念发生了变化，"要做就做好的，要干就要干好。"她开始寻找机会选择项目，决心干"大"。一次，她从报纸上看到了有关经营台湾"叫天子"等品牌服饰的信息，经过调研和多方筹集资金，2001年5月，她的服装专卖店正式开业了。做服装生意真是不容易啊，衣服卖不出去，资金就周转不过来。不过她从不认输，不断给自己鼓劲，现在她的店已是门庭若市了。是自信给了她勇气，是不服输的精神赋予了她无穷的魅力。

自信的女人不会过多地自我否定而自惭形秽，对自己的能力、学识、品质等自身因素能够客观评价；自信的女人心理承受能力不会太脆弱，不会多愁善感，行为畏缩、猜疑妒嫉、瞻前顾后；自信的女人没有看破红尘的感叹和流水落花春去也的无奈；自信的女人深谙这种心理是压抑自我的沉重精神枷锁，它消磨人的意志，软化人的信念，淡化人的追求，使人锐气钝化，畏缩不前。

幽默感会为女人的社交锦上添花

幽默是一种人生态度。它不仅使人发笑，还能带来心理上的轻松和快慰。它也是一种智慧，这种智慧中蕴涵着一种宽容、谅解以及灵活的人生姿态。

幽默给人一种生活的热情。它能让人忘掉所有的不开心，也能化解人与人之间的矛盾。同时，幽默也能减轻自身的压力，一个适当的幽默可以松弛紧张的气氛，好比打开了一道闸门，压力就此消失了。

德国作家布拉克说："幽默是生活波涛中的救生圈。"幽默是一种机智，是一种宽容，她可以让女人多一份快乐，多一份魅力！

美国心理学家赫皮·特鲁说：幽默可以润滑人际关系，消除紧张，减轻人生压力，使生活更有乐趣。它把我们从个人小天地里拉出来，使我们一见如故，寻得益友。它帮助我们摆脱窘迫和困境，增强信心，在人生的道路上知难而进。

幽默是一种机智，也可以帮助女人获得爱情！

懂得幽默的女人容易亲近，给人一种温暖感。朋友们会被她睿智的内心世界所吸引，而淡忘了她的外在条件。她散发出来的魅力异常迷人，周围的人都愿意向她靠拢。

幽默的女人受人欢迎，但并不是说扮演供人取乐的小丑就是一个幽默的人，因为幽默的功能绝不仅是取悦人那么简单，它是一个人身上的一种气质，它不会损害你的威信，只会让你更受人敬重。

一位年轻的厨师给他喜欢的姑娘写了一封情书。他这样写道："亲爱的，无论是择菜时，还是炒菜时，我都会想到你，你就像盐一样不可缺少。我看见鸡蛋就想起你的眼睛，看见西红柿就想起你柔软的脸颊，看见大葱就想起你的纤纤玉指，看见香菜就想起你苗条的身材。你犹如我的围裙，我始终离不开你。嫁给我吧，我会把你当作熊掌一样去珍惜。"

不久，姑娘给他回了一封信，她是这样回复的："我也想过你那像鹅掌的眉毛，像西红柿的眼睛，像大蒜头一样的鼻子，像土豆似的嘴巴，还想起过你那像冬瓜的身材。顺便说一下，我不打算要个像熊掌的丈夫，因为，我和你就像水和油一样不能彼此融合，你能明白我的意思吗？"

拒绝别人是一种艺术。幽默地拒绝别人，既不会让人难堪，也可以表达自己所要表述的意思。这就是幽默的力量。幽默，是社交场合里不可缺少的润滑剂，可以使人们的交往更顺利，更自然，更融洽。

幽默是健康生活的调味品。在公众场合和家庭里，当存在一种不协调的或对一方不利的现象时，超然洒脱的幽默态度往往可以使窘迫尴尬的场面在笑语欢声中化解。

美国心理学家赫布·待鲁讲了这样一件事：有一对夫妻吵得特别凶，吵到后来，丈夫后悔了，把妻子拉到窗前，去看一幅和谐的景象——两匹马正拉着一车干草在山上爬。丈夫说："为什么我们不能同心协力，像那两匹马那样攀登人生的陡坡呢？"妻子回答："这不可能，因为我们当中有一个是骡子。"太太或许余怒未消，但毕竟以轻松的心情道出了这句妙语。妙语的幽默力量超过讽刺，宽容甚于挖苦，共同的乐趣压倒了气恼。

赫布·待鲁说，为了夫妻持久的爱，他建议：生气和忧伤不要持续一天以上；不要以过去的错误来讥笑对方；除非房子着火，不要提高嗓门；若要分别数日，必以温情作别；永远不要忘记恋爱时的欢乐时光。也不要为家务和孩子与爱人争吵，也不要为生活中不断遇到令人心痛心烦的事而责怪爱人，牢骚和怨言毫无用处，只会把爱情引上绝路，让幽默力量帮助我们同甘共苦，以共同的力量来承担生活的负担，享受生活的乐趣！

在美国曾有这么一件令人称道的事：

美国哲学家乔治·桑塔亚那选定在某天结束他在哈佛大学的教授生涯。是日，他在哈佛大礼堂讲最后一课的时候，一只美丽的知更鸟停在窗台上不停地欢叫着。桑塔亚那出神地打量着小鸟。许久，他转向听众轻轻地说："对不起，诸位，失陪了，我与春天有个约会。"讲毕，急步走了出去。

这句美好的结束语充满了诗意，颇具幽默感，可以肯定地说，不热爱生活的人，无论如何也说不出这种诗一般的语言。

有一个女作家在她的新书发布会上受到了很多人的追捧，因为她的言情小说很受人喜爱。在发布会的台下，有一个人很不服气她的成就。便走到她面前，当着众人，很不友好地说："你的作品写得真好，不过，请问是谁帮你写的呢？"台下的气氛顿时变得紧张，所有声音突然消失，有的读者看着作家，觉得很尴尬。大家都不知道接下来会发生一场什么样的闹剧。

然而，作家并没有表现出很尴尬的神情，她也没有生气，反而面带微笑，礼貌地回答这个人，说："谢谢你的夸奖，你能对我的作品进行评价，不过，请问，是谁帮你看的呢！"作家的反问让那个人哑口无言，他灰溜溜地逃走了，台下是一片掌声。

对于女人来说，幽默感亦要有所节制。必须让别人知道是幽默，而不是轻薄。我常常见到一些自以为开朗、幽默的女人，在不恰当的场合，为了表现出自己的幽默感，而讲一些引人发笑的浅薄、低俗笑话，以人身攻击为基础开别人的玩笑。周围的人虽然笑了，但一定不认为她是个睿智幽默的女人。

说出自身缺点，让别人放下戒心

许多女人都苦于不知怎样和陌生人交往，不知道该如何去跨越第一道障碍，破除彼此之间的隔阂，使双方熟悉起来，尤其是不知道如何表达她们的观念和思想，使对方了解她们的心意，让他们同情她们、了解她们，进而支持她们，并最终成为她们的知心好友。

还有一些人，面对比自己地位高或者是权力大的人，总觉得对方有优越感，带着怀疑的态度来交往，从社交的一开始就被套上了虚伪的光环，这样下去，不可能真诚相待，也就失去了社交的本质意义。

有这样一个著名的故事，这个故事可以告诉大家如何处理这样的情况：

威尔逊（美国前总统）刚刚就任马萨诸塞州州长之时，曾经参加过一次纽约南社的午宴，宴会的主席对大家介绍说："威尔逊将成为未来的美国大总统。"当然啦，主席先生是不可能有这样的预测力的，这不过是他的溢美之辞而已。

威尔逊在称颂之下登上了讲台，简短的开场白之后，他对众人说："我希望自己不要像从前别人给我讲的故事中的人物一样。在加拿大，一群游客正在溪边垂钓，其中有一名叫做强森的人，大着胆子饮用了某种具有危险性的酒。他喝了不少这种酒，然后就和同伴们准备搭火车回去，可是他并没有搭北上的火车，反而是坐上了南下的火车。于是，同伴们急着找他回来，就给南下的那趟火车的列车长发去电报：'请将一位名叫强森的矮个子送往北上的火车，他已经喝醉了。'很快，他们就收到了列车长的回电：'请将其特征描述得再详细些。本列车上有13名醉酒的乘客，他们既不知道自己的姓名，也不知道自己的目的地。'而我威尔逊，虽然知道自己的姓名，却不能像你们的主席先生一样，确知我将来的目的地在哪里。"在座的客人一听都哄然大笑起来，宴会的气氛亦一下子变得愉快和活跃。

通过对自己的打趣获得大家的爱戴，这未尝不是一个好主意！

难道威尔逊的用意仅仅是为了搏人一笑吗？当然不是，事实上他是运用了一种最有力的方式获取他人对他表示善意和支持的态度，而且也把在这之前的隔阂消除了。威尔逊的这个策略就是牺牲个人的"自我"，以提升他人的"自我"。

要知道，所有非凡的人才，都会在和民众接近之时，故意拿自己开玩笑或是不惜批评自己，以便让民众感到轻松和愉快。至少在他说话的当时，民众会感到自己比他优越，因而民众就会普遍地激起同情、爱护和支持的感情。

　　社交中，女人可以首先用曾经发生在自己身上的趣闻来开场，这样的话，一来可以使气氛融洽，二来也向对方提供了一个平等的信号。使得对方可以对你放下戒心，从而自由平等地来交谈。

　　说出自己的"缺点"，并不是真的一定让你说出自己这个缺点那个不足，而是象征性的，但也不失真诚的说出自己身上发生的某某不够聪明的事，最重要的是你的态度，既然我们的出发点是想要拉近彼此的距离，那就不能带着傲慢、讽刺这些态度来对待。亲和的态度，友善的口语表达，容易消减人与人之间的隔膜。真诚的向对方表露自己，也是体现自己诚信的方式。让对方放心大胆地与自己交往，不是更好吗？

如何让面试官一眼相中你

　　女人，在职场上是优势和劣势并存的。面试时你只有一个目的：极力推销自己。从某种意义上来说这也是最可能取悦面试官的过程。在面试一份新工作的时候，如果能够最大程度地发挥自己的优势，让面试者喜欢自己、接受自己，就是成功。那么，各位女士应该注意哪些问题呢？

　　不管面试的类型设计得如何科学，让人喜欢的气质在对方决定谁能获得职位时总是起着很大的作用。接受欣赏我们的人或者是与我们的兴趣、观点相同的人，这是人之常情。

　　你们也许并不完全相同，但你应该找出你们兴趣相同的方面：比如共同喜欢的电影、工作方式、产品等等。如果你成功地使有权决定录用员工的面试者看到了你们的共同之处，例如世界观、价值观以及工作方法等，那么你便赢得了他的好感并因此获得工作机会。

　　人们喜欢别人听自己说话胜于自己听别人说话。你应该通过总结、复述、回应面试者说的话，使对方喜欢你，而不是仅仅注意你要说什么。

　　当看到办公室好看的东西时，你可以趁机赞美几句以打破见面时的尴尬，但不要说个没完。须注意的是这时的恭维一定要得体，针对不同身份的人用不同的方式进行恭维。多数面试者讨厌赤裸裸的巴结奉承。相反，你应该及时切入正题——工作。

　　面试官也是普通人，也会多多少少地根据自己的感性认识来做判断，如果你能做到上面这些，其实，已经成功了一半了。当然，如果你仅仅具有这些还是不够的，面试需要体现的另一个重要方面就是你的能力和专业素质。

　　察看应聘者的能力是用人单位面试时的一项重要内容。而察看能力也只能从较为简短的回答中进行，因此，在回答主考官提出一些问题——可能就是考察你的能力如何的问题时，一定要充分表现出你的才智、学识来。

精炼优雅的语言能增添言语的魅力，面试官对这种语言特色有特殊的偏爱。话语的简洁往往体现了一个人分析问题的深刻性和判断力，它常常体现了一种干脆果断的性格，这种性格尤其适于快节奏的现代经济生活。

在回答某些专业的问题上，适当地用上一些专业术语，使主考官感觉你对这领域有一定的认识。当你面对一个令你一时难以作答的问题时，你可以先说一句："这个问题实在有新意。"以缓和思考时空气的凝滞。面试官听了你的话之后，脸上也许仍旧是原来的表情，但他心里还是有点得意："我出的问题怎会通俗？"

又如考官在问到你的专业知识时，你由于缺乏经验而使回答出现漏洞，他也许会为你指出并给以正确解答，这时你就该抓住时机说："谢谢您，我又学到了一种好方法，太好了！"此时说这种话颇为适宜，没有一点阿谀奉承的味道。

对一些问题，即使已圆满回答，也不妨略加发挥，使你回答的"深度"超出主考官的预期，但这种发挥应点到为止，不宜倾其所有，要让考官意识到你其实还有很多"话"要说即可，不然会让人产生"爱卖弄"的感觉，甚至会认为你是在班门弄斧。

在许多情况下，个人的个性品质可以弥补技能方面的欠缺，进而使你挤上有望被录取的边缘，甚至击败那些技能优于你、但个人品质不如你的应征者。比如，如果你是一个勤奋好学的人，一定要在面试中表现出来，让考官发现你虽技能差一些，但很有潜力，因而或许决定录用你。

一般情况下，面试官将他们准备的问题都问完的时候，就会向你提出是否还有什么疑问或者需要他们解答的其他问题，这其实也是一项考验。如果你没有问题，就有可能说明你对这份工作的了解还不多，或者对这份工作没有兴趣。如果你提出了问题，根据提问的情况也可以使面试官对你有不同的印象。根据调查显示，90%的主管在面试求职者时，希望求职者能提出问题，这是再次展示能力的好机会。不过，千万别问待遇、红利等有关自身利益的问题，而是应问及一些有关用人单位存在的某些问题，面试前你有过充分准备并预设有答案的问题，比如：可以问公司的某件产品质量好、价钱适宜却又未能打开市场的问题，一旦你如此发问，考官可能会立即来了兴趣，说明你对该公司作过详细了解，他或许会问："你认为是什么原因？"当你做出正确分析时，会给他留下深刻印象，即使前面对你否定了，这时或许也要重新考虑。

Chapter 10

瞄准对方内心，剔除陌生感觉

白居易曾说过："动人心者莫先乎于情。"炽热真诚的情感能使"快者掀髯，愤者扼腕，悲者掩泣，羡者色飞"。

一个想做大事的人，他最需要的才华不是他的业务能力，而是他"粘合人"的本领。敬人者，人皆敬之；爱人者，人皆爱之。只要以一颗真诚的心去面对别人，就能够得到对方同样的回报，为自己增加一个可以同甘苦、谋事业的坚强靠山。做大事、成大功的人，也都是以心换心，才得到了无数人的支持，并依靠他们的力量，取得了事业的成功。以心换心，才能得到对方相应的付出，同时也获得了自我人格的提升。

社交有方，交心为上

如果单纯地认为交往的朋友多就是有人脉，那么做公关工作或营销工作的人都应该是最有人脉的人。但是，现实中的情况并非如此，证明一个人有没有人脉是有诀窍的。大致上来说，这些人唯一的共同点是真心待人。凭借出色的交际手腕和三寸不烂之舌，可以让很多人成为"认识的人"，但并不一定能找到很多"贵人"。

如果你想赢得人心，首先要让对方相信你是最真诚的朋友。

比尔·肯尼斯在《不会落空的希望》一书中写道："我们当初以为可以信赖军方，但是后来却爆发了越战；我们以为可以信赖政客，但是后来却有了水门事件。"

"我们以为自己可以相信股票经纪人，但是结果却有黑色星期一的报到；我们以为可以信任牧师，但是却有不肖神职人员史华格。如此说来，这天底下到底有谁值得信任？"

毫无疑问的是，这个名单可以一直列举下去，这个世界有太多问题，使得人与人之间的信赖逐渐瓦解。其实，获得别人的信任并不难，你应记住的一条原则就是：真诚地对待他人。

懂得交心是社交的上上策。有个喜欢交际的女孩名叫爱礼，她总是能以幽默的口才逗周遭的朋友开心，对不太熟悉的人也能够亲切热情，因此人们往往对她有很好的印象。但是，仔细观察后，会发现一个奇怪之处。爱礼的身边总是围着很多人，但是真正和她深交的却一个也没有。

所以，每到关键时刻，她总是显得很孤独。后来才知道，爱礼有表里不一的坏习惯。爱礼的熟人中有一个人说，爱礼曾经与她的男友偷偷约会，让她很生气。还有一个人说，爱礼在人前说有事尽管找她帮忙，后来却因为一点点个人利益而毁谤她，两个人最后还是决裂了。当初想要接近爱礼的人，都是在背后被她捅了一刀，因此朋友们都离她远去，只有那些和她不远不近的人，现在还围绕在她的周围。

市面上教导你做好人际关系的书籍多得数不胜数。但是，这多如牛毛的秘诀的根本就是真心对待朋友。不要认为对方仅因为你请的一顿饭，就会对你产生好感。不如记下对方喜欢的东西，有机会送一个小礼物会更有效果。没有谁会讨厌这样的朋友。

当多年的老朋友出现在我们面前的时候，清晰而响亮地叫出他的名字，将是最好的欢迎。相反，两个感情诚笃的老友多年未见而邂逅，如果有一个叫不出对方的姓名，则很有可能引起不快，甚而在对方心头蒙上一层阴影。几乎没有一个人不希望自己的名字被人记住。

记住别人姓名，是最直接、最容易获得别人好感的办法，是人际关系的推进器。

拿破仑以前经常遗忘别人的姓名，这使他的部下和朋友十分反感。后来他把每一个相识的人名字写在纸上，全神贯注的闭门默记。如此一来，尽管再繁忙的公务缠身，他都能随口说出别人的姓名，得到了众人的敬佩和爱戴。多数人不记得别人的名字，只因为不肯花必要的时间和精力去专心地、无声地把这些名字耕植在他们的心中，他们为自己找借口：太忙了。

一个母亲给她的孩子讲过这样一件事：一次她去商店，走在她前面的一位妇女推开沉重的大门，一直等到她进去后才松手。当她道谢的时候，那位妇女说："我妈妈也和您的年纪差不多，我只希望她遇到这种情况，也有人为她开门。"

不要忘了，用努力、用真心去理解别人，比一顿饭、一个小礼物更为重要。首先，要让别人对你产生好感，再努力传达这种心意，这样就算方法再笨，对方也可以领会到你的真诚。如果这种好感里没有半点真诚的话，那么阅读几百本书籍也不过是看了一堆没用的文字而已。不要试图用诀窍来寻找真正的朋友。即使是再迟钝的人，也有感受真心的能力，不会有人会因为你的雕虫小技而留在你的身边。

关心他人与其他人际关系的原则一样，必须出于真诚。不仅付出关心的人应该这样，接受关心的人也理应如此。它是一条双向道，当事人双方都会受益。

古人云："劝君不用镌顽石，路上行人口似碑。"金杯银杯不如好口碑，口碑是雕刻于心灵的记忆，让我们怀着敬畏的心去审视自己，以至诚的心去赢得人们的尊重和喜爱。做个高尚的女人，就要学会用心做事、真诚待人。

恰当的赞美是社交的灵丹妙药

赞美可以使人奋发向上，促使人积极进取，几句适度的赞美，可使对方产生亲和心理，消融彼此间的戒备心理，为交际沟通创造良好的氛围。喜欢被赞美，是人的天性，在交谈中，真诚的赞美和鼓励，能满足人的荣誉感，使人终身难忘。

说句简单赞美的话，不是一件难事，生活中处处有值得赞美的地方，任何人都有他的优点和长处。不十分漂亮的人，可能有着"优雅的气质""善良的心灵"；做工不甚讲究的衣服，也许质地优良；事业不很顺心的人，可能有着完美的值得称羡的家庭……总之，只要你愿意，并且以真诚之心去发现，一个人总是有值得你赞美之处的。

赞美是一门需要修炼的艺术，但只要你窥破了它的"秘诀"，你不但能赞美别人，而且能如意地得到别人的赞美。

真诚地赞美与阿谀奉承有着本质的区别。菲力普说："很多人都知道怎样奉承，很少有人知道怎样赞美。"赞美具有诚意，阿谀没有诚意；赞美是从心底发出，阿谀只是口头说说而已；赞美是无私的，阿谀完全是为自己打算。因而人们喜欢赞美而厌弃阿谀奉承。

日常生活中，我们常常犯下面这个故事中的错误：

李小贞在游九寨沟时，特意买回一条带有藏族风格的粗线条羊毛披肩。她喜欢披在肩上逛商店、遛大街、上公园，回头率还满高的呢。可有一天她披着这条披肩去参加同学会，昔日最好的朋友丁倩见了，十分惊讶地说："我的天呀！你怎么把搭沙发的东西披在肩上嘛！不伦不类的。"李小贞当时脸一下子红到耳根，窘迫得取下也不是，披着也不是。另一位老同学刘雅立即上来救场说："你们没有到过那人间仙境，见识短浅哟！人家这是藏族特色的珍品，外国人还花高价购买去珍藏呢！你怎么不帮我买一条呢？忘记了老同学啦！"她这一段救场话使双方都从困境中解脱出来，大家重叙旧情，找回昔日的温馨。

许多人都有自己珍藏的爱物，这些物品，只有在别人面前展示时得到众人的喝彩，才能体现出价值，而珍品的主人才觉得脸上有光，才更觉得珍藏有意义。如果珍藏的爱物遭人贬损，这对珍藏者无疑是精神打击，也会对你心生反感和厌恶。

恰当的赞美，是社交的灵丹妙药。在交际中，人们都喜欢听好话、赞扬话，听到这些话就像遇到"喜鹊唱枝头"，令人高兴振奋，从而对说话人会产生好感。人们最讨厌听贬损话、恶意挑错的话，听到这些话就像碰上"乌鸦头上叫"，使人扫兴恶心，产生反感甚至憎恶。

从心理学角度看，赞美是一种很有效的交际技巧，它有效地缩短了人与人之间的心理距离。既然渴望获得赞美是人类的一种天性，那么我们在生活中就有必要学习和掌握好这一交际智慧。

"套近乎"，没人愿与陌生人说话

在美国纽约的时代广场上，有一位银发老妇整日踱来踱去。有人认为她是在活动筋骨，有人认为她是位无家可归的老人。直到有一天，报纸上登出了这位老人的事情，人们才知道，原来她是在来来往往的人群中搜寻面带焦虑、心事重重、需要帮助的无助者。

见到独自乱跑的小朋友，她就上前问一句："小东西，是不是找不到家了？需要我帮忙吗？"见到满眼忧郁的女孩，她就上前问一句："孩子，有什么不开心的事吗？说出来吧，或许我能帮助你。"见到心事重重、满脸沮丧的老年人，她也会主动上前打个招呼："遇到为难的事了吧？用不用我给你出出主意？"她救助过因长期失业感到前途迷茫而企图自杀的青年男女，送过离家出走的学生和迷途的智障老人，救助过被拐骗的异地少女，还曾成功地劝说走投无路的犯罪分子投案自首。

在这位老人的影响下，纽约成立了一个自发性的银发老人救助组织，他们的口号是"多和陌生人说话"。现在，越来越多的退休老人加入了这个行列，像那位老妇人一样，走上街头用他们那双见多识广的眼睛，去搜寻来来往往的人群，一旦发现可能需要帮助者，他们就会主动上前，去和陌生人说话。

现代社会到处都充斥着骗局和不信任，人与人之间的距离已经远到不能再远。面对一般的熟人还勉强可以交往、共事，但面对素昧平生的陌生人，人们往往会敬而远之。没人愿意与陌生人说话，已经成了现在社会的一种常见现象。

"多和陌生人说话"，让我们用一次主动的倾心交谈去挽回一些遗憾，创造一份美丽，改变一种结局。人与人之间多一些交流，这个世界就多了一份温暖——温暖了才有阳光。

生活大多数时候是平淡的，正因为如此，如果你能在平淡的生活中给人一个惊喜，别人会十分感激你，也正因为生活平淡，所以只要你用心，惊喜还是很容易找到的。

惊喜能使生活变得丰富多彩，富有情趣。给朋友一个惊喜能使朋友深刻地感受到你的情义，给爱人一个惊喜会让她感受似已疏远的爱情，当然给别人一个惊喜也能让自己感到自豪和兴奋。

当一个和你只见了一面的朋友，三个月以后站在你面前，你却微笑着清楚地喊出了他的名字，这份惊喜定能让他真切地感受到你对他的重视。这么一个良好的印象可能会影响你们以后的所有交往。当你不经意地说你儿子特别喜欢收集橡皮，儿童节那天，你朋友捧了一包多姿多彩的橡皮来到你家，不光你儿子会高兴得很，相信你也能感受到朋友的这份特殊的关心。其实每个人都渴望得到别人的特殊关照，而给人惊喜是让人感受特殊的最好办法。

女人，请不要轻易地否定自己的能力，每个女人都是有魅力的，都可以带给陌生人一个帮助、一份惊喜。首先，我们可以在电视电影中学点招数。节日给女朋友送朵花，朋友生日了，给他点首歌。只要你不认为生活本该如此平淡，只要你想让生活丰富多彩，你就会有无数灵感。

客观地想想，陌生人也是普通人。也许，他们正是我们生活中的贵人，而就因为你的疏忽或者是疑虑而失去了这样一个贵人，或者日后会成为你贴心朋友的人。女人，请不要放弃生活的激情，永远保留着冒险和惊喜。社会的风气只是被一部分人影响得不被大家欢迎，但是，如果我们不努力改变，世界又怎么能恢复到我们理想的模样呢！

先了解后行动，不打无准备之仗

当你敢做某事并取得成功时，那很少是走运的结果，而更可能是富有想像的思考和仔细安排的产物。

很多人所存在的问题就是不了解自己，因为每个人的认知程度都是不一样的，常常觉得自己是最努力的人，可是获得的喝彩却最少。然而，如果你的自我批评与他人对你的评价之间有很大的差距，那么你就很难成功。因而，你必须了解自己的优缺点，清楚自己与众不同的特点是什么，以便建立起自己的专业能力。

安东尼·罗宾认为，最勇敢的事迹之一应该是1927年美国飞行家林白的首次单独不着陆飞越大西洋。林白当时25岁，冷静地用自己的生命去打赌，他赢得了看起来是不可能的一搏。

起飞前他度过了一个不眠之夜。他从纽约长岛驾驶着一架单引擎飞机起飞了，这架飞机负担太重，在从纽约飞往巴黎的途中，想空降那是不可能的。

一路上大雾遮住了他的视线，当时没有无线电让他同地面保持联系，他拥有的只是一只指南针。好几次他都睡着了，醒来时才发现飞机只有几米距离就触海了。通过计算，他在起飞33个小时后就横越了大西洋，在巴黎机场安全降落了，人们欢声雷动，这种热情的场面实属空前。

是勇敢吗？真不敢相信是这样。

是鲁莽蛮干吗？绝对不是。

为了这次飞行，林白作了为期几年的准备工作，训练自己，准备自己的飞机"圣路易精神号"。他从威斯康星大学退学出来学习飞行，加入了飞机训练队；他得到空军批准，可以在闲余时间进行飞行；他作为美国航空邮政飞行员在白天黑夜、晴天雨天都飞行；他的行程多达几万英里；他曾遇过险情，飞机被迫降在农田里；他学会修理飞机引擎并懂得每个零件的工作原理。

谋定而后动就需要在发生问题时能沉着镇静，不急于立即采取行动，而是静下心来想一想。心急的人往往会不耐烦地催促赶快采取行动，因为他们总是担心时间紧急，再不采取行动就来不急了，其实，越忙就越容易出差错。如果事先没有考虑好，方向走错，反而会耽误时间。所以，中国古代有句俗话，叫"磨刀不误砍柴工"。先把刀磨快了，看起来耽误了工夫，但是在砍的时候由于刀口锋利，效率高，反而节省了工夫。也像出门开车，事先把地图看好了，顺着标志一路开去，就可以不绕弯路，节省时间。如果慌忙上路，看起来节省了看地图的时间，但是一旦走错了路，可能就会浪费比看地图长很多倍的时间。

"幸运的林白，"新闻媒介这样称呼他，"他敢于打赌而且赢了。"他们这样说。不！他的成功不是因为他走运，而是因为在冒险之前，他准备了自己，准备了飞机，而且是尽了最大努力。他相信自己能够发挥潜能，能成功，他知道唯一能打败他的只有命运的捉弄，这是我们任何人都无法控制的。所以在他有了准备后，他才敢作敢为。事实上，我们也能这样做。

如果你总是被许多事情搞得措手不及，你经常是在匆匆忙忙之中接受的挑战，你从未享受过"有备无患"的从容。那你应该好好地改变一下自己的行为了，将你生活的思绪好好整理一下，对你即将面临的问题好好地思索一下，做好应对的计划，为一切可能发生的事情做好准备。你必须这么做，否则你将永远不会得到你希望得到的。

女人，在生活中时常表现出急躁、愤怒、慌张等情绪，试着问问自己，在这些慌乱发生之前，你考虑了多少，准备了多少，真的准备好了才开始的吗？往往都不是这样的。那么，努力做个优雅的女人，时时有备无患，处处游刃有余。让属于自己的工作和人际都能处理得潇洒。

与人为善，交际时应有豁达之心

一个女人的魅力并不是建立在美貌和装饰的基础之上，更不是建立在财产、幸运和社会地位的基础之上。这些资本和女人内心的善良豁达比起来，不值一提。

虽然说，豁达的胸怀是靠看不见的内涵作为基础的。但俗话说，境由心造。一个人若能以博大、高尚的心境来容纳一切的话，那么他的世界就会变得像水晶般可爱、美丽。对于女人来说，豁达不仅意味着一种超然，它更是一种智慧。

豁达可以让世界海阔天空，豁达可以让争吵的朋友重归于好，豁达可以让多年的仇人化干戈为玉帛，豁达可以让兵戎相待的两国和平友好。俗话说，多一个朋友总比多一个敌人强，那么，豁达就是这样的一种大智慧。

在生活当中，人人都能以不同的角度理解豁达的涵义，人人都在用心追求豁达大度的意境。然而，却很少有人能真正地成为一个豁达的人。有人说，一个豁达的男人，是最有魅力的男人；一个豁达的女人，是最智慧的女人。因此可以说，女人的智慧脱胎于豁达，是豁达让女人有一种大气的美。

生活中，"勺子碰锅沿儿"的事是不可避免的。有时候不被理解，以致受委屈，甚至遭到诬陷。有人认为容忍吃亏、受气、丢面子，是懦弱的表现。其实宽容忍让是一种美德与修养。宽容也是豁达大度的表现，人的一生中，不愉快的事情十有八九，有的事情还会让你怒火中烧，此时此刻最能体现一个人的涵养、气质和风度。为人处世，只能得不能失，吃不得半点亏，受不得半点气是不切合实际的，也是不利的。情绪乐观的女人也有烦恼。但她们善于排遣解脱，大凡乐观的人往往是憨厚的女人，不太计较个人得失。而愁容满面的女人，又总是那些不够宽容的人。她们看不惯社会的一切，不是觉得自己生不逢时，怀才不遇，就是同事、朋友让她上火，反正是处处不顺心，生活被怨恨情绪占领，整天唉叹不已，灰心丧气，牢骚满腹，怨天尤人。这样的女人总是活得很累。

　　一个豁达的女人，不会与人斤斤计较自己的得失；一个豁达的女人，无视命运带给自己的苦难；一个豁达的女人，有自己的主见；一个豁达的女人，充满着淳朴的爱心；一个豁达的女人，她的美是从内而外散发出来的，是最动人的，也是最持久的。

　　女人的豁达在于修炼，人性的修炼，心性的修炼，学识的修炼，境界的修炼，豁达是女人智慧中不可缺少的一部分。豁达的女人是最完整的女人。生活中，她是一个娴雅优美的女人，彬彬有礼、温婉可人；在工作中，她张弛有度，是一个豁达大度的人。

　　豁达的女人没有华丽的装饰，但在她的身上，有另一种美丽在闪烁，这种美丽，朴实无华。

　　美国玫琳凯化妆公司的创始人兼董事长玫琳凯，这位化妆业的巨头，以她的智慧，缔造了世界化妆界的神话。她的公司，从38年前的9个人发展到今天的75万名员工，到20世纪90年代初，公司销售额达2亿美元。作为一个女人，能取得如此巨大的成功，显然是值得别人学习的。

　　我们只是看到了玫琳凯的辉煌的现在，而不知其成功的背后是与她豁达善良的性格分不开的。玫琳凯是一位命运多劫的女子，在她30岁以前，生活中的灾难一个接一个地降到她身边。很小的时候，父亲因病住院，母亲为了照顾全家人的生活，从早到晚在外打工赚钱。玫琳凯7岁时，便担当起重病中的爸爸的厨师与护士工作。当时，个子矮小的她站在椅子上给爸爸做饭，做饭时，她要打20多个电话给妈妈。在电话里，妈妈一直用话激励着她："宝贝，妈妈知道你能做好，一定能！"正是妈妈这句话，让小小的玫琳凯有了自信，即使饭做得不好，她也不沮丧，而是充满信心地迎接下一次的工作。

　　俗话说得好："穷人的孩子早当家。"玫琳凯的童年证实了这句话。她没有像其他孩子那样享受父母的宠爱，而是在很小的时候就挑起了家里的重担，照顾病人、做饭洗衣，这一切的结果是让这个年仅7岁的孩子养成了豁达的心胸。

　　中国古人说过这么一句话："天将降大任于斯人也，必先苦其心志，劳其筋骨，饿其体肤。"命运好像有意栽培这个美丽的女孩，27岁那年，她的第一任丈夫与另一个女人私奔离家出走，把三个没成年的孩子留给了她。这时的玫琳凯，可以说是"山穷水复疑无路"。她没有工作，没有一分钱的积蓄，更没有经济来源，丈夫的突然离家，等于是把她逼上了绝路……面临着重重困难，玫琳凯痛定思痛，望着家徒四壁的房屋和眼巴巴地等她准备饭的孩子们，母爱激发了她的决心，她把孩子们抱在怀中，心中有个声音对她说：谁说我一无所有，我是一位有爱心的妈妈，我要用爱、用双手改变自己和孩子的命运。第二天，这个平凡而又坚强的女性强装笑脸，走上社会，去谋生路。

几经奔波，她终于找到一份既能照顾家又能干事业的直销工作。在工作当中，她以豁达的心胸对待竞争对手，以坦诚的笑与顾客交心。常言说："精诚所至，金石为开。"不久，她成为经验丰富的年薪2.5万美元的销售强人，并开始一步步地走上公司的领导职位。同时也出现了一个很棘手的问题，就是在当时，很少有女性可以任职于销售部，玫琳凯不仅要比其他的男性同事更加地努力工作，而且还要面对上级对她的性别歧视，但玫琳凯始终以豁达的胸怀面对这些。与此同时，在她心里，开始勾勒创办自己公司的蓝图。49岁时，她看到孩子们已经有了一份好工作后，就从销售部门退休回家。

退休后的玫琳凯，筹划起她"梦想中的公司"，这就是后来享誉全球的"玫琳凯化妆公司"。因为公司是由她来管理的，所以，一开始，她就把"男女一视同仁，提供妇女无限的机会"作为管理原则。公司只有500平方英尺的店面，工作人员只有她的两个儿子和9位热心的女性，他们同心协力，不需要分配工作，大家主动做该做的事情。

这就是豁达带给女性的智慧，就是这种豁达的心胸，让她们在面临困顿时，身陷人生低潮之时，不惧怕，更不奢望逃避，而是微笑着站起来，寻找理想的方向。这不由让人想起普希金说的，阴郁的日子里需要镇定。那么，同样的话也可以这么说，人生狭隘之处要豁达。与其抱怨世事繁杂，还不如尝试着用豁达去拨开云雾，眺望晴空，那么天底下的美景还有什么你看不到的呢？

萝卜加大棒，社交的不二法门

拿破仑一次打猎的时候，看到一个落水男孩，一边拼命挣扎，一边高呼救命。这河面并不宽，拿破仑不但没有跳水救人，反而端起猎枪，对准落水者，大声喊道：你若不自己爬上来，我就把你打死在水中。那男孩见求救无用，反而增添了一层危险，便更加拼命地奋力自救，终于游上岸。

萝卜加大棒的做法也让唐太宗教会了儿子如何运用贤臣。在唐太宗去世前夕，曾故意把已经负有辅佐太子重任的宰相李勣贬官。他告诉太子道："李勣是有能力辅佐你的，但他是我手下的功臣，是前朝元老，而你跟他并没有什么相联，因此，他难免会摆出桀骜不驯的样子，使你难于驾驭他，所以我才故意贬谪他。你继位后，可即刻让他官复原职，他便会对你感恩戴德，忠实地效命于你。"

果然，太宗逝世后，太子李治继位的当日，就让李𪟝复任宰相，由此，李𪟝对新皇的感激之情溢于言表，从此忠心耿耿、不复二心。

汉代大将卫青不斩败将的故事也说明其治人之术的高明。

有一年，汉武帝派卫青出兵定襄，部将苏健、赵信两军共3 000多骑兵，个个具有非凡本领。一日，他们突然与单于的部队遭遇，经过一日激战，3 000多骑兵几乎全部战死，赵信也投降了单于，只有苏健只身逃回汉营。

一时间议论纷传，都道苏健必死无疑，更有议郎周霸对卫青进言道："自从大将军出兵以来，还未曾斩过部将，今天苏健损失了这么多人马，还一个人逃了回来，以卑职愚见，应将其斩首示众，昭示全军，以显示将军的威严和治军有方。"

但是，军中有人竭力阻止，认为苏健在寡不敌众的情况下仍然没有忘记为国效忠，虽大败，但不可以置于死地，免得不服军心。

卫青听了这番陈述，心中深以为然，于是说道："我卫青将真心诚意地待他，让他留在军中，我不怕会因此失去威望。周霸劝我斩杀部将来显示威仪，这根本就不符合我的心愿。再者，虽然大将军有权斩杀部将，但以我之被皇上宠幸，也不该在城外擅自诛杀部将，将他送往皇上那里去，让皇上自己亲自发落他吧！这样形成大臣不敢专权的局面，不是更好吗？"

左右的人听了这番话，深为卫青的深明大义和忠诚所感服，更加钦佩卫青的为人和仁慈，莫不肃然以对。

于是，卫青将苏健囚禁起来送到汉武帝那里，汉武帝果然不久就赦免了他的罪。

卫青不斩部将，一则说明他是一位宽厚仁慈的将军，同时也是一位懂得治军与治人之术的统帅。

人的身体的构造，有坚硬的部分——手、脚、骨骼等，也有柔软的部分——肌肉、软组织等，只有将两者有机结合，人才能灵活自由地从事多种活动。上级领导下属时，也应该软中有硬，宽严相济，从而达到最佳效果。

对待自觉性比较差的员工，一味地为他创造良好的软环境、去帮助他，并不一定让他感受到"萝卜"的重要，有时还离不开"大棒"的威胁。偶尔利用你的权威对他们进行威胁，会及时制止他们消极散漫的心态，激发他们发挥出自身的潜力。自觉性强的员工也有满足、停滞、消沉的时候，也有依赖性，适当的批评和惩罚能够帮助他们认清自我，重新激发新的工作斗志。

在管理下属的过程中，光有软的或硬的似乎都不妥，最高明的方法则是软中有硬。我们可以把领导者的发威视为"硬"，而把领导者的"施恩"视为"软"。软硬齐施，双管齐下，因人因事而采取相应的措施。

善于发威的领导者应该深知，"威"虽然是对众人而发，但对个别人而言，应该有不同的做法。"软"和"硬"是相对而言的，不可千篇一律。

这里要注意"过犹不及"，有的人用高压的办法是根本无法治服的。好胜心特别强的下属对此极为敏感，这时就需要"软"的那一套。他们一旦体会到领导的恩惠，就会以"士为知己者死"的态度来回报你。这种情况也是在发威，只不过这里是施威于无形之中罢了。

对于女人，幸福并不只是一场王子与公主小鸟依人的浪漫故事，也不是天天做河东狮吼状就能简单地把一切掌控在自己手中。聪明的女人都有一种软硬兼施的天分，萝卜加大棒，是女人社交的必备技巧。

以和为贵，无谓争吵，害人害己

生活中非理性的因素很多，我们常常会因为某些非理性的因素而控制不住自己的情绪，造成一些不该有的后果。

生活中，很多女人都容易钻牛角尖。因一点点小事就与人争吵，自己的心情也受到很大的影响，但如果能够静静地想想，很多事情都可以选择更加平和的方式解决，不会伤了和气，也不会伤害自己的身体。

愤怒会使人失去理智思考的机会。在许多场合，因为不可抑制的愤怒，使人失去了解决问题和冲突的良好机会。

尤其是，一时冲动的愤怒，可能意味着事过之后要付出高昂的弥补代价，实际生活中，愤怒造成的损失往往是难以弥补的。你可能从此失去一个好朋友，失去一批客户，而别人对你的合作也会产生疑虑。

人在愤怒情绪的支配下，往往不顾及别人的尊严。损害他人的物质利益也许并不是太严重的问题，而损害他人的感情和自尊却无异于自绝后路。

嫉妒使人心中充满恶意、伤害。如果一个人在生活中产生了嫉妒情绪，那么他就从此生活在阴暗的角落里，不能在阳光下光明磊落地说和做，而只能是面对别人的成功或优势咬牙切齿，恨得心痛。

易嫉妒的人伤害的首先是自己，因为他把时间、精力和生命不是放在人生的积极进取上，而是日复一日地蹉跎其中。

嫉妒同时也会使人变得消沉，或是充满仇恨，如果一个人心中变得消沉或是充满仇恨，那么他距离成功也就越来越远。

狂躁给人以一种假象，仿佛此人精力充沛，说话与做事都那么有感染力，显得咄咄逼人。

初次接触狂躁者时，许多人都会产生错误的感觉，以为他是那么的具有活力，使人感动，可是，随着时间的推移，以及了解的加深，你也许会发现，狂躁其实不过是一张白纸。

你会发现他狂躁表面下隐藏的缺陷：

他的谈话没有深度，他行事缺乏条理和计划性，他说过话转眼就会忘记，交给他的任务也不会认真对待。

狂躁的情绪容易使人陶醉，因为狂躁者的自我感觉好极了，他会显得雄心勃勃。可是，世界上没有狂躁者成功的例子，狂躁是情绪的极端表现。

如何控制以上所说的非理性因素造成的不良情绪？看看下面这个故事。

美国一家公司的经理想出了一种很好的办法，以发泄他的怒气。年轻的时候，他在本公司里做一个小职员，当然，提升的渴望和现实有很大的出入，于是，他提起纸笔，想写辞职信。

在写辞职信之前，他为了发泄自己的不平，就在纸上写下了对公司中每个上级职员和经理的评判。写好后，他拿去让一位老朋友看。

那位朋友很有心计，他取出一枝蓝色水笔，让这位不平的朋友把公司中那些人的才能也写出来，同时列出在十年之内如何提升自己的计划。

当这些东西都写出来后，这位公司职员的怨气消了很多，他决定继续在这个公司做下去，因为与他相处的上级职员和经理既有缺点，也有优点，兼顾二者的话，他认为自己没有充分的理由离开这些人。

从此，这位职员学会了一种发泄不平的方法，凡是忍不住的时候，他都要把心中的情绪写下来，看一看，心境就平和了许多。

附：人际关系自我认知问卷

1. 目的与功能

本测验考察人们处理人际关系情况。通过调查人们在日常交往中的种种表现，为人们认识自我提供必要的帮助。只有认识自我，才能提高自我，使自我从多方面得以调整和提高。为人们完善自己在处理人际关系能力上提供必要的参考。

2. 适用对象

（1）广泛适用于任何希望了解自己在处理人际关系上的表现的人。

（2）用于对组织全体管理人员的集体施测，了解员工的人际关系状况，为人员选拔、团队建设、组织发展及实施有效管理提供建议和依据。

3. 使用说明

下面提供的测试题，我们将其分为两类：A、B、C三组为一类，D、E、F三组为另一类。你只需对各组中的问题回答"是"与"否"即可。如果回答"是"就在"是"一栏的字母上画圈，如A组就在字母"A"上画圈，如果回答"否"就在表中"O"上画圈，回答完一组后，数一数，将你圈选较多的结果填在表下面的横线上，如A组中你圈选"A"较多，就在表下横线上填"A"，如果你圈选"O"较多就在横线上填"O"。

4. 测验题目

（一）A组

题　目	是	否
1. 别人向我借东西，我一般不会拒绝。	A	O
2. 与朋友相处很坦诚，朋友们都认为我值得信赖。	A	O
3. 我能一声不响地坐一小时。	A	O
4. 我很有幽默感。	A	O
5. 我有许多朋友。	A	O

数一数，圈选较多的是_____。

B组

题 目	是	否
1. 我坚持储蓄。	B	O
2. 我喜欢衣着整洁严肃。	B	O
3. 我能吸引住客人的注意力。	B	O
4. 我喜欢准确无误，照章办事。	B	O
5. 我认为内部规章是必要的。	B	O

数一数，圈选较多的是_____。

C组

题 目	是	否
1. 有时我矛盾的心理很强烈。	C	O
2. 有时我是人们仿效的对象。	C	O
3. 在同伴中我极力想成为注意的中心。	C	O
4. 如果对某人反感我会公开表露出来。	C	O
5. 我有时对人傲慢。	C	O

数一数，圈选较多的是_____。

（二）D组

题 目	是	否
1. 我有时以取笑别人为乐。	D	O
2. 我有读格言、警句并做注释的习惯。	D	O
3. 考试前我喜欢夸耀自己，说自己什么都会。	D	O
4. 我经常想以自己的独出心裁使朋友们大吃一惊。	D	O
5. 与人交往时，我有时言语粗暴、尖刻。	D	O

数一数，圈选较多的是_____。

E组

题　目	是	否
1. 我喜欢节日气氛。	E	O
2. 我能保守秘密。	E	O
3. 我认为傍晚安静地呆在家里看书，还不如出去运动运动好。	E	O
4. 在不太熟悉的人中间我毫不拘束。	E	O
5. 我认为足球运动员、演员、歌星、电视主持人等职业比工程师、教师、实验员等职业好得多。	E	O

数一数，圈选较多的是_____。

F组

题　目	是	否
1. 我常疑神疑鬼。	F	O
2. 我喜欢建立秩序。	F	O
3. 写信时我一丝不苟地使用标点符号。	F	O
4. 我为双休日消遣娱乐做准备。	F	O
5. 在购物花钱时，我精打细算。	F	O

数一数，圈选较多的是_____。

5. 结果分析

在第一类题（A、B、C三组）中，不同的选择有以下八种不同的答案，如表1所示。

表1　第一类题的选择结果分析

题号	结果	解　释
1	AOO	A组答"是"多，B组、C组答"否"多
2	AOC	A组、C组答"是"多，B组答"否"多
3	ABO	A组、B组答"是"多，C组答"否"多
4	ABC	A组、B组、C组都答"是"多
5	OOO	A组、B组、C组都答"否"多
6	OOC	A组、B组答"否"多，C组答"是"多
7	OBO	B组答"是"多，A组、C组答"否"多
8	OBC	A组答"否"多，B组、C组答"是"多

在第二类题（D、E、F三组）中，不同的选择也有以下八种不同的答案，如表2所示。

表2　第二类题的选择结果分析

题号	结果	解　释
1	OOO	D组、E组、F组都答"否"多
2	OOF	D组、E组答"否"多，F组答"是"多
3	OEO	E组答"是"多，D组、F组答"否"多
4	OEF	D组答"否"多，E组、F组答"是"多
5	DOO	D组答"是"多，E组、F组答"否"多
6	DOF	D组、F组答"是"多，E组答"否"多
7	DEO	D组、E组答"是"多，F组答"否"多
8	DEF	D组、E组、F组都答"是"多

6. 使用指南

（一）在第一类题（A、B、C三组）中，八种结果所反映的人际关系的特点

1. 不可靠型

AOO（即A组答"是"多，B组、C组答"否"多）

你是否发觉，人们常常认为你是一个不可靠的人（虽然实际上你只是稍微有点轻率）。你快乐无穷，好谈天说地。你做的比说的少。朋友们轻易地便可以使你照他们的话行事，因此认为你易受别人的影响。但是，在一些重大问题上你还能坚持自己的见解。

2. 不拘小节型

AOC（即A组、C组答"是"多，B组答"否"多）

你给人留下的是一种不拘小节，不客气地说，有时甚至是不礼貌的印象。由于一味追求标新立异，你不但同别人有时甚至同自己也闹别扭，把昨天还在肯定的东西否定掉。表面看来，你不修边幅，无所用心，轻诺寡信，但只要愿意，你就会成为一个机敏、有朝气的人。你身上缺少的是所谓的稳健。

3. 善于交际型

ABO（即A组、B组答"是"多，C组答"否"多）

你经常得到周围人的欢迎，善于交际，尊重别人的意见，朋友遇到急难，你从来不会丢下不管。这样的评价一定会让你高兴，但正如大家对你的评价，要赢得你真正的友谊并非易事。

4. 发号施令型

ABC（即A组、B组、C组都答"是"多）

你喜欢对周围的人发号施令，但只有对你最亲近的人才如此，对其他的人你尚

能克制自己。在谈论自己的见解时，你一般不考虑别人对你的话有何反应，你周围的人会马上躲开你，怕你使他们难堪。

5. 城府型

000（即A组、B组、C组都答"否"多）

你城府较深，性格内向。谁也不知道你在想什么，了解你很难。

6. 难以忍受型

00C（即A组、B组答"否"多，C组答"是"多）

关于你人们会说："多么难以忍受的性格。"你常常使与你谈话的人震怒，你不让人把话讲完，甚至把自己的见解强加于人，从来不做出任何让步。

7. 骄傲自大型

0B0（即B组答"是"多，A组、C组答"否"多）

像你这样的人在学生时代是模范学生、衣着整洁、有礼貌、守纪律、学习成绩优秀。老师比较喜欢和信任你，同学们中有些人认为你"骄傲自大"，而另一些人则非常喜欢你，愿意和你交朋友。你一般不吹牛夸口，也不喋喋不休，对自己充满信心。

8. 疑神疑鬼型

0BC（即A组答"否"多，B组、C组答"是"多）

可能有些人认为你是一个永远觉得自己受了委屈的人。你常为一些小事争吵，有时你也会情绪很好，但可惜这种情况不多。总之，你总让人觉得你是一个爱抱怨、疑神疑鬼的人。

（二）在第二类题（D、E、F三组）中，八种结果所反映的人际关系的特点

1. 成就型

000（即D组、E组、F组都答"否"多）

你对一切新生事物都感兴趣，有丰富的想象力，单调使你难以忍受，但是，很少有人了解你的真实性格。大家都认为你是一个安静温和、知足常乐的人，而事实上你在向往一种有事业成就感的生活。

2. 谦卑型

00F（即D组、E组答"否"多，F组答"是"多）

你多半是一个生性腼腆的人。你在同陌生人打交道时，这一点就会表现出来。只有在家里和朋友之间你才感到自在。当有生人在场时，你就会局促不安，但却极力加以掩饰。你善良、勤奋，有许多好主意、计划和方案，但由于谦卑的缘故，你往往还是默默无闻。

3. 矛盾型

0E0（即E组答"是"多，D组、F组答"否"多）

你非常善于交往，喜欢访亲会友、高朋满座，一旦形只影单，寂寞感令你苦不堪言。你甚至不能将自己关在家里写一篇重要文章。在你身上矛盾情绪非常强烈，

你总想干点什么与众不同的事，有时这种冲动左右了你，但你多半还能控制自己。

4. 谦虚型

OEF（即D组答"否"多，E组、F组答"是"多）

你沉稳但不卑怯，快活而不过分，善于待人待物，对人谦虚和气。别人对你的赞誉你已习以为常。你希望别人对你有好感，但自己不加任何勉强。如果周围没有朋友你会感到不自在，为他人效力使你感到愉快。但人们可能会责备你过分超凡脱俗。

5. 奇异型

D00（即D组答"是"多，E组、F组答"否"多）

你喜欢讲出并极力维护一些奇谈怪论，因此招致许多反对者，甚至连朋友有时也不能理解你。但你对此满不在乎，这一点非常遗憾。

6. 固执型

D0F（即D组、F组答"是"多，E组答"否"多）

你不得不听一些不太悦耳的言辞。你怎么会有这种双重性格呢？你的性格有些古怪，太固执，缺乏幽默感。你受不了玩笑，常常批评别人的行为，强迫他人按你的意图办事。如果他人不听你的，你就大动肝火，因此你的朋友不多。

7. 古怪型

DE0（即D组、E组答"是"多，F组答"否"多）

原来，你是个非常古怪的人，总喜欢使朋友惊诧。如果有人向你提出忠告，你总是反其道而行之，为的是想看看会产生什么结果。你常以此自鸣得意，但却使他人诧异。只有最亲近的人才了解，你并非像表现出来的那样自信。

8. 威信型

DEF（即D组、E组、F组都答"是"多）

你精力充沛，处处感到得心应手，举止有度。你善于交际，不过，你之所以喜欢朋友圈子，仅仅是因为你在其中扮演主要角色的缘故。你喜欢充当辩论的仲裁者和消遣娱乐的组织者。周围的人承认你的威信，但你好为人师的说教却使他们感到厌烦。

第三篇

掌握理财方法，做幸福女人

如何让自己学会自主地掌控金钱？如何培养自己的理财智慧？我们需要先从思想观念上开始，督促自己，相信自己，并从学习基础的经济学知识开始，只要坚持下来，你就一定能够成为一个懂得理财的女人。

你需要明白自己赚钱的目的，学会给自己制定好理财计划。越早开始计划，你就越早懂得享受，越早享受好命的幸运。从存钱开始积累，从制作报表开始了解自己的财富，从自己的主妇优势开始入手，让自己一步步变成一个按计划理财的有梦想的女人。

Chapter 1

理财改变命运，金钱创造幸福

钱不是万能的，但没有钱是万万不能的。尤其是对于女人来说，女人是需要钱来让自己的人生更加充实的。女人不需要太多钱，但是，女人也不能没有钱。女人可以依靠自己的能力变得富有，变得富有的女人会更加感受到尊严的魅力。而通过自己的能力慢慢变得富有的女人，不会轻易做拜金女。是的，女人爱财，但是，我们不拜金！我们要的，是根据自己的实力，计划性地理财，计划性地赚钱，达到自己理想中的高度，为自己创造出金钱，让金钱带给我们想要的幸福，让金钱改变我们目前窘迫的命运。

告别依赖，活得更有尊严

钱的好处，已经不用多说了。尤其是对于女人来说，钱的魅力更是大，有钱的女人与没钱的女人相比，其间的差别就更加扩大化。很多女人在婚后就开始围着老公孩子转，不知道钱对自己的意义在哪里，于是，慢慢地，这些女人就麻木了，从一个主动使用金钱的女人，变成一个苦苦地哀求金钱的怨妇。在这个过程中，贫穷女人与富裕女人之间的差别让人不得不感叹。

当然，我们并不是说有钱就一定万能，尊严是一种由内而发的情愫，而这种由内而发的情愫，如果没有足够的地基，就肯定难以显现在我们脸上了。如果没有钱，可能很多女人在看见富人或者名贵的金银珠宝时，都会不自觉地低下头；如果没有钱，可能很多女人在长期伸手向丈夫要钱时，都会有一些不好意思；如果没有钱，可能女人一旦遭遇婚姻变异，便会一无所有，只剩清泪……也许，钱并不一定能给我们带来尊严，但是，钱一定可以让我们藏在心底的尊严敢于爬上脸庞，骄傲地展现给世人看，钱一定能够让我们活得更有尊严。

"我富有过，我穷过，因此我知道，有钱比较好过！"

这是美国一家投资银行及证券管理公司董事长朱蒂·瑞斯尼克用她的一生证明的一句话。这位女董事长的命运有着我们无法想象的坎坷：从富有的千金到落魄的离婚女人；从亲情围绕到所有亲人一个个残酷地离去；从健康美丽到两次身患癌症，人老珠黄；从生活阳光到整日酗酒嗑药。人生的大起大落、大喜大悲，就这样残酷地发生在这个有两个女儿的母亲身上。在她四十岁的时候，她已经没有了青春，更痛苦的是，命运在这个时候，让她失去了丈夫。没有了家庭，也没有了退路，"再找个长期饭票"和"自己站起来"这两个声音中，她选择了后者，从证券公司的临时业务员开始她新的生活。在这个清一色都是男业务员的证券行业，她以独到的眼光与重视小客户的热诚，为自己开创了一条生路。从此，她的事业越做越大，十年时间，她成为了一家著名投资银行的董事长。在种种经历过后，她深深明白了一个道理：钱虽不能买来一切，但却可以买来尊严和自由。

我们不能用钱来定义这个女人的一生，但是，我们可以从她的经历中看到钱的意义。钱让她有了面对困难时生活下去的动力，让她的人生达到了一个新的高度，让她在失去所有之后又追回了一切。这是一个好命的女人？不，我们只能说她是一个用自己的经历鉴定了钱的意义的女人。在她用金钱为自己买来尊严和自由的时候，我们很多人却因为钱而被人鄙视，心底总是被戳出一块块难言的伤疤。

有这样一部小说：一位法学院毕业的女大学生在某小镇检察院实习的时候，与其中的一位有家室的检察官产生了一段婚外情。实习期结束之后，女大学生来到上海，在一家律师事务所工作。一段时间以后，她已是小有成就的律师，有车有房，生活无忧。

她一直没有成家，因为她忘不了那个让自己刻骨铭心的情人，于是电话联系那位检察官。恰巧那位检察官就在上海开会，女律师迫不及待地想去检察官下榻的宾馆。赴约之前，女律师为了保持当初穷学生的模样，刻意穿着从路边小摊买来的廉价衣服，把自己打扮得像个下岗女工。

女律师怀着激动而兴奋的心情来到宾馆。那位检察官已经两鬓斑白。见到她的那身打扮，检察官判断她的经济条件不会太好，就问她现在在做什么工作。女律师说没有工作，有时给朋友们打打杂，她还告诉他，自己还没有结婚。

检察官害怕了，他以为她是来找他要钱的。他意味深长地看了她一眼，然后对她说："这次出差我也没有带多余的钱，恐怕要让你失望了。"女律师开始还不理解他说的话，等到明白之后，很是气愤和失望，原来他把她看做靠出卖肉体谋生的女人了。

在她心目中，他一直与其他男人不同，她把他视为知己。没想到，多年之后，他竟然如此看她。女律师很生气，起身就走，愤怒的她忘记了伪装，出门直奔自己的小轿车。从后面追来的检察官看着她的车绝尘而去，不由暗骂自己"有眼无珠，得罪了贵人"。

虽然是小说，却折射出残酷的社会现实：一个女人穷困潦倒，即便是曾经的亲密恋人也未必会尊重你。

可见，钱对一个女人来说，意味着很多。告别依赖，创造财富吧，钱可以让你更体面、更有尊严地生活。

女人有钱，一定要从点滴开始

希望有钱的女人很多很多，可是，真正有钱的女人却很少很少。没钱的女人总是羡慕有钱的女人，不知道她们用什么诀窍赚到了那么多的财富。有些女人通过为自己找长期饭票的方法来让自己变得"有钱"，殊不知，这种方法只是一时的有钱，那些钱，并非真正属于你自己。所以，我们还是佩服那些能够依靠自己的能力，在奋斗中、在点滴的积累中让自己变得有钱的女人。

一句话：想要有钱，一定要从点滴开始。

一名世界销售大师的退休大会吸引了行业的众多精英参加，当别人询问他成功的秘诀时，他微笑表示不必多说。这时，全场灯光暗了下来，接着从会场一侧出现了四名彪形大汉，合力扛着一座铁马，铁马下垂着一只大铁球。当在场人士丈二和尚摸不着头脑时，铁马被抬到讲台上了。

大师走上台，朝铁球敲了一下，铁球没有动，隔了5秒，他又敲了一下，还是没动，于是他每隔5秒就敲一下，持续不停，好长时间过去了，铁球却依旧一动也没动。

渐渐地，台下的人开始骚动了……陆续有人离场而去……但销售大师还是自顾自地敲铁球。人越走越多，留下来的只剩零星几个。

经过40分钟后，大铁球终于开始慢慢晃动了。这时大力摇晃的铁球，就算任何人努力阻挡也停不下来。

当铁球一旦动起来，你挡都挡不住！这就是点滴力量累积后的巨大能量！想变成有钱人，你也需要走这条用"点滴"铺起来的道路。

我们所说的从点滴开始，对刚刚开始规划自己财富之路的女人们来说，主要包括三个方面：从点滴开始做人、从点滴开始省钱、从点滴开始赚钱。

想要变得有钱，先从省钱开始！你千万不要小看平时所花的点滴碎钱，积攒起来会令你大吃一惊！不信请看小西的某个月的消费分项记录：

吃饭（与朋友聚会3次，每次200元，平时在单位食堂每次25元）1 100元；房租+水电煤：1 500元；购置新衣服：2 000元；看电影等消遣：300元；其它杂项：400元；总计支出：5 300元。

小西目前大约每月入账6 500元左右，这样一来，月底只剩下1200元左右。一个月入账数目并不少，可是剩下的钱却屈指可数。这估计是很多女人共有的状况。这还只是单身女人的情况，已经有家庭的女人恐怕更加郁闷，总是掰着指头过日子，都还是过不赢日子。为什么？就是因为在该省钱的时候没有省钱，结果导致了在应该花钱的时候花不出钱。

钱要用在刀口上，尽量不花冤枉钱。那么，究竟该如何来省钱呢，有三方面值得你考虑：

1. 物尽其用勿过期

食品要及时吃，物品要适时用，过了保质期及使用年限就是浪费。因此，对于家中所有物品要经常拿出来看一看，即使暂时用不上，也要知其是否损坏，以确保下次使用时的安全可靠。对贵重物品，如空调、冰箱、电脑、摩托车等，保养好了，能延长使用寿命，无形当中就节省了开支。

2. 关爱健康少药费

现在很流行的一句问候语就是"祝您健康"。的确，不管有多富，疾病生不起。因此，保持健康的身体，必须注重食品卫生，防止病从口入，加强锻炼，爱惜身体这个"本钱"，以达到少花医药费的目的。

3. 躲避风险保平安

平安是福也是财，人之一生平平安安是最重要的。因此，当你面对一桩可挣大钱的差使，但却又隐藏着不安全的风险时，劝你别抢着往里挤。在人多拥挤的地方购物时，不要只顾着贪便宜，小心买进假冒伪劣商品，要看管好自己的钱包。

此外，已经有了家庭的女性朋友更需要注意在日常生活中来省钱，这样，一年365天下来，省下的可不是一丁点。你每天都需要购物吧？怎么购物省钱？简单！看看你周围的大超市几点关门，提前半小时到就可以了。大超市都尽可能不卖隔夜的食品，每到下班前一个小时左右，就会开始打折。此外，超市买东西还要注意，最好购买超市的自有品牌。尤其是一些日用品，超市自有品牌与广告上常见的品牌差别不大，但是价格却只是名牌的一半左右。

可能已经习惯了大手大脚花钱的你会有些瞧不起这些省钱的方法，但是，你可别忘了，这些点滴的小事，会慢慢汇集成大海的力量，让你缩短变成富人的时间。你需要明白，你拥有财富，但是却没有浪费的权利。是的，约会的时候也这样想吧，两个人点一份套餐，或者点一份主食。别以为这样是寒酸，吃饭七分饱对健康最有好处。

节约的原则就是避免浪费，资源是有限的，最大化利用资源才是最科学的节约。比如，在餐馆吃饭时要将点菜量控制在刚刚好的范围；尽量自己清洗衣物，因为洗衣服也是一种锻炼，而且光是清洗衣服的费用，已经可以再买两件新衣服了。

聪明的女人不会让自己的钱像水一样流掉，而是会将自己的钱当做油来用。用多了，菜腻，生活也奢靡了；用少了，菜不香，生活也寒酸了。所以，能够把自己的钱当做油来用的女人，定是最聪明的女人，这类女人最具有变成有钱人的潜质。

最后，要想变得有钱，还要学会从点滴处赚钱。

很多人都只知道靠自己的工作赚钱，却不知道抓住点点滴滴的机会来赚钱。

我们来看个故事：一个人用100元买了50双拖鞋，拿到地摊上每双卖3元，一共得到了150元。另一个人很穷，每个月领取100元生活补贴，全部用来买大米和油盐。同样是100元，前一个100元通过经营增值了，成为资本。后一个100元在价值上没有任何改变，只不过是一笔生活费用。贫穷者的可悲就在于，他的钱很难变成资本，更没有资本意识和经营资本的经验与技巧，所以，贫穷者就只能一直穷下去。

如果你不想自己一直贫穷下去，不希望自己一直省吃俭用却还是处于没钱的状态，就不要错过任何可以赚钱的机会，克服自己的惰性，让自己"积点滴成大海"，成为真正有钱的女人！

理财女一定要会定义幸福

会理财的女人，通常也能比别人更深刻地体会到幸福的含义。因为，理财女是理性的女人，同时也是聪明的女人。她们知道该如何打理自己的生活；知道应该如何安置好自己的家人；知道该如何规划自己的未来。

很多会理财的女人，通过理财感受到了一种切切实实的幸福。她们通过理财，在自己和家人的收入水平范围之内，把小日子过得丰富多彩，幸福无比。一个家庭，在客观条件一定的情况下，怎么过，过得如何，区别是很大的。俗话说，吃不穷、穿不穷，计划不到会受穷，说的正是这个道理吧。当然，日子过得如何，外人也许看不出来，毕竟每个家庭、每个人的习惯和他们所追求的生活目标是不一样的，标准也自然应当有所区别，只有当事人感觉到满意了、开心了，日子才算是过好了。会过日子的女人，她能够把小家庭的一切繁杂事务计划得周周到到，哪怕是再紧巴的日子，也能过得很像模像样，一切井然有序，该做什么做什么，似乎都在掌控之中。

我们都知道，日子不是混的而是过的，幸福不是想的而是营造的；明天不是昨天成绩的延续，而是今天付出的回报。

有的女人，的确也很会理财，但是，却不懂得幸福的含义，总是因为钱而和丈夫吵架，因为觉得对方没付或少付了该付的那份家庭开支。这类女人在节省开支的时候不是想着家庭也不是想着孩子，而是想着为自己多准备点储蓄金好让自己不会一无所有。

最终，这些女人失去了家庭，失去了爱，失去了自由，失去了美丽。失去幸福，是因为这些女人不懂，家庭幸福的概念里，不应该有斤斤计较，不应该有自私自利，不应该有忐忑不安这些字眼，取而代之的应该是从容、快乐、经营、温馨这些词汇。

如果说，能够在自己的经济水平之内把小日子过得精彩是一种幸福，那么，还有一种幸福也是女人不可缺少的。那就是完成自己的梦想！很多女人在为人妻、为人母之后，就伟大地舍弃了自己曾经的梦想，任时间无情地将自己催老。其实，真正懂得幸福含义的女人知道，这一辈子需要为自己活一把，需要努力实现自己的梦想。

我们需要有我们的梦想，我们需要通过梦想的实现来体现我们的人生价值。同时，我们更需要爱！

我们理财，不是为了理财而理财，而是希望通过理财让自己的爱变得更丰盈。我们希望通过理财，让家人过得更快乐；希望通过理财，让爱人过得更加顺利。被别人的爱包围着，是一种幸福；去追求自己爱的也是一种幸福；彼此的相互倾慕是幸福；私守一生也是幸福的。只要有爱，我们的幸福就不会那么干涩，我们的幸福也不会那么短暂和浅薄。

如果你打算从今天起开始理财，请不要忘了先问自己一句，"我幸福吗？"你想要怎样的幸福，这是一个很重要的问题，因为它将是你理财的动力，也是你理财的目的。懂得幸福的女人，人生将会更加美丽。

看透金钱本质，不做"拜金女"

"拜金女"不是一个被社会所认可的群体。拜金女们盲目崇拜金钱，把金钱价值看作最高价值，一切价值都要服从于金钱，她们把亲情、友情、爱情等都放在金钱脚下；她们认为金钱不仅万能，而且是衡量一切行为准则的标准。正是由于拜金女们太过强调金钱的重要性，以致于她们变得唯利是图，对许多事物经常只看到表面，看不到其内涵、精神层面，往往过得极为空虚。

我们都不希望我们所爱的人是拜金的人。因为在拜金的人心里，能够为了钱而舍弃其他一切。这种人太可怕！等到这种人最有钱的时候，也就成了她最贫穷的时候，因为她穷得只剩下金钱了。

在2008亚洲小姐竞选总决赛中，原籍中国西安的1号佳丽姚佳雯获全场最高的137610票，摘下桂冠及"最完美体态大奖"。姚佳雯是全场学历最高的硕士佳丽，赛前并不瞩目，但当晚成为夺冠黑马。在最后与颜子菲两强决战阶段，她被发问嘉宾踢爆此前曾两度参与选美。2004年参选"中华小姐环球大赛"时，她因在"金钱与老公"、"金钱与父母"、"金钱与国家"三道选择题中，除以父母为首选外，其他两项都毫不犹豫选择金钱，而被网友视为"拜金佳丽"并炮轰。当晚嘉宾向她尖锐提问：参加选美目的何在，是否为钓金龟婿？她真情剖白："2004年我参加选美被人骂，以为我是为钱。我如今再战江湖，其实因为我想做个主持，想打这份工！"这个回答令她票数飙升。

从这个例子中就不难看出，我们都不喜欢拜金的人，一个女人即使长得再美，如果拜金，就会让人感觉她缺少了作为人最基本的一些情感，让人感觉她似乎与我们不是同类了。

金钱并不是万能的，有首《买到与买不到之歌》就很好地诠释了这一点："金钱能买到房屋，但买不到家；金钱能买到药，但买不到健康；金钱能买到美食，但买不到食欲；金钱能买到床，但买不到睡眠……"一些腰缠万贯的富翁们不就常感叹自己是精神上的乞丐即"穷得只剩下钱了"吗？所以，我们要树立正确的金钱观。

人生有两种幸福,即"生活的幸福"和"生命的幸福",能够获得这两种幸福的人应是最幸福的人。生活的幸福追求食衣住行、功名富贵;生命的幸福追求平安喜乐、真爱温暖和永恒的归宿。如果满脑子都是拜金的想法,即使最终你的生活之路变得富有,你的生命之路却会贫穷。那么即使满屋子都是高档奢侈品,你却只剩下空虚做伴、寂寞为枕。

我们要看到金钱与人生有着密切关系,更应该看到金钱不是人生的全部内容,不是人生价值的决定因素。我们生活的目标并不是单单为了赚钱,同时也是为了更加享受幸福和生活得更加充实。

所以,我们不做拜金女。我们要做的,是把拥有财富当作一种爱好,而不应完全拜倒在它的脚下。做金钱的主人,才能享受金钱给我们带来的快乐。

不做守财奴,存钱不是生活的全部

有的人是天生的守财奴,富而吝啬,人称之为"钱罐"。

其中最典型的守财奴形象就是巴尔扎克笔下的葛朗台。像葛朗台这样的守财奴,守财守了一辈子,最终还是一无所获,什么也没得到。

作为女人,不应该成为一生只会抱着钱财睡觉的守财奴,我们需要爱护好自己,需要珍惜自己如花的容貌和流金般的岁月,如果有钱却抱着钱存在银行里不动弹,让自己像个贫穷的灰姑娘一样,那多亏待自己?更何况,安稳守财的时代已经过去了!今天的你,随时可能遭遇失业、通货膨胀、金融危机等各种不可预测的状况!到时候即使你银行里存着钱,却流落街头也不足为奇!

作为已婚女人,我们不仅要替自己的生活做打算,替自己的未来做打算,还需要做整个家庭的理财师,让家里的资金能够充分发挥它们的作用,而不仅仅是让家人辛辛苦苦挣来的钱在银行里发霉。

这里有一个小故事,发生在一对守财奴夫妻身上。也许看完之后,我们会有一些想法。

妻:老公,那钱放好了没?

夫:老婆,放心吧,放安稳着呢!

妻:放哪儿呢?

夫:墙缝里呀!

妻:不是说放冰箱里吗?

夫:好好好,下星期放冰箱行不?

春夏秋冬,年复一年……五年之后……

夫:老婆,物价老涨,我们要不要拿钱出来去买房?

妻:老公,快来看呀,钞票都给老鼠咬烂了!

……

这是原始的存钱方式，也是金钱对不会利用它的人的嘲讽。如今，在货币市场多变的今天，还有人在不断重复这样的原始方式，以求一份心安理得，只不过，原来的墙缝和冰箱，如今换成了银行。

在我周围，就有这样一个同事。对这个叫小敏的同事来说，存钱是她生命中唯一的乐趣。她跟保险，她寄定存，她用最安稳妥当的方式，细心保管赚进来的每一块钱。叫她投资？风险太大不考虑，赔掉本金谁负责？

正常人赚钱是为让自己的生活过得优越舒适，小敏却不，她以累积财富为人生乐趣。于是，她把小钱存成大钱，把大钱变成定存，再把定存生出来的小钱组织起来，成为大钱，周而复始，乐此不疲。她不擦化妆品、不穿新衣服，当然，别人送的除外，但大多情况下她会转手把化妆品和新衣服卖出去，除非有滞销货品。她也不吃大餐，当然，别人请客除外，如果量多的话，她会打包回家。对于女人的所有喜好，她全然没有。

如果做女人做成这样，不知道还有什么意思；如果存钱存成这样，不知道存起来的钱还有什么意义。爱财没错，存钱也没错，可是爱财爱到这份上，爱财爱到对自己都一毛不拔，爱存钱胜过爱自己，这就不仅仅是对自己的轻视，也是对钱的蔑视。

是的，我们爱财，但是，我们不应该做守财奴，不应该只是心安理得地存着钱。况且，钱都存在银行里，通货膨胀之后，钱就相当于越存越少了！

不同的女人，不同的理财方案

理财是每个女人的必修课，但是，这堂必修课因人而异，不同的女人，应该有不同的理财方案。你的年龄，直接决定了你应该制定怎样的理财方案。

对于20多岁的女孩来说，如果你仅仅知道追求吃穿玩、追求享受、爱慕虚荣，不知道进取，不知道奋斗为何物，不愿意受苦受累……那么你就大错特错了。

20多岁，应该是好好学习最基本的理财知识的年龄，应该是学会如何把自己打理好的年龄。错过了在这个年龄阶段的理财规划，你的余生都可能会在稀里糊涂的用钱习惯中度过。

20多岁的女性，大多还是单身，刚刚离开学校踏入社会，很容易沦为"月光族"、"卡卡族"，此时关键是要养成良好的理财习惯。

你要学会记账，通过记账，发现自己消费中存在的问题，养成储蓄和计划的良好习惯。

你要积少成多，哪怕每月只存几百元，也可以通过基金的定额定投来进行投资。相对来说，投资组合可以配置多些股票、股票型基金或配置型基金等风险稍高的品种。

你要提升自己，积累无形财富。俗话说，投资脖子以上部位永远没错。新进入社会和职场，开拓视野、充实自我、提升自己的综合素质和工作能力，都对自我价值的提升大有裨益。

不要用你年轻的张狂对这些你本该做的事情表示不屑，你知道吗？你的不屑会让你将来比别人多奋斗十年都不止。在你浑浑噩噩地享受着肆无忌惮地用钱的快乐的时候，你的同龄人都已经开始最初的理财尝试，为自己掘取年轻时的第一桶金了。晓莹就是这样一个女孩。

晓莹开始炒股是在大学的时候，她最初炒股时的资金是从父亲那里借来的一万元启动金。"当时对股票一窍不通，但哥哥们都是多年的股票玩家，他们对我说，女人天生有第六感，尤其是我，运气特别好，一定成。当时我还是个穷学生，每个月400元的生活费，想买件漂亮衣服都得存好几个月，还要向哥哥们伸手，感觉没钱真难受。所以应了那句古话，无知者无畏，我的底线就是一万都赔光了，上班以后慢慢还给老爸。不怕输，这就是年轻的资本，可以重新来过。"晓莹认为，年轻的时候不可用金钱去享受，应该拿着钱去投资，让它升值。结果，大学四年下来，晓莹用保守的心态将从爸爸手里借的一万元钱变成了十万元。

还只是大学生的晓莹，就用她的理财计划为自己走向社会奠定了一定的基础。已经走向社会的你呢？你已经开始拿工资了，你的钱比晓莹多吧？可是，你理财了吗？你的钱都花在了哪里？正如晓莹所说，20多岁，正是积累资本的好时候，为何不让自己在这几年里好好地见证一下理财的力量呢？

当二字头的年龄划下句号，以往无忧无虑的都市女性会突然发现生活里多了些不浓不淡的阴霾：房贷又涨了，老公需要添一部车子，爸爸妈妈看病的花销逐年递增，公司的职位突然多了好多年轻的女孩来竞争……还有，生育宝宝和抚养他到18岁的开支居然要49万元！于是，30多岁的女人担忧开始多了起来，她们需要关注自己，也需要关注家人。

30多岁，是家庭开支最大、经济负担最重的阶段。这个时候的女人，需要改变20多岁的理财策略，将关注重点逐渐由个人转移到家庭上。消费要有计划，投资需降低风险。

这个年龄段的女性，要根据自己的年龄、收入、身份和工作需要等配置一些必不可少的护肤品、服装，或是有一些娱乐活动、人际应酬的花销，甚至是完成婚姻大事等，一般开销较大。在投资方面，可适当增加一些稳健型品种，以逐渐降低高风险投资品种，配置部分流动性稍高的品种以应对可能出现的短期大笔支出。

而家庭中一旦有新成员加入，就要重新审视家庭财务构成了。除了原有的支出之外，小宝贝的养育、教育费用更是一笔庞大的支出。在小宝贝一两岁时，便可开始购买教育险或定期定投的基金来筹措子女的教育经费，子女教育基金的投资期一般在15年以上。

另外，越是经济压力的时期，保险的配置越是重要。

或许你在20多岁的时候还没有理财的想法，你就只能在这个阶段从零开始，好好地理理财了。

"老公是我高中的同学，在一个垄断行业，工资收入是我的三倍。我们是典型的周末夫妻，他在郊县工作，我在省会。我在单位有宿舍，家也在省会，于是周一到周四我都过着快乐的'单身女人'生活，周末基本上是我回到老公身边，家务虽少，但我们太懒，请了个钟点工，一个星期打扫两次，而结婚的前几年都没自己在家做过饭。后来，儿子出生了，我老公也买了辆十多万的车。后来，一晃儿子半岁了，休完产假不能让他也跟着我住集体宿舍，于是我像疯了一样的开始到处问房子。最后在一个星期内用光了家里的钱，买了一套现房。在这个过程中，我才知道我错失了许多钱生钱的机会，一是先买车后买房，是个错误；二是买房时，老公卡上的现金全是活期，家里没有一张定期存单，可惜了利息；三是从没在家里开伙，浪费了许多钱。还好三十一岁的女人现在努力也不晚，仍要给自己掌声，鼓励一下。"

这是一个30多岁的已婚妈妈给自己提的醒，由于20多岁没有理财规划，导致自己错失了很多机会，有了孩子之后，开支慢慢增大，房子、车子的费用也出现在眼前，于是保险等理财概念也涌入头脑。我们祝福她，她的开始还不太晚！你呢？30多岁的你准备好了吗？

相对于二三十岁的女人来说，40岁的女人更容易迷失。本以为自己属于家庭，所有的生活也仅仅是围绕丈夫与子女团团转，却突然发现，曾经充实忙碌的自己落了空，这个时候，我们需要重新找回自己。女人不要把自己当做花，花儿总有凋谢的时候；女人要把自己当成树，才能经受风雨，才能开花结果。

所以，如果你40岁了，不要再抱怨时光匆匆把你这么快就变老，你应该为你退休后的生活准备"养老金"了。这个时候，聪明的女人会根据家庭成员的状况分别安排资金。由于此时家庭资金刚性支出压力较小，可以给自己或家庭成员再购买保险，资金充裕的话还可以考虑再购买一套房等。但仍不宜进行炒股等高风险的投资，宜改投国债或者货币市场基金这类低风险的产品。

你要相信，不管你是20多岁的美丽少女，还是30多岁的美丽少妇，或是40多岁的美丽母亲，你都是一棵坚韧的树，而合适的理财方案则是让这棵树保持茂盛的肥料。你应该找到合适你的化肥，让它为你的茂盛发挥作用。

制定理财计划，金钱需要慢慢打理

在这节的最开始，我们先来看一个小故事：

有两个小和尚，他们分别住在相邻的两座山上的庙里，这两座山之间有一条溪。这两个和尚每天都会在同一时间下山去溪边挑水。久而久之，他们便成为好朋友了。

突然有一天，左边这座山的和尚没有下山挑水，右边那座山的和尚心想："他大概睡过头了。"便不以为意。哪知第二天，左边这座山的和尚，还是没有下山挑水。第三天也一样。过了一个星期，还是这样。直到过了一个月，右边那座山的和尚，终于受不了了。他心想："我的朋友可能生病了，我要过去拜访他，看看能帮上什么忙。"

于是他便爬上了左边那座山去探望他的老朋友，等他到达庙里看到好友时好奇地问："你已经一个月没有下山挑水了，难道你可以不用喝水吗？"

左边这座山的和尚说："来来来，我带你去看。"

于是，他带着右边那座山的和尚走到庙的后院，指着一口井说："五年来，我每天做完功课后，都会抽空挖这口井。即使有时很忙，也会多少挖一些。如今，终于让我挖出井水，我就不必再下山挑水了，我可以有更多时间练我喜欢的太极拳。"

挖井、吃到井水是一个日积月累的过程，其实，理财同样如此。理财需要规划，需要根据自己的情况制定详细的计划，正犹如挖井前要根据自家的地理位置弄清楚该不该挖，应该在哪里挖一样；同时，理财还需要长时间的坚持执行，正如和尚用5年的时间来挖一口井一样，要想喝到清甜的井水，我们也需要一直按照规划，坚持持久理财。

如何理好财呢？对于从来没有尝试过理财的女性朋友们来说，可以好好参考一下下面的步骤，并且坚持下来，你会发现收获不小。

首先，要沟通。理财永远都不是一个人的事，尤其是对有了家庭的女人来说，更需要在理财前先和老公好好沟通，说清楚自己的想法，取得老公的赞成和支持，否则自己一个人忙活半天，理不清楚财不说，说不定还因此影响跟老公的关系。这一步很重要，它既可以成为日后你坚持的动力，更是你开始理财的前提条件。

其次，要记账。记账就是让你先弄清楚自家收入支出的具体情况，不然，这财从何理起？记账四原则：一是坚持到底，不要半途而废；二是分门别类，花销只记到相应类别里即可；三是抓大略小，只记到10元为最小单位即可，不必详细到几分几角；四是固定记账时间，例如每周日晚上对这一周的花销进行记账，而不是每天都记，又麻烦又浪费时间。

在坚持记账一年之后，到年底的时候，需要做一个年终核算，并作出详细的统计分析，弄清楚家庭的收支状况。

比如说，李女士通过一年的记账，统计之后，得出家里的收支状况如下：

收入：李女士与其爱人工作性质都比较稳定，每月固定收入共有6 000元左右，年底有两万元奖金。合计年收入9万元左右。

支出：生活费2 000×12=24 000（元），儿子花销500×12=6 000（元），爸爸妈妈公公婆婆花销约10 000元，保险费5 000元，其他5 000元，合计约50 000元。

节余：40 000元左右。

因此，从李女士家目前的收支状况中可以发现，她家的收入比较稳定，不用太担心生活质量；而支出的事项都是必须支出的，没有浪费、超支的情况发生；收支状况良好，每年还有4万元结余，可以保持目前的收支情况。接下来就需要考虑如何利用好每年结余的钱了。

由于每年的收入稳定，支出项目短时间内不会有太大的变动，因此，每年结余4万元的数目比较稳定，这样，每年的4万元就成为了闲散资金，可以适当考虑做出合理的投资计划。对于李女士的家庭来说，因为上有老，下有小，所以在投资时应该选择风险低的工具。

保险：目前，李女士家的保险投入费用已经算比较高，所以不需要考虑再投入；如果投入，可以考虑孩子的教育保险投资。

基金：可以考虑风险相对低的货币基金，每月固定购买。

储蓄：这个投资是为了保证生活的不时之需的费用而设立，每月存1 000元钱的一年定期转存，存够12笔就不存了，合计共12 000元。

国债：因为李女士的家庭在年终时，有一次性的年终奖达到两万元，所以，这笔资金可以用来一次性购买一笔国债；而平时的节余凑够5 000元或者10 000元就可以去买一笔国债。

如此，就可以在保证低风险的同时，有了生活保障，还有了一定的收益，让钱自己生钱，这样就做到了合理理财。

最后，切忌急躁。不能简单地以为理财就是投资。理财需要一个漫长的过程，你的金钱需要慢慢地用心打理。下面，我们就一步步地学习如何打理自己手中的钱，走上财富的自由之路。

Chapter 2

确定赚钱目的，制定财务计划

你想变得有钱吗？想吧？如果想变得有钱，就请拿出一个本子，列一下自己的财务计划，不要让自己拿着钱混混沌沌地过日子。混混沌沌地拿着钱，钱就会离开混沌的你，去另觅懂得用它的主人。正所谓"你不理财，财不理你"，所以，如果想要变得有钱，一定要有计划性地实施。先给自己制定一个赚钱的目标，再将目标细化，然后一步步地实现，这样你才能一步步变得富有，在理财的过程中理出财富来。

确定理财目标，然后将它付诸实践

目前，很多女性的理财存在一些误区：一是缺乏专业知识，喜欢跟风。投资理财要看统计数字以及经济分析，甚至政治等因素对理财投资都会产生影响，但许多女性对政治经济不"感冒"，觉得数字也很枯燥，因而常常跟随亲戚、朋友进行相似的投资理财，比如，有位投资者听说闺中密友炒股赚了钱，便心里痒痒盲目参加，结果恰逢大跌，一下子亏了两万元，还为此跟丈夫吵架。

在女性朋友中，这种盲目理财的情况并不少见。其实，任何事情的进行如果有一个明确的目标，你的思路就会明晰很多。因此，确定理财目标是成功投资的第一步。

当然了，确定理财目标，首先要了解自己的财务状况，需要根据自己的实际情况来设定理财目标。而且，理财目标并不是一成不变的，在不同的阶段，理财的目标也是不一样的，它应该有长期、中期、短期之分。在设定具体目标时，有几个原则必须遵循：一是要明确实现的日期；二是要量化目标，用实际数字表示；三是将目标实体化，假想目标已达成的情景，这样可以加强人们想要达成的动力。

我们来看一个并不是很出名的演员是怎么理财的，这个演员虽然没有在演艺路上大红大紫，但是在自己的理财路上却走得很稳。她一毕业就买房，投资过股票，开过公司，做过生意，虽然不算"理财行家"，但至少算"理财能手"。正所谓"冰冻三尺，非一日之寒"，她的理财能力不是一蹴而就的，而是经历过数次投资实战才磨练出来的。

大学刚一毕业，该演员便在北京买车买房，并把父母接到了北京，孝顺的她希望能够和父母住在一起。当时，她考虑到自己一个人也没有太大开销，而且也无须有所顾忌，所以，划算了一下手里的积蓄，给自己确立了买房的目标，还定下了毕业后一年买车的目标，有了这些目标之后，她就开始想办法来向这些目标奋进。

"那时候手里还没有什么积蓄，是父母的钱再加上贷款买的房，然后就一直住到现在。"今年，该演员打算同父母搬到北京北边的一套别墅。这套别墅是该演员在2007年付了首期买下的。"这两年北京的房价一直攀升，是投资的好时机。这套别墅地理位置和价格都适中。"此前，该演员曾在上海买了一套房子，"当时正好赶上上海地价飞涨，房价跟着涨了。"得益于此，该演员买下的房子不到一年脱手净赚了30万。因为有投资的决心和不怕失败的勇气，更因为有了明确的奋斗目标，所以，在毕业一年后，她就顺利实现了她当初给自己定下的理财目标。

如果说该演员是名人，名人的收入相对偏高，让她们理财时更容易树立较高目标的话，我们不妨来看一个收入水平与我们差不多的中年妈妈是怎么理财的。

李昕在杭州一家国有企业的工会工作，这几年看到不少同事下海经商，事业有成，她也曾动过心。不过，这些年她依靠科学理财，同样使自己的家庭资产像滚雪球一样越滚越大。说起家庭理财，李昕从十几年前就开始了。那时她和老公勤俭持家，在婚后的前五年，她与老公将理财目标定在了稳定、存钱这个方案上，于是，五年后，他们有了婚后的第一笔积蓄。当时多数人都是"有钱存银行"，但是，了解到国债的收益情况之后，李昕知道，如果存上五年期的国债，那么她家里的经济状况就会发生一个根本性的变化。于是她想，这个五年期阶段的理财目标应该提高点了，家里的经济状况已经不是五年前的窘迫样子，可以大胆地做投资了，于是她便把积蓄买成了国债。结果五年下来，她的本息正好翻了一番，再一次实现了她的目标。

翻了一番的资产，让李昕对自己家庭生活的经济状况更加放心，她拿出一部分钱放在银行，以保证家里万一出现意外时能够有防备的资金，并再次定下了第三阶段的理财目标，那就是再次提高风险的投资。于是，她又果断地把闲余的积蓄投入到了股市中。到2001年的时候，她的股票总市值已经达到40万元！而她这时的工资才800元。因为她始终抱着见好就收的投资心理，所以，为了稳定胜利果实，她便把股票及时卖掉，又买成了国债。40万元每年的利息收入就是11 560元，"钱"赚的钱，已经超过了她当时的工资。

2004年初，理财市场上不断推出信托和开放式基金，这个时候，孩子慢慢大了，需要保证家庭的稳定，所以，她再次改变了理财的目标，她需要更加稳定的收益，还需要多样化的收益。于是她又将到期的国债本息一分为二，分别买了两年期信托和开放式基金，算下来，两年时间她共实现理财收益6.9万元，平均每年收益

3.45万元，又超过她的工资收入了。

就是这样一个收入水平的女人，最后因为理财目标的不断调整和努力实现，而使得她的资产比很多高收入人群的资产还要多得多。正所谓人不理财，财不理人。

当然了，理财与年龄无关，年轻的女性朋友们一样可以根据你个人的情况订立自己的理财目标。

小宁是软件工程师，工作三年有余，单身的她一直信奉"对自己好一点"的原则，工资大部分花在了美容健身上，或是下班之后的Happy Hour，一到月底就捉襟见肘。眼见身边朋友一个一个买房购车，她形容自己的心情是"憋得慌"。偶然机会下，她听朋友谈到了理财收益，便决定改变自己目前的花销习惯，向理财道路进军，决定也要让自己这个单身贵族真的"贵起来"，能够实现买车的梦想。

于是，她开始缩减开支，积攒积蓄，并开始有意接触财经类的信息。原本只打算小试身手，结果一研究起来就大呼"过瘾"，她每天一回家就锁定CCTV2财经节目，还买回《宏观经济学》、《国际金融学》、《巴菲特教你看财报》等参考资料，后期更是开始研究商业法律，为投资铺垫。后来，她拿着存下的几万元现金大胆入市，从未尝试过股票买卖的她笑称自己"很强很大胆"。

再之后，每月90%的收入她都拿出来买进A股、基金等，顺便还炒起了港股。结果，股市一直见涨，上证指数水涨船高五成多，小宁的股票也跑赢了大盘，收益率达到了80%。另一厢，买入的四只基金的收益也有20%，买车的日子指日可待。

小宁给自己设定的理财目标是买车，在目标的指引下，小宁开始理财并取得了收益。

没有目标的理财是徒劳的，因为那样的理财到头来只是一堆空数据而已，收支表中的问题，因为没有目标的指引而无法被你发现，即使发现了，由于没有目标，你也懒得改变，那么，尽管你是勤勤恳恳地在理财，但是，财却依然懒得搭理你。所以，还是在理财之初，就给自己确定一个理财目标吧！然后，向它进军！

发现女人的理财优势

有人说，男人决定一个家庭的生活水准，女人则决定这个家庭的生活品质。我们平时经常可以看到，两个收入水平和负担都差不多的家庭，生活品质有时却相差很大，这在很大程度上就跟女主人的投资理财能力有关系。

在理财工具多样化的今天，一位称职的母亲和妻子，其善于持家的基本内涵已不是节衣缩食，而是懂得支出有序、积累有度，在不断提高生活品质的基础上保证资产稳定增值，这就需要女人们掌握一些必要的投资理财技巧。

女性朋友们掌握理财技巧，对家庭的收入做出合理的规划，不仅仅是因为女性朋友们需要有自己掌握经济的能力，更是因为相比男性，女性朋友们在理财上有一些特殊的优势。"男人赚钱，女人理财"，是现代社会家庭财产支配的最佳组合。

首先，女性理财多为全职太太，她们有时间；即使不是全职太太，能够经常理财的女性其工作也相对比丈夫要轻松些。而理财其实并不需要占用多少时间，关键是会牵涉一些精力，需要时常关注一下行情，比如说，投资房产就需要经常了解哪个楼盘涨了，哪个区域又推了新盘等信息。而这些信息，如果不是专门理财的男性，很少有耐心成天研究，尤其是当他们工作压力大的时候，更不愿意去关心这些琐碎的信息。但女人就不一样了，女人的耐心本来相对就好一些，一旦理财，她们就更会热衷于搜集这些信息。

温女士就是一个典型的会理财的家庭主妇。温女士为了让孩子读到更好的学校，买了一套名校附近的二手房，时价每平方米只有2 000多元。此后房价不断上涨，特别是名校旁的房子。虽说是1983年的老房子，现在每平方米却已增值到5 000元以上。而且，心细的温女士在经历了理财的磨练之后，慢慢发现现在买房子也要渠道，不是所有的人都可以买得到自己想要的房子，特别是一手房。自认为没有什么关系的她就把眼光锁定在了二手房上，有的是年初买了，年底就卖掉，并不在手上放太久，只要有赚就好。

后来，温女士又分别在她所在城市的三个区先后买了几套二手房，都是买没多久，就卖掉了。现在手上还有一套单身公寓出租，每个月租金1 200元左右，用来还按揭。温女士的不动产投资效果越来越明显。

像这些繁琐的房子信息，就需要不少的精力和不凡的耐心来慢慢搜集，很多男人就做不到这一点了，这正是女人的理财优势。

其次，女人细心，更适合理财。与男人在事业上的大刀阔斧相比，女人的心会更细。她们清楚地记着哪天该收房租了，哪个合同到期了；记着哪天该存定期了，哪天存款到期了；记着哪天该发行国债了等等信息。女人较男人心细还表现在对合同的研究、对风险的规避上，她们往往不求赚大钱，只求稳健收益。这一点，是女性理财的一个最明显的优势，很多男士即使通过后天的培养都难以具备这种优势。

第三，理财需要借鉴经验，吸取教训，而女人天生爱交流，爱打探，所以，她们总能得到最敏感、最有用的理财信息。哪里新开了一家超市，哪里的店面租金最高，哪些人做哪些投资赚钱了，做哪样投资亏本了，她们了如指掌。

王女士2002年有了孩子后就一直没有上班，在家做起了全职太太。她的老公吕先生与另外三位股东一道，经营着一家礼品批发公司，每人年均能分到30万~40万元的纯利润。

王女士一家三口每月开支大致为：孩子消费2 200元（包括请保姆的费用），水电气物管费电话等杂费600元，生活服装等费用2 000元，缴保险费1 000元。算下来她家年正常开支在6.9万元左右。

在王女士决定要当自己家里的理财师之后，就开始对家庭资产摸底，发现家里的资产主要分为以下几个方面：一套价值60万元的自住房，还有一套面积约90平方米、市值30万元左右的闲置空房；定期存款80万元；购买了30万元年收益率3.44%

的三年期凭证式国债。

也就是说，可供王女士操作的投资资产包括：一套市值30万元的闲置房和85万元存款。

在和姐妹们交流理财心得之后，王女士发现，如果将自己的闲置房子出租，收益将不错，于是王女士首先将那套闲置房的资产"激活"——她花了5万元对房子进行了简单装修后以每月1 400元的价格租了出去，并签了两年租期。这样，这套房一年收益1.68万元。

另外，她通过和有买基金经验的姐妹交流，再加上自己的研究，对基金有了比较充分的了解后，将80万元存款做了这样安排：1.将3万元改存为"七天通知存款"，作家庭备用金，税后实际年收益约390元；2.购买货币基金10万元，实际年收益2 000元；3.57万元购买了两只封闭式基金，年实际收益5.1万元；4.10万元购买了一个一年期人民币理财产品，实际年收益约2 800元。

就这样，在弄清自己的家底之后，王女士通过打听和学习的方式，让钱生钱，来支付一家人的日常支出，而再赚的钱又可以接着做投资，资产就会不断增值了！对这些种类繁多的理财工具，她的丈夫却根本不感兴趣，也没有时间打理，这便是女人得天独厚的优势了。

所以说，家庭主妇理财的优势还是很明显的，想要理财的女性朋友们可不要将上天赋予我们的优势给荒废了，这些优势可以带给我们宝贵的财富呢！

理财行动，早开始，早有钱

理财专家说理财越早越好，这是很有道理的。我们来看两个生动的例子就能明白这句话的含义：

李某和张某是从小玩到大的好朋友。从小就是出了名小气的李某，中专毕业以后就上班了，从20岁开始，每年存款10 000元，一直存到30岁，后来结了婚，由于要教育小孩，所以她在30岁时就离职回家了。从那之后，她就一直靠老公的薪水生活着，再也没有储蓄。存款在60岁后取出作为养老金。张某上了大学，又当了兵，所以开始工作的时间要比李某晚一些。他在刚开始上班的时候非常爱喝酒，一天到晚都泡在酒吧里。后来自己觉悟了，于是从30岁开始以每年10 000元的速度来存钱，一直存到60岁，然后在60岁时取出作为养老金。在年理财收益率为7%的情况下，李某60岁时可以拿到的金额为70多万，张某最终能够拿到的金额却只有60多万。张某在银行里存了30年，李某只存了10年，可是，不管怎么努力，张启都追不上李琳。

如果你现在有这样两个理财方案：第一个是从20岁开始每年存款10 000元，一直存到30岁，60岁后取出作为养老金；第二个是从30岁开始每年存款10 000元，一直存到60岁，然后在60岁时取出作为养老金，那么在年理财收益率为7%的情况下，你会选择哪个方案？

对于这个问题，相信绝大多数人都会不假思索地选择后者——毕竟第一个方案的本金只有10万元，而第二个方案却有30万元，两者相差有2倍之多。然而，由上面的数据可见，这个选择完全是错误的。因为投资理财中有两种强大的力量：时间与复利。也就是说，对于个人而言，越早开始储蓄就越好，越早开始理财越好，时间与复利的威力无穷！

尽管后者的本金是前者的3倍，但最终的结果却是10>30。而这其中的玄妙，即为"时间的复利"效应。

早理财与晚理财的差别就在于，早理财让你能够更早地抓住不该溜走的机会，让你尽早享受到生活。

如今，很多大学生刚刚踏出校门便开始理财，做起了金钱的主人，取得了不俗的理财效果。

韩某已经毕业半个月，大四最后一个学期在成都一家著名的IT公司实习了三个多月，毕业后就直接成为这家公司的销售代表，月薪2 200元。工作几年之后，获得了一定理财收益的韩某这样给别人介绍经验：

"我是这样做的，每个月工资打到我的账户上后，我会先存1 000元到银行，然后再花500元到银行购买一个品种的货币市场基金，数量都是500份——我认为这500元的主要投资目的是保值和储蓄，既避免了随手乱花钱的坏习惯，又在不知不觉中积累了"第一桶金"。刚毕业时，一位同事就提醒我买一份保险。由于工作原因我经常出差，平时也比较辛苦，保险就成为必不可少的一项投资支出。我选择购买的是意外伤害保险，其费用不高却对我非常实用，每个月投在这上面的钱大概是100元左右。

还剩下一些钱，做什么好呢？我咨询了几位理财专家后决定买点共同基金，并采取定期定额的方式直接从银行账户扣除。说实话，对股市，理工科出身的我并不了解，但我认为自己的资产组合确实需要回报稍高的项目，共同基金由投资专家代为打理，表现通常要稳定一些。这只算小打小闹吧，但重要的是，采取定期定额方式，可以强制我自己"储蓄"，为未来打下基础。当然，我已经听到了不少的风险提示：共同基金和股市相关，风险比较大。

在做出这些理财规划后，我开始慢慢实施了。我粗略而乐观地算了一笔账，从现在开始四年后，我在货币市场基金的收入将接近3万元，共同基金收入应该也有3万元（按平均收益率10%计算），这样6万元的财产足够我支付一套小户型商品房的首付了。"

韩某是个聪明的女孩子，她懂得刚拿到薪水就为自己的未来打算，我们也相信，她的理财态度，肯定会让她比相同收入水平的人更早享受到自己的幸福。

然而，还有很多刚毕业的女孩子们，由于不懂理财，拿到薪水之后，总是胡乱花销，结果非常容易沦为入不敷出的"月光一族"；而像韩某这样的女孩，懂得合理规划自己的资产，就会越来越富有。因此，是否会理财也许会成为你能否致富的关键因素之一。在此，为刚参加工作的大学生，尤其是女大学生支几招理财经验。

1. 一定要学会强制储蓄

对于刚参加工作不久的大学生来说，资金不丰，理财经验匮乏，花钱没计划等问题是很普遍的。即使有资金参与理财，但不少理财产品门槛高，也会被拒之门外，如银行理财起点都在5万元以上。因此，通过强制性储蓄来积蓄人生中的首笔财富不失为一种最有效的理财之道，它可以帮助爱花钱的人改掉不良的消费习惯，同时又为今后的生活积累了一笔可观的资本。

2. 一定要学会精打细算

实际上，任何理财都离不开开源节流这一根主线，刚参加工作的大学生由于没有雄厚的财力更是如此。在不断扩大财富渠道的同时，节约开支也是不可忽视的，不积细流，无以成大渊。

3. 尝试风险理财

年轻人精力充沛，风华正茂，是很有发展潜力的一个群体，风险承受能力也很强。因此，当有一定积蓄的时候，可尝试一些高风险的理财产品，如可购买股票或者股票性基金，收益更高，可使财富快速增值。

如果懂得运用这些最基本的理财方法，能够守住最基本的理财原则，那么恭喜你，即使你只是刚进社会的新人，你却已经站在了掌握金钱命运的道路上。"早理财，早享受"！

多存本金是为了今后幸福

有些女性朋友在初步了解了理财知识以后，往往会热血沸腾，觉得自己找到了一条能够迅速让资产增值的捷径，其实不然，这还得分情况。如果你已经有了一定积蓄，选对了理财工具，那么你的确可以让自己的资产增值；但是，如果你只是二十几岁没有多少积蓄的单身贵族，而且工资收入也不多，那么，你只需要热衷于勤俭和存钱就行了，否则日后当赚钱的机会到来时，若是因为没有多余的存款而不能进行投资的话，会多么郁闷啊！

你要知道，年轻时的你多存些本金，是为了今后的幸福生活，是为了今后有赚钱机会时能有投资的资本！所以，不要观望，如果你的工资不够多，也别抱怨，还是在了解自己的情况以后，制订一个适合自己的存款计划，每个月都将一定数额的钱存到银行吧。这样，等到定期存款到期的时候，不但能收回本金，还可获得一定的利息。你不需要患得患失，觉得自己这段时间把钱存起来，会丧失很多投资赚钱的机会，其实，如果你在20多岁的时候好好地存钱，靠利息使你的存款翻倍是轻而易举的事，而且投资赚钱的机会是一定会降临在你身上的。30岁、40岁、50岁，未来还有近30年的漫漫长路在等待着你呢！所以这个叫"机会"的东西是一定会来的，关键是看你是否有足够的存款抓住机会。

不要太急于求成，因为赚钱根本就没有必要急。如果你想要得到更多的年薪以及提高自己的水平，那就从现在开始提高自己的工作能力和理财能力吧！那样的话，等待着你的就是兴致勃勃去投资的30岁，富裕的40岁，高雅的50岁了。

而且，你也不要小瞧了每个月存钱的习惯，有些人就是靠这种方法积攒了人生的第一桶金。

日本有一个人叫藤田田，他依靠年轻时候每个月的定期存款，让自己在机遇到来时一举成功。他就是日本所有麦当劳快餐店的主人，是日本麦当劳社的名誉社长。

很多年前，藤田田只是一个打工仔，只有5万美元，不过他却把眼光放在了美国的麦当劳上。那时，麦当劳已经是全世界著名的连锁快餐店，如果想要拿到当地麦当劳的经营权，需要至少有75万美金的启动资金。

75万美金，对于当时的打工仔藤田田来说，简直就是个天文数字，这似乎是个不可实现的梦想。如果是常人，估计早就放弃了，但是，藤田田没有放弃。怎么办？一个想法在他脑子里一闪而过，贷款！一天早上，他敲响了日本住友银行总裁办公室的门，然后诚恳地向银行总裁说明了来意。听完了他的讲述，银行总裁询问他现在手里的现金有多少。"我只有5万美元。"藤田田有点不好意思地说道，但是，他的目光坚定而有信心。

"那请问你是否有担保人呢？"总裁问。藤田田摇了摇头，说没有。

"那你请先回去吧，我们讨论一下你的请求，有消息之后再联系你。"总裁说。一般人听到这话，就知道对方是委婉地拒绝了自己的要求了。但是，藤田田没有露出败者垂头丧气的样子，他抬起头，自信地问了总裁一句话："请问您能不能听听我最后一个请求？"

总裁惊诧地看着他，犹豫着点了点头。

"您能不能听听我那5万美元的来历？"藤田田这样要求。

总裁觉得很奇怪，对藤田田钱的来历产生了兴趣，于是点了点头。藤田田开始讲述："您也许会奇怪，我这么年轻怎么会拥有这笔存款？其实这么多年来我一直保持着存款的习惯，无论什么情况发生，我每个月都把总收入的三分之二存入银行。不论什么时候想要消费，我都会克制自己咬牙挺过来。因为我知道，这些钱一旦被花掉，那我以后干一番事业的梦想就难以达成。"

短短的几十秒钟，总裁就被藤田田给说服了："那你能不能告诉我你存款的银行地址？我尽快答复你。"得到地址之后，总裁马上就给对方银行打电话印证了藤田田的话。得到答复后，总裁立刻打电话给藤田田，"我十分敬佩你，现在我可以直接告诉你，我们住友银行将无条件贷款给你。"

得到答复的藤田田十分惊喜，虽然有些在意料之中，但他还是有些诧异，问总裁为什么。总裁说:"能这样持之以恒存钱的人一定会有一番作为!年轻人,我是不会看错人的,加油吧!"于是,在银行的支持下,藤田田开始了他经营麦当劳的历史,年轻的藤田田创造了一个商业奇迹。

　　这就是每个月定期存钱的奇迹。也许,你并没有什么雄心壮志,不想做一番事业,只是想好好地过平淡日子。每个月存钱,不仅仅能让你为未来积攒起投资的资本;更可以磨练你的心性,使你培养起坚韧的品质和永不言弃的精神,而且,每个月存钱,还能够为你的生活提供最基本的保障。一箭三雕的事情,谁不愿意做呢?每一雕都可以为你未来的生活提供幸福的源泉呢!

制定财务报表,将钱数字化

　　看着钱包里的钱哗哗地流走,心疼的同时你反思了吗?你有想办法弄清楚自己到底是在哪些地方花了不该花的钱吗?如果还没有,那很不幸地告诉你,接下来的日子里,你还将继续过着这样花钱如流水、流水之后后悔不已的生活。

　　如何让自己从这种痛苦的状态中走出来?其实很简单,做一个财务报表,这是具有细心特点的女人们最擅长做的事情,所以,千万不要畏惧,先从查自己的帐开始做起就行。做财务报表最直接的优点是可以让你很快明晰自己的花销,让你明白无谓的开支在哪里,这样,下阶段你就可以有针对性地控制开支。而控制开支则是最简单的理财入手方式。财务报表包括支出统计表和收入统计表两个部分,其中最重要的是支出统计表。在支出统计表中写下每月的固定支出,如交通、水电煤气、按揭贷款等,以及每月不定额的支出,例如娱乐消遣、衣饰、家电等。接着,记下每月各项收入来源及金额:工作薪酬、兼职所得、银行利息、投资回报等。让你对自己的收支情况一目了然,而不是一头繁杂。下面给出一个比较常用的、简单的支出统计表:

家庭支出统计表

单位:元　　　　　　　　　　　　　　　　　　　　　　　　　　　　年　月　日

支出明细	金额	支出明细	金额	支出明细	金额
一、可控支出		4.耐用品购置费		培训费	
1.日常生活费		自行车		9.保险费	
粮食		电动车		社保缴费	
油、酱油、醋、盐、调料		汽车		意外伤害险	
蔬菜、水果		家具、用具、餐具		健康险	

续表

支出明细	金额	支出明细	金额	支出明细	金额
肉、蛋		电器、器械、设施		寿险	
早点		5.旅游娱乐费		财产险	
午餐盒饭、快餐		旅游费		交强险	
餐厅请客、家宴		书、报、杂志费		汽车全险	
烟、酒、水、饮料		视听费（电影、歌厅）		10.税费	
熟食、糕点		俱乐部会员费		房产税	
其他食品		其他娱乐费		契税	
内衣、内裤、袜子		6.投资费		印花税	
鞋、帽、头巾		银行储蓄		个人所得税	
西服、外衣、毛衣、毛裤		分红、万能、投联保险		车船使用税	
大衣、皮衣		债券		11.还贷费	
床上用品		基金		房贷	
服饰、首饰		股票		车贷	
美容美发		商品期货		投资贷款	
化妆品		金融期货		助学贷款	
洗涤灵、洗衣粉		外汇		消费贷款	
牙膏、香皂、洗发液、浴液		黄金			
其他卫生清洁用品		收藏品			
其他衣物		房地产投资			
2.交通费		实业投资			
公交车费					
出租车费		二、不可控支出			
停车、存车费		7.家庭基础消费			
汽油、机油、防冻液		水费			
高速公路过路、过桥费		电费			
汽车、自行车维修费		煤气、燃气费			
汽车年检、养路费		物业管理费			

续表

支出明细	金额	支出明细	金额	支出明细	金额
3. 医疗保健费		电话、通讯、上网费			
医药费（自费部分）		8. 教育费			
保健营养品		保姆费			
游泳、打球		学杂费			
其他健身运动		教材费			

当然，根据每个家庭的实际情况，可以对表做出适当的增删修改。而家庭收入统计表则比较简单，列出十二个月的收入及收入来源情况即可。然后，每个季度对家里的支出与收入统计表做一个核算，弄清楚每个月花销最大的地方在哪里，每个月盈余多少，看看收支是否平衡。通过这一系列的分析，你就会发现下一阶段应该缩减哪部分的开支，增加哪部分的投资等等，从而对家庭的收支状况做一个合理的调整。

说得很繁琐，其实简单地说，制作家庭财务报表最初就是记账。记账虽然繁琐了点，但用处很大，也是理财的基础。而且，记账的好处不在一天两天，它的好处会随着时间的增加而日益凸现出来。通过记账，你就会慢慢明白自己家里的财务情况。如果刚开始你不会做报表，那么，随着记账时日的累积，你会不自觉地学会如何制作属于你的家庭财务报表，并派上用场。

一表在手，收支清楚。那种花钱如流水，可钱用在哪里都搞不清楚的糊涂日子，将会随着报表的出现而消逝不见。如果你是一个有心人，是一个希望把家庭打理得更好的女人，你就更需要这样做，它会让你觉得日子不是在稀里糊涂中过着，而是在你的操控下有序地发展。

财务有计划，理财才科学

如果没有根据自己的财务状况制定适合自己的计划，那么，理财就只是"乱弹琴"。科学的计划，能够让你的理财名目更清晰、目标更明确。对于女人来说，有计划的生活，比没有计划地混日子要好得多！因为女人年轻的日子不多，成熟的日子不少。每个女人都希望能够在如花般的年龄里活出自己的精彩，希望能够在自己的成熟期散发迷人的韵味。而一个女人的理财态度，很大程度上决定了一个女人的生活状态。

所以，女人们要好好学学理财知识，做金钱的主人；希望女人们保持头脑清醒，在年轻的时候就订立出适合自己的理财计划，让自己尽早走上科学的理财道路。

一般来说，踏入社会之后，我们需要根据自己的情况做好涉及金钱的方方面面的计划。这些计划主要包括以下几个方面：

消费和储蓄计划。我们需要决定在全年的收入里拿出多少用于消费，多少用于储蓄。与此计划有关的任务是编制年度收支表和预算表。

债务计划。在进行买房等投资项目时，借债是很正常的事情。借债能帮助我们解决资金短缺的难题，也能让我们避免错失投资良机。但是，我们需要对债务加以管理，将其控制在一定范围内，并且尽可能地降低债务成本。

还债计划。借债不是坏事，但是有借不还，就会影响你日后的生活，因为你的人际和信用都会下降。所以，在借债之后，我们千万不能忘了做好还债计划。

保险计划。随着收入越来越稳定，我们会拥有越来越多的固定资产，这时我们需要财产保险；为了家庭生活的幸福、生活质量的提高，我们需要人寿保险；更重要的是为了应对疾病和其他意外伤害，我们需要医疗保险。

投资计划。当我们的财富一天天增加的时候，我们迫切寻找一种融收益性、安全性和流动性为一体的投资方式。投资有很多种方式，我们要根据自己的情况合理选择。

晚年生活计划。为了保证自己的晚年生活无忧，我们除购买养老保险外，还应该留够晚年所需的生活费用。

不管你是未婚的妙龄少女，还是已婚的成熟美妇，或者是已有孩子的爱心妈妈，我们都希望美丽的你，能够做一个精明的女人。为自己和自己家庭的经济状况把一把脉，弄清楚自己和家庭的经济现状中有哪些伤疤？有哪些需要好好重新计划的项目？要理清楚这些计划，不是一件简单的事，你需要学习理财知识，对家庭的财务状况有个初步了解，然后再根据缺口做出相应的补救计划，也就是适合你自己家庭的科学的理财规划。可能说得有些空泛，我们不妨来借鉴一下张太太的做法。

张太太，38岁，是一个全职太太，她的丈夫40岁，正处于职业生涯的发展期。张太太家庭现阶段拥有60平方米的住房一套，家庭收入较为稳定，拥有15万元的存款以及3万元公积金而且房屋无贷款，每月家庭收入总计8 000元，支出为5 000元，孩子上六年级。

孩子慢慢长大，张太太感到了家庭支出的紧张，于是，她好好审视了家庭的经济现状，立马发现家庭中的经济存在很多缺口，这些缺口，或远或近地将影响到她和家人的生活质量。

1. 养老金缺口

假定张太太的丈夫60岁退休余寿25年，以张先生要求的退休后年现值4.8万元支出的生活水准计算，考虑到3%通胀，那么张先生60岁退休当年终值为8.669 3万元，按5%的投资报酬率，张先生在余寿25年内所需要的60岁时的养老金现值为173.759 7万元。而从目前的数据来计算，张先生的养老金缺口还需130万元，那么，到时候，张太太与先生的晚年生活质量将得不到很好的保障。

2. 换房资金缺口

作为三口之家，张先生60平方米的小房确实需要进行更换，假设张先生的目标房产总价100万元，而目前房产估价为30万元，那么如果进行换房，李先生不仅要卖掉现有房产还将花掉所有的积蓄，背上50万元的贷款。

3. 教育资金缺口

孩子正在上小学，但孩子的长期发展需要足够的教育金，张先生必须及早准备子女教育金。

4. 保险品种缺口

目前张太太家没有任何商业保险，一旦有意外，将产生严重后果。防范风险的最佳办法就是购买足额的人寿保险。

所以，聪明的张太太在学习理财知识后，认真地做了分析，将家庭目前的理财计划做了初步的规划。她按照短期、中期、长期的阶段性目标，分别做出了远近轻重的规划：短期要做保险规划；中期要做教育金和换房规划；长期需要做好养老计划。

在为自己家庭的经济状况把脉之后，张太太很快发现，原来觉得杂乱的家庭财务状况清晰了起来，接下来应该如何做，她心里已经很清楚。

首先，需要实现短期的理财计划，那就是购买保险。在收入有限的情况下，张太太想到了通过节流的方式来积攒出这部分规划所需要的资金。因为，张太太发现，目前生活支出占到总收入的62.5%。于是，张太太便减少了奢侈品的购买量，让丈夫上班的交通由打车转化为轨道交通……这样，预计月支出由5000元降为4 000元。使总支出达到占总收入的50%的合理比例。通过一段时间的积累，短期理财计划的资金就慢慢省出来了。

接着，就是需要考虑中长期的规划了。为了不影响家庭的生活质量，家里目前的支出情况不能再降低，于是张太太又想到了开源。张太太今年38岁，学历较高，她预计自己的工作月收入能达到5 000元/月，同时改请月支出为800元/月的钟点工。这样，家庭的收入立马增加，在中长期的规划上，就更容易掌握主动权了。

我们相信，聪明的张太太在接下来的日子里，通过自己的努力和家人的合作，再配合其他理财工具，日子会越过越舒服。而我们呢？我们自己家里是否也存在这样或那样的财务缺口呢？如果不先了解清楚这些财务缺口，我们就无法根据这些缺口做出合适的理财规划，那我们的理财也就失去作用了。所以，亲爱的姐妹们，不妨现在就开始清点一下家里的财务缺口，做出科学的财务计划吧！

理财依据自身特点，切莫照搬照抄

处在人生不同阶段、不同层次的人群理财重点各有不同。很多女人在理财时缺乏主见，总是跟随亲朋好友的脚步，模仿别人的理财方法来理自己的财。其实，这是很危险的一件事情，即使是衣服，别人的衣服你穿着都未必合适，更别说理财工具了。

不论是股票还是基金、房地产等任何一种投资工具，过度依赖它们过去的绩效与别人的经验而盲目跟风，无疑是最冒险的行为。

"人贵在自知"，赚钱或者理财的成败，绝大多数取决于投资人的个性。在理财行为上，首先要了解自己拥有多少可动用资金，例如经济来源、收支情形、储蓄总额等等，弄清楚之后，再来设定理财目标，才会知道该采取怎样的策略。但是很多人都不去认识真正的"自己"，总是跟在别人屁股后面跑，哪里热就往哪里钻，不撞南墙不回头。

各家有各家不同的经，拿着别人家的经套用到自己家的理财状况，其实是拿着自己的钱在冒险。下面，我们来对比两个案例：

案例1：

"2000年，我已经毕业五年了，手里的全部积蓄只有10万元。当时在广州，我外婆有个机会可以半价买一个新区的房子。80平米的，要20万元。我咬咬牙用全部的储蓄，再向家人借了10万元，把房子买了下来。后面的两年，我过得好苦，每个月只有500元零花钱，其他全部用来供房子。

结婚后，我和老公在深圳有一套80平米的房子，一直感觉太小了，想换大房子。到2003年时，家里好不容易有30万元现金了，老公却说要买车，我一直不同意。因为我还要买房子。

老公好不容易被我说服了。终于，我们找到一个全家都很喜欢的房子，75万元。我们又开始借钱了，老公说要把小房卖了，40万元，加上30多万元正好买大房子。我坚决不同意，后来老公还是听我的，我们每月又开始节衣缩食的供房子。

老公总是说要卖房子，我一直坚持没让他卖。2005年，我们终于把房子全部供完了。

盘点了这六年的投资收获：广州的房子，已经由20万元涨到50多万元；深圳自己住的房子，已经由75万元涨到110万元。今年，我把原来小房子卖了73万元（2003年时只有43万元）；然后把73万元放在股票里，又赚了20多万元。也就是说，用六年的时间，我靠理财赚了80多万元。"

案例2：

顾先生今年28岁，是某公司的销售经理，税后月收入在3 000元到1万元不等。他太太在事业单位，从事文职工作，月入5 000元。目前，夫妻两人都有五险一金，双方父母均已退休，有退休金。

顾先生现有活期存款10万元，没有负债，家庭每月生活费支出4 200元左右，另外每年给双方老人总共5 000元左右的费用。顾先生和太太的住房是5年前父母出钱一次性付清50万元购买的，目前市值约100万元。顾先生还打理一套父母的70平米房子，每月能收到租金2 500元。

顾先生没有购买商业保险，因为比较谨慎，也没有过多投资，只持有一些股票，市值约15万。顾先生看到房地产市场很热，见很多朋友都在房地产市场赚到了不少的银子，便一狠心，收回了股市的15万，加上活期存款8万元，再向别人借了7万元，买了一栋90平米的房子，月供3 000元。

结果，生活一下子过得谨慎、小心、紧巴起来。因为存款少了，而且还背负了债务，房租的费用还不够偿还月供的，两岁的孩子的教育经费还没开始投入……而买的房子，暂时也并没有增值的迹象。顾先生的生活一时间发生了巨大的变化，手上再也阔绰不起来。

其实，从这两个案例中，我们能深切地感受到一个问题，那就是不同的家庭情况，确实不应该用相同的理财方式。像这两个例子中的主人公都有较多的房产，但是，一种是主动型的投资家庭，一种是稳健型的。案例一中的夫妻还没有要孩子的打算，所以，在有限的资产范围内，由于所处地理位置优越，房价升值空间大，便将投资放在了房地产市场上，能够获得明显的收益；而案例二中，由于主人公的收入不够稳定，再加上已经有了孩子，那就不能像案例一中的主人那样冒大风险做高额投资了，而且，之前投资在股市的15万元其实也是欠缺考虑的，因为风险太大。案例一中的主人公，通过黄金地段的房地产投资，让自己的资产几年间迅速升值；但是这种情况并不适合所有的家庭，比如说，在案例二中，主人公就是因为盲从，导致套牢了大部分资金，让本来盈余的生活质量瞬间下降。其实，如果案例二中的主人公能够仔细分析自己的财务状况，采取稳健型的投资方式，他的生活质量不仅不会下降，反而会在稳中收益。

在考试时，抄别人的试卷有可能会让你拿到高分，但是，在理财中，如果总是照搬照抄别人的方法，你永远也不会有属于自己的理财思维，也永远锻炼不出精准的理财眼光，更惨的是，照搬别人的方法，失败的几率反而会大大增加。

理财贵在坚持，不要轻言放弃

李嘉诚曾说，理财必须花费较长时间，短时间是看不出效果的。"股神"巴菲特也曾说："我不懂怎样才能尽快赚钱，我只知道随着时日增长赚到钱。"

在银行每天接触各种理财工具的工作人员陈某说，理财的第一原则就是尽早开始，并坚持长期投资。但是，能够真正在理财的道路上坚持的人很少很少。前两年，基金都是翻倍增长，所以年长的投资者都把自己的养老钱拿出来购买基金，但是，每年100%甚至200%的收益率，并不是投资基金的常态，而是在特殊的牛市上涨行情中出现的特殊高回报。而理财是对一生财富的安排，如何在波动的行情中稳中求胜，是现在我们最应当考虑的。

任何一种理财方式，都是时间见分晓，耐不住性子的人，也许短期内能够获得较高收益，但是，总会因为性子急而失去更多。就以基金为例，在众多的理财方法里，基金定投最能考核人的坚持劲。这种方式能自动做到涨时少买，跌时多买，不但可以分散投资风险，而且单位平均成本也低于平均市场价格，但其难度就在于是否能够长期坚持。

有的人，能够坚持十年，在这十年中，经历过不少惨境，也经历过小涨小跌的平缓期，但都没有半途而废，而是用十年的时间，最终让自己收益达到同期基金中的最高水平。

1998年3月，当我国发行第一只封闭式基金时，王女士参加了申购，从此开始了与基金长达十余年的不了情。最初，她用两万元申购到了一千份基金金泰，上市后价格持续上升，身边炒股的朋友劝她卖出，但她坚持没卖，直等涨到两倍时才卖，用一千元本金居然轻松挣到了一千元！这是王女士在基金上也是在中国证券市场上挖到的第一桶金，心里别提有多高兴了。之后，基金市场一直火了好几年。

但天有不测风云，中国股市火了几年后，熊市悄悄来临了。漫长的熊市让大家感到痛苦和无奈，经济学家的预测不灵了，基金的投资神话似乎也破灭了。终于，在2005年，黎明前的黑暗中，王女士将封闭式基金卖掉了，只留下一千份基金兴华。

时间到了2006年9月，她不经意间听了一场基金讲座，让她忽然发现中国的证券市场已是冬去春来了！于是，在王女士40岁生日这天，她果断地将10万元投资到华夏红利基金中，"周围的人都认为我疯了，但是我知道，坚持一定会有收益，等了这么多年，该是收益的时候了！"

果然，仅8个月的时间，王女士的收益已翻倍有余。她庆幸在最惨淡的时候，她没有半路放弃，而是咬牙坚持了下来，整整十年，最终得到的还是收获。

像这位朋友这样十年的坚持，少有人能够做到。尤其是很多患得患失的女性朋友，更是容易在稍微有点涨动或者跌落的趋势时就动摇、放弃，这样永远都得不到好的收益。

理财最重要的是能够稳住，在最糟糕的情况下稳住，坚信时间将会改变局势。相信很多半途而废的理财人士在看着那些本来可以进入自己口袋的收益，因为自己的提早放弃而流失时，都有相同的感受。其实，很多人在投资一项理财工具时，都有着侥幸的心理，也有遭遇风险的心理准备，按理说，应该能够经得起时间的考验。但是，往往真的出现风吹草动时，很多人就跟风放弃了。有坚持的想法，却没有坚持的决心；有坚持的理由，却没有坚持的行动，最终也就只能是小打小闹了。这种坚持之心，也不是通过训导能够说服的，只有我们亲身经历过，尝过一次甜头，才会真的相信坚持的魔力。

　　最后，我们就用一个有着多年理财经验的女士的理财心得结尾，希望对大家有所帮助。"关于理财，每一个人的性格、方式和风险承受能力都不同。但是，我觉得一定要有一个信念——如果自己有坚定的信念和看好的投资方法，就一定要坚持。例如，你认为基金定投作为一种长期的理财投资品种，坚持三年五年，甚至十年时间可以收到可观回报，那你就一定要坚持每个月都定投，不要看到股市行情不好，赔钱了，就放弃了自己的信念。我觉得既然是自己认定的路就一定要走到底，千万不要半途而废……"

Chapter 3

理性消费，把钱花在点儿上

估计在所有的女人中，70%的女人都难以做到理性消费。尽管如此，我们希望正在读这本书的你能够成为剩下的那30%中的一员。理性消费，不仅仅是一种消费态度，更是一种生活态度，它意味着你拥有花钱的智慧，更有生活的智慧，还有发财的潜力。因为理性是发财的条件之一。理想消费的女人，既懂得对自己好，也懂得限制自己无尽的欲望，让自己能够在自己允许的范围内享受到最大的消费快乐！希望拥有花钱智慧的你，能够将每一分钱都花在刀刃上，做一个自己都佩服自己的理性女人！

哪怕说得天花乱坠，也不盲目消费

在商品市场，商家都有这样的说法："婴儿和女人的钱最易赚"。商家深知，女人都比较虚荣爱打扮，衣服化妆品，精品手袋，无一不是追随着时代的潮流去消费，因此女人花钱总是比男人快。所以，精明的商家们也总会变换种种花样来推荐自己的产品，吸引女人的钱包。流行时尚的刺激以及追求青春的靓丽、追求攀比的虚荣，让一个个女人失去了理智，刷新着一个又一个的消费高潮。

在商场推销员巧舌如簧的攻势下，女人们总是不由自主地买下一件又一件自己并不需要的服装，买下一件又一件家里根本用不着的物品。正所谓，"女人们的衣柜永远都少一件衣服"，不是真的少了衣服，而是女人们的心永远都不满足，而在觉得自己总少衣服的同时，衣柜里却存留了一大批根本一次都没穿过的衣服。王小姐就是这样一个女人，她看着自己衣柜里数不尽的衣服，总是头疼。"有时候陪朋友逛街，心里想好了绝不乱买东西，可是每一次朋友东挑西捡的没有买成，我却大包小包的拎了回家。每一次在店员的赞美声中，在女友的赞许眼神中，我便会头脑发热，回到家里，面对一包包的购物袋，才发现我这个月又超支了。想想还是和老公出门省钱呀，他经常带着我从商场的楼上逛到楼下，然后空手而归，虽然有时候会郁闷，可是却控制了我乱买东西的欲望。"估计很多女人都有和王女士类似的经历，可是，为什么我们和老公一起出去就可以控制住购物的欲望了呢？主要是因为相对来说，男性面对各种广告和赞美之词时会比较理性，不会一时头脑发热而冲动消费。

在网上看了一则新闻：在推销员的游说下，家住武昌紫阳路的刘女士一时冲动，居然买了10年都用不完的清洗剂，令她自己后悔不迭。

其实，推销员最擅长用的技巧就是对女人进行赞美和肯定。赞美与肯定不仅对女人有美容作用，还是女性购物血拼的兴奋剂。很多女人在买衣服时估计都被售货员称赞过漂亮、气质好之类的话，然后，头脑一发热，买了！结果，等买回去之后才发现，除了售货员之外，没有第二个人说好看的。

大家要知道，售货员的职业就是想尽各种办法将她的商品推销出去，不多夸奖夸奖，那不等于不承认自己的商品么。所以，商场巧舌如簧的售货员，都受过超级肉麻赞美他人之不露痕迹的专业训练，她们绝对能把你赞美到头脑发昏、心甘情愿掏出钞票买下并不适合你的，让你回家就后悔的衣服饰品。即便你发誓以后不会再轻易听信她们的赞美，但往往还是会有下一次。因为你渴望听到赞美，你渴望听到别人对你的承认，与其说是你买了一件你喜欢的衣服回家，不如说是你买了一堆别人的虚假赞美回家。

张小姐跟朋友聊起自己轮番被忽悠的事情："前阵子，我去一个商场买洗面奶，售货员一个劲地给我推销一种洗面奶，说得天花乱坠，说我这样皮肤就适合这种的，我一想上次都上当了这次不能再相信了。但最后售货员又说，这个就剩最后一瓶了。我一想既然卖得这么快也许她没有忽悠我，结果回家用了三天就感觉彻底上当，洗完后脸像张树皮一样，又干又涩，哎！"看，这样的经历在绝大部分女人的身上，都没少发生过吧？经不起忽悠，总是不停地被忽悠住。难道就不能在售货员忽悠的时候，你仔细看看她的脸庞？如果使用效果真的有那么好，她为何自己不使用呢？

稍微多一点理智，我们就能摆脱那些不知不觉中被忽悠的痛苦经历。怎么理智？如果你实在是一个不理智的人，想要改掉盲目消费的毛病，就只能从以下几个方面锻炼了：

首先，尽量避免单独一个人购物。在购物时，能拉上男人就拉上男人，让男人给你中肯的评价，让他帮助你冷静你的头脑，让他帮助你抑制购物冲动。如果你的男人也是一个经不住忽悠，头脑发热就购物的人，那么，你最好拉上和你关系比较好的，说话比较直爽的姐妹，让她们来督促你。

如果只能一个人去购物，那么，在购物之前，先给自己定好目标，弄得清清楚楚自己想买什么样的东西之后再上街。比如说，你想买一件衬衣，那么，你就得先想好自己买了之后准备搭配什么衣服，根据这种搭配，需要什么样的样式、颜色、面料等等，都弄清楚后，直奔目的地，舍弃不是自己预先目的的衬衣，哪怕售货员吹嘘得再好也不要试，更不要买。

最后，也是最有效的一点是，带有限的现金，绝不带卡。比如你估计你想买的衬衣大概在150元左右，那么你最多就带150元钱，绝不多带，这样不仅仅限制了你的购物欲望，避免冲动地盲目购物，还能让你更顺利地砍下价来！

我们都爱听好话，可是我们也必须知道，好话不是售货员免费说给我们听的，是需要我们拿钱来买的。我们用自己挣的钱来买别人的口水话，买别人虚伪的夸奖，何必呢？这不是自欺欺人吗？所以，面对售货员天花乱坠的吹捧时，尽量远离。

别浪费用钱买来的学习机会

在如今大学的校园里，人们不难发现许多不再年轻的女性身影。很多30岁上下的妈妈学生到这里"充电"，她们中有人从来没有上过大学，而有的人已经有了本科文凭，有的甚至有了硕士文凭，但为了进一步实现自我价值，她们毅然再度迈进课堂，并把这种选择称作是对自己未来的一种投资。同时，除了大学校园之外，很多业余的学习班里也总是能见到自主学习的女性朋友们。夜班、周末班，学语言、会计、厨艺等各方面知识的女性朋友们数不胜数。这种现象是很好的。

毕竟，女人不是因为漂亮而美丽，而是因为美丽才漂亮。这种美是外在的形美与内在的秀美的结合。女人通过学习更多的知识，就能不自觉地积累出属于自己的独有气质。而有气质的女人是最具魅力的，即便是美人迟暮，依然韵味犹存，让人一眼就能看出那份恬淡的气质和舒卷的宁静安然；有气质的女人也是豁达而随和的，既能全心融入热闹的氛围，又能点燃独处的日子；有气质的女人更是内敛而稳重的，不咄咄逼人，不让别人丧失信心，不大喜大悲，看透人情世故、世态炎凉，她懂得怎样的生活才值得珍重，能淡然处世，绝少贪奢；有气质的女人还是充实而知性的，久经翰墨的熏陶，深蕴着一种灵性与娴静。

所以，做一个有气质、有内涵、有修养、有知识的女人，已经成为很多女人选择业余学习的目标之一，她们要让自己的人生更加完美，要让自身素质更加适应这个社会，要让自己成为一个更坚强的女人。所以，她们将自己辛苦挣的钱投资在学习上，希望牢牢抓住这些学习机会，让自己的人生登上一个新的台阶。

在我们的周围，其实就有这样的女孩儿。有个女生毕业时被分配在了事业单位工作。但她却总想凭自己的真才实干干出点事业来。于是她自学了计算机，后来被聘请到了一家网络公司任职。在那里，她感受到了以前从未有的压力。为了提高自己，她选择了学习。每天下班以后，她便匆匆忙忙地吃饭，或者泡袋方便面，就直奔各个学校参加学习班。她只用了三年的学习时间，就拿到了硕士学位和计算机二级证书。她把学到的知识与工作有机地结合起来，从而使她的工作业绩特别突出，被领导提拔为部门经理。

有一天，几个同学到她家一起聚会时就问她：你现在怎么变成了学习狂，工作狂？但她并不这样认为。她说：拼命学习就是为了充实自己，以后能够得到更好的发展。拼命工作是为了提高生活质量，让自己过得更幸福些。最重要是我自己在学习和工作中，学会了一整套的管理经验与方法，会帮助自己在思考问题时，得出正确的结论。后来她带着这些经验与管理方法，跳槽到一家大公司任副总经理。

我们羡慕她有那么强的学习精神，更敬佩她能够珍惜自己投资的每一个学习机会，最后她成功了。但是同样的，也有很多女人贪图安逸，一旦稳定下来便不思进取，日子得过且过，还总是抱怨自己的收入低。好不容易打算报名学点东西，却总是半途而废，将自己用钱买来的学习机会白白浪费。女人的命运，就把握在自己的手上，如果你就是这样浪费种种可以改变自己命运的机会，那你一生也就注定庸庸碌碌了。但是，总有人不甘于命运的卑微，她们尽自己最大的努力，奋力地通过学习来改变自己的命运！

18岁的晓静到青岛闯天下，她幸运地在一家房地产公司找到了一个打工机会，每天的工作就是跟别人去居民家的楼上测量窗户的尺寸。一个月下来，除了食宿外，工资是500元钱。刚开始的时候她很满足，可是后来她发现，公司里的其他年轻员工都是正规高校毕业，而自己什么文凭也没有，只是一个给别人跑跑腿儿的小打工妹。"在他们眼里，我其实就是个闲人，我要证明给他们看，打工妹也有自尊！"从此以后，晓静一有空就翻看报纸上的招生广告，她知道唯一能改变自己命运的就是知识。于是她报名参加了自考培训班。结果，仅用三年时间就通过本科自学考试并考上研究生，这简直是个奇迹。"知识对于我们每个人都是最公平的，有付出就有回报！知识改变了我的命运！"晓静在她所就读的自考学院引起轰动，可面对老师、同学羡慕的目光和惊讶的神情，晓静却显得很平静。"不管你的起点有多低，基础有多差，也不论你的年龄有多大，条件有多坏，只要有执著的劲头、刻苦的精神，你一定可以做得比我还出色！"

这个叫晓静的女孩儿，就是一个十分珍惜学习机会的女孩儿；我们相信，凭着她的勇气和坚韧的个性，她的明天一定更美好。

很喜欢一句话：知性女人，微笑留香。平凡的你我，需抬头微笑，将人生中的遗憾或心愿变成圆满，变成最后的欣慰。希望我们都能够抓住一切学习机会，让自己褪去平凡，把自己练成一个知性而美丽的女人！

信用卡不是免费的午餐

从2003年起，各种以女性为目标群体的专属信用卡产品便不断涌现，整个市场硝烟弥漫。目前市场上的女性信用卡产品主要分为两大类，一类是女性主题信用卡，如中信魔力卡、华夏丽人卡；还有一类则是针对女性客户的联名信用卡，此类卡往往由银行和知名女性杂志品牌、化妆品品牌、特色商家等联名开发，如工行牡丹雅芳联名卡、招行VOGUE钛金信用卡、招行千色店联名信用卡等。女性在银行信用卡客户中已属于"主力军",估计热爱消费的你也是这"主力军"中的成员吧。

其实,用信用卡方便倒是方便,可是,我们往往忽略了一个事实,那就是,信用卡并非免费的午餐,相反,信用卡是很多女人盲目冲动购物的一个很重要的因素。因为刷卡让女人在购物时看不到现金的流动,减少了不舍感。"自从老公给我办了张信用卡,我就不用带很多现金出门了,买衣服,买鞋子,只要潇洒地签上我的大名就可以了。可是也因为如此,自己花钱也就没有节制了,名牌化妆品没问题,中意的衣服没问题,就都买了回来,一点也不心疼钱,可是当看到家里两个超级大衣柜,竟然都放不下我的衣服时才发现,自己是多么的没有理智。"看看,相信有同样经历的女人不在少数吧?

还有一种情况,信用卡为了鼓励女性消费,经常会用积分换礼品的信息来吸引消费者。结果,爱占小便宜的女人们便以为信用卡真的是天上掉下来的馅饼,不光借钱给我们用,还白送东西给我们。于是,就开始为了积分而消费。名目繁多的信用卡积分促销让女人们的荷包不知不觉就敞开了。"即日起至3月31日,连续刷卡消费10天,积分可5倍累计。之后每连续多刷一天,可额外增加1倍积分奖励。积分最高可翻25倍,上限50 000分。"自打收到信用卡中心发来的短信后,为了换取这张信用卡25倍的积分奖励,有人便创下了一个月内天天消费的记录!"第二十天的时候我后悔了,哪里有那么多东西要买啊?可是中途放弃太不划算,只得硬着头皮坚持下来,这种促销实在太恐怖了!"恐怖吧?你也做过这种恐怖的事情吗?

其实,信用卡的奖励计划,最终目标只有一个——去花钱吧!绝大多数的刷卡兑奖之类的活动都要动一番脑子,有时候还需要比拼速度,比如要求顾客在前多少名内刷满特定金额才能获赠礼品,所以,真正要练成"万花丛中过,片叶不沾衣"的高超武功,必须跟银行斗智斗勇。信用卡消费实质就是"拆东墙补西墙",到头来还是要有借有还,大家千万别捡了芝麻丢了西瓜。

上述这两个方面还只是信用卡给我们女人带来的两个小小的破财行为,更有甚者,如果不懂得按照原则使用信用卡,则会成为"卡奴",甚至触犯法律。

比如说杨女士,她就因为信用卡透支,拖欠还款而最终触犯法律。杨女士2006年办理了一张信用卡,两年多来,一直用该卡消费、取现等。杨女士从事的是建材生意,受金融危机影响,流动资金周转不灵,而银行的催缴单却如期而至。"当时手头紧,我想先拖一拖吧,等资金多点的时候连滞纳金一起偿还。"杨女士没有在意银行的电话、发函以及上门催收。直到2008年8月底,公安人员找上门来,她才后悔不已:"我怎么也想不到透支信用卡竟然会构成犯罪。"杨女士还掉了欠的9 000多元本金、利息以及滞纳金,但由于透支5 000元以上,经银行催缴三个月以上仍未还款,根据相关法律规定,犯了信用卡诈骗罪。最终,法院经审理,当庭判其拘役4个月,并处罚金2万元。这可是赔了夫人又折兵啊!早知今日,何必当初呢?

信用卡可没有什么人情味可讲,只要你欠钱了,你的信用记录就会受到影响,信用记录受到影响了,你以后再想向银行借钱就难了!这种因小失大,因为一时的爽快而导致自己后续麻烦不断的行为，我们实在不提倡。毕竟，正如前面说的，"信用卡并非免费的午餐"，你吃了午餐，就得付钱。所以，正在使用信用卡的女性朋友们，可千万不要忘记了准时还款！

除了及时还款之外，在还款上还有一点需要十分注意，那就是，还款一定要还完毕！什么叫完毕？就是还得一分都不差。即使你只是欠了银行一分钱，时间长了，你的麻烦也就随之大了！

彭某属于比较早的信用卡用户，之前一直按时还款，在信用卡上也没有出过任何麻烦。2008年9月，她刷卡消费人民币4万元。还款日前，她分多次还了这些消费金额。可事后她才知道，由于记错了还款额，她少还了0.8元。结果，她惊讶地发现，银行在10月31日却对她计了两笔共计800元多的利息，是所欠金额的1000倍！从网上查到账单后，彭某立即致电银行的服务热线进行咨询。原来，根据该银行的信用卡章程规定，如果用户某月没有足额还款，银行将对该月的全部消费额收取利息。也就是说，虽然只欠银行不到一元钱，银行却按照全部消费金额4万元收取了利息。

看看！如果你也粗心遇到这种情况，那岂不是亏大了！信用卡可没那么好说话，欠一分钱就是欠钱，可不能随便抹去的呢！

所以，综合上面这几个方面的情况来看，在使用信用卡时一定要牢记，信用卡并不是免费的午餐，我们要有节制、有规划、有记性地使用信用卡，才不会被信用卡所累。

利用信用卡的优势为自己省钱

上一节刚刚提醒了我们在使用信用卡时应该有节制、有规划、有记性，那么掌握好这些原则之后，其实就不用那么怵信用卡了，因为巧用信用卡，还可以为你省钱、赚钱呢！

1. 帮别人刷信用卡来"套现"

杜某是个典型的购物狂人，一个月固定逛街两次，每次总得花个千八百的，平时写字楼下就是各类专卖店，临时的购物支出也就不计其数了。但让同事们感到奇怪的是，杜某并不是传说中的"月光族"，她的银行卡里面总有足够的余额，谁要遇上点紧急情况找她借钱准没错。

原来，信用卡"套现"是杜某的一个法宝，她和朋友一起逛街，全部刷自己的卡，然后让朋友还现金，结果杜某就利用积分换到了很多实用的小东西。家里小到餐具、纸巾盒，大到咖啡壶、背包，都是杜某用信用卡积分换来的。

但是，如果直接用信用卡套现，通过预借功能来取现金买这些实用的小东西，就得要收1%至3%的手续费了，而且还不能享受25天到56天的免息期。相比之下，替朋友刷卡"套现"并及时还款，银行的收益只是从商户收取1%至2%的结算手续费，而持卡人没有任何费用支出。这样，就利用银行的钱既做了人情，又为自己赢得了实惠，一箭双雕啊！

2. 利用免息期投资赚钱

我们知道信用卡都有免息期，也就是可以提前消费，过几十天再还钱，这段时间银行免收利息。消费者一般可以享受25到56天的免息期（各银行有所不同），相当于银行借给了消费者一笔约2个月左右的无息贷款，这也正是信用卡最吸引人的地方。通过免息期，就可以为自己省下不少钱，赚到不少利息。

如果你将工资存着不动，申请一张信用卡，平时出门只随身携带少量现金以备应急，而购物、吃饭则能刷卡就刷卡，碰到喜欢的东西，用信用卡消费，只要在免息期内还上欠款，银行就不会收取利息。这样，工资存着可以赚利息，而利用免息期透支消费，花银行的钱又不用掏利息。如果将借记卡里的钱投资在股票、基金或债券上，操作得当的话，收益可比银行活期存款高得多。

李小姐是广州某家银行的理财顾问，工作时间为5年，但已经积累了不少财富。李小姐有一个习惯，不管是请客吃饭也好，还是购物消费，都喜欢去能刷卡的地方。这让朋友觉得很奇怪，因为李小姐似乎特别不喜欢使用现金。李小姐跟朋友一块儿逛街，相中了一款三星的手机，用信用卡购买，接着两人去超市，李小姐买了一瓶沐浴露，也是用信用卡支付，朋友觉得奇怪，问她这个金额不是很大，用现金不是更方便吗？李小姐笑着回答："我自己的现金得留着啊，只有拿着我的现金我才能去买更多的黄金，而且黄金本月将继续上行，盈利的空间很大。"

听了李小姐一席话，朋友恍然大悟，原来李小姐的财富就是利用这些小小的信用卡缓冲得来的，朋友不得不对李小姐佩服起来。自2006年5月份，李小姐在确认中国股市的上升空间之后，便开始采用平时消费大多使用信用卡，现金投入股市的这种投资方式，结果李小姐2006年在股市的盈利，不仅还清了当年各式各样信用卡的消费，还净赚20万，是自己工作收益的好几倍。而在2008年，李小姐又看中了黄金的升值空间，她每个月把收入投入购买纸黄金。等到每次信用卡需要还款时，李小姐更是不急，因为那时候，她的投资已经赚到了足够的钱来还欠款。

3. 享受信用卡促销活动提供的折扣优惠来省钱

银行的信用卡促销活动是随每月的对账单一起寄到持卡人手中的。收到对账单后，花几分钟的时间仔细阅读相关内容，也可以登录所持信用卡的银行网站，了解信用卡优惠活动的详情。

比如某银行的信用卡就涵盖餐饮、娱乐、健身、购物等各类特约优惠商户，持卡人可凭其信用卡卡号享有携程旅行网会员待遇，还有赫兹国际租车公司的特别租车优惠服务等多项服务。

4. 可以利用信用卡来分期购买心仪的商品解决生活急需

如果你很想买某个大件商品，但又不想一次性投入那么多资金，想将现金用于投资，信用卡分期付款功能此时便能用上了。用信用卡分期付款，将所购买的商品金额平均分成若干份（期），每月支付一期，零首付无利息，可提前享用心仪的商品，还能不舍弃自己的投资。

如果能够巧妙运用这四招，时间长了，你算算账就会知道，通过信用卡还真可以省下甚至赚出不少的钱呢！

琪琪是石家庄的白领一族，她就是巧妙使用信用卡为自己省下不少钱。

日常消费中不忘带信用卡。她利用好几张信用卡的不同还款日，享受最长期的免息期。琪琪在消费同时将相同金额投资于一种货币市场基金，快到信用卡还款日前几天，琪琪就将货币基金赎回还信用卡欠款，每月如此，年底细细一算，这一项她进账近100元。

在装修、买大件商品时也刷信用卡。琪琪装修新房，置办了32英寸的液晶电视、滚筒洗衣机、燃气热水器，花费60 000多元；又买了卧房四件套、沙发、茶几，花费6 000多元，她都通过信用卡付款，在免息期将现金投资货币市场基金，她又获得近270元的收益。

聚餐出差时也用信用卡。在出差、AA制的聚餐等付款时，琪琪总是利用信用卡付款，一段时间后，信用卡上积分已有10万多分，前不久她就用信用卡积分换取了一堆礼品。

利用信用卡的同时不放弃投资。琪琪前年11月初在市南郊花25万元买了一套65平方米的两居室，需要首付13万元，琪琪用信用卡付款后，利用免息期进行投资，真正做到了买房投资两不误。

当然，还是如上一节所说的，尽管使用信用卡能够省钱，也能赚钱，但是，使用信用卡消费一定要理性，作为普通消费者，还是要根据自己的实际需要来决定是否使用信用卡。而使用信用卡的根本目的，绝对不是为了赚钱，赚点小钱仅是使用信用卡附带的一点点意外好处罢了。

列出购物清单，避免额外支出

据国外媒体的调查，在英国，21~25岁的女性有80%的人都是处于一种花费比挣的钱要多的状态，46%的人都信用卡透支，近50%的人为月光族。由于社会普遍认为过度消费是不良行为，因此谴责能花钱的女人，那么女人究竟该如何花钱，花多少钱呢？这里，主要强调一种健康的消费观，那就是，我们可以消费，但是不要浪费。要做到不浪费，就需要在购物时有所节制。

其实，对许多工薪阶层来说，都还处于一种量入为出的生活状态中。在这种状态之下，最重要的消费原则是：可以消费，但要避免浪费。明明不需要的东西，不要因为逗一时的心理愉悦而购买，这样的浪费行为会在很长时间内让你纠结。你想想看，买回家后，一直派不上用场，让自己每次见到它都会感到后悔，那多郁闷！

我们应该树立这样一种观念：节俭与否，与拥有金钱的多少无关，它是一个人的消费态度而已。并不只是经济拮据的人需要避免浪费，任何人都需要有这种意识。尤其是女人，因为女人通常是家庭里的最大管家，家里所有的东西都需要女人购买。这种情况下，女人有一个很好的省钱方式，那就是关注超市或商店的打折信息，在打折时，购回家里必须的日常用品。

当然，抢购也需要有一些注意点。

1. 在抢购之前，要先明白抢购的目标，盲目的抢购只会增加多花冤枉钱的几率。所以，在去超市之前先花时间仔细确认自己到底要买什么，并且列出一个详细的购物清单。在超市抢购打折商品时，严格按照清单，不要让自己看着什么便宜就买什么。否则，全买回家了，不需要用的东西就会成为累赘。

2. 绝不要让自己带着郁闷的情绪进入超市或者商店。否则，郁闷中的女人会通过疯狂购物来发泄也是很有可能的。工薪阶层尤其需要注意，打折时去抢购就是为了省钱，千万不能因为发泄而让自己得不偿失，买了过多不需要的东西，而浪费金钱。发泄有很多种方法，或者说有很多种花很少钱就能达到发泄效果的方法，刷爆信用卡，只会让我们在痛苦之余又多了焦虑的情绪。

3. 对于同一类商品，要多计算单价与划算度。列了购物清单，只是让你清楚了该买什么商品，但是具体买哪一种就需要在超市购物时作比较了。看同类商品中哪一种打的折扣低，同时还要比较原价的高低，综合考虑之后选择最划算的。要知道，最低折扣的，并不一定是最划算的，所以，你得计算好了。也不要怕丢脸，没人会笑话你，家庭主妇都会这样做的。

4. 对一些家庭公用的日常用品，尽量买大包装的。实惠！

5. 趁折扣抢购，能够省钱，当然让人兴奋。但是，也不要兴奋过了头。最好在去超市的时候带上一个计算器，带上能够利用的现金券，将能利用上的资源全部利用上，久而久之，你会省下不少钱。

6. 对于自己特别喜欢的东西，又正处于打折状态下的商品，买之前仔细衡量一下，买回去之后，它的使用价值有多大。比如说，一双原价1 800元的长筒靴现在只卖500元，真诱人对不对？可是，在买下之前，请你一定先想想你的衣柜里到底有没有衣服来搭配，如果没有，连试都别试。别因为一时的贪便宜，也别因为一时的冲动，花掉自己一个月的日常开支，那不值得。

7. 需要提醒很多女人一句，网购固然方便、便宜，但是，也别忘了在购物前列一个清单。如果不列清单就在网店中徘徊，便宜的东西、名目繁多的新鲜商品，会让你不自觉地掏了腰包。而且，在网络上购物，尤其需要注意，货比三家，否则，你注定后悔。

8. 超市、商场等地方办会员卡时，如果是免费的，不要嫌麻烦，办上一张，随身携带。说不定什么时候在你购物的时候，优惠就随着这张卡片降到你身上了呢！

……

省钱的门道很多很多。在生活中做个有心人，工薪阶层照样可以买到自己想买的东西，照样可以买到优质的商品，照样可以把自己的生活质量提到很高的水平。就看你会不会通过各种方式省钱了！

记住，省钱并不丢人！浪费才是可耻的。有的人可能不屑于这些小的省钱门道，不屑于精打细算的生活，不屑于婆婆妈妈地列清单，但是，一个消费起来不懂节俭、挥霍无度、浪费成习惯的女人，会给人一种什么样的感觉呢？很多男人都给出了评价："感觉这样的女人不懂得珍惜，如果什么事情都形成浪费的习惯，那么对感情呢？是不是也会如此？""这样的女人估计难以持家，不好养。""这样的女人性格估计也比较粗犷，不细腻，也许很容易动怒吧……"

看看，浪费给一个女人带来多么不好的评价！还是永远牢记这条原则：女人，可以消费，但不要浪费。适度消费可以，随意浪费，则是你对自己的一种否定了。

用性价比权衡购买

在买东西时，我们可能都有过讨价还价的经历。为什么会讨价还价呢？其实就是我们在无意识中考虑我们所买的商品的功效、耐用性等，也就是商品的性价比。所以，通常来说，那种具有多种功能的产品会比单一功能的产品好卖。而那些耐用而且比较容易维修的产品更会受欢迎。比如，美国经济危机时期，有厂商推出一种新式口红，这种口红两头都可以用，可以涂两种不同颜色，结果很受欢迎。

当然了，居家过日子，每天都面临着"消费"两个字，远不止简单的讨价还价这么简单。既然我们每天都得消费，那么，如何消费，买什么样的东西，就直接决定了我们的生活品质，也直接决定了我们是否能够省钱。

不过省钱并不意味着就是一定要买便宜的东西。我们可能都遭遇过类似的尴尬：想买便宜的东西省点钱吧，但是，偏偏买的便宜的东西不让人省心，三天两头就出问题，出了问题还得再买新的，这样一算，买便宜货也没省下多少钱，反而添了不少麻烦。

这的确是我们购物时的一个悖论，也就是我们通常所说的：好货不便宜，便宜非好货。但是，这省钱之道也就存在于商品的差异性中了。不是所有的东西都要买便宜的，但也不是所有的东西都要买贵的。这就是买东西的艺术了！哪些东西应该买便宜的？哪些东西应该买贵一点的？哪些东西应该买价格适中的？应该什么时候买？其实这些问题归结到一块，很简单，就是衡量一下性价比，再考虑是否购买。

1. 使用年限长的、重要的物品要买耐用的，这时候要更加重视商品的"品性"

比如说，像家用电器、家具、汽车、油漆、地板、瓷砖、水管、电线、洁具（特别是马桶）等，这类物品的使用寿命都远远在一年以上，都属于可使用多次的商品。像这类物品，在首次购买时，就尤其需要多操点心，货比三家，买质量好的、有品质保障的、耐用的。"建议角筏、洁具、龙头买名牌。瓷砖客厅买好点的，卫生间就不必要品牌的，质量好点的广东砖就行，但颜色和图案要好，要大气的。厨房建议自己打框架，再去订门板、拉篮之类的，出来的效果和买的是一样的。卫生间的柜子也是可以这样做的，据说能省很多，把省下来的钱用在家具和软装上，会明显提高整体的品味和档次。"这是一位专门做装修的朋友的心得，女性朋友们可以参考一下。

对待这些物品，可千万不要因为一时地贪图小便宜，或者是因为一时的资金不足，而购买一些价格听起来很便宜的商品，那样，价低了，品质次了，前期你是省心了，等到后来你会有一连串的麻烦。"在装修房子的时候，我们家为了节约点，买了外观和高档货一样的水龙头，但其实那是质量差的低档货。结果，今天早上水龙头下面螺丝口断裂，家里水漫金山，所有的地板都被泡得翘了起来……"这是一个朋友的亲身体验。就是因为贪图一点小便宜，没有考虑性价比，买了一个品质差的水龙头凑数，结果就导致了一连串麻烦事情的发生。接下来，得重新装地板、水龙头，被泡坏的家具也得重新换。

如果不想要遭受这些罪，还不如在最开始买的时候，就买质量好点的。也许会稍微贵一点，但是，以后能够省心啊！省心的同时，也省钱！

2. 一次性的消费品，可以更重视商品的"价格"，购买更便宜的即可

比如说像透明皂、垃圾袋等一些小的生活用品，日常不能缺少，但是昂贵与否又不会影响生活质量，这类商品就可以适当考虑买便宜的。

还有食品类，商场会有打折销售，买一送一等情况，可以选择这种便宜的时机购买。

一般来说，购买便宜一点的一次性消费品，并不会给生活带来多大的不方便，因为这部分商品要说质量，其实倒没有太大的差别，主要是品牌附加值的影响导致不同商品价格不一样，我们就没必要为这类商品多付出一些品牌附加值了，还是选择便宜的比较明智。这样，时间长了，可以省下一大笔钱呢。而用省下的这些钱，就可以在买重要的东西时多投资一点了。这就可以形成一种家庭消费的良性循环了。

3. 个性化的商品可以适度抛开性价比，可以依据喜好判断

比如说像平日的休闲服、家里的窗帘、软装饰等等，这一类物件更加突出的是个人的审美、个性特点，因此，在购买时不必要参考价格，而是要将个性放在第一位。有很多很漂亮的衣服、装饰，虽然价格很便宜，但是的确很漂亮，不要因为害怕别人觉得你小气而不敢买，也不要为了赢得别人虚假的羡慕而专门购买一些贵的物件。这些东西毕竟是你自己在用，自己喜欢就行。

不过，我们还需要提及的一点是，性价比毕竟是一个感性的认识，在不同人的眼里，同一商品的性价比可能不同，所以，你在考虑性价比时应该结合的是自己的经验和与自己经济水平大致一样的朋友的经验，而不应该借鉴与自己经济水平相差过大的人的经验。这是不符合实际情况的。

掌握讨价还价的购物艺术

讨价还价是一门很高的艺术，心理素质要绝对稳定，须在瞬间内掌握对手的心态，及时组织好自己的语言，并在拉锯战中要做到进可攻，退可守，还要随时调整心态，随机应变，必要时能面不改色心不跳地转变立场。

讨价还价这看起来简单的事情，其实还真不简单。我们先看看讨价还价会涉及到的几个概念。

成交价格，这个当然大家都知道了，买东西的和卖东西的最后的生意要谈成，肯定有一个成交价格，比如说一件大衣买的想200元买，卖的愿意200元卖，那200元自然就是成交价格了。

成本，当然，大家都知道成本是什么了，不过这里这个成本的计算方法不一样，注意了，假设一件大衣老板花100块买进，路上运费5块，老板差不多要一个月才能卖出去，那么这一个月100块的银行最低利息可能就是1块（财务成本），老板自己一个月投入的精力也在10块左右（机会成本），其他的水电门面等等也要摊个10块，这个税那个费大概3块，这100块拿出去做其他生意最少也会赚个5块（财务成本），可能还有杂七杂八的5块吧，这样这一件大衣的成本就是100+5+1+10+10+3+5+5=139（元）。看准了，成本是139元，而不是100元。

最低售价（老板心里的底线，你永远不会知道）：就是139元。在这个售价上其实老板赚的就是1（财务成本）+10（机会成本）+5（财务成本）=16（元）。如果赚不到这个钱，那老板还不如关门回家，钱存银行或者借给他人做生意呢！

下面几个概念很重要，将决定你个人讨价还价是否成功以及精神上是否愉悦，其实就是觉不觉得自己赚大了，还是觉得自己是傻瓜，伸长脖子让人宰！

买方估价，因为我们是在讨论讨价还价，是站在买方的角度来谈的，所以一些概念更多的是从买方的角度考虑的，比如你通过各种经验，各种了解，对这件大衣的估价是280元，那么280元就是你愿意买进且会感到愉悦的价格。

卖方剩余，卖方剩余=成交价格-成本，此值越大，卖方越高兴，你被宰的可能性也越大，此值接近于0，就证明你是讨价还价高手，如果你每次能让这个数值为负数，那么你适合当老板，恭喜恭喜！

买方剩余，买方剩余=买方估价-成交价格，同样此值越大，买方越高兴，你觉得自己赚大的可能性也越大，但是你被宰的可能性也越大，不过没有关系，反正就图个高兴呗！此值接近于0，就证明你不适合买东西，还是找人代劳吧！如果每次都让这个数值为负数，那你买东西简直就是受罪，买了东西也没有达到精神愉悦，赔了夫人又折兵。

不管你估价多少，只要你最终能够谈下来的成交价格都大于估价，那么最好放弃（如果你在讨价还价的过程中随着对产品的了解，而不断提升估价，那是另外一回事）。

下面教大家讨价还价的8步骤：

1. 声东击西。

当你看好某商品时，不要急着问价，先随便问一下其他商品的价格，表现出很随意的样子，然后突然问你想要的东西的价格。店主通常不及防范，报出较低的价格。切忌表露出对那商品的热情，善于察颜观色的店主会漫天起价，永远不要暴露你的真实需要。有些消费者在挑选某种商品时，往往当着卖主的面，情不自禁地对这种商品赞不绝口，这时，卖主就会"乘虚而入"，趁机把你心爱之物的价格提高好几倍，不论你如何"舌战"，最后还是"愿者上钩"，待回家后才后悔不迭。因此，记住购物时，要装出一副只是闲逛，买不买无所谓的样子，经过"货比三家"的讨价还价，才能买到价廉且称心如意的商品。

2. 漫不经心。

当店主报价后，要扮出漫不经心的样子："这么贵？"之后转身出门。注意，"走"是砍价的"必杀技"。店主自然不会放过快到口的肥肉，立刻会减一小价，此时千万别回头，照走可也。

3. 攻其不备。

在外头溜达一圈后，再回到店中。拿起货品，装傻地问："刚才你说多少钱？是吧？"你说的这个价比刚才店主挽留你的价格自然要少一些，要是还可接受，店主一定会说"是"。好，又减价一次。

4. 虚张声势。

指出隔壁同样商品才出价多少，前面那家更便宜。这一招"杜撰"虽已被用滥，但仍是砍价必要的一环。不要给时间让店主破解，立刻进入第五式。

5. 评头品足。

颇考验功力的一式。试着用最快的速度把你所想到的该货品的缺点列举出来。任何商品都不可能十全十美，卖主向你推销时，总是尽挑好听的说，而你应该针锋相对地指出商品的不足之处，最后才会以一个双方都满意的价格成交。一般可评其式样、颜色、质地、手工……总之要让人觉得货品一无是处，从而达到减价的目的。

6. 夺门而出。

这个时候店主就会让你还价。不要着急，先让店主给出最低价。然后就要考你的胆量了，给出你心目中的最低价，建议只给店主最低价的一半。如果不怕恶言相向，给最低价的一成更好。店主必然不肯，这时你要做的是转身再走。店主会做出连续性的减价，不要理会，随他减吧。

7. 浪子回头。

等到店主给到他所接受的最低价后，你就可以回头重新进来，跟他说明退一步海阔天空的道理，然后在自己的最低价上加上一点，再跟他砍价。

8. 故伎重演。

如果店主还不肯，再用"走"这一招。另外在挑选商品时，可以反复地让卖主为你挑选、比试，最后你再提出你能接受的价格。而这个出价与卖主开价的差距相差甚大时，往往使其感到尴尬。不卖给你吧，又为你忙了一通，有点儿不合算。在这种情况下，卖主往往会向你妥协。这时，若卖主的开价还不能使你满意，你可发出最后通牒："我的给价已经不少了，我已问过前面几档都是这个价！"说完，立即转身往外走。这种讨价还价的方法效果很显著，最后卖主往往是冲着你大呼："算了，卖给你啦！"店主这最后一次减价通常都可接受了，回去买了它吧。

少花钱也能美容养颜的秘诀

很多爱美的女性总是购买昂贵的化妆品来修饰自己的容颜，都很喜欢去美容院或者SPA进行皮肤的养护，但这样美容往往价格不菲，很大一部分女孩子因为经济的原因不能经常去美容院，买不起名贵的化妆品。其实，美丽是可以随时随地的，在我们周围有很多少花钱或是不花钱的美容方式，只要你用心，一样能达到美容养颜的效果。下面就和你分享几种既方便又省钱的美容方法。

白糖洗脸法

原料：白糖

做法：在用洗面奶洗完脸后，再用一点白沙糖放在手掌上，加一点点水揉揉（防止太过刺激过敏），然后放在脸上揉洗，一分钟左右，就用清水洗干净。

每天用白糖加一点点水来洗脸三次，一个星期就能觉得面部变得光滑白嫩，而且坚持一阵子，对暗疮也会很有效。

啤酒毛孔收缩面膜

原料：啤酒、医用棉纱

做法：取一只干净的小碗，倒入啤酒，浸入医用棉纱布3分钟左右。然后将棉纱取出，微拧，敷于脸上。脸部肌肉放松，敷半个小时。如棉纱中水被吸收，可再泡，再敷。啤酒中的蛇麻子是一种清凉剂，具有预防面疱、脓疱等作用，对缩小毛孔有效。此外，还可用银耳汤美白，消除细纹，但是要坚持比较长的时间，对于晒后修复也有功效。

阿司匹林面膜

原料：5~6片阿司匹林药片、清水

做法：5~6片阿司匹林药片用擀面杖捻成很细的粉末，然后加一勺清水调和，用棉片沾阿司匹林溶液擦在脸上，等待20~30分钟后冲洗掉。

用后脸会变得光滑细腻，肤色变白变均匀，痘印淡化。但要注意阿司匹林药片要磨得很细，越细越好，否则擦在脸上会觉疼痛。为了防止有过敏现象，在使用前，可先试在耳根后面看看自己是否合适。做过后要注意保湿，使用滋润型的护肤品。

VC美白超级简单面膜

原料：压缩面膜一个、矿泉水一小碗、维生素C适量，约500mg。若不嫌麻烦，用柠檬水代替矿泉水效果更佳。

做法：只要把维生素C捣碎，倒入矿泉水溶解，然后把准备好的压缩面膜泡在水里面发起来就可以了。

做好了以后一定要洗干净，因为维生素C可能没有完全融化，如果残留在脸上的话，会使皮肤变得黄黄的，所以用完了千万别忘记洗掉。

真正美丽的女人最懂得利用自然的赠品来维持我们特有的美丽，除了DIY护肤方法，在我们身边，还有很多可以让我们保持美丽容颜的东西，如果你能坚持利用，一定能青春永驻。

大枣：大枣中含有丰富的维生素和铁等矿物质，能促进造血，防治贫血，使肤色红润。加之大枣中丰富的维生素C、P和环-磷酸腺苷能促进皮肤细胞代谢，使皮肤白晰细腻，防止色素沉着，达到护肤美颜效果。

香菇：香菇富含多种氨基酸和维生素，并且含有普通蔬菜缺乏的麦淄醇，延缓衰老的同时，还能软化老废的角质层，改善因日晒引起的肌肤老化。

鲫鱼：鲫鱼含有全面而优质的蛋白质，对肌肤的弹力纤维构成能起到很好的强化作用。尤其对压力、睡眠不足等精神因素导致的早期皱纹，有奇特的缓解功效。

冬瓜：冬瓜富含丰富的维生素C，对肌肤的胶原蛋白和弹力纤维，都能起到良好的滋润效果。经常食用，可以有效抵抗初期皱纹的生成，令肌肤柔嫩光滑。

猪蹄：猪蹄中含有大量胶原蛋白，在烹饪过程中转化为明胶。明胶特有的网状结构能有效改善肌肤组织细胞的储水功能，使肌肤细胞保持滋润，明显减轻已有的皱纹。

保养你的容颜，进行外表的维护非常重要，但心性的修炼更是必不可少。说到休养心性，无外乎几个词：不轻易动怒、多微笑、保持善良、保持平和的心态、遇事冷静……这些词的意义我们都知道，只是，我们缺少将这些词当成自己的座右铭的心态，我们无法提供更多的方法让女人来修炼内心，毕竟这个是女人自己自主摸索的过程。

容颜于女人有多重要，谁都知道。但是，我们经常会犯"拥有的时候不珍惜，失去后才追悔莫及"的低级错误。所以想提醒珍爱自己容颜的女人们，不管你芳龄几何，请从现在开始对自己好一点，不要嫌麻烦，请保养好自己。当然这个保养不是说要浓妆艳抹遮住自己脸上的雀斑，而是学会内外兼修，补充身体必须的营养元素，并稍化淡妆，如果再能做到气质娴静优雅，那就再好不过了。

我们阻挡不了岁月前进的脚步，但是我们可以轻松做到延缓自己青春逝去的步伐。做个会疼爱自己的女人，请从爱惜自己的容颜开始！

Chapter 4

先给自己充电，再去大胆投资

盲目投资的女人很多，这样的女人，我们只能抱以担心的态度来看待她的未来。明智的女人，不会盲目跟风，不会盲目进入一个自己不懂的领域。请你也做一个明智的女人！看着别人在股市里大捞大赚，你先不要急着跟风，不要盲目跟着买进，你需要做的，是好好研读一下基本的经济学知识，先给自己充充电。充好电的你才能自己拿准主意，才不会输得不明不白，也不会赢得莫名其妙；充好电的你才有后续的发展力，才能够让自己比别人更早抓住发财的机会。充好电的女人，就连股市都会害怕你！

书中自有黄金屋，无事翻翻经济书

想靠投资赚钱吗？

那就先学学最基本的经济学方面的知识吧。

假设你的积蓄有700万元，这时，你最想做什么呢？"有这些钱的话先去买一间房子，还有多余的钱就投资一点股票，好好孝敬一下父母，然后再把钱存到银行里。"估计像这样想的人有很多很多。

如果你也是这样想的，接下来要考虑的是，应该在哪里买房子？买多大的面积？买什么样的房子？万一买房子要贷款的话，银行利息是多少？制订什么样的还钱计划？万一几年之间银行利息上涨的话，又该怎么解决？

当然了，天上没有掉馅饼的好事，就算是偶然遇到了，不知该怎么花的人也有很多。也许你会为了赚更多的钱，反而让手上的钱飞走了。事实上，大部分中了彩票的人在过了不久后，又重新回到穷光蛋的生活。

所以，不要抱怨你现在贫穷或不够有钱的状态，你目前的状态是有理由的，理由也许在别处，但更在你自己身上。闲下来没事做的时候，为什么要抱着电视看到眼睛发酸，都不肯拿起经济学的书品读一下？逛街逛到脚磨起泡的时候，为什么都不愿意看一看书里介绍的投资的技巧？看电视消耗掉的是你有限的青春，而看看书，却能够让你学到赚取财富的办法。

一位女性朋友曾经对理财和投资一窍不通，但是她有个很好的习惯，就是读书。她曾经把《穷爸爸、富爸爸》等投资理财的书看了很多遍，当她觉得自己明白了经济与投资的常识之后，她拿出自己的储蓄开始尝试按照书中的方式进行投资。结果她发现，自己通过之前的阅读对投资已经培养出一定的敏感度，并且知道如何规避风险，几年下来，她的财产翻了一番。现在，她除了坚持投资以外，还在努力阅读更多更好的财经读物，让自己不断提高。

相反，如果没有足够的经济学知识，没有很好的理财规划，即使你一时有钱了，过不了多久，还是会恢复原状。有这样一则新闻：某年轻人中了500万的彩票，他拿出100万分给了自己的父母兄弟姐妹，拿400万自己做投资。但是他之前对理财根本一窍不通。结果，两年之后，400万全部在他手中消失，还欠下了几万元的债，他身体也垮了，没钱回家，最终还是被亲戚接回家里。

你不需嘲笑这个人，其实，如果你也总是沉溺于虚假的肥皂剧的幻想中，不愿意看看经济学的书，不愿意学学理财知识，那么即使你也有他的好运中到头彩，也同样会难以把握住突然到你手中的钱。

所以，我想我们应该明白一个道理，改变命运的密码，其实就藏在书中。我们现在最缺的，就是从书中找寻这把钥匙的勇气和毅力。而敢于一头扎进书里认真学习经济学知识和理财知识的人，都会有所收获。

聪明的女人在遭受经济危机后，立马能够意识到自己潜在的危机，于是便开始补足自己的薄弱处，捡起了对自己来说生涩难懂的经济学图书。别的女人可能正在享受暂时安逸的生活，她却提前看到了自己未来的生存危机，将自己的精力挪到了充电的环节上。我们不想说"功夫不负有心人"这样的话，因为这种话每个人都明白它的意思，每个人也都听过无数遍，但是，很多女人听多了也就不当一回事了，根本不愿意克服自己的惰性来弥补一下自己在经济、理财等方面的知识欠缺，因而总是日复一日地处于一个抱怨、哀求、穷苦的生活状态中。

我们要做个聪明的、独立的、坚持的、有主见的女人。在投资理财时，如果没有最基本的经济学方面的知识作铺垫，我们如何进行？恐怕只能随大流了，可是你要知道，随大流永远赚不到大钱，但却很有可能赔大钱……有了基本理财知识的女人，可以按照自己的主见做出决定，即使亏了，也是一种经验的累积，而不是一种后悔。所以，当我们沉浸在韩剧、日剧中不能自拔时，当我们在家里无聊得只想睡觉时，不妨在家里贴一张纸提醒一下自己，该看看经济学方面的书了，看书就是挣钱！何乐而不为？

发现电视、网络里的投资信息

要进行正确合理的投资，必须先把经济运行的规律和现状弄清楚：最近金融市场上新出来的商品是什么？这些商品有什么特别的优势？什么样的公司运作情况较好，股票能上涨？什么样的企业正在兴起？

这些都要弄清楚，才能靠投资赚到钱。可是，怎样捕捉这些最新的信息呢？对，就是新闻。养成通过电视和网络等途径来了解最新的市场信息、投资信息的习惯。投资机遇往往是瞬间即逝的，如果你把时间花在了肥皂剧的无聊情节上，也就注定与赚钱无关了。

为了熟悉经济知识，最有效的方法就是每天看新闻。把看电视剧的时间节省下来看电视新闻，看财金类节目，可能你会觉得这件事太简单了，但坚持起来却并不容易。

当然了，在这个网络时代，我们除了通过电视了解信息之外，上网时也别只顾着聊天或看娱乐八卦，可以看看网上的新闻和财金信息。这可比买报纸划算多了。网上看新闻不用收费，而且还可以每时每刻都得到最新的情报，还能了解到别人是如何投资的，互相交流。你可不要小瞧了这每天一点时间的小功课，如果你有了足够的经济知识，有了足够敏感的财经神经，也许就是稍微不经意的一个小瞥，就让你发现了一个赚钱的大机会呢！

信息的价值到底有多大呢？我们来看个成功者的例子就会明白：

1875年初春的一个上午，亚默尔肉类加工公司的老板亚默尔仍然和平时一样细心地翻阅报纸，一条不显眼的不过百字的消息把他的眼睛牢牢吸引住了：墨西哥疑有瘟疫。亚默尔顿时眼睛一亮：如果墨西哥发生了瘟疫，就会很快传到加州、德州，而加州和德州的畜牧业是北美肉类的主要供应基地，一旦这里发生瘟疫，全国的肉类供应就会立即紧张起来，肉价肯定也会飞涨。他立即派人到墨西哥去实地调查。几天后，调查人员回电报，证实了这一消息的准确性。亚默尔放下电报，立即开始集中大量资金收购加州和德州的肉牛和生猪，运到离加州和德州较远的东部饲养。两三个星期后，瘟疫就从墨西哥传染到联邦西部的几个州。联邦政府立即下令严禁从这几个州往外运食品，北美市场一下子肉类奇缺、价格暴涨。亚默尔便及时把囤积在东部的肉牛和生猪高价出售。短短的三个月时间，他净赚了900万美元（相当于今天1亿多美元）。我们不能不说，对于善用信息的人来说，信息真的是无价之宝。

亚默尔善于运用信息，也切切实实地从信息中收获到了巨大的利润，所以，感受到信息重要性的亚默尔为了得到更多的信息，就投入了更大的资本。为了更有效地获取信息，也为了避免他个人的力量无法兼顾到所有的信息，他还成立了一个小组，专门负责收集相关信息。

这些信息收集人员的文化水平都很高，长期经营公司相关行业，富有管理经验，懂得信息中哪些是有用的，哪些是无用的。他们每天收集世界上的几十份主要报纸，并对其中重要的相关信息进行分类，再对这些信息做出相应的评价，而这些已经集聚了全世界信息精华的信息，最后，会被送到亚默尔手中，再由他去选择出可以为公司带来财富的信息并加以利用。这样，亚默尔在生意经营中由于信息准确而屡屡成功。

从亚默尔的例子中，可以知道，如果我们能够抓住对我们有用的信息，并加以利用，就可以为我们创造无尽的财富。

不过，亚默尔的年代，电视才刚刚诞生，网络还未出世，所以他只能通过报纸来搜集他的投资信息。而如今的我们，掌握着电视、报纸、广播、杂志、网络等多元化的信息途径，却把时间浪费在看无聊的肥皂剧上。如果你想通过信息赚钱却又不知道珍惜信息、搜索信息，发现机会，那你实在是浪费了21世纪的优越条件了。

也许有人说，女人天生对经济、对数字不感兴趣，看那些无聊的信息没什么意思，枯燥透顶。那是因为你没有尝到甜头！为何不给出半年一年的时间让自己试试呢？尝试着多看电视新闻、多浏览网络新闻，尤其是财经信息，并补充一下经济学方面的知识空缺，你一定会有收获的。

投资债券如何稳赚不赔

估计很多女性朋友都有购买债券的经历，但是可能就在这些有购买经历的朋友中，很多人却连债券是什么都分不清。

债券是一种有价证券，是社会各类经济主体为筹措资金而向债券投资者出具的，并且承诺按一定利率定期支付利息和到期偿还本金的债权债务凭证。由于债券的利息通常是事先确定的，所以，债券又被称为固定利息证券。

正是因为债券的利息通常是事先就确定的，所以，相对于其他风险高的投资类别来说，债券相对来说应该是非常安全的投资工具了，尽管债券的回报率低了点，但是由于债券的种类不同，其收益和风险程度也不尽相同。如果合理搭配，就可以做到债券投资稳赚不赔。下面我们就根据我国目前的债券类别给大家介绍一下投资什么样的债券才能够赚钱。

地方债。这种债券虽无风险，但其利率低于定期存款利率，所以，这种债券受欢迎程度不高。如果买地方债，还不如直接存银行的定期了。

公司类债券。公司类债券有一定的风险，因为其还款来源是公司的经营利润。但是任何一家公司的未来经营都存在很大的不确定性，因此公司债券持有人承担着损失利息甚至本金的风险。所以，这种债券不适合普通老百姓投资，而适合比较了解公司经营状况，眼光精准的投资者。

城投债。由于缺少科学的评级体系，这种债券存在着潜在偿还风险，且受资金投出成效影响，也不适合普通老百姓投资，建议大家慎重。

债券基金。在国内，债券基金的投资对象主要是国债、金融债和企业债。债券基金有以下特点：①低风险，低收益。由于债券收益稳定、风险也较小，相对于股票基金，债券基金风险低但回报率也不高。②费用较低。由于债券投资管理不如股票投资管理复杂，因此债券基金的管理费也相对较低。③收益稳定，投资于债券定期都有利息回报，到期还承诺还本付息，因此债券基金的收益较为稳定。④注重当期收益。债券基金主要追求当期较为固定的收入。相对于股票基金而言缺乏增值的潜力。债券基金较适合于不愿过多冒险，谋求当期稳定收益的投资者。

凭证式国债。这种债券无风险，适合资金基本不需动用的人，投资门槛是最低1 000元，可以通过银行柜台交易，其收益高于银行定期存款利率。这是一种纸质凭证形式的储蓄国债，可以记名挂失，持有的安全性较好。

记账式国债。这种债券也没有风险，适合有流动性需求的年轻人，投资门槛为最低1 000元，可以通过银行柜台、证券交易所交易，其收益略低于同期存款利率。认购记账式国债不收手续费。但不能提前兑取，只能进行买卖。记账式国债的价格是上下浮动的，低买高卖就可以稳赚不赔。记账式国债期限一般较长，利率普遍没有新发行的凭证式国债高。

电子储蓄国债。这种债券也无风险，适合对资金流动性要求不高的人，它只能通过银行柜台交易，其收益高于银行定期存款利率。电子储蓄式国债的投资门槛较低，一般100元为起，按100元的整数倍发售，不可以流通转让，但可以按照相关规定提前兑取、质押贷款和非交易过户。电子储蓄国债在提前兑取时，可以只兑取一部分，满足临时部分资金需求。另外需要注意，电子式国债的质押需要系统支持，不是每个银行都能办理。

在看完这些介绍之后，估计我们都已经大致清楚该选择什么样的债券可以稳赚不赔了。主要是最后面的这三种！当然了，债券式基金尽管很受欢迎，但毕竟有一定风险，而且严格来说，它属于基金而非债券，所以这里不列入我们稳赚不赔的项目。

也有些人觉得债券投资收益太小，便不愿意做这种投资，其实不然，只要坚持，还是能够获益不少的。而且，债券投资也并不只是收入一般的普通老百姓会选择的投资工具，很多资本充足的有钱人也会选择这种投资方式。

张女士是一位私营企业主，前两年在股票、基金市场都有投资，且获利颇多。今年初，其朋友的公司正好需要一笔短期资金，张女士就卖出手上的股票、基金，清仓了！没想到，这一卖竟意外躲过了股市大跌。上个月，朋友还回了钱，躲过大跌而有些后怕的张女士再进行投资的时候，即没有再考虑买入股票，而是想到投资低风险、安全的品种。在一位做基金经理的朋友建议下，张女士最终果断选择了投资债券。张女士买入的这家公司债年回报率在8%以上，与银行存款等固定收益投资相比，利率还是高出不少，更主要的是风险很低。据了解，在买入这家房地产公司的公司债之前，张女士专门和基金经理朋友一道前往公司进行了考察，发现该公司发展前景不错。

为什么张女士会选择这种方式呢？其实很简单，因为通过买债券能够安安稳稳地赚小钱，赚得虽少，可是稳赚不赔，心里踏实！毕竟这世上稳赚不赔的投资是很少的。

基金，让你的投资遍布全世界

应该说，基金是一种人气指数比较高的投资产品，很多女性都热衷于购买基金。因为它相对股票来说，风险比较低，适合普通大众做投资。不过，对于新手来说，要想很快弄懂基金也不是一件容易的事情。

简单来说，基金就是一种间接的证券投资方式。它是由基金管理公司发行基金单位，集中投资者的资金，再由基金托管人（即具有资格的银行）托管，由基金管理人管理和运用资金，从事股票、债券等金融工具投资，然后共担投资风险、分享收益。形象地说，就是很多人把钱交给一个共同的"大管家"，这个管家来帮助这些做投资的人来用钱，代表他们投资，最后，投资所得或所失，所有买基金的人共同承担，正所谓"有福同享，有难同当"。这样，就有一个"大管家"帮助你来做投资，而且大管家还有专业的投资知识。尽管你只出了一部分资金，但是别人与你出的钱共同被"大管家"管理之后，"大管家"代替你将你的资金投向各个领域，甚至还会投向国外。这就为偷懒的你解决了大麻烦了。

另外，对于基金的种类，可能刚刚开始学习的女性朋友们不太了解，这里，简单对几种基本的基金种类做一个介绍：

根据基金单位是否可增加或赎回，可分为开放式基金和封闭式基金。开放式基金不上市交易，一般通过银行申购和赎回，基金规模不固定；而封闭式基金有固定的存续期，期间基金规模固定，一般在证券交易场所上市交易，投资者通过二级市场买卖基金单位。

根据组织形态的不同，可分为公司型基金和契约型基金。公司型基金是通过发行基金股份成立投资基金公司的形式而设立的；由基金管理人、基金托管人和投资人三方通过基金契约设立的，通常称为契约型基金。当然了，目前我国的证券投资基金均为契约型基金。

根据投资风险与收益的不同，可分为成长型、收入型和平衡型基金。

根据投资对象的不同，可分为股票基金、债券基金、货币市场基金、期货基金等。

大致来说，基金的基本种类就是上述这几种。由于篇幅所限，每一种基金具体的特点就没办法详细展开了。建议对基金感兴趣的朋友们可以阅读专业的书籍来了解每一种基金的具体特点，寻找适合自己投资的基金类型，而不要盲目跟随别人去购买。

很多人虽然在投资基金,但是,对基金其实并不是很了解。他们可能只是盲从而已。为什么要选择基金作为你的投资工具呢?它有什么特殊的地方?我想,这是每一个想要投资基金的女性朋友都需要了解的问题。

1. 基金是一种集中的理财方式,管理更加合理

正如上面所说,基金需要一个"大管家"来帮助众多的投资者理财。也就是说,基金将众多投资者的资金集中起来,委托基金管理人进行共同投资,这样,它就表现出一种集合理财的特点。通过汇集众多投资者的资金,积少成多,有利于发挥资金的规模优势,降低投资成本。基金由基金管理人进行投资管理和运作。基金管理人一般拥有大量的专业投资研究人员和强大的信息网络,能够更好地对证券市场进行全方位的动态跟踪与分析。因此,相对于外行来说,中小投资者可以通过这种形式直接享受到专业化的投资管理服务。而这正是其他投资项目所难以拥有的特点。

2. 基金以组合的方式来分散中小投资者的风险

稍微了解一点基金的投资者都知道,基金的风险相对较低。而至于为什么基金的风险低,可能就没几个人能答得上来了。我国《证券投资基金法》规定,基金必须以组合投资的方式进行基金的投资运作,从而使"组合投资、分散风险"成为基金的一大特色。"组合投资、分散风险"的科学性已为现代投资学所证明,中小投资者由于资金量小,一般无法通过购买不同的股票分散投资风险。基金通常会购买几十种甚至上百种股票,投资者购买基金就相当于用很少的资金购买了一篮子股票,某些股票下跌造成的损失可以用其他股票上涨的盈利来弥补。所以,你就相当于和别的投资者一起,用他们的钱来帮助你买多样化的股票,如果赚到了钱,那么,你就可以拿回属于你的利润;如果赔了钱,那还有别人帮助你分担。

3. 基金的"管家"不能觊觎你的资金

很明显,如果你投资了基金,那么你就是一定份额基金的所有者。你和其他的基金投资人共担风险,共享收益。基金投资收益在扣除由基金承担的费用后的盈余全部归基金投资者所有,并依据各投资者所持有的基金份额比例进行分配。为基金提供服务的基金托管人、基金管理人只能按规定收取一定的托管费、管理费,并不参与基金收益的分配。所以说,帮助你和其他投资者管理你们的资金的基金托管人,是不能觊觎你们的资金的。这就可以让投资者放心了。

4. 中国证监会帮你来监管

看了上一条,可能有人还是不放心,万一帮助我管理资金的基金托管人,也就是我们的"大管家"动了歪心思,把我们的资金都给骗走了怎么办?正是因为考虑到这一点,为切实保护投资者的利益,增强投资者对基金投资的信心,中国证监会对基金业实行比较严格的监管,对各种有损投资者利益的行为进行严厉的打击,并强制基金会进行较为充分的信息披露。所以,在这种严厉的监管之下,基金的信息

十分透明，可以让投资者也做一个监督者，这也是基金的一个显要特点了。

5. 用你资金的人与保管你资金的人不是同一个

如果负责管理你的资金的基金"大管家"同时又能够帮助你做投资，那么，对他如何用你的资金就难以形成有效的监督了。所以，为了形成有效的监督机制，基金管理人负责基金的投资操作，却并不经手基金财产的保管。基金财产的保管由独立于基金管理人的基金托管人负责。因此，这种相互制约、相互监督的制衡机制对投资者的利益提供了重要的保护。这种保护加之证监会的保护，就更加提高了基金的安全性。

尽管女性朋友们的安全感一般比较低，但是，基金可以让所有的女性朋友们打消种种顾虑，让对财经信息头疼的女性朋友们省下不少精力。因为有人可以帮助你来打理你的资金了。优秀的基金经理，会将你的资金按照不同的比例分成不同的份数，然后根据各种资金市场的情况进行合理投资，你的资金的触角就伸到了很多不同的市场。这是你自己去投资所难以做到的，而且，你也不必一个人承担这些投资的风险，而是有其他的投资人与你共同承担。所以，女性朋友们热爱基金，也就有因可循了。

外币投资的赚钱攻略

利用外汇的差价赚钱，也就是俗称的"炒外汇"。相对于其他投资形式，在普通老百姓中，利用这种形式投资的人相对稀少。但是，这里还是不得不提及这种赚钱方式，懂得外汇的人，仅仅就是利用几个数字的差别，就能从中捞取巨大的利润。

简单地说，外汇就是外国货币或以外国货币表示的能用于国际结算的支付手段。外汇交易是以一种外币兑换另一种外币。而汇率又称汇价，指一国货币以另一国货币表示的价格，或者说是两国货币间的比价，通常用两种货币之间的兑换比例来表示。我们都知道，各个国家的币值不是固定不变的，而是会随着经济状况上下波动，这样，一个国家的币值发生变动，那么这个国家与其他国家的的汇率就发生变动了。能够及时抓住汇率变动的信息便可获利，目前，国内很多银行都推出了外汇汇率投资业务，手中拥有外汇的人士可以考虑参与外汇汇率投资交易从而获利。当然了，这种投资需要外汇专业知识做基础，盲目投资的话，不仅仅赚不到钱，还会赔不少。

何老师是某财经杂志的编辑，由于职业的关系，她经常能通过采访结识一些炒汇族，耳濡目染，也渐渐了解了不少炒汇方面的知识。看着许多老汇民们在汇市中经历洗礼痛并快乐着，去年何老师也动了进入外汇市场的心思。于是，她从银行取出了1万美元的存款放进了炒汇的账户中，加入了炒汇一族。从开始炒汇到现在，说起其中的起起落落，何老师感慨良多。

这事说来也怪，很多投资者在刚刚进入一个投资领域时，也不知是运气好，还是因为初次尝试，心态比较谨慎，在刚开始的投资阶段，总是比较顺利。何老师也不例外，说起自己最早的炒汇经历，何老师抑制不住兴奋的心情。"我曾经用10分钟赚到200美元，而且是实盘交易。"说到当时的成功交易操作，何老师至今记忆犹新。她初进入汇市时，一开始并没有怎么上心，只是工作之余有空闲的时候研究一下，偶尔操作一次，赚钱和赔钱的几率都不是很大。因为是实盘交易，每次操作还要被银行扣掉30个点差，因此她一直觉得靠炒汇赚钱太难了，所以也就没想着真靠这个来赚钱，总是抱着谨慎的心态小心地操作。

但是，炒了两三个月之后，突然地一次走好运，让她彻底改变了炒外汇不能赚钱的想法。当天央行公布了新的汇率体制改革方案，决定将人民币升值2%。由于何老师所从事的职业是财经编辑，每天都会上网监控所有财经网站，所以当天晚上7时她第一时间监控到了这个消息。"当时我的第一反应就是全仓买入日元。"果然如她所料，日元在短时间内迅速蹿升2万个点，她手中的1万美元也迅速转成了日元，并且几乎跟随了日元上涨曲线的全过程。也就是短短的10分钟，200美元的收入进账。这次的赚钱机会来得如此的突然，也如此的轻松，让何老师觉得，自己以前真是想错了，看来外汇还是很值得炒一炒的。

可能有些女性朋友们心里已经开始有些痒痒了。别看何老师炒起来那么简单，炒外汇其实并不是我们想象中那么容易的。它的风险值比较高，而且对汇率方面的专业知识要求比较高，如果没有这方面的专业知识做铺垫就盲目投资，就等于白送钱了。如果有兴趣想要尝试这个领域的女性朋友们需要注意以下几个技巧：

从免费模拟外汇交易入手，在模拟战中提高本领。现在不少外汇网站都推出了模拟交易盘。刚参与外汇交易的投资者，不妨利用这个免费"实习平台"耐心学习，循序渐进，不要急于开设真实交易帐户。注意：要以真实交易的心态去做模拟交易，这样才能更快进入状况，不能抱游戏心态模拟操盘。

投入资金须量力而为，切忌挪用生活必需金，切忌过度交易。与其他类型投资一样，要用余钱"炒外汇"，才能保持心态平衡，而不会孤注一掷、急躁冲动。资金压力过大，会误导投资策略，徒增交易风险，可能引发较大错误。因为即使经验丰富的外汇交易人员也会判断失误，必须预留缓冲地带。

外汇交易不能只靠运气和直觉，需尽快确立自己的盈利模式。如果你没有固定的交易模式，那么获利便是随机的，即靠运气。这种获利是不能长久的，今后碰到运气不好的时候，就会亏损。为了避免致命性错误的产生，记住一个简单法则：一旦损失达到事先设定的限度，不要犹豫，立即平仓！善用止损，才不致于出现巨额损失，导致"崩盘"发生。止损之后，则不要惋惜。学会坚决执行交易策略，不要找借口推翻原有决定。

炒汇这种理财方式，应该说不太适合没有任何经济学基础知识的女性朋友，也不太适合家里闲散资金并不充足的朋友。上面所说的三种技巧，只是作为提供给确实有些理财知识，而且对外汇投资十分感兴趣的女性朋友们的入门经。在入门之后，还有更多的技巧都是个人化的，不同的人在炒外汇的过程中会慢慢形成自己的风格，这就需要我们自己去探索了。

黄金投资，让你成为金女人

黄金，一听就是一个高贵的词。谁不希望自己家里藏着一箱子黄金呢！如今很多有理财头脑的女性朋友都知道，黄金不仅仅作为女性最喜爱的饰物，也是适合女性的投资品种之一。

正是因为黄金的贵重以及投资的优势，很多女性朋友都热衷于"炒黄金"，而且，通过黄金投资赚到不少银子，即使赚不到钱，黄金也可以保值，帮助家庭抵御通货膨胀，抵御金融危机。

王佳就是在2004年的时候，把自己更多的时间和精力放在了金银币投资上。那时，她通过分析认为，当时的股市低迷、基金乏力，也许投资金银币是个不错的选择。后来，做了几年金币收藏的王佳有了一个根深蒂固的观念，"不管价格怎么样，黄金永远也是黄金。"奥运会之后的一段时间，黄金的价格水涨船高，王佳也在黄金的投资中获益不少，这让她说起黄金就兴奋。

在选择投资黄金时，王佳和很多其他的女性朋友一样，都选择了金币作为投资对象。金币的基础材料就是黄金，比黄金本身还贵出了手工费、艺术感，无论怎么贬值，其价值都不可能低于市场上黄金的价格。黄金本身又是硬通货，有保值的作用。在收藏品投资领域一直有这么一句话：只要时间耗得起，总归还是会升值的。这句话对金银币投资也同样成立，因为黄金本身是稀有金属，物以稀为贵。而且，市场上每次投放的金银币量都是受到控制的，一段时间后想买的人即使有钱，也不一定能买到。

收藏黄金一方面除了能够做投资，让它升值外，另一方面，它还有一个很重要的作用，那就是抵御通货膨胀。在通货膨胀时，最不好过的就是家庭主妇了，因为什么东西都在涨价，只有工资没有涨，这时候家里日渐涨起来的开支往往让主妇们头疼。而投资实物黄金是一个非常好的抵御通货膨胀的方法。因为黄金具有抵抗通货膨胀的长期保值功能。黄金的长期保值性就在于：等量的黄金可以换到等量的商品或服务，可以抵御通货膨胀带来的币值变动和物价上涨的影响。以英国著名的裁缝街萨维尔罗街的历史来看，两百多年来，这条长约300米的小街上，一套量身定制的高档西装的制作价格，折算成黄金，基本稳定在五、六盎司，这是黄金购买力在一个很长时期里保持稳定的明证。也就是说，无论商品的价格怎么变，其对黄金的相对价格都是基本固定的。

当然了，很多人一听到购买黄金有这么多的好处，就一哄而上，疯狂地购买。殊不知这样其实并不好，购买黄金，需要根据各自不同的情况量力而行，而且，还需要保持好的心态。一般来说，黄金的平均价格每年都保持在15%以上的涨幅，收益比较稳定。不过，想要投资而不是消费黄金的女性朋友们要注意，尽量不要买饰品来投资，饰品的价格要远远高于金条的价格，不划算。想要通过黄金投资理财者，最好选择可回购的实物金条。

最后，还是需要提醒一下，不同家庭的黄金投资计划是不同的，所以，作为家里"掌金大人"的女人们，不要和别人攀比而盲目投资。而要根据自己的实际情况来合理投资黄金。

生活富足的"阔太太"适合投资实物金。这类女性朋友们可大胆地将投资资产的15%进行黄金投资，对冲目前理财市场上存在的风险。

年轻的妈妈们则可以少量投资黄金为孩子准备教育资金。该阶段的女性承受着工作和照顾孩子的双重压力，没有太多精力关注投资，但当有跟小宝宝有关的实物金推出时，适当关注一下，既放松了心情，又为孩子积累了财富。

未婚或者是刚刚新婚的女性朋友们，适合定期购买金条。比如说，赵小姐刚新婚不久，"家底"不厚的她，为了给自己的小日子提供更多保障，定期与老公投资金条，一般每个月投资一根20克的金条，每两三个月投资一根50克金条，随着时间的推移，这种"定期存款"的优势会逐渐显现，不知不觉中，他们的"家底"就厚实了不少，同时还规避了投资风险。

当然了，不管你目前处于哪种阶段，都需要切记一点：千万不要为"金女"着了迷，不顾家庭实际情况盲目地购买黄金，这样对你只会有害而无利。"金女"是慢慢地镀出来的，不是靠急性子就能一步到位的。

倾听专家建议，进行专业咨询

很多时候，银行和保险公司为了宣传自己的理财产品，会举办一些理财产品推介班，尤其是针对新推出的理财产品等目的性强的推介班。如果有类似机会，建议女性投资者千万不要错过！

其次是参加理财专业人士办的各种财富培训班。他们会为理财投资初学者，系统、详细、有重点地讲解各种理财基础操作技巧，如有专门讲解如何贷款、如何购买保险、如何选择合适的理财产品等等。女性朋友可以通过朋友介绍和自己的了解，选择其中的较为优秀的参加培训。

通过理财专家的直接讲解和指导，能深一步掌握各种理财产品的优势和劣势、相关投资手法、理财投资的要领和诀窍。另外，还可以随时针对自己一知半解或者不懂的地方，向理财专业人士现场求教。

演员萧蔷，对理财一向抱着"钱来得快也去得快"的态度。她表示，以前自己没有那么多钱时，因为对投资不感兴趣，有多少花多少，后来手头比较宽裕了，她就交给别人管理。萧蔷理财的方法采取稳健保守路线，大部分钱交给母亲，其他交由专家处理。

"绝大多数都投资国外的共同基金，有些钱也花在房地产上，不过买的房子都是自己住，没有打算靠这个赚钱。""我不知道他们（专家）是怎么分配购买，现在的状况还好耶，基本持平，没有赔钱。我还是比较信赖专家的。"

让懂得理财的人去为自己打理钱财，而自己趁着年轻，多做一些自己喜欢做的事。

当然，所谓专家就是在某一领域内比较专业的人士，但是虽然他们很了解行业内的情况，但是最了解你自己情况的人还是你自己，所以专家的话你要慎重地考虑，从自身的条件出发，不可盲目地不加选择地接受。

在证券市场投资当然要紧跟主力，券商、基金都是主力。但是，现在看券商报告和听一些基金经理的分析，会发现水分很大，虚多实少。也许，他们站在什么立场上，就要为谁说话。市场真正的底和顶的点位是没有人能看透的，不管在什么样的市场环境下都提倡走一步看一步，看一步再走一步。没有人能猜得到市场的底究竟在哪里。

所以，女性朋友们要注意，对于专家的话不可不信，当然也不可全信。

Chapter 5

率先存够本金，做个会存钱的人

会存钱的女人定会是更有安全感的女人。会存钱的女人时间长了，就会慢慢变得富有，她们对金钱会更为敏感，相比于其他女人，她们也会更懂得合理投资理财。相比于不会存钱的女人，会存钱的女人更懂得有节制地享受生活，她们可以既享受到生活，又能见证自己一步步变得富裕的幸福过程。如果你目前还不是有钱的女人，不要失望，现在你该做的，就是存钱！存钱！存够了本金，慢慢地，抓住机会崛起，你就会成为有钱的女人！

你每月该留多少"储备金"

有人说得好，要想使你自己的生活过得安稳无忧，一定要存有几个固定钱。原因如下：定期存款可以不断吃息；万一生病住院需要用钱；孩子每年都要有固定的教育基金；家庭每个月需要固定的生活费。当然了，如果这几个方面所需要的资金你都已经有所规划，除此之外，你还有闲钱，那你就可以做其他方面的投资了。也就是说，这几个方面的资金准备，应是你家庭里基本的"储备金"。

丁太太今年30岁，一年前生完孩子以后就没有再工作了，一直在家照顾孩子，先生今年32岁，在上海一家中型外企工作，经过多年努力，成为了公司的中高层，年收入有25万元。她家现有一套住房，购买时一次付清，因此无负债，房子目前市值为100万元。丁太太之前的理财较为保守，50万元资产都做了定期存款，在股票市场投资10万元，有一定幅度的亏损。

丁太太夫妻俩都有社会保险、大病及医疗商业保险，每年保费7 000元，孩子有医疗及意外商业保险，每年保费1 000元。每月家庭平均支出约为6 000元。闲下来的丁太太思考着，家里之前没有定期预留储备金的计划，而50万元的存款又没有做其他的具体安排，她突然觉得自己好像一方面浪费了赚钱的机会，另一方面家庭保障工作又没有做到位。其实，丁太太家由于目前生活比较稳定，并已经有10万元做了有风险的股票投资，因此可以将50万元定期存款拿出一部分投资风险相对较小的基金，然后，就尤其需要考虑储备金的问题了。那么，丁太太到底应该如何考虑她家的储备金计划呢？

首先，人身保险方面的储备金是让丁太太安心的基本储备金，根据最基本的双十原则，即用年收入的1/10购买收入10倍的保额的原则，丁先生一家的保费控制在一年缴纳2.5万元比较合适。

其次，关于孩子的教育储备金，以每年固定存储的方式来做储蓄。可以按照小学每年2万元，初中每年2.5万元，高中每年3万元，大学每年4万元的数额来做出相应的储备。

最后，是年老退休之后的医疗储备金。丁太太自己需要额外筹措养老期间的医疗储备金，此项规划要求投资波动性极小，建议以债券型的基金储备为主。以年收益5%来计算，如果60岁时想要筹集50万元做为家庭医疗专项储备金，则现在丁太太每个月需要定投620元即可。

当然了，每个家庭的情况都不一样，也不能完全照搬。可是，我们可以通过丁太太的例子来做一个参考，提醒自己应该好好分析一下目前家里的资金情况，做进一步合理的规划。这里，不妨告诉各位女性朋友们一条做储备金计划的黄金准则："月三（30%）、年三（30%）、三年翻番"，即每月坚持把收入的30%储蓄起来，做理财投资的原始资本积累；每年实现30%的投资收益率；每三年使自己的金融资产实现倍增。这样，几个三年下来，你会惊喜的发现，你家里的资产已经翻了几番了。

一般来说，以上述准则来做储备规划，也许在刚开始的阶段，需要节衣缩食，可能日子会比较清贫，但是，你却可以过得很安心，因为你家的储备金足够，不用太害怕各种突来的风险。而坚持下来之后，慢慢日子就会好过起来。等到收入慢慢稳定下来，资金也慢慢积累起来之后，这种习惯仍然不能放弃。而且，那时候就应该尤其要注意给家庭准备好应急储备金，以防不时之需了。可能又有人要问了，那具体的应急储备金应该贮备多少呢？一般来说，家庭应急准备金的数额一般以3至12个月的家庭生活费为宜，以应付收入突然中断或有其他意外时仍能维持生活。正因为如此，储备家庭应急备用金，首要是保持其较高的流动性和安全性，然后在此基础上尽量提高收益。

储蓄，最具防御性的理财方式

近年来，女性的理财选择日益丰富，货币市场基金、外汇结构性理财产品、人民币理财产品等令人应接不暇。在个人理财大行其道的今天，理财似乎成为了储蓄的代名词。因而有女性忽视了合理储蓄在理财中的重要性，错误地认为只要理好财，储蓄与否并不重要。

然而，每月的储蓄正是投资资金源源不断的源泉。只有持之以恒，才能确保理财规划的逐步顺利进行。因此，进行合理的储蓄，是理好财的第一步。

我们来看看小倩是怎样储蓄的：

小倩工作第二个月，妈妈就以小倩的名义，在银行开了一个零存整取账户，每月固定存入1 000元。那时候，小倩的工资全部加起来还不到2 000元。一开始，小倩是满心的不乐意，看着同时参加工作的女伴，每月发了工资的那几天，随心所欲地购买心仪的服装和化妆品，而自己却只能小心翼翼地算计着过日子，小倩没少向妈妈抱怨。无奈妈妈丝毫不为所动，到了发薪水的那天，总是不忘提醒小倩把钱按时存入账户。

后来，小倩意外地发现自己的帐户里有很多钱，可以准备投资了。当然，小倩最感谢的就是妈妈，如果不是妈妈一开始就强制她储蓄，使她养成量入为出，不盲目过度消费的好习惯，也就没有她后来可以用来理财投资的充足储备资金。说到这里，小倩经常不忘提醒她的朋友"平时无论钱多钱少，一定要使自己养成储蓄的好习惯，实在不行的话，就学我妈妈这样强制储蓄"。

平时要养成"先储蓄再消费"的习惯才是正确的理财法。实行自我约束，每月在领到薪水时，先把一笔储蓄金存入银行（如零存整取定存）或购买一些小额国债、基金，"先下手为强"，存了钱再说，这样一方面可控制每月预算，以防超支，另一方面又能逐渐养成节俭的习惯，改变自己的消费观甚至价值观，以追求精神的充实，不再为虚荣浮躁的外表所惑。这种"强迫储蓄"的方式也是积攒理财资金的起步，生活要有保障就要完全掌握自己的财务状况，不仅要"瞻前"也要"顾后"。让"储蓄"先于"消费"吧！

"先消费再储蓄"是一般人易犯的理财习惯错误，许多人在生活中常感左入右出、入不敷出，就是因为"消费"在前头，没有储蓄的观念，或是认为"先花了，剩下再说"，低估了自己的消费欲及零零星星的日常开支。

也有很多人每个月都会将工资的一部分储蓄起来，有些人储蓄10%工资，有些20%，有些30%，还有的是把没有花出去的钱储蓄起来，每个月储蓄多少基本没谱。

那么从理财的角度来说，怎样才是科学的储蓄呢？我们都知道，理财是为实现人生的重大目标而服务的，而每月的储蓄其实就是投资的来源。因此，合理的储蓄应该先根据理财目标，通过精确的计算，得出为达成目标所需的每月应存储的金额；然后是量入为出，在明确的理财目标的指引下，每月都按此金额进行储蓄。至于每月的支出，那就是每月的收入扣除每月的储蓄额后的结余了。

有些人可能会说，"收入-储蓄=支出"与"收入-支出=储蓄"不是一样吗？从数学的角度来看，这两个等式确实一样，但从理财的角度看，两者有天壤之别。每个人的收入基本上都是确定的，可以变化的也就是支出和储蓄了。如果是后一个等式，那么储蓄就变成可有可无了，有就存，没有就不存，并不是必须项，这也就是很多人理财规划做得不好，存不下钱的原因所在。只有重视储蓄，真正把它当作一项任务去完成，理财才有成功的可能。

合理储蓄窍门有二：其一，修正理财目标，延长达成目标的年限；其二，增加收入，如果既不想压缩开支，又要如愿完成目标，那就只能想办法增加自己每月的收入了。如果你的收入弹性不是很大，那还是调整理财目标比较合理。理财，是一个漫长的过程，一定要多存钱、多储蓄，手头上有节余、有能够运用的资金，才能用钱滚钱，才有办法抓住投资生财的机会。养成适当的生活、消费习惯，量入为出，避免"寅吃卯粮"，简单说就是，不要每个月一进帐就花光，甚至透支。

当然储蓄也有许多技巧，譬如："不等份储蓄"可以降低利息损失；"阶梯储蓄"增值取用两不误；"时间差储蓄"见缝插针赚利息；"组合储蓄"一笔钱可以获两次利息；"约定自动转存储蓄"能有效避免利息白白流失；"预支利息储蓄"是负利率时期的最佳应急方式等等。所以，如果有时间的话，不妨找一些这方面的书仔细研究研究，别看只是一些小钱，但积少成多就是一笔大钱。

不可不知的存款计息小窍门

很多人都很懂得储蓄，但是懂得储蓄并不意味着懂得理财。

目前，尽管存款利息越来越低，但是来自金融部门的统计数据表明，储蓄仍然是普通女性最重要的投资手段，怎样才能通过储蓄最大获利，这其中还真有不少窍门。往银行存款看似是简单的一件事，实则大有学问，运用得当才能充分发挥这一理财手段的作用。

有的人担心利率会继续下调，就把大额存款集中到了三年期和五年期上，也有的人仅仅为了方便支取就把数千元乃至上万元钱存入了活期。这两种做法是否科学呢？让我们来看看具体的例子。

从工商银行获得的数据显示，现在的活期存款利率为每月0.6‰，一年期为每月1.65‰，三年期为每月2.1‰，五年期为每月2.325‰。假如以50 000元为例，三年期获得的存款利息约为3 024元，五年期获得的利息约为5 580元，假如把这50 000元存为活期，一年只有288元利息，即使存三年利息也只有1 100元左右。由此可见，同样50 000元，存的期限相同，假如方式不同，三年活期和三年定期的利息将差1 924元左右，这种情况下存活期的利息损失是相当大的。但有人担心将存款一次性存入三年或五年定期，一旦提前支取，还是得不到较高的利息，事实上，现在针对这一情况，银行规定对于提前支取的部分按活期算利息，没提前支取的仍然按原来的利率。所以，个人应按各自不同的情况选择存款期限和类型。

从定期存款的期限来看，宜选择短期。

在具体的操作上，不妨采用一种巧妙的方法。可以每月将家中余钱存一年定期存款。一年下来，手中正好有12张存单。这样，不管哪个月急用钱都可取出当月到期的存款。如果不需用钱，可将到期的存款连同利息及手头的余钱接着转存一年定期。这种"滚雪球"的存钱方法保证不会失去理财的机会成本。

现在，银行都推出了自动转存服务。女性在储蓄时，应与银行约定进行自动转存。这样做，一方面是避免了存款到期后不及时转存，逾期部分按活期计息的损失；另一方面，存款到期后不久，如遇利率下调，未约定自动转存的，再存时就要按下调后利率计息，而自动转存的，就能按下调前较高的利率计息。如到期后遇利率上调，也可取出后再存。

如果急需用钱，而存单又尚未到期，并且是在以前高利率时存的，可不必提前支取，因为银行规定定期存款提前支取时利息按活期存款计算。这时，可以用存单作抵押到银行贷款，等存单到期后再归还贷款。当然，事先要计算一下，假如到时归还的贷款利息要高于存款利息，那么这一方法就不可取了。这时，可以到银行办理部分提前支取，余留部分存款银行将再开具一张新存单，仍以原存入日为起息日，这一部分的定期存款的获息就不会受到影响。

假设手中的闲钱预计在几个月内不用，那么选择定期三个月或六个月比较划算，但需要弄清楚你存款的银行是否有自动转存业务。选择能自动转存的银行，就省去了跑银行的麻烦，存款到期后利息和本金会自动转存并计息。

比如，你手中有1万元，先存三个月定期，到期时利息为79.09元，则第二、三、四季度继续连本带利自动转存，利息分别为79.71元、80.34元、80.98元，滚存一年后利息总计为320.12元，要比1万元存活期多出251.72元。

由此可见，了解一些存款计息的小窍门有利于我们财富增长，女性朋友们平时有空可多去银行或者通过各种渠道了解一些存款常识和技巧，以帮助我们的财富不断增加。

定期存款还是活期存款

银行存款是最传统的存钱渠道之一，可分为活期性存款和定期性存款两类。

前者利息较低，但随时可以存领，而且金额不拘。后者利息较高，但有存款期限，未到期前提款，会有利息的损失。储蓄的目的是为累积财力，所以最好不要经常动用已存下来的钱，基于这种考虑，以定期性存款做为储蓄较佳，活期性存款则只用来存放家庭的急用款，保持大约三至六个月的生活费用就够了。定期性存款又分为定期存款和定期储蓄存款，前者需要整笔的资金，后者则可以采用"零存整付"的方式。

只有在一定期限内不用的钱，才适合存定期，而且期限越长利率越高。这里很关键的一点是把期限确定好，比如：存一笔定期一年的钱，结果半年刚过便有急用，不得不提前支取，这半年银行只按活期存款的利息计算，就不如当初存半年定期，那样利息比活期的高得多。

鉴于期限越长，利率越高，所以定期储蓄是长线投资的一个重要手段，即使国家利率调低，已存的钱利率也不变，而若调高，则从调高之日起，按高利率计算，这是银行的惯例，也是国家保证储户利益不受损失的措施。

家庭主妇林女士，有一笔私房钱五万块，这笔钱在几年内都用不上。但是存活期利率0.72%，一年下来税前利息只有135块，她觉着这样太不划算。因此她在保证这笔资金在几年内都不会动用的情况下，选择"整存整取"这种定存方式，因为这种方式是所有定存里面利息最高的。

而白领小张，月薪6 000元，刚工作，没有太多的积蓄，并且不能保证这些积蓄是否不动用，在这种情况下选择活期的方式比较合适。

其实，活期和定期存款没有什么好与不好，关键是根据自己的情况，选择适合自己的存款方式。

就活期存款而言，目前银行一般约定活期储蓄5元起存，多存不限，由银行发给存折，凭折支取（有配发储蓄卡的，还可凭卡支取），存折记名，可以挂失（含密码挂失）。利息于每年6月30日结算一次，前次结算的利息并入本金供下次计息。

活期存款用于日常开支，灵活方便，适应性强。一般可将月固定收入（例如工资）存入活期存折作为日常待用款项，供日常支取开支（水电、电话等费用从活期账户中代扣代缴支付最为方便）。

由于活期存款利率低，一旦活期账户结余了较为大笔的存款，应及时支取转为定期存款。另外，对于平常有大额款项进出的活期账户，为了让利息生利息，最好于每两月结清一次活期账户，然后再以结清后的本息重新开一本活期存折。

定期存款和活期存款有所不同，它是50元起存，存期分为三个月、半年、一年、两年、三年和五年6个档次。本金一次存入，银行发给存单，凭存单支取本息。在开户或到期之前可向银行申请办理自动转存或约定转存业务。存单未到期提前支取的，按活期存款计息。

定期存款适用于生活节余的较长时间不需动用的款项。在高利率时代（例如20世纪90年代初），存期要就"中"，即将五年期的存款分解为一年期和两年期，然后滚动轮番存储，如此可利生利而收益效果最好。

在低利率时期，存期要就"长"，能存五年的就不要分段存取，因为低利率情况下的储蓄收益特征是"存期越长、利率越高、收益越好"。

当然对于那些较长时间不用，但不能确定具体存期的款项最好用"拆零"法，如将一笔5万元的存款分为0.5万元、1万元、1.5万元和2万元4笔，以便视具体情况支取相应部分的存款，避免利息损失。若遇利率调整时，刚好有一笔存款要定期，此时若预见利率调高则存短期；若预见利率调低则要存长期。

女性朋友在选择活期还是短期时不能仅仅考虑哪个获得的报酬更多，要更多的结合自身的经济条件，选择适合自己的方式。

坚定存钱信心，不做"月光族"

诺基亚副总裁弗兰克·诺弗的口袋里通常有三个手机。"我平时用的最多的是这两个。"他指了指摆在桌上的VertuSignature和VertuAscent说，"运动的时候我就用诺基亚的防水手机，有时候我也用其他型号的产品，选择哪一个完全取决于我当时的心情。"

哈，取决于心情？这个论调不是许多"月光族"的行为写照嘛——大手大脚地花钱，只是为了满足"想要"的欲望罢了。就像弗兰克·诺弗解释说：从需要的本质含义上说，我们不需要法拉利，也不需要保时捷，我们只是，或者说就是想要它。

据调查，21~25岁的英国女性中，80%的人花的钱比挣的多，46%的人信用卡透支，平均负债3 830英镑，只有21%的被调查女性说自己有储蓄的习惯，14%的人意识到为了还贷应该节省开支。总的来说，接近一半的女性当上了"月光族"。调查还发现，越是受过良好教育、越聪明的女人，物质欲望越高涨，财政赤字也越大。还记得《欲望都市》里的专栏作家凯莉和《穿Prada的女魔头》里的米兰达吗？她们可都是物质至上的高智商女人啊！

一位专栏女作家说，之所以选择上大学，是因为教育能够保证未来生活的质量。但她没想到，毕业典礼结束后，眼前的路不是金光大道，而是各种债务的泥潭。所有的职场专家都说："服装是投资，你应该为你想要的工作穿衣，而不是为已有的工作穿。"而想要的工作就像想要的生活那样，总是源源不断地在提高、在改变，对于聪明又受过高等教育的女孩尤其如此。她们喜欢城市生活，喜欢花钱，不愿让青春出现空白和遗憾。

在西方消费观念不断侵袭的背景下，一批青年人也喜欢上了过度消费，当上了月光族。尤其是女孩子，更是勇于尝试新的东西，如新款服装、新款美食、新款化妆品。并且掌握流行趋势的发展，成为走在时代前端的摩登人物。"月光"们是商家最喜欢的消费者，因为她们有强烈的消费欲望，会花钱。挣钱不多的，每月的工资光光的，能赚钱的也富不过30天。相对于努力攒点钱的储蓄族而言，"月光族"的做法就是：挣多少花多少。现在，就让我们通过实例来看一下一些朋友是如何沦为月光族的。

张某今年26岁，单身，是一家外企的行政人员，月收入3 000元。在花销上，张某算不上大手大脚：为了减轻房租压力，她和同事合租了一套房子；晚饭一般都是自备优惠券吃洋快餐；衣物极少买名牌，基本上都是常换常新的"大路货"……虽然如此"节俭"，但到了每个月月底，张某的工资依然花得光光的，毫无结余。她总是抱怨："我的钱都上哪儿去了？"

陈某，一家公司的市场策划人员，平均月收入5 000元。这个女孩虽然挣钱不少，花钱更多。什么都敢玩，什么都敢买，偶尔还会向朋友借债度日，几乎每个月都是月头是"富翁"，月尾是"负翁"，工作三年了，还一点积蓄也没有。

拿着丰厚的薪水，却打起贫穷的旗号，每月工资花光光——张某和陈某就都属于时下非常"时髦"的"月光族"。需要我们分析的是，这两人收入高低不同，花钱习惯不同，为何都陷入了"月光族"的泥沼中了呢？

陈某的"月光"自然是源自"什么都敢玩，什么都敢买"，花钱过于大手大脚、毫无节制。那么张某呢？她花钱虽然不"大手大脚"，却缺乏条理性和计划性。比如，她名为"合租"，却租的是一套房子，并不见得会比单租一间房子便宜；她吃的是打折的洋快餐，但会比自己在家做饭便宜么？她买衣服不追求名牌，却追求"常换常新"，每个月买的"大路货"到底有多少件？是否频率过高，是否买来后利用率很低？类似她这样的花钱误区，还可以找出很多很多。

所以，无论是陈某，还是张某，都应该好好反思一下自己的生活习惯，尤其是消费习惯，若不想成为浩浩荡荡的"月光族"一员，应该量入为出，做到有计划地花钱。

俗话说"钱是人的胆"，没有钱或挣钱少，各种消费的欲望自然就小，手里有了钱，消费欲立马就会膨胀，所以，月光族要控制消费欲望，最好能对每月收入和支出情况进行记录和"监控"，防止不必要的消费。

记账能使你对自己的支出作出分析，了解哪些支出是必需的，哪些支出是可有可无的，从而更合理地安排支出。平时少逛街，抵制各种优惠促销的诱惑。不要仅仅为了消遣去购物，少逛街，你看不见心里就不会痒痒，当然也就不会乱买了。对于买100送50，五折优惠，积分贵宾卡等越来越煽情的诱惑一定要有免疫力，千万不可患上"狂买症"。对于月光族而言，对这种看似优惠的消费一定要克制，告诉自己"想要"和"需要"不是一回事。

还有就是要坚定存钱的信心，学会做预算。

写下你想存钱的理由，包括那些众所周知的原因，退休、买房、大学教育、旅行或者是一个你筹划已久的大件花销，车子、游艇等等。还包括其他的一些理由比如为了经济有保障，为了内心宁静，为了帮助他人，为了心里踏实，以及其他一些零碎的原因。只有知道为什么要省钱，你才有可能坚持下去。把这些理由写在你的预算的首要位置然后装在钱包里随身携带。

然后敦促自己养成为每月的开支制定预算的习惯。制定预算，最简单的办法就是使用免费网上预算服务，蜂巢网。或者也可以使用Quicken、Microsoft Money等软件。当然，你也可以简简单单地用电子表格做一个收入和支出（包括节省的钱在内）的柱形图。这个做法能使你为本月花销给出一个最大估算也得到一个存款最小值。

我们提醒各位女性"月光族"：谨慎花钱，精明理财。虽然消费和戏剧、舞蹈一样，是一种自我表现的方式，可以治疗空虚、厌世，消磨闲散的时间，但这些，都是暂时的。

女人，你应该做谁的债主

近来不少女性都说2009年买债券比买股票好，既增值又保险。随着生活水平的提高，女性理财意识越来越浓，"只会存钱，盲目买股"的"理财盲"越来越少。想购买债券要注意几个问题。

女性在购买债券之前，要了解一下债券市场和债券理财产品。

随着债券品种越来越多，判断债券的投资价值，就要结合各类债券的发行人品质、信用风险、流动性风险、债券估值、收益率、久期、税收和利率敏感性分析等因素进行综合评定。

债券产品是有固定期限的，直接购买必须先准备好一笔长期不用的钱。而债券型理财产品通过投资多种债券组合进行主动的久期管理，并设有灵活的开放期，投资者可以定期赎回。

有些投资者也会担心，如果股市转好，购买债券会不会影响收益。债券型理财产品的投资者就可以高枕无忧，因为债券型理财产品往往都设有一定比例可以投资于股票，并且是在有确定性投资机会时才会出手，确保不会错过股市大涨的好机会。

因此，选择投资债券型理财产品，既可以方便地分享债券市场的收益，又可以适度地规避债券市场的风险，而且成本较低、进出灵活，更适合普通投资者。

那么，如何选择一款适合自己的债券型理财产品呢？

先要考察发行理财产品的公司是否品牌好，这就要看该公司是不是知名度高、没有违规记录。

然后要比较一下，该公司以往发行的理财产品是否业绩优异而且稳定。如果其旗下产品长期以来总可以保持在同类型产品排名的前列，就是良好的业绩。要重点看看它的收益率，由于银行将理财产品筹集的资金主要投向银行间债券市场，其收益一般都高于同期的银行存款利率，但也有一个上限。银行间债券市场的收益率，扣除银行耗费的人工成本，一般就是债券理财产品的收益上限。如果高于这个合理的区间，投资者就要注意防范风险。其次，要看灵活性。特别是购买较长期限产品的客户，不可忽视银行是否提供质押或者是否可以提前赎回，以确保在急需资金时，能维护自己的权益。再次，要看流动性。由于理财产品都有固定的理财期限，投资者必须根据自身的实际情况，选择适合的理财期限。比如，在股市回暖的情况下，可以选择短期投资产品。

最后要提醒女性投资者的是，选择理财产品一定要看好是否和您自己的风险收益偏好吻合。如果您是稳健型投资者；如果您希望分享中国经济的高速成长，又缺乏时间、精力，不知如何挑选与分辨市场中数目繁多的理财产品或不喜欢对产品组合作积极管理和调整；如果您希望寻找安全性与成长性兼顾的投资产品；如果您拥有大量储蓄，却苦于银行利息太少，无法抵御通货膨胀的侵蚀，那么就精心挑选一款适合自己的债券型理财产品吧。

教育储蓄，好处多多

每个家长都想让自己的子女受到良好教育，然而居高不下的教育开支，给工薪阶层对教育费用的集中支付造成困难。教育储蓄是学生家长的首选储蓄种类，自我国对居民储蓄利息收入征收20%的所得税后，教育储蓄作为一个新生的储种，为在校（四年级以上）学生的家长提供了一个全新的储蓄方式。它具有利率高，存取灵活，手续简便，免征所得税等特点。让家长给孩子积累财富的同时也为自己减轻了一份负担。

对于妈妈们来说，孩子上高中、上大学的花费是家里的头等大事，因而及早做好教育储蓄，作为孩子在非义务教育阶段的花费，是妈妈们理财时的一种明智选择。

教育储蓄属零存整取定期储蓄存款。存期分为一年、三年和六年。最低起存金额为50元，本金合计最高限额为2万元。开户时储户与金融机构约定每月固定存入的金额，分月存入，中途如有漏存，应在次月补齐，未补存者按零存整取定期储蓄存款的有关规定办理。到期支取时，凭存折和学校提供的正在接受非义务教育的学生身份证明，一次支取本金和利息。金融机构支付存款本金和利息后，应在"证明"原件上加盖"已享受教育储蓄优惠"字样的印章，每份"证明"只享受一次优惠。

教育储蓄有很多好处，它是当前国债和储蓄中收益最高的投资理财品种。它的利率比较优惠，并且，储户凭存折和提供正在接受非义务教育证明，一次性支取本金和利息，可享受免征利息所得税。

教育储蓄还有提前支取享受计息的优惠。教育储蓄如果提前支取，存够一年且提供有效证明，可按一年定期储蓄利率办理，且不收利息税，如存满两年按两年定期计息。把教育储蓄和普通存款品种、国债做个比较：以办理3年期教育储蓄每月存入500元，同3年期普通零存整取相比，教育储蓄利率为2.52%，到期利息699.30元，税后利息为699.30元；普通零存整取利率为1.89%，到期利息524.48元，税后利息为419.58元。以办理3年期教育储蓄一次性存入2万元，同3年期普通整存整取和2002年第一批3年期国债相比：教育储蓄利率为2.52%，到期利息1 512.00元，税后利息1 512.00元；普通整存整取利率为2.52%，到期利息1 512.00元，税后利息1 209.60元；国债利率为2.42%，到期利息1 452.00元，税后利息1 452.00元。

妈妈们在选择教育储蓄的时候，在同样的条件下，如何选择才能做到收益最大化呢？下面告诉好妈妈们几个存储小窍门，以备选择。

存款期限尽量选择三年和六年期，教育储蓄是零存整取，但按照同档整存整取计息的优惠政策，因而选择的存期越长，利率越高，相应所得的利息也越多，可以更好地享受国家给予的优惠政策。而且，还能在孩子从义务教育过渡到非义务教育阶段时，不会因每月的投入增长过大过快，而影响到整个家庭的经济支付。

比如子女还有一年上初中，其初中阶段的教育储蓄，按照教育储蓄管理办法的规定，可选择三年期和六年期，倘若选择存三年期教育储蓄，就比选择存六年期少享受三年的免税优惠。

每次约定存储金额越多越好，对于同档存期来说，每次约定的存款数额越小，计息的本金就越少，续存次数就越多，计息天数也越少，所得利息与免税优惠就越少。因而，存储时选择的存款金额越多，得到的利息及免税金额的实惠就越多。

教育储蓄可以解决孩子在非义务教育阶段的开支问题，积少成多，所以，妈妈们一定不要忽视了这项为孩子的投资。教育储蓄不仅让孩子上学有了经济上的保证，同时也减轻了妈妈们以后的负担，一箭双雕，何乐而不为呢？

Chapter 6

在大盘中捞钱，成为炒股高手

股票收益大，风险大，目前已有不少女性涉足到该领域，在股市的起伏中体验快乐，收获财富。当然，想在大盘中捞钱，在瞬息万变的股市中立足，股票的知识是必备的，同时还要有好的心态。炒股的心态和炒股的技术是炒股女人的两翼，缺一不可。

炒股票比较适合心态好的女人，不适合过于敏感和紧张的女性，纵然你有多么高深的炒股技术，如果没有好的心态也很难在股市上立足。股票市场像一个看不到岸的海洋，谁都不能确定它什么时候会潮起，什么时候会潮落，在这个海洋上航行的人显然只有良好的航海技术远远不够，更重要的是应对突变的心态！

股票，女人新的理财名片

在城市，白领丽人们是新趋势——从最新款的移动电话到汽车以及咖啡饮料等的第一追随者，而今天，她们还站在了另一种新时尚的前沿：股市投资。

全美投资协会统计表明，纯由妇女组成的股票投资俱乐部，年平均收益达21.3%，而纯由男子组成的股票投资俱乐部，年平均收益只有15%。女人炒股，便由最初的小女人开始投身大世界。她们不再只看言情剧，而开始看新闻联播，关心GDP，关心政治，关心经济。股票改变的不仅是女人的钱袋，更是女人的生活方式。

在股市行情大好时，她们甚至忘记了失恋的痛苦，单身的寂寞。女人与股市发生关系后，她们变得独立、坚强、勇敢，新鲜的生活方式让她们趋之若鹜。从几年前的女人要有自己的房，到现在要有自己的股，她们不断成长、独立，不断创造出属于自己的新天地。

投资股票的兴趣最初仅限于经验丰富的老股民，而目前已蔓延到更广泛的社会领域，特别是在大中城市。现在越来越多没有炒股经验的人去开户，股民的年龄越来越年轻化。很多股民甚至是还在大学读书的学生，股票真的成为新新人类的理财名片了。

小王是一位媒体工作者，有空时她总会关心一下股市和一些银行的理财产品。她总以小股民自居，"资金少、胆子小"，别人把股市当作收割机，希望很快就挣得盆满钵满，她却以平常心看待股市。

她有一班经常一起吃饭的朋友，朋友们从来不东家长、西家短的，话题最集中的就是手中的钱投资什么最容易增值，买什么股票最好，朋友们都炒股，方式各不相同，各有各的精彩。那是她们聚会的话题，也是她们的业余生活。小王拿5万元左右来炒股，也不指望暴富，有点收益就行，要知道，在银行5万元存一年定期，只有1 000元的利息，股市的收成总比放在银行里多。

小王觉得自己像一个收拾麦穗的农民，总是不紧不慢地提着篮子拣剩余。不过保守有保守的好处，股市行情不好时，小王依然有10%的进账，这已经比银行利息高了好几倍。有了这额外的收入，小王就拿这点闲钱买打折时装，与朋友喝茶吃饭，炒股也变得其乐无穷。

大多数的股东们只是拥有一份普通职业，不论你是教师、司机、医生或学生都可能是某家公司的股东。所以即使你不是百万富翁，或甚至身无长物，你也可以投资股票。

保持清醒，不要盲目跟风

有些股民平时舍不得吃，舍不得穿，把自己积攒多年的血汗钱、糊口钱、养命钱一古脑儿塞进股市，然而万万没有想到，刚入市即被深套，只好眼睁睁地看着自己心爱的股票往火坑里跳，自己却无能为力，只觉食而无味，睡而辗转，终日惶惶，神经兮兮。

"股市有风险，入市需谨慎"，这是介入股市的投资者都知道的一句话。然而当投资者回头看看"电梯升降，上天入地"的历程时，所经历的风险还真的是常常和"盲目跟风"紧紧相连。

大多数人的投资喜欢一哄而上，如早些年股市比较好，使得不少百姓把所有的资金都投资于股市，而不理会风险。随着市场的低迷到来才发现风险极大，可惜为时已晚。

股市被动地受诸多复杂因素的影响，其中股民的跟风心理对股市影响甚大。有的投资人，看见他人纷纷购进某股票时，也深恐落后，在不了解股市和上市公司经营业绩的情况下，也买入自己并不了解的股票；看到别人抛售某家公司的股票，也不问他人抛售的理由，就糊里糊涂地抛售自己手中后市潜力很好的股票。有时谣言四起，由于羊群心理（跟风心理）作怪，致使股市掀起波澜，一旦群体跟风抛售，市场供求失衡，供大于求，股市会一泻千丈。这样往往会上那些在股市上兴风作浪的用意不良的人的当，而后悔莫及。因此，投资者要树立自己买卖股票的意识，不能跟着别人的意志走。

2007年初，"忽如一夜春风来，千树万树梨花开"，股市疯涨，打出屏幕一片红，映入瞳仁两眼红。大好时机，怎能错过？股民跟风效应发展到了极致。据媒体报道，那时候，每天有30万人成为新股民。然而又有多少股民真正的赚到钱了呢？

2008年初，天气雨雪交加，股市暴跌，而且好多股票大大出乎意料，有几只"领头股"，反而却成了大跌的"带头羊"，最能"抗跌"的居然成了"超跌"的。又是由于"跟风效应"，股民在此期间该卖的没有卖，该买的没有买，最后不是在低位忍痛割肉，就是在高位站岗，煮熟的鸭子都飞了，"跟风"把股市中的千军万马牢牢地套在了一起。

小张是某公司的业务员，月收入5 000元。在一次同学聚会上，一个炒股发了大财的同学劝她也买上几只股试试。于是小张把好不容易积蓄的50 000元买了一只前景看好的股票。

第一年的股市行情比较平稳，小张轻松地赚了5 000元，她准备在第二年再接再厉。凑巧的是，第二年小张买的这只股突然上涨，一天之中股指上涨了一百个百分点，有很多股民跟风购买这只股，小张欣喜若狂，她没有急于卖出手中的股票，还准备再买入一万元的股票，以图大赚。

这时小张的同学打电话给小张，告诉她不要盲目跟风，并说这种现象很可能是有幕后庄家在操纵这只股，但是财迷心窍的小张没有听从同学的劝告，又买了一万元的股票。没过几天，股指大盘大跌，小张一下赔了30 000元。

看着网上众多股民的咒骂和悔恨，小张捶胸顿足、悔不该当初。其实，只要小张稍作思考，就能理性投资，就能避免跟风给自己带来亏损。

由此可见，在炒股中跟风就涨是一种错误的想法，那么，当股市出现跟风就涨这种现象时，我们应该怎么做呢？

最重要的是不急于购买或抛售股票。从众跟风是身处股海之中的股民普通心态，跟风往往会让他们损失惨重。要充分了解所买股票的情况，不了解一只股，却急着购买，或在他人鼓动之下购买，虽然也会有"不小心"获利的可能，可是损失的概率更高。所以股民在面临股市跟风时，一定要了解到自己所买股票公司的基本情况之后再决定是否跟风。

有人学习股神巴菲特，买几个单支股票。的确，世界第二有钱的股神沃伦·巴菲特最著名的理论就是"要把鸡蛋放在一个篮子里"，但前提是一定要看准篮子。所以这个理论是有局限的，因为要挑个没有被发现的好篮子——很难。也许只有他能挑准。如果大家都挑准了，根据供求理论，篮子的价格也抬上去了，不是吗？

发现价值大大被低估而且风险又小的股票很难——在钱面前，没有人是傻子；市场往往比我们想象得有效率，低估的股票往往有很大的风险。正因为这样的公司风险高，很多人不相信这些公司未来能盈利，所以股票价值才被低估。

所以要发掘有潜力的股票，必须要有准确的预测能力，甚至包括对内部管理人员素质能力的了解等——因为在这种情况下,你的远见卓识是你化解风险的唯一办法。

要想不跟风,有主见,就必须克服自身的依赖性和惰性。

不论哪个行业哪个人,要想"发财致富",背后都付出了"流汗、流泪、流血"的成本。但又有多少股民"头悬梁、锥刺股"地学习股票知识呢?至于与股市相关的经济、金融知识更是一无所知。所以,要想靠炒股发财致富,就必须克服贪图享乐,不思进取的惰性,必须比常人付出百倍的精力去学习,钻研股市的各种政策、知识、技巧等。俗话说一分耕耘,一分收获;种瓜得瓜,种豆得豆。

股市是一个高风险的市场,也是一个在其中需要经年累月摸爬滚打的场所。既然来到了股市,就应该踏下心来,一点一点地学,一招一式地练。

炒股大师都是特立独行不跟风的,他们往往带领风向。这其中包含了这样一个通俗的经济学原理:如果大家都吵吵一个东西便宜,那么等你去买的时候,这个东西一定已经不便宜甚至已经被炒高价了;最获利的是最初买进的人,其次是紧跟着买进尝到一些甜头就开始吵吵的人。

一句话:被普遍发现的好篮子一定是贵篮子。所以要学沃伦·巴菲特,就一定要比别人快,不要跟风,而要别人跟你!

抑制贪念,见好就收

有利都要,寸步不让。股票市场上这种贪心的投机人并不少见。他们不想控制,也不能够控制自己的贪欲。每当股票价格上涨时,总不肯果断地抛出自己手中所持有的股票,总是在心里安慰自己:一定要坚持到胜利的最后一刻,不要放弃更多的盈利机会!这样往往就放弃了一次抛售股票的机会。每当股票价格下跌的时候,又都迟迟不肯买进,总是盼望股价跌了再跌。这些投资人虽然与追涨、追跌的投资人相比,表现形式不同,但有一个共同之处,就是自己不能把握自己。这种无止境的欲望,会使本来已经到手的获利一下子落空。他们只想到高风险中有高收益,却忽略了高收益中有高风险。

一位成功的炒手,必须具备正确的心态。必须建立规则,并按照规则执行你的炒股计划。股票的特性在于它没有恒定的运动规律。你定好炒股计划后,必须随时观察你的计划的实施效果及这个计划是否符合你自身的风险承受力。必要时,修改你的计划。比如你原先决定只买两只最有潜力的股票,但你发现资本太过集中,晚上睡不好,这时你就必须分散风险,买四只或五只股票。

炒股不能冒毁灭性危险去赌,建议股民仓位保持在6成左右,万万不能孤注一掷。这样,即便股指出现震荡,也不会给心理上带来压力,并可通过滚动操作降低持仓成本。

高小姐从名牌财经大学毕业后,一直从事与财经有关的工作,丰富的专业知识和得天独厚的工作环境，加上这几年热闹的股市，使得高小姐在股市中，游刃有余。不论是股市火爆，还是股市处于震荡之中，即使是在令人恐惧的熊市，高小姐也能依靠自己的聪明才智和节制不贪婪的个性，使得投入股市的钱，在短短的几年间就翻了数番，小小地发了一笔财。

谈到自己的心得体会，高小姐说，专业技术是一方面原因，最重要的是心态，炒股切忌急躁和贪婪，每次进场前都要设好止赢点和止损点，并在实际操作中坚决按照计划执行。

可见，只要能达到自己的期望值，大可出手。把握股市脉搏，随其沉浮，这样才能成为赢家。要牢记，贪婪是股市之大忌。

很多女性股民将人性的贪婪这一缺点在投资股票时进一步放大，典型的是自己的账户资金升值已达20%、50%或更多，但还是不死心，不平仓，挣多了还想再挣更多。

钱哪里有够的？在日常生活中，有听说过有人嫌工资太高、福利太好的吗？无论得到什么，得到多少，人总会想出理由来证明应该得到更多。在股票投资上，这种情绪是极其有害的。

它会使你失去理性判断的能力，不管股市的具体环境，不停地在股市跳进跳出。

贪婪也使人忘记了分散风险，一个典型表现是在加股的选择上。刚开始加入炒股队伍的王某，买了300股10元的股票，升到15元，她就开始嘀咕：如果当时我买1 000股该多好！同时开始想像股票会升到20元，于是即刻多买3 000股，把绝大部分本金都投入到这只股票上。假设这时股票跌了1元，会一下子从原先的1 500元利润变成倒亏1 800元。

许多股民的最后结果往往是被悲惨地套牢，其最根本的原因就是太贪。所以，女人想靠炒股发财致富，就一定要克服人性贪婪的缺点。知足者常乐，而贪婪者常悲。

没有承受压力，就别踏进股市

炒股票要有好的心态，要做到："手中无股心中有股"，"手中有股心中无股"，"看多不做多"，"看空不做空"。只有达到这种境界的人才能在股海中畅游而不被淹没。

怕赔钱是许多女人的典型心态。张女士，曾以22.38元的价格买进了某股，买进以后，该股票迅速进入调整期，一路下跌，等了近半个月的张女士实在忍不住了，便以16.43元的价格全部抛出，不料刚刚出手该股就一路走强，一直涨到了24块多，让她痛不欲生。更让她生气的还在后面，在她以24.59元的时候重仓买入后该股又一路下跌，为了止跌，在跌至15.55元时她痛下决心：割肉！谁料，一个多月后，该股又涨到了该死的37块多！命运捉弄人啊！

对股民来说，没有起落涨跌的假日是最熬人的。以前人们只晓得休完长假上班会有"假日综合征"：上班难免走神，工作效率降低。然而如今习惯了股市节奏的股民恰恰相反：周一到周五，因为精神亢奋而神采奕奕，一旦进入假期，没有了心中那份寄托，反而浑身不自在，怅然若失。许多股民都觉得一到周末就睡不着觉，深怕一醒来开市就出问题，觉得周末简直比上班还难熬。一向喜欢睡懒觉的佟女士现在也不睡懒觉了，因为周末难熬，夜长梦多，弄得她总是一大早就醒，嘀咕还有好久才开市，实在受不了的时候她就会打开电脑，盯着股票交易软件一遍一遍反复"温习"，不厌其烦地刷新画面以确定有无最新资讯，尽管她很清楚，周六周日是不会有资讯更新的。

小富由己，大富在天。股票能不能改变你的命运，关键的还是你自己的心。一念天堂，一念地狱。生命中很多事情都比股票重要，这一点永远都不可忘记。没有承担压力的心理准备和健康的心态，就不要踏进股市，否则实在是给自己找不自在。

需要提醒的是有三种人不适宜炒股：存在性格缺陷的人，这种人往往很内向，虚荣心很强且敏感，如果遇到大跌易产生心理障碍；还有就是生活上遇到重大挫折的人，如婚姻失败，到股市中寻求心理调节，一旦大跌易加剧心理危机；另外，缺乏社会支持的人，也就是孤独的人，容易产生心理障碍，也不适合炒股。正确的心理调节是在入市之前就做好最坏的心理准备，且期望值不宜过高，得"戒贪"，这样才不容易被挫折打垮，承受压力的能力会提高一点。

其实提高自己承压的能力很简单，就是对于股市风险一定要有充分的心理准备，然后再进入股票市场，对女性而言就比较合适了。

股票虽能吃息分红，又可转让流通，在买卖差价中赚取收益。但是股市的现状是有人赚、有人赔，股民处于涨落之间，谁都难以保证自己永操胜券。所以女性投资股票者在做了最好的打算时，同时要做好最坏的准备，提高心理承受的力度。

对获利的期望值不可过高，有人见一些炒股者发了财，就误认为闯股市一定能发财，梦想自己也会在一夜之间成为富翁。这样，一旦赔了本就会精神崩溃。当期望值等于结果时，人的心理可保持原有的平衡；当期望值小于结果时，人们往往会喜出望外；当期望值大于结果时，人就会有挫折感，而且期望值越高于结果，挫折感越大。故投资者的基本信条之一就是"戒贪"。

要正确看待暂时的失利，一次失败可以获得下次成功的经验，这就是暂时失利的价值。既然挫折是无法避免的，就应该学习如何提高挫折容忍力。每一个参股者都应该在股市中通过学习来提高自己的心理素质，失利时不要灰心丧气，要沉着冷静，理智地分析行情，果断采取对策，摆脱困境。

在充分做好以上准备的时候就说明你具备了一定的抗压能力了。炒股需要的不仅仅是知识、技术、运气，更多的还是好的心态。

"炒股就是炒心态"，心态的好坏将直接影响股市操作的成败。所以保持良好的心态，对股票的涨跌不急不躁，是在股海中做到"不输"的窍门。

股市需要智商，也需要情商。无论哪一个成功的股市高手，其心理素质都是很好的，因为高超的技术都是通过不断细致的观察、科学的总结得来的。没有好的心理素质，也就根本学不到高超技术。所以要想成为股市高手，首先要成为心理高手，只有这样，你才能经得起股市的考验，才能耐得住股市的风雨，从而在股市中游刃有余。

Chapter 7

智慧购买保险，拥有忠实守候

每个女人都需要老公，聪明的女人懂得给自己配置两个"老公"，一个老公好生生地陪自己过日子；而另一个老公则在自己出现意外时来保护自己。这第二个老公就是保险。其实，最聪明的女人知道，即使自己没有第一个老公，第二个老公也必不可少。可是，现实中，很多女人没有这么聪明，她们不懂得保护自己，总是放弃购买第二个老公，结果，等到悲剧来临，第一个老公招架不住，没有第二个老公冲上来保护自己，女人就只能叹息，只能恨老天了。其实，不管你现在是处于哪个年龄阶段的女人，明智地选择适合自己的第二个老公——保险，为自己的意外来保驾护航都是不可少的。

投保要考虑年龄与职业

投保的重要性已经越来越被女性朋友们所重视，很多女性参加工作后，就会在朋友或家人的建议下购买一定的保险，以保障自己日常生活中的稳定性，给自己一份安心的生活。

相对男性，女性更加感性，在买保险时容易受到外界因素的影响，容易冲动。比如，下班时目睹一起车祸，或者亲朋好友有人患重病，都会令女性想到保险。女性心软、柔弱、感性等这些特点，也导致她们在买保险时容易犯一些特有的错误。

其次，很多女性朋友都有一种盲从的心理。女性买保险时要冷静，要充分与保险代理人交流沟通，选择最适合的保险产品。

还有，很多女性都比较有牺牲精神，总是容易忘记自己的需求，已婚的女性尤其如此。一提到保险，很多年轻女性认为自己身体状况很好，不太愿意为保险埋单。随着年龄增大逐步认识到保险重要性后，女性投保时又往往会首先考虑到孩子、丈夫和父母。给别人做好了安排，却忘记了自己的重要性。要知道，我们也是家庭中无法缺少的一分子。

所以，不管是为自己还是为家人，负责任的女人都应该注意根据自己的具体情况来购买适合自己的保险，让自己放心的同时，更让家人安心。

那么，女性朋友们在购买保险时，由于年龄层的区分和职业收入的不同，会导致投保的种类有所区别，而不能一刀切。下面，就分别根据年龄和职业收入两个方面的具体情况来为女性朋友们介绍一下，看适合您的保险种类是哪些。

30岁左右的女性朋友：

这时的女性兼临事业和生育的压力，还有常见、高发女性疾病发病年龄提前、妊娠并发症、新生儿先天疾病等风险的困扰。意外、医疗保障可酌情配置。比如说女性疾病险、妇婴险等，都是这段时间的女性朋友们应该考虑的险种。这一年龄段的女性也是家庭收入的主要来源，还应考虑购买保障型为主的寿险。

30~35岁的年轻妈妈：

这个年龄段的女性朋友大多是初为人母，非常需要保障，因为此时上有老下有小，事业家庭都得兼顾，因此投保一份寿险很必要。其保额应该为年收入的5~10倍。这样万一将来出了意外，起码家庭生活可以维持5~10年不变。同时，意外、医疗险也要考虑。

35~50岁的能干妈妈：

这个时期的女人，大多处于事业成熟稳定期，并且孩子处于慢慢长大的过程中。如果说之前妈妈们有结婚生子、买房买车的压力，还没来得及规划养老的话，现在就要赶紧考虑了，还有重大疾病险也要购买。40~50岁会开始进入疾病高发期，条件允许的话可以考虑具有理财性质的保险。所以，这个阶段的女人应该开始筹划养老金了。

50岁之后的退休妈妈：

50岁之后，很多女人都会慢慢进入退休期，而这个时候，需要女人们来操心的事情也会慢慢减少，因为这时子女也成家立业了。所以，确保无后顾之忧的晚年生活是此时期的重点。应考虑购买年金保险、养老险；当然，随着年事渐高，应及早提高重大疾病、医疗险的保额。

说完各个年龄层的女人适合的主要险种之后，接下来，我们来看看不同职业收入的女性朋友们应该如何理性地投保：

白领女性通常有较固定的工作收入，对于生活也有更长远的规划和期待，因此在购买保险时有较大的自由度，容易成为保险销售人员的主攻对象。比较适合她们的是将收益性的险种和保障型的险种相结合来投保。

对于收入一般的已婚女性，因为已经有了公众的医疗保险，因此在收入平平的情况下，可以只购买一些消费型的意外险作为补充，或投保价格较低的女性健康保险，并在此基础上选择具有分红之类理财功能的保险品种，以达到理财和疾病、意外、养老等综合预防功能。

收入较高的已婚女性，因为个人可支配财产较多，所以可承受保险公司推出的价格较高的女性健康保险，另外也可以考虑适当地购买一些高回报的投连险或万能险。

至于全职太太，由于其经济来源全部依赖于另一半，首先应该考虑的是先生投保，自己则需要投保一些重大疾险和养老险。在此基础上，可以配备一些理财型保险，如投连险、万能险和分红险等。

所以，通过纵向的年龄层的划分和横向的职业收入的区别，亲爱的女性朋友们应该能够大致清楚最适合自己当下买的保险是什么类别了。在投保之前，最好自己先了解清楚，否则，万一碰上不负责的经纪人，被他们忽悠了，就白白浪费钱了。

什么样的保险公司值得信赖

在女性朋友们决定投保后，最头疼的问题就是应该选择哪个保险公司了。毕竟如今的市场上，保险公司繁多，而业务和价格似乎也相差不大，到底应该选择什么样的保险公司才合适呢？也是就，什么样的保险经纪公司是值得信赖的公司呢？

首先，在选择保险经纪公司时，要考虑以下基本的几个方面：

1. 公司依法成立、证照齐全；
2. 公司的理念、经营模式、企业文化等；
3. 公司在市场上的口碑如何，是否有过不良记录；
4. 能否在一定程度上领导和代表着这个行业的发展方向；
5. 公司的服务模式是否专业，是否切合自己的实际需求等。

为什么首先要重视的是这几个方面而没有让大家特别关注价格和险种呢？因为仅仅从各家保险公司产品的功能和价格上比较，谁也不比谁有绝对的优势，否则的话，光凭产品和价格就能击败对手的话，那别的保险公司完全可以推出一个价格更低、功能更全的产品。

可以说，在保险行业的产品是没有专利保护的，一个好产品出来了，其他的保险公司完全可以随时模仿和复制。因此，竞争到最后，在产品和价格上，每家保险公司是差不多的。

事实上，如果您愿意掏钱，任何一家保险公司的任何一位代理人都可以为您提供一份保险合同，但这仅仅是纸面意义上的保险合同！

而专业和持续的优质服务，是任何保险公司或任何的代理人都可以提供的吗？

问题关键就在这里！

保险合同拿到手，保险的服务才刚刚开始，今后的20年或更长的时间才是真正考验保险公司和代理人的服务是否能够让您满意的关键时候。

而且可能我们都难以想象，我们投保的保险公司也是有可能破产的。一旦您所投保的保险公司破产，您的利益能得到保证吗？所以在选择保险产品时，一定要考察保险公司的长期战略和稳健经营能力，考虑保险公司的口碑、信用记录，考虑其发展方向，而千万不要只顾眼前的利益而盲目决定，毕竟保险是一项长期投资。

如果不了解清楚就随意办保险，一旦出险，后悔的还是我们自己了。

杨某的妻子2006年怀孕办理准生证时，购买了某人寿保险公司母婴安康保险，交纳保险金25元。同年，杨某的妻子发生了交通意外，导致母婴双亡。出事后，杨某向该人寿保险公司报案。按照该母婴安康保险的规定，受益人可得到保险金9 000元到1 2000元。但是，经过一系列纠结的理赔过程之后，杨某最终只艰难地领取到了人身意外保险金4 000元。本来丧妻丧子之痛就让杨某已经十分伤心了，但是，最终在理赔的路上，原来的保险代理人的态度与当初办保险时完全是两个模样，让本就伤心的杨某更加遭受一层创伤。如果保险公司连这点最基本的人性关怀观念都没有，这样的保险公司肯定不是值得信任的公司了。

与杨某妻子的例子相反，我们再来看看刘女士的遭遇。

某超市员工刘女士在新婚登记时购买了某寿险公司的优生优育健康保险，每份保费50元。该险种可对优生优育中可能发生的29种疾患提供风险保障，如新生儿确诊神经管畸形可给付3万元，患唐氏综合症可给付20万元。经4个月围产医学检查，医生发现刘女士的胎儿肠腔畸形，在确诊后被迫中止妊娠。根据该优生优育险的规定，刘女士按原有保险金额的5倍获得了赔偿金。

同样是遭遇不幸，但是，刘女士似乎要幸运很多，她很顺利地就得到了保险公司的关怀与安慰，并且通过经济补偿的方式，让刘女士伤痛的心得到一部分宽慰。

可见，投保时的慎重选择十分重要，投保之初的慎重，就是为自己未来的安心提供更多一份的保障，也是给自己预留了一个足以应对的"万一"。

女人如花，我们希望美丽的女人花万一遭受风雨时，不要因为投保不慎而陷于无助的状态中，更不希望花期未到却先行凋谢……我们希望每一朵女人花都能够在花期尽情绽放，尽情展现生命的美丽！

如何辨别保险经纪的真伪

很多女人都有过被骗的经历，而被保险骗子骗过的人更是不在少数。由于有些保险公司有专门的保险业务代理可以上门宣传和推销险种，这就给了很多不法分子机会，冒充保险公司的经纪人来骗取大众的钱财。由于女人更容易冲动购买，也由于女性朋友们辨别真伪的能力稍微欠缺，所以，往往被骗的大多数都是女性投保人。其实，保险经纪人的真伪并没有那么难以辨别，只要我们多长个心眼，保险骗子就没那么容易得手。

杨女士在去年底就因为被骗而有了一段十分不好的回忆，让她本来可以过得欢喜的大年都没有过好。去年年底的时候，她偶然结识了一名男子，两人聊得比较投机，该男子称自己是个保险业务员，分手时双方互相留了电话号码。过了几天，该男子找到她向她推荐保险业务。她看到对方携带了许多宣传资料并说得头头是道，且自己早已有办保险的想法，就选择了一个险种，交了几千元的保险费，对方给她写了张收据，说回公司后才能办理正式发票，过两天立即给她送来，对保险业务所知甚少的杨女士信以为真。可是，时间过去了半个多月，对方却一直没有再露面。这时候杨女士才意识到出问题了，于是，她便慌忙打电话联系那个所谓的"聊得来"的朋友，结果才发现号码是空号，杨女士不甘心，再打电话向那个人所说的保险公司咨询，才知道自己是彻彻底底地被骗了，保险公司里根本就没有这个人。

杨女士是被不熟悉的人骗了，但是，石女士却是被和自己还较熟悉的人给骗了。一名和她平常还有少量交往的保险员在最后一次收取保险费后不见了踪影，后来她才获知此人还挪用了其他客户的保险费，公司一时也找不到此人。更让石女士后悔的是，由于她轻信那个骗子，对方当时给她打的是张白条，以致她在与保险公司交涉时遇到了不少麻烦，差点拿不回自己的保费。在维权的过程中，所花的车费、时间、精力，更是让石女士觉得身心俱疲……

很多女性在购买保险时，往往由于经验较少或者是容易冲动，易被人忽悠而上当受骗。这里，还是给大家提供一些保险骗子常用的伎俩，让大家在日常生活中就能够有所防范，让大家在需要投保时，能够更加谨慎地判别保险经纪人的真伪。

有的骗子会冒充保险公司的客服打电话。保险代理人并非保险公司内部工作人员，只是以个人名义代理某公司的保险产品的代理商而已。所以，冒充客服，以售后服务的名义打电话属于违法行为，经过保险公司授权的除外。因此，当你意外地接到所谓的保险公司的客服电话时，不要盲目相信，而是应该及时拨通保险公司客服电话，予以查证，看看情况是否属实。

有的骗子利用消费者贪财的心理，会故意夸大保险利益，误导保户。此种行为多数出现在销售分红险、万能寿险和投资连结类产品上。这并非上述3种产品本身的问题，而是一些不法的代理人夸大了该产品的分红功能和灵活保障功能或者不提示产品的投资风险，而造成的欺骗。重申一下，分红型的产品是基于传统险的基础上，加入了分红功能。分红的作用，非投资功能，带有利差返还、死差返还和费差返还的作用。万能寿险的产品，从预定利率上，同传统寿险是一样的，区别在于保障的灵活性和保险成本的透明性，以及利率随市场利率浮动等优点。上述两类产品是不具有投资功能的。投资连接类的保险是保险中唯一具有投资功能的保险产品，但是，值得一提的是，投资是具有风险的，在投保投资连接产品时，要充分认识到投资的风险性。所以，当有保险推销员上门服务，并且信誓旦旦地给你允诺高额的回报率时，你就需要警惕地对待这个人了，这么好的赚钱机会，他留给你干嘛？肯定是有不良的企图！

有的骗子会利用客户爱占便宜的侥幸心理来行骗。俗话说得好，便宜不是那么好占的。你占多少便宜，就得偿还多少，甚至还得加倍、加数倍地偿还。

此外，从形式、特征上来讲，要识破保险骗子，还有几句话比较实用，大家可以参考一下：一看证件；二打电话；三查发票，保险骗子无处藏！看证件，一定要仔细地查看保险推销人员的工作证件、身份证、代理证等，有条件最好要将其身份证等证件复印一份；打电话是指，在查看了保险推销员的身份之后，要打电话到他所说的保险公司查实，证明看是否有这个人，他是否真的有资格代理保险业务，同时，要牢记，要亲自打到真实的保险公司，而不要拨打到推销员主动给你提供的号码，以防骗子还有同伙的情况；查发票，是指在你缴费之后，一定要确保自己能够拿到正规的发票，而不是简简单单的收据。牢记这三句话，在面对保险推销员吹得天花乱坠的利益时，保持冷静，就可以让自己远离受骗的危险了。

当你生病，让医疗保险照顾你

女人们似乎总在为丈夫、为孩子、为工作、为家庭付出，却很少关爱自己。结果万一疾病来袭，女人的痛苦只能用苦闷来表达，尤其是没有投保的女人，想想自己的生病给家庭带来巨大的痛苦，心里就会觉得十分内疚。女人，应该对自己好一点！平日里就应该多多注意保养自己的身体，同时，更应该为自己的身体买一份保险，给自己买来第二个能够保护自己的"男人"。其实关爱自己亦即关爱别人。

也许你一直崇尚健康而精致的生活，也许你杜绝垃圾食品，也许你定期做运动，也许你目前家庭和睦，丈夫照顾你无微不至。即便如此，生活中仍旧有一些让你无法顾及的健康隐患存在。在当今快节奏的社会里，每年有31%至70%的女性患者死于心血管类疾病，而年龄层呈现明显的下降趋势；50%的女性会发生乳腺增生，乳腺癌在女性恶性肿瘤中的发生率已经占第一位，而发病年龄已经从过去的50岁提前到现在的30几岁；全球范围内，子宫癌和卵巢癌每年会袭击6.2万名女性，死亡率高达近1/3。

我们都不愿意自己生病，但是，病来如山倒，谁能知道自己这辈子在疾病这条路上得过什么样的坎呢？我们应该自觉地给自己一份保障，让我们在生病时，能够化担心为安心。而这份安心，除了家人能够给我们之外，还有医疗保险能够给予。

关于医疗保险，知道的女性朋友不算少；但是要问个详细，恐怕知道的人就很少了。有个朋友，买了多份医疗保险，结果她生病住院，每天的理赔金额加起来，超过了住院的费用还有赚。

医疗险属于健康险的一种，根据其给付方式分为收入补偿型、费用报销型和特定疾病发生赔付型三大类。

上述这位朋友投保的医疗保险属于收入补偿型。收入补偿型保险在理赔时，保险公司并不考虑被保险人实际住院发生的费用，而是根据保险合同约定，给付承诺的补偿金。如果被保险人购买了多份或高额医疗补贴，发生理赔时获得的给付金很可能超过实际住院费用。

与收入补偿型医疗保险不同，费用报销型医疗保险通常的做法是"实报实销"，在保单约定的金额内，被保险人支付了多少医疗费即可从保险公司获得相应的报销。如果保额是2万元，但实际发生的医疗费仅2 000元，那么最多也只能获2 000元赔偿。因此，该类保险多保并不多赔。

另一种医疗保险是特定疾病发生赔付型，一般是重大疾病保险，只要被确诊患有保单约定的重大疾病，被保险人即可获得约定的保险金。这种保险不宜少保，如果预算充裕，可以适当提高保障额度。

如今的医疗保险，尽管花样繁多，但是大致上都可以划入上面三种类别中。只要考虑好自己的实际情况，给自己购买合适的医疗保险，就可以让自己高枕无忧了！

李小姐30岁，她的职业是教育培训，其月均收入大概在4 000元左右，聪明的她知道应该为自己购买一份医疗保险来保证自己在生病期间的费用。但是，她又希望能够通过保险获得一定收益，于是，她便根据自己的实际情况购买了分红保险和女性保险。这样，分红保险能够让她享受一定的收益；而女性保险则为她提供了女性特殊的医疗疾病保障。目前，她一年交保费大概3 989元，计划一共交20年，保障到88岁，保险保障16万元。

那么，根据李小姐的计划，她为自己买了保险之后，她可以享受哪些照顾呢？

一、由于有分红保险，所以李小姐每个月都会有一定的储蓄金额存入其储蓄账户。这不是我们在这里要谈的重点。

二、女性疾病方面的保障：

1. 乳房癌症手术保险金：5 000元/侧

2. 子宫及其附件组织手术保险金：1万元/次

①阴道恶性肿瘤

②子宫颈恶性肿瘤

③子宫体恶性肿瘤

④未特指部位子宫恶性肿瘤

⑤卵巢恶性肿瘤

⑥其他和未特指的女性生殖器官恶性肿瘤

⑦胎盘恶性肿瘤

3. 女性特别手术医疗保险金：5 000元/次

①乳房良性肿瘤或其原位癌

②子宫良性肿瘤或其原位癌

③卵巢良性肿瘤或其原位癌

4. 女性特定疾病保险金：1万元/次

①系统性红斑狼疮

②类风湿性关节炎

5. 意外整形手术保险金：5 000元/次

三、医疗保险方面的保障：

1. 一般身故或一级残保险保障6万元

2. 生病住院给付：100元/天；200元/天（住院天数在31天以上）
3. 重症烧烫伤监护病房给付：300元/天；400元/天（住院天数在31天以上）
4. 手术后营养费：500元/次；叫救护车：200元/次
5. 住院综合医疗费用报销：每次报销80%；每年在5 000元内报销

四、意外医疗帐户：

1. 意外身故或一级残赔付：16万元；一到七级残赔付：16万元~1万元
2. 意外住院：100元/天；200元/天（住院天数在31天以上）
3. 意外（重症烧烫伤监护病房）：300元/天；400元/天（住院天数在31天以上）
4. 手术后营养费：500元/次；叫救护车：200元/次
5. 意外医疗费用报销：每次报销100%；每年在8 000元内报销

看看李小姐的保障计划，相信李小姐不会对自己未来的生病有太大忧虑了。女性疾病方面有了保障，普通的医疗保障也有了，意外的医疗保障更是具备，她还需要担心什么呢？

你也这样给自己的身体规划过了吗？如果还没有，可一定要抓紧了，不要拿自己的生命与疾病作赌注，赢了固然好，一旦输了，输掉的可是你自己。

如何给丈夫上保险

男人是家庭的主要经济支柱，意外、医疗、重大疾病和寿险保障一定要充分！对于这一点，相信大多数女人都心知肚明，也深知其重要性。因此，给丈夫上过保险的女人不在少数，她们是如何给丈夫选择保险种类的呢？我们还是直接来看一位江太太给自己的丈夫上保险的例子：

"给老公买保险，就是给自己和孩子夯实经济基础，提供经济保障。

首先，意外保险，有几个开车的人可以忽略掉这个险呢？于是，我就找了个保障最全面、保费相对便宜、理赔信誉好的保险公司先投保了这个险，让心里安定点吧。

家公瘫痪后，老公主动提出来要买重大疾病医疗险，这正合我意。

去年，再次为他投了一份投资连结保险。9个月后因为其他投资的需要就赎回了，35%的回报率让我觉得很满意。

像我这样强烈追求安全感的人来说，自从买了保险之后，我敢花钱了。虽然每年的保费支出也不少，但经过我的巧妙安排，把主险和附加险进行了很好的组合，选择了较好的缴费年限，选择了最好的保险公司。因为没有了后顾之忧，我拿出一部分储蓄进行股票和房产投资，很快就赚回了几十年的保费支出。

看看这位机智的江太太，首先，给丈夫购买了全面的、充足的保险之后，自己可以放开提心吊胆的情绪，放心地拿出一部分储蓄来做投资，结果还赚回了投保所用的钱。真是保障投资两不误啊！

所以，所有聪明的女人们都可以学习学习江太太的做法，给自己的丈夫买上齐全的保险，让自己和丈夫都放心。当然了，不同年龄段的男人有不同的保险需求，太太们在为丈夫上保险时可不要忽视了这一点。

30岁左右的男人。太太们应该首先考虑为这个年龄段的丈夫购买重大疾病保险，以确保家庭经济的稳定性。男性一般在家庭中起着经济之柱的作用，一旦他有任何闪失对整个家庭造成的伤害都将是非常巨大的，所以就算工作单位福利再好，一旦发生重大事故，是远远不能解决的，所以建议考虑一些重大疾病的险种。因为人一旦生重病，一定会用进口药和特效药，这些药一般都不会报销，需要自己掏腰包，所以可以趁现在年轻，身体健康，考虑一些重大疾病的保险，而且是保终身的。

40岁左右的男人。这时的男人正处于人生事业的高峰期，家庭也逐渐步入成熟期。太太们在为这个年龄段的丈夫投保时，应该考虑到，基于当前家庭经济条件相对宽松，应抓紧时间为丈夫的退休生活做好规划，商业养老年金必不可少。

50岁以后的男人。对于大多数的男人来说，50岁以后，人生的黄金时期已经过去，风险控制成为了这个阶段的主要任务，医疗支出也会随着年龄的增长而不断增加，规划有质量的生活和利用保险减少随时可能发生的医疗支出，就是这个阶段给丈夫投保的重中之重了。这个时期，应该将基本医疗保险、住院补贴保险和意外伤害险等适合的保险产品纳入养老计划中。

还没有给丈夫购买保险的女人需要赶紧行动了！考虑考虑丈夫的实际情况和需求，咨询一下保险代理人，和丈夫好好商量之后再购买。给丈夫一份最贴心的礼物吧！

给孩子投保，你该做何选择

一位母亲很有钱，但是她的儿子智力有残障，她很担心自己百年之后儿子的钱会被人骗走，无法生活下去。那么留下再多的钱也不能解决这个问题，相反钱越多会越让坏人惦记。所以这位母亲希望，不要求收益率高，只要求能保证她的儿子按月领到钱。此时我们常听到的银行、股票、基金、房地产、外汇等各种理财工具通通不管用了，只有保险才能大显身手。于是她托人设计了一份保证领取的养老年金，无论她本人是否健在，都可以让她儿子按月领取一笔养老金，保障基本生活需要。

"可怜天下父母心！"尤其是母亲，看着自己可爱的孩子，总恨不得把全世界美好的东西都给他，但是，我们能做到的毕竟有限，我们能照顾到孩子的地方也很有限。有时候，孩子的伤害在我们的意料之外；有时候，孩子生的重病也无法在我们预料之中……当我们束手无策时，除了保险能帮助我们之外，还有什么能够援助我们呢？可是，给孩子买保险也并不是一件很简单的事情，不同的家庭由于经济条件不一样,由于孩子的具体情况不同,购买保险的种类也会不同。这个时候,就需要妈妈们来多操心权衡一下了,争取给孩子购买到最适合他、也最让妈妈们安心的保险。

1. 经济实力一般的家庭,购买儿童意外险和医疗险

儿童意外伤害险就是针对18岁以下儿童,在遭受意外时所产生的高额的医疗花费等经济损失以及意外致残、致死的人身保障。我们可以酌情为孩子购买意外类险种,一旦孩子发生意外后,可以得到一定的经济赔偿。这类保险的保费便宜,保障高,无返还。而现在普通的儿童一生病住院,动辄需要几千,积累下来,花费也不小。因此在考虑购买险种时,建议家长可以购买附加住院医疗险和住院津贴险。这样,孩子万一生病住院,大部分医疗费用就可以报销,并可获得50元/天~100元/天的住院补贴。

这是最基本,也是最经济的两个险种,遇到因无人照管或是稍有疏忽而发生的意外伤害,如跌倒、磕碰伤,或是较严重的如车祸等,就可以得到一定的经济赔偿。这类险花钱不多但是保障挺好,十分适合家庭经济实力一般的家庭。

2. 经济实力较强的家庭,还可增加教育储蓄险和重大疾病险

教育储蓄险主要就是解决孩子未来上学或者出国留学的学费问题。以购买保险的形式来为孩子筹措教育费用,购买保险后需要按时向保险公司缴费,作为一种强制性储蓄,可保障孩子日后的教育费用。而一旦父母发生意外,如果购买了可豁免保费的保险产品,孩子不仅免交保费,还可获得一份生活费。此外,它的收益要比定期存款稍高一些,可以避开利息税,同时作为一种家庭理财规划。

另外,重大疾病高额医疗费用负担比较沉重,往往使一个家庭产生巨大的经济压力。而以前保险公司是拒绝为幼儿投保该项险种的,但现在年龄限制已经放宽,因此经济实力较强的家庭可以购买这种险种,以防万一。

3. 经济实力很强的家庭,最后可以增加理财型的险种

如果家庭经济实力确实很强,又想给孩子更多的保障,不妨请保险公司提供一些理财型的险种进行组合。投资连结保险是一种融合保障、储蓄与投资于一身的新险种。与其他险种不同的是,投资连结险能够较好地融合风险保障与理财规划的优点。投资类保险尤其是万能产品,可以同时解决孩子的教育、创业、养老等大宗费用的问题。

这是根据不同家庭不同经济条件给出的建议,主要是因为目前很多妈妈存在盲目给孩子买保险的情况。我们需要提醒一下,很多家长在给孩子买保险时都会走入一些误区,尽管是"爱之深",但也还是需要理性对待的。

(1)保险不是买得越多越好。一般而言,很多险种都是买得越多,获得的赔付数额也越多,但这对少儿险并不适用。有些家长通过不同保险公司购买少儿险,来增加身故保险金。这种情况下,如果孩子出险,往往会因为超出保障限额或未履行如实告知义务,而被保险公司拒赔。

（2）很多妈妈太爱孩子，投保时考虑太过"长远"。有很多经济条件较好的家庭都选择为孩子购买终身寿险，想要保障孩子的一生。其实这样的做法是不合适的。过早考虑孩子的终身问题并没必要。孩子长大后，会对生活有自己的规划。而且，终身寿险只有在孩子身故以后，才能获得保险赔付，孩子本人实际享受不到终身寿险的收益。

（3）还有一部分家庭在给孩子买保险时，思路打不开，总是局限于少儿险。很多妈妈都认为给孩子买保险就一定要从少儿险中选择。实际上，目前有些保险公司推出的万能险，对投保人年龄限制比较宽松，也很适合为孩子进行长期保险规划。

孩子是家庭的未来，给孩子买一份最适合的保险，就是保障了家庭的未来。但是，也不能因为这样就给孩子盲目购买太多的保险，理性的妈妈应该结合自己家庭的实际情况，咨询一下专业人士的建议后再购买。

投保女性专属险，连带你的小宝宝

现代社会，女性疾病已经成为都市女性的一大困扰，许多重大妇科疾病已呈现出发病率提高、发病时间提前的趋势。据统计：从1990年至2007年，在世界范围内，乳腺癌的发病率和死亡率均增长了22%，它在各种癌症发病率中排列第二，占癌症患者20%~30%，40岁~49岁为发病高峰。宫颈癌发病率是女性肿瘤中的第二位，全世界每年有20万妇女死于宫颈癌，我国每年新增发病人数超过13万。近年来，这两种癌症发病患者日趋年轻化，国内发现最年轻的宫颈癌患者为26岁。这些数字使女性感到恐慌，善于规划生活的女性朋友开始考虑如何应对这些人生之中潜在的风险问题。而目前市场上的重大疾病保险大多没有涵盖女性常见的器质性疾病。因此，女性专属保险的作用就显得尤为重要。

30岁的小汪今年刚刚嫁作人妇。小汪听朋友介绍，70%以上的已婚女性都有不同程度的妇科病，且女性得病的几率远远高于男性。这使得她不由在婚后萌生了一个念头，到保险公司买份保疾病的保险。在几大保险公司网站查阅后，小汪发现，同一家保险公司的重大疾病保险和女性疾病保险的价格差别不小。

像小汪投保这家公司的一款重大疾病保险，投保20万元保额，保障到70岁，分20年交纳保费，每年需要交纳保费4 000元，20年总共需要交纳保费8万元，而如果投保这家公司的女性重大疾病保险，同样是保障到70岁，分20年交纳保费，每年需要交纳保费3 400元，20年总共只需要交纳保费6.8万元，能省下1万多元，超过一成的保费。

其实，专门针对妇科疾病的女性疾病保险，一般比普通的重大疾病保险便宜，主要是由于去除了很多女性不需要的病种。

目前各家保险公司的女性重大疾病产品保障的疾病虽然各有不同，但一般而言，所保障的各种癌症与普通重大疾病险中的"恶性肿瘤"是重合的，但如"系统性红斑狼疮性肾炎"、"严重的类风湿性关节炎"疾病，和妇科原位癌、骨质疏松症、尿失禁症、特定骨折等女性疾病则是普通重大疾病险所不能保障的。所以，选择女性专属重大疾病保险，就可以为女性可能患的一些特殊疾病提供保障。

整容手术医疗保险也是为女性提供因意外而导致面部创伤所需的颜面部整形手术保障。如果被保险人不幸因交通事故、烧烫伤引起面部创伤，女性专属保险就可以补偿进一步接受颜面部整形手术的费用。

生育保险就更具针对性了。从怀孕到分娩，女性将面临一系列这个时期特有的疾病风险，比如葡萄胎、宫外孕等。因为生育风险只有女性才有，所以社保和普通医疗保险责任中一般都不包括妊娠、流产、分娩、不孕症、节育、绝育手术、不孕不育治疗、人工授精、产前产后检查以及由以上原因引起的并发症。生育保险即是针对生育医疗风险的特殊产品。而且，生育保险还有一点比较特殊的优势，那就是，也有一些保险把母亲和孩子一同列入被保险人，为新生儿先天性重大疾病提供保障。

每一个爱护妻子的丈夫，都应该提醒自己的爱人买一份女性专属险；而每一个爱惜自己的女人，更应该主动为自己购买一份女性专属险。

发生理赔情况，你该如何操作

保险了，并不代表着你将来万一出事就一定能获得赔偿，也就是"并非有保必赔"。我们都知道，并不是所有的事故都可以获得保险公司的赔偿。很多女人由于嫌麻烦、没耐心，在投保时就没有弄清楚哪些情况是无法获得赔偿的，也不知道如何有效避免无保障的风险，更不知道出险时应该按照什么程序来理赔，结果错过了最佳理赔时机，让理赔的道路走得更加艰难。所以，对于掌管家庭理财命脉，为家庭健康保驾护航的女性朋友们来说，熟记理赔程序就显得尤为重要了。

一般来说，保险理赔的程序都是比较固定的，所以，在办理保险的时候，就一定要问清楚具体的理赔程序，以防万一。一般来说，理赔都是按照以下几个步骤进行的：

立案检验。一旦投保人出险，就应该在最快的时间内通知保险单位。而保险单位在收到通知后，就会立案并编号，再派专门人员到现场进行调查，记录损失的实际情况。这些实际情况的记录，是日后理赔的重要依据。所以，对于投保人来说，在最短的时间内通知保险单位，是自己在出险之后应该做的第一件事。

审查单证，审核责任。保险公司通过详细的调查和对单证的审查，就可以确定赔偿责任。

核算损失。在确定能够予以赔偿之后，就需要根据合同的规定，通过调查来确定损失的大小及赔偿的额度。

损余处理。这个程序一般只针对财产险才有用，也就是利用残余物资的程序。

保险公司支付赔款。在上面的程序都一一走过之后，就到了保险公司支付赔款的步骤，也就是保户能够拿到赔款的时候。

有些时候，很多保户觉得自己很冤枉，明明出了事故，而且这些事故看起来应该属于保险责任，最终却依然无法得到赔偿。这就提醒我们，在投保时一定要弄清楚合同中有哪些免责条款。曾经有一个轰动全国的保险案例：丈夫开车到家门口时，不小心撞倒了自己的妻子。妻子受伤住了一个多月的医院，花了几万元钱。妻子住院期间，想起这辆车上了第三者责任险，就让丈夫找保险公司索赔。保险公司却将她的丈夫拒之门外。她非常不解，而保险公司的理由是：撞到自家人，保险公司不赔。这位女士十分不理解，为什么不能正常理赔呢？后来，经过工作人员的详细解说才知道，第三者责任险是将被保险人的家庭成员列在免责条款之列的，因此自己被丈夫撞倒属于"撞了也白撞"。不仅在车险中，寿险、家庭财产险及以其他责任保险中都有"免责条款"。不同险种在此条表述中会有一定差别，投保人在填写保单时必须注意是否有相应情况，避免日后出现争议。像这位女士这种情况，就是在投保时没有问清楚的缘故。

即使投了保，我们也都不希望自己出现什么意外。可是，天意难测，万一遭遇不幸，如果我们已经投保了，那就一定要冷静下来，用最理性的态度来走理赔之路。在理赔的路上，我们还需要注意几个诀窍，不然，因为不注意一些细节而让自己错失获赔的权利，那就亏大了！有人总结了三个字：短、凭、快！这里推荐给大家，希望对大家有所帮助。

短：也就是我们之前所提到的理赔的第一步中的注意事项。在保险事故发生后，应及时通知保险公司理赔部门，形式不限，书面、电话、传真和上门都可以，一般应于知悉保险事故发生之日起10天内。否则因通知迟缓而导致保险公司查勘、调查困难的费用，有可能由被保险人或受益人承担。在事故发生之后，可能投保人的心情遭受重创，难以恢复平静，或者是行动不便，或者是其他更为严重的情况，可能会延迟投保人通知保险公司的时间，这时候，就需要投保人的亲朋好友来帮忙了。无论如何，不管采用何种方式，一定要在最短的时间内让保险公司知道事故的发生。

凭：也就是凭证。没有凭证是无法很快正常索赔的。所以，在索赔时，我们一定要尽量提供完整、真实的证明或材料。当然，各种证明因为索赔的内容不同而有所差异。若发生道路交通事故提出索赔，应有交警部门的事故处理证明；发生人身伤亡时，应有公安部门的法医证明、处理意见以及保险公司认可的医院出具的医疗诊断证明、相关的诊断凭证和出入院的证明及医疗费用原始发票。值得注意的是，各种证明应具权威性，符合法律规定。最好将各种证明在最短的时间内准备齐全之后，让保险公司的人一并核实。

快：在事故发生之后，一定要尽快找出保单，找出最近一次交费收据。同时，不要忘了，还要翻一翻保单，看看保单中的保险责任范围是否与保险事故性质相一致，以免做无用功。

　　记好理赔诀窍，一步步走好理赔程序，你的理赔之路肯定会少很多麻烦。当然了，这是说的事故发生之后保户应该如何做。毕竟，我们谁都不希望事故发生。我们希望每个女人和家人都能够健健康康！

　　最后，一定要提醒管家的女人们，投保之后，可要好好注意保单等凭证的保管，千万不要等到出险时，再临时慌乱地翻箱倒柜！这样，带来理赔麻烦，就只能怪自己了！

Chapter 8

购置不动房产，讨价为你省钱

当一个女人嫁为人妇，最高兴的事情莫过买房子了。买了房子，等于有了属于自己的家，有了自己的家，意味着曾经像浮萍一样的我们有了牵系生活的丝带，意味着我们在这个世界上不再是孤零零一个人了，我们拥有了属于自己的一片天空。不管是开心快乐，还是痛苦烦闷，我们的房子都像个沉默的好伴侣，将我们的故事搜集起来，我们岁月的年轮，就深深地印在了属于我们的房子里。所以，每个女人在购置房产的那一刻，都会激动、都会憧憬，可是，现实毕竟是现实，有自己的房子并且住在里面是一件浪漫的事情；可是，在这浪漫的一切发生之前，我们得先买房子，而买房子可不是一件浪漫的事，相反，它有太多的注意事项需要我们学习！

选择风水宝地，你该考虑这些因素

买过房子的人都有一个共同的心得，那就是，房子的位置选择实在太重要了！一方面，选好房子的位置，也许就能省出好多钱；另一方面，房子的位置选择直接关系到日后住在房子里面的生活质量。如果房子的位置选择不得当，可能会是终生的遗憾。

大学毕业没到两个月，小秦便成为了业主。当初那么着急买房的原因是觉得，与其每个月花钱去租房，不如拿这笔钱去付月供。小秦学的是图文设计，毕业后很快便在大学附近的一家设计公司找到了工作。"所以理所当然地在大学周围挑中了一套房产，离当时的工作地点近，周围的环境也很熟悉，生活起来特别方便。"在父母的资助下，小秦购买了一套两居室的二手房。

可是没想到，不到半年的时间里，小秦的工作就发生了变动。"第一份工作是一家民营的设计公司，老板人不错，可就是公司管理上有些混乱。"一位跳槽的师兄为小秦介绍了一家4A广告公司的工作，"4A公司的前景当然好了，给我的薪水也比以前高很多。"没有犹豫，小秦便换到了广告公司去上班。

"从此我便开始了每天花三个小时上下班的经历。"小秦的新公司位于上海徐家汇的一栋写字楼里，这就意味着她每天上下班，要从上海的东北穿越到西南，"我需要步行到公交车站，乘一部公交到市中心，再换地铁到公司。"由于早晚高峰的人流量很大，道路拥挤也很严重，9点钟上班，7点半不到就要出门，在路上差不多要花费1个半小时。小秦说："即使这样，遇到路况不好的时候，我也经常会迟到。"

再加上小秦的身体比较弱，强度大的工作再加上每天两次受虐型的交通路线，让她感到真有些吃不消，不知道应该怎么办才好！

这就是房子位置选择失误导致的麻烦局面。如果自己的工作还没有稳定，就购买居住的房子，后面遇到的麻烦可能会更多。所以，最稳妥的办法是等自己工作、生活比较稳定之后再购买房子。而选择房子的位置也更是重要。

有的房子价格贵得吓人，有的则价格适中，而左右价格高低的最重要因素是地段。如今，地段成为一个时髦的字眼，很多项目无不在宣称自己的地段上佳、优良，适于投资和居住。因此，买房必须将地段作为首要看点。

传统上人们认为越繁华、越接近市区的地段越好，因为优点显而易见：社交方便，生活方便，用于出租也方便。但是，买这种地段的房子，也应看到其缺点：污染大、不安静、价格较贵，短期内升值空间不是太大。总的来说，在市中心城区拥有一套房子，可以方便平时上下班，而且，市中心城区的房子出租市场更广阔，即使自己不住，也可以作为一项中长线投资。

而郊区相比于市区，其住宅适合休闲，郊区风景和空气不错，价格相对便宜；不过，平时生活、社交就不方便了。这样的房子就更适合高收入人群购置度假。

城郊结合部升值潜力可观，对于目前只有能力购置一套住宅的工薪阶层来说，城郊结合部是折中的选择。这类地段目前价位不高，交通不算便利，最令人心动的是，随着城市的不断外延，5~10年之内这里会日渐繁华，到时候房子升值就快了。

当然了，除了地段要仔细考虑，综合权衡之外，买房时还需要考虑其他一些具体的因素，以下建议会让买房子的你买了不后悔：

1. 除非你是奢侈性买房，否则不要为景观多掏房费：什么是景观，没有多少人说得出来。为什么要掏景观的钱，开发商会说，因为你周围空旷些。事实呢？房子照样很密。

2. 不要误把普通标准当做卖点：会所、泛会所、名校、赛马场、新型建材、生态住宅、绿色住宅、全智能化、三A住宅、康居工程，这些都是标准而不能当做卖点。如果有也只能为开发商所赋予的高档住宅添加一些基础色彩。

3. 如果你不是炒房也不是投资来买房的话，一定要以生活方便度为核心来权衡。不只是教育医疗日常生活等方面的，还来自于住在屋子里的一些感受。

4. 住宅最讲究阳光空气，所以选择房屋，不但要空气清爽，而且还要阳光充足。若是房屋阳光不足，不仅不利于身体健康，而且从心理上也不会给人明快舒适的感觉。阴暗潮湿的环境是令人不愉快的，假如你选择的住宅南面近处有非常高大的建筑物屏蔽了室内阳光，长期在这种阴暗的环境中生活，会感到压抑、烦躁。

选择好你日后居住的风水宝地，上面这些建议都是你需要放在心里的。不管是从地段的考虑，还是从房子周围的环境上考虑，或者是从房子本身的结构等方面来挑选，都离不开您的仔细观察和精心比较。买房子，选好地方，就选对了一大半！您可千万不能忽视。

房产骗子的骗术揭秘

买房子的时候最怕的就是碰到房产骗子了，损失金钱不说，还会丧失最好的买房时机，更会让自己欣喜的购房心情变得糟糕。女人们最怕的就是遇到这种让人头疼的事情了。随着房地产市场受关注程度的日益提高，很多骗子也盯上了这个市场，导致很多业主被骗……

乔某就抓住了买房的业主们贪便宜的心理，骗了不少业主的钱。2004年时，他找到前妻的亲属陈某，两人一起演起了非法行骗的"双簧"。

首先，乔某成立了一个房产中介公司，然后自封为总经理。"乔总"通过其中介公司以套用资金为名，授意陈某对外冒充当地城市某区拆迁办的"潘科长"，谎称每个月拆迁办都有关系房交给其转卖，以此来骗取房屋交易者的信任。

为了假事真做，乔某专门在市中心大酒店宴请圈内几位房产中介老板。席间，乔某隆重推出了由陈某扮演的"潘科长"。"潘科长"称"乔总"公司的资金雄厚、关系硬、路子通，拆迁办的房子都由乔转卖。乔、陈的一番表演，"实实在在"打动了在座几位房产中介老板的心。

后来，房主徐某某委托乔某代售一套住房。双方谈好成交价为13万元。乔某预付了1万元定金后，骗得了徐某某的房产证、土地证和钥匙等。"乔总"拿到房子后急于套现骗钱，又转卖给别人。一年内，乔某伙同"潘科长"共计18次采用上述手法骗取多人房款人民币300万余元。很多人的房子莫名其妙地就被这个房产骗子给卖了；还有一些人是交了买房的钱，结果买到的房子却是乔某骗来的……

这种例子都实实在在地发生过。所以，我们不管将要买房还是已经买了房子，在对待自己的金钱和房产方面的问题时，都应该多长几个心眼，不要让房产骗子们钻了空子。一般来说，不管是租房、买房，还是守房，房产骗子惯用的一些骗术总会有漏洞，下面，就给大家介绍一些房产骗子们常用的骗术，给大家提个醒：

1. 巨额差价中获利

有的业主卖房时，一些不法中介使用各种优惠手段，骗取业主信任后，以极低的价格代理业主的房屋，转手以不收取中介费的名义按市场价格出租，从而赚取高额差价；此外，有些不法中介冒用政府名义，谎称能够提供一些特价房吸引业主，结果等业主真正买下来之后才发现，其实在其他方面多收的费用已经远远抵过了便宜的房价。

2. 冒充业主

最常遇到这种骗术的是租房子的业主。不法中介利用业主登记要出租的房子做诱饵来欺骗想租房子的人。首先中介将业主的房子出租的信息发布，然后从该公司找出一名业务员冒充房东，对所有顾客报出的出租价格都远远低于市场价格。每当顾客看房满意与假房东签下合同并交纳了中介费后，这位假房东又找出各种理由不肯出租了。顾客找公司退钱时，公司说双方已签租赁合同，中介服务已经完成，房东属单方违约，中介费不予退还。这样，业主的房子就总是租不出去，租房子的人则不断被骗，业主的房子就成了一个被中介公司用来欺骗而赚钱的道具。

3. 乱收费

很多房产骗子往往事儿没做多少，费用却收了不少，这种情况就需要警惕了。其一就是"看房费"。这个骗局的过程是客户交纳300至500元的"看房费"后，由甲业务员带领客户去看"一套房子"（当然这套房子根本就不存在），在路上乙业务员打来电话冒充房子的物业说临时有事去不了，另约时间看房或让该客户记下"物业"的电话号码，这时甲业务员会说："你已经取得物业的联系方式了，根据合同看房费不予退还。"

4. 乱收订金

很多房产骗子利用购房者的急切心理和知识缺乏，一房多卖，骗取"订金"或卷款逃跑。事实上，我国《合同法》中规定，确定买卖的只有定金，一旦买卖未成交，损失方有权向违约方索要两倍定金作为赔偿，而"订金"没有法律效力。如果出现这种情况，受害的购房者可向消费者委员会投诉，或通过法律手段进行解决，但是过程就比较纠结了，伤心伤财。

5. 利用购房者贪便宜的心理采用"阴阳合同"

如明明房屋成交是70万元，中介公司却要求客户在签订的合同中写成50万元。很多购房者认为这样做可以少交税款，往往同意中介公司的劝说，却不知道其中隐藏着风险。事实上，政府部门所看到和所审核的合同都是按规定填写的原价买卖合同，因此只承认原价合同。买卖双方一旦因为补充合同发生纠纷，就很难裁定。如果双方是口头约定，进行现金交易，那风险就会更大。所以购房者一定要遵循正常的法律程序，才能保护自己的利益。

警惕房产骗子的各种骗术，不仅仅是为了保护我们的金钱，更是为我们节省下很多本不该有的麻烦。

购置房产应履行的必要手续

一般来说，我们购置房产大部分都属于购买新房的情况，所以，这里给大家直接提供一些购置房产应该履行的手续，让大家少走弯路，不要在迷茫中让不法分子钻了空子。这些知识和购房流程、手续是每一个购房者在买房前必须要做足的功课。

我们购置新房子,大致就分为两种,一种是购置预售房;一种则是直接购买现房。

首先,我们说说购买现房应该注意的流程和手续、细节。

1. 选址

首先通过媒体(报刊、房展等)收集有关房地产项目的各种信息。再通过对自身的消费需求状况(购买能力以及欲购买楼盘位置、居住小区的配套、环境、物业管理、总价格、面积等)进行全面、综合的衡量与分析,初步确定一个适合自身实际需要的购房框架,然后结合收集的各种楼盘信息进行筛选、比较,确定几个备选项目。

2. 实地考察

这一步是必不可少的。看房时需要看交通情况、户型朝向、楼层位置、小区规划、民用水电、供暖与燃气、房屋质量是否合格等各个方面。

3. 考察开发商的合法性,确定购买的楼盘

还要注意开发商的合法性,也就是说,一定要注意查看开发商的"证"和"书"。

一般来说,一个合法正规的房地产开发商,必须具备齐全的"五证"、"二书"。所谓"五证",是指《国有土地使用权证》、《建设用地规划许可证》、《建设工程规划许可证》、《建设工程施工许可证》(也叫建设工程开工证)、《商品房销售预售许可证》;"二书"是指《住宅质量保证书》和《住宅使用说明书》,这也是法律对销售方的基本要求。分别由房管局国土资源局建设局规划局主管。

4. 下订金,签署认购书

需要注意的是,订金的数额由当事人约定,但不得超过主合同标的额的20%。在交订金的同时,要签订认购书,这个时候,我们需要注意,认购书一定要看仔细,看是否有模棱两可的地方,以免自己吃亏,然后确定签署正式合同的时间。

5. 签正式的合同,购房

按照约定时间与开发商签订正式的购房合同,按合同约定的付款方式交纳购房款项。在签合同之前,我们应该事先就了解清楚商品房买卖合同中应当明确的内容:

(1) 当事人名称或者姓名和住所;
(2) 商品房基本情况;
(3) 商品房销售方式;
(4) 商品房价款的确定方式及总价款、付款方式、付款时间;
(5) 交付使用条件及日期;
(6) 装饰、设备标准承诺;
(7) 供水、供电、供热、燃气、通讯、道路、绿化等配套基础设施和公共设施的交付承诺和有关权益、责任；

（8）公共配套建筑的产权归属；

（9）面积差异的处理方式；

（10）办理产权登记有关事宜；

（11）解决争议的方法；

（12）违约责任；

（13）双方约定的其他事项。

6. 预售登记

在规定期限内，由开发商协助到当地的房地产交易管理部门办理预售合同的登记手续，并按规定交纳印花税。

7. 购房贷款

需要贷款的业主就需要好好选择、计算一下自己应该选择哪种方式的贷款比较省钱了。这时候就体现出住房公积金的重要性了，它可以在最大程度内尽量不影响自己原有的生活质量。

8. 验房

验房是一个很关键的步骤，千万马虎不得，有些业主不够仔细，在验房时不耐心，导致一些角落的问题没有及时发现，日后起了纠纷不好解决。在验收房子时主要应注意以下几点：

详细检查房屋质量，包括墙壁、门窗、阳台等部位有无开裂现象；

核对买卖合同上注明的设施、设备等是否有遗漏，品牌、数量是否相符；

检查水、电、天然气、上下水管道等是否开通和能否正常使用；

检查是否有规划、设计变更或小区缩水等问题；

检查相关质量问题及室内有害气体超标等问题；

对发现的问题要在验楼单上予以注明，如果确实属于不能收楼的，要详细写明不予收楼的原因并要求开发商签字、盖章。

9. 入住

当然，如果经过验收，没什么问题，就可以办理入住手续了。开发商会提供"入住通知书"及"收楼须知"，销售部、物业公司财务部、管理处会到现场集中办公，着手办理业主入住手续。办理入住手续时，业主应携带相应的证件、购房合同，办理手续如下：

（1）到开发商售楼处交纳购房余款。

（2）向开发商索要《住宅质量保证书》和《住宅使用说明书》，以便日后出现质量问题时按约维修。

（3）由销售部或物业部陪同业主验房，签署"楼宇交接书"。

（4）与物业公司签订《物业管理公约》。

（5）按规定交纳首期物业管理费、灶具报装费、有线电视报装费、电话初装费等。

(6) 新业主领取房屋钥匙,办理装修或入住手续。

如果这一切手续办下来,都十分顺利,那就恭喜您,可以安心装修入住啦!

而购买预售房时,售房合同是在房子建之前就已经签订的。这种情况下,最重要的就是选择信誉比较好的开发商了,其他的流程就大致与上述一致。

只要抓住低点,任何时候都是买房时机

什么时候买房子,是很多人都举棋不定的一个问题。我们总是希望房价能够再降一点,再降一点,而等我们买了之后,就又希望房价能够升一点,再升一点……哪有这种好事呢?你买房的时候,正好是房价最低点;而等你买了房之后,房价就只涨不降。有这种好运,还不如买彩票呢!所以,精明的女人们需要明白,买房子只要抓住了低点,就是抓住了时机,就不要犹豫了!赶紧出手就成。

我们来看几个真实的例子就知道低点投资的好处了。

"六年前我一人来到北京求学,学习电子商务专业,毕业后留在北京,工作一直比较顺利,在我26岁的时候遇到我的真命天子。感情稳定下来后,我们看着房价一段时间有所回落,便决定趁机赶紧买房。东亚奥北中心是新开发出来的,据说房价还可以。一大早我们就坐上城铁去了立水桥东亚奥北中心售楼中心,看到里面漂亮的沙盘图真的就动心了,好漂亮!价格适中,6 900元每平米。我们挑了一个朝南、每个房间都有窗户的户型后就去工地考察。看了一下周围的环境,对面有银行、超市;附近有十几路公交、城铁13号线、地铁5号线。感觉比较方便,我们商量了一下,就定下来了!很快,我们刷完卡,付了2万元定金。

于是,我们房子就这样定下来了,我们买的90平米的两居,首付13万元,月供3 100元,贷款25年,我俩的月收入稳定在12 000元左右,也没感觉出什么压力来,第二天就签完所有合同!虽然我们买的时候,房价只是刚处于回落时,后来又暂时落了一点,但是很快又回升了。

如今,我们的房子已经升到1万元每平米了!"

这个年轻的白领,决断力果然不俗,24小时内就买下了正处于回落房价中的房子,后来,事实也证明了她的选择没有错。

我们不难发现,刻意地寻求买房的最低点其实是不理智的做法。房价的明天是什么样,我们谁都不知道。聪明的女人会见机就动手,而不会坐等良机失去。

女人切忌将自己犹犹豫豫的性格移到买房子这件事上。该买当买,游移的态度只会给自己带来明天的后悔。

第一间房并非最后一间房

很多人在买房时都有一个错误的观念,似乎买了这间房子之后就得住上一辈子,所以,在买房时总是选了又选,尽量买大点的,免得日后住不下。

其实,如今很多有投资头脑的女人都十分清楚,自己所购买的第一套房并非一定就是自己以后要住很久的房子。对于想要尽早有自己的小家的年轻人来说,先购买一间较小的房子,日后随着经济能力慢慢提升,再实现房屋升级计划,完全是可以的。没必要把自己的未来限制得那么古板。

一个从国外归来的女士,就十分懂得及时享受的道理,所以,她很早就通过自己的努力买下了一套小小的房子,先享受了几年,再换了个大的房子,让自己总是处于舒服的状态。

"刚和老公在一起时,老公工作几年赚到的钱还不够买个一平方米的小角落。

而那年,我出国刚回来,手里有点钱。那时年轻,觉得生活会越来越好。于是,咬紧牙关,我们买了一套64.5平方米的房子,房子虽小,两室一厅也已够用,就我们两人,还算是幸福!因为我们总算有了自己的家。而且我也知道,我们的家不会就此固定在这里了,我们的家未来肯定还会升级。

后来,我和老公的工资都越来越高,存款也越来越多,而我们住着的60多平米的小房子也随着房价的升高不断增值。在我和老公买第一套房子六年后,我们决定生个小宝宝,这样,房子就应该换一个大一点的了。盘算了一下,如果将现住的房子出租,那正好可以将租金用来付新买的房子的月供,而我和老公的存款也足够付一间90平米的房子的首付了。于是,我们便抓紧时间找房子,经过一年的筹划,我们买到了自己中意的好房子,而原来的小房子也正在发挥它的价值!"

看看这个幸福的小家!实在得说,这个女人真是一个聪明、会打算的女主人。因为她的规划,让自己和家人能够尽早享受,同时还能升级享受,一步都没有错过好的享受机会。小房子也住了,大房子后来也买了!其实,做到这样并不难。只要你计划好,估算好,即使是刚毕业的小女生也能够做到。

"2003年7月大学毕业后,我一直在上海租房子住。那个时间上海的房价一直在往上涨,所以房东都开始卖房子了,租房子都不能长久,搬家真是个很烦的事,于是,我和老公跟各自父母借了共计7万块钱做为首付,打算买套25万元的二手房。就此开始了艰苦的买房历程。我们的预算在我们选定的区域只能买50平米左右的一房一厅,由于一直在同一个地区租房子,所以买房就在这个地区开始。最后选定了一个总值28万元的二手房,首付两成共计5.6万元,办的纯商业贷款然后就开始了月供1 500元的房奴生活,而那时我们的收入每月总共才3 500元。

时间来到了2009年2月,我们的收入增加不少,于是,我们动了换房的心思,此次目标还是二手装修房。此时我和老公还是没有存款,没办法,由于我们花销不节制，总是难以存下钱，所以只能先卖房再买房。当然，五年多时间过去了，我们原来的房子涨了已经接近一倍了。春节一结束，我和老公在家附近的中介中选了三家，把房子挂了出去。经过三周人来人往的看房，房子终于卖出去了。然后，我们先和父母住在一块，再慢慢地挑选自己喜欢的第二套房子……"

这对年轻的夫妻，也是懂得享受和投资的人。他们尽管存不下钱，但是他们懂得利用自己的房屋升值来让自己的小家升级。当然，这上面的两个例子应该说是大多数人都能够做到的，下面我们要看的一个例子，则是少有人能够做到的了。这个例子中的主人公赵师傅，在4年的时间里，3次换房，将8平米的小家，一步步置换成了120多平米的大家。

"4年前，我们一家三口还挤在8平方米的矮平房里，谁也没想到，就凭家里这点收入，竟然一下子就住进了这100多平方米的新房子。"

"那时我家挺困难，爱人下岗，小孩还没找到工作，我们结婚20年，家里只有4万元存款。要买房，这点积蓄是不够的，起码还要再借几万，想都不敢想。1999年底，女儿毕业，却没地方住，只好打算咬牙买房。那时上海的商品房没现在那么紧俏，而共富新村由于离市中心较远，处于供大于求的状态，均价只要1 900元。这样，他们用了4万元积蓄，向银行贷款8万元，买下了一套61平方米总价12万元的两室一厅的房子。

结果发现，原来买房并不是自己想象中的那么可怕。搬入新家后，由于我使用的是公积金贷款，每月只从工资里扣除200元，家里依然可以正常度日，而住房条件和之前相比，却一个天上，一个地下。

后来，赵师傅便对房产市场开始研究起来。等到女儿结婚后，赵师傅又合计着卖旧房、买新房，经过两年时间的考虑和搜集信息，赵师傅将老房子换成了87平米的新房子，而且还贷压力不大，由女儿和女婿承担；再接着，在女儿要生产时，赵师傅又用相同的思路，将87平的房子置换成了120平米的房子，还贷压力稍微有所增长，但仍在女儿和女婿的经济承受能力范围内。

从8平米到120平米的房屋升级计划，聪明的赵师傅仅用4年时间就完成了。这其中的诀窍就是卖旧房、买新房，步步升级！其实，这并不难！我们只要多留心房产市场，多注意交易信息，我们自己也都可以实现这个梦想。我们的家就可以从第一间的小麻雀房慢慢变成大房子。

我们的第一间房子，并不一定是我们的最后一间房！对买房有抵触情绪、为难情绪的女性朋友们不妨先将自己的目标放低一点，在自己能力范围内先买一间小一点的房子，再随着经济收入的逐渐增加，慢慢换大房子。你就会住得越来越舒服，你的房产值也会慢慢增加。

最有潜力的房产坐落在哪

关注《福布斯》排行榜的女性朋友们都知道，刘嘉玲在《福布斯》中国名人榜排行中曾经位列第10。其实，这个名次的取得与她热衷于投资房地产是分不开的，她在香港、内地多处购房，通过房产投资赚下了不少银子。

其实，只要眼光好，投资到好的房产，就可以让我们的财富迅速增值。关键问题是，我们如何才能寻找到有潜力的房子？什么样的房子才能算是有升值潜力的房子呢？

下面，我们就要教给大家鉴别房子潜力的所在之处，让大家能够在买房时有一双锐利的眼睛。

1. 位置

在诸多影响房产增值的因素中，位置是最重要的，是投资取得成功的最有力的保证。影响房产价格最显著的因素是地段，而决定地段好坏的最活跃的因素是交通状况。

一条马路或城市地铁的修建，可以使不好的地段变好，相应的房产价格自然也就直线上升。购房者要仔细研究城市建设进展情况，以便寻找具有升值潜力的房产。分析某一地段时，并不是看它是否在繁华市中心，相反市郊结合部往往具有更大的升值空间。

用同样的100万元买一套内环线以内70平方米的一室一厅，还是买一套在外环线边上100平方米的二房一厅？或者同样的150万元，内环线以内100平方米二室一厅和外环线边上130平方米三房一厅，你会作何选择？

有投资眼光的人可能会选择购买环线内的。因为房产热的一个最根本的理论基础，是土地资源的稀缺性与不可再生性。作为一个大型城市，弹丸之地的内环线以内，可供建造商品住宅的土地资源可谓少之又少。相反，从中环线到外环线，城市版图呈摊饼式的扩张，可供开发、建造商品住宅的土地资源，则不可能在短期内紧缺。这种土地稀缺性与不可再生性的迥异反差，也就决定了内环线以内的中心城区的房价，在房市低迷时抗跌，在房市火暴时领涨。所以，如果不是有足够的耐心，不是有十几年的等待时机，最好还是不要投资太过偏远的房子。

2. 商圈

商圈也是决定房价的关键因素，所购房产地处的商圈的成长性将决定该房价的增长潜力。所谓住宅所处的商圈，由以下部分构成：

其一是就业中心区，一个能吸收大量就业人口的商务办公楼群或经济开发区。这个中心区的房子永远都会有需求，所以不愁它升不了值。

其二，在离就业中心区3至5公里的地带将集中形成一个有规模的统一规划的成片住宅区，一般要超过四五个完整街坊。在就业中心区与住宅区之间，有简洁、完整、多样化的交通线路。一般来说这个住宅区的房子，升值空间也很大，因为其交通便利，人口密集，且上下班方便，只要就业中心不转移，它就不会降价。

其三，在住宅区中，有一个以大卖场为中心的商业中心，辐射20分钟步程。就业中心区、住宅区、大卖场三者之间将会形成一种互动的关系。这部分地区房子的增长可能会稍微比前两个圈子的房子的增长要慢一点，但是，在前两个圈子涨到一定程度后，这个圈子里的房子就不愁不涨了。

把握好自然的地理位置和人文的经济商圈，找一个契合点，那就是你需要投资的房子了。这样的房子，可能在你购买的时候，价格就不菲，也许升值缓慢，但是，它的升值空间无须怀疑，正是所谓的"潜力股"。

讨价还价，与商家进行口舌之争

在买房子时，很多人都有个固有概念，房价是预先定好的，肯定砍不下来了。其实，拿出你的狠劲儿，使劲砍砍就知道能不能砍下价来了。买房子砍价也是一门很大的学问，砍好了，用自己的嘴皮子就可以为自己省下好几万；砍不好，要么被商家白白赚了钱，要么失去购买自己中意的房子的机会。

砍价能手是如何砍价的？我们还是看实例会更有启发一点。下面的这个例子中，砍价的是一对年轻的小夫妻，他们要买的是一套二手房，房主出价48万。

"本来房子的报价是48万。房主为了表示诚意主动先将房价降了一万，成了47万。当时，我老公保持沉默，什么话都不说，我着急的恨不得瞪死他，但是后来才知道这样的配合是最好的。

1. 套近乎

这个我擅长，我就叔叔长叔叔短的叫，也说了不少恭维的话。比如他儿子在南大，我先是夸他儿子，再夸他，把他家里人都夸了一遍。

2. 哭穷、博取同情

在他对我们感觉不错的时候，我开始哭穷了，我们才工作，经济压力比较大，在南京又无依无靠。

3. 找价钱低的参照物

周围的房子价钱在9 000元一平米左右。我就说了，周围的房价都在9 000元左右。你的房子是新点，那我就比其他的高点。我按照9 150元一平米的价格报（价格是提前商量好的）。

房主估计没想到我报这个价钱，愣了一下，不同意，开价46万。

这时，老公开口了，说我们现在手头上只能有这么些钱了，而且还要再交几千块钱的契税呢。房主听后，考虑了一会，说那契税就我一半你一半，价钱上我再让你一点。老公说那减一半契税就44.4万吧。房主一听一下子少了这么多，估计他没想到，但是也不好说什么，价钱又太低了就找了个借口说数字不吉利，44.8万吧。

我们也开始耍赖，44.4用音乐符来发音就是发发发啦！房主一听我的话，愣住了，随即就乐得大笑，直接成交了！

看看，这样一还价，我们便宜了将近4万元呢！"

上面的例子中我们都看到了第一步和第二步应该怎么做，而对于第三点，可能我们有些怵，不知道应该从哪些方面来说房子的缺点，不知道应该如何找参照物，下面给大家一些实用的绝招：

首先，对不同楼层的房子，我们应该如何挑出其最显而易见的毛病？

1楼：通常情况下，此楼层都比较潮湿，墙皮容易脱落；脏是在所难免的，楼上的垃圾随时会到1楼小院里；而且安全是1楼不可避免的问题；就算小区里很安全，为了避讳路过的邻居也会要挂窗帘，如果整天挂窗帘，那么本来通风采光都不好的1楼，可以想象会是什么情况。

2楼：2楼脏的问题可以避免，然而你会发现2楼很吵，楼下的声音很容易传到2楼；安全问题依然困扰2楼，楼层低都不能避免；而且价格还比1楼贵不少。

3楼：谁都知道3楼是最合适的楼层，同时也是价格最高的楼层，也就是因为如此，小偷都知道住三层的人也更有钱，它也成为最容易让梁上君子光顾的楼层，最不安全的楼层。

4楼：4楼一般的安全问题不必担心，价格上和3楼基本上差不了太多。但却没有三楼方便，而且4听起来多不吉利……

5楼：5楼就有些高了，价格上和4楼相比虽然有些便宜，但是相比6楼来说价格就贵多了。

6楼：最高的楼层，最不好卖的楼层，冬冷夏热在所难免，而且不适合40岁以上的人居住，太高了；年轻人住，孩子在平台上玩也不安全。

……

当然了，这些毛病只是给大家做一个参考，并不是让大家完全照搬，具体的毛病还得根据您所看的房子具体来挑。最好说得合理一点，不要给人留下太挑剔的印象。

其次，如何根据具体的情况来压价？

在说自己的心理价位时，一定要参照周围可比类房屋的近期售价。既不要被忽悠了，也不要让自己开出一个离谱的价格直接降低了你的诚意。

如果是买二手房，需要了解卖方卖房的迫切性，如工作调动，或财务困难等。如出现以下情况，也许是较好的还价时机：房屋在四周内连续减价2~3次；房屋上市至少4个月；看房人数极为稀少。

当然了，上面这些还价策略都是需要合理利用的，而不是盲目一砍到底。如果是自己真心喜欢的房屋又在财力之内，务必在还价时把握好分寸，毕竟还价只是一个双方探底的过程，应尽量避免极端情绪的出现，以免留有遗憾。如果你实在不会还价，可以让你的姐妹好友中已经有过购房经验的人陪着你去，多个人多份力量，多个人多张嘴，多与售房者讲道理、多与他们交流、多与他们建立感情，争取能够用最低的价格拿下自己中意的房子！让嘴皮子为自己的家省下第一笔钱。

如何还房贷付息最少

如今，"花明天的钱圆今天的梦"，已成为很多贷款买房的工薪阶层内心的真实呼唤。但是连续加息给准备贷款购房的人群构成了一定的心理压力，尤其是对于安全感不是很强的女性朋友们来说，高额的利息更让自己担心了，自然地就对如何还贷省钱更为关注。当然，选择好的还贷方式，可以让自己尽量付最少的利息，无形中为自己省下了不少的钱。

那么，到底应该采用什么还贷方式来为自己省钱呢？下面给女性朋友们一些最实际的操作方法：

1. 尽量采用固定利率贷款

为什么选择固定利率呢？因为固定意味着踏实，利率定下来了，你的心也就安定下来了，就不用每天盯着银行的利率表，不用跟随银行利率的上调下浮而让自己的心情此起彼伏。所以说，固定利率最大的好处在于提前锁定利率变动，为房贷者减少因加息带来的还款压力。

2. 尽量利用公积金

对于工薪阶层来说，买房时有稳定的公积金，要比每个月多赚点钱还要管用。因为，公积金具备低利率、低首付、借款人申请年龄相对放宽、还款方式自由、交易流程提速等优势。

3. 工薪阶层宜选择双周还款

如果你只是工薪阶层，每个月的工资不多，还有孩子在慢慢长大，就最好选择这种还款方式。这种还款方式的优势主要在于，他有与其他还贷方式同样的还款额度、相同的贷款年限基础，但是，却比等额本息还的利息要少得多，这种方式比较适合有很好现金流的稳定工薪阶层。让工薪阶层既能享受到贷款的优惠，还能少付一些利息，不至于有很大的还贷压力。

4. 高收入的白领女性朋友们可以选择气球贷款

可能听说过气球贷款方式的朋友们并不多，这里需要提醒一下，如果你是属于收入比较高的白领阶层，选择这种方法可以帮你省钱呢！它的还款方式是，先分期偿还部分本金和利息，剩下的部分则到期后一次偿还。计划持有房产期限较短的借款人，预期未来收入会有大幅增加的高收入人群较适合该方式还贷。

看到了吧，仅仅是还贷款，就有无数的讲究。作为精明的女管家，你可得好好计算计算了，根据自己的家庭实际情况，仔细地研究一番，研究好了，你可以省下一大笔钱，研究不好，你就只能为银行做贡献了。

Chapter 9

发现主妇优势，增强自身实力

　　主妇的工作也许不是很忙，或者，主妇们干脆没有了工作，全职在家闲着无事。刚开始，这样的感觉很好很好，不用在外打拼，不用顶着工作的压力来赚钱，的确很舒心。可是，时间长了，闲在家的主妇们开始着急起来，因为青春就这样不明不白地消耗在了几十平米的家里，就这样淡如白糖般化在了一杯白开水中，心有不甘！于是，主妇们又想让自己忙碌起来，想让自己的生命充实点、有意义一点。可是，主妇们又恐慌起来，闲适了太久，她们不知道自己还应该如何开始重新培养自己的赚钱能力。别着急，其实，你有你自己的优势，还有充实自己的最好的途径！

女人一定要有一技之长

　　作为一个女人，亲爱的你想过吗，当我们一无所有，又没有一技之长的时候我们如何在这个世上生存？

　　有人说，女人要有一技之长，这样当男人不再是你的依托时，你还有所支撑。

　　也有人说，一个女人，你可以不漂亮，但是一定要心地善良；你可以没有太多的学问，但要知道孝顺老人，照顾孩子；你也可以没有太多工资，但是要知道理财。但是，成为一个完美的女人真的不是一件容易的事情。可是，如果我们能够尽量让自己做得完美，那就是一种最完美的状态了。而努力学习，让自己拥有一技之长，哪怕这一技再小，也能够为你的生活起到帮助作用，万一哪天你生活窘困了，这偶然间学得的一技之长也许就能够助你一臂之力。

　　有的女人，会织一手漂亮毛衣；有的女人，会拍很多漂亮的照片；还有的女人，会用细腻的笔触来记录自己的每一个成长过程；有的女人很会装扮、化妆不错；也有的女人，懂得时尚，懂得潮流；有的女人，有一手很好的厨艺，做出的饭菜总是让人赞不绝口；更有的女人，是电脑高手，会制作网页、会管理网站；还有些能干的女人，懂得做生意，能够开网店，有滋有味地赚钱过日子……这些女人都是美丽的，至少她们都能够有一样让自己自豪的手艺，有一样可以点缀平淡日子的花朵。更重要的是，这些小小的技术，可以让这些女人拥有自信，她们对待未来是坦然的，她们知道自己的未来不是梦。

可是，考虑一下我们自己，我们会什么呢？

"大学读的专业在社会上几乎没有对口的工作，本来是家里想托关系进一个单位的，后来黄了，没有进去。读书时也是浑浑噩噩地玩。现在年纪越来越大，真的好害怕将来被社会淘汰，我这几年也没有什么稳定的工作，都是做一些很没有技术含量的工作，文员啊，销售啊，吃青春饭而已。有和我情况一样的姐妹吗？或者请大家出出主意，我改学点什么技能好呢？实用的技能？"

"想想，快奔三了！过年回家看着父母发愁的脸，都不好意思再像以前那么轻松地说：还在找呢。如今年纪一大把，工作呢又是这样半死不活的吊着，没有一技之长足以养活自己，在公司里低眉顺目的干着打杂的活，看着公司出入的年轻美眉都汗颜。昨日又被老大无故训斥，真想很豪气地摔门走人，可想想这一日三餐，还是忍着眼泪，偷偷地在厕所里哭。唉，奔三的人了，竟然变成一种尴尬，从没想到过会如此窝囊地活着。跳槽没了底气。也许这世上最悲哀的莫过于我们这些离家千里的单身女性，一朝没了工作，得为三餐、房租发愁啊！出路，出路在哪里呢？看着朋友意气风发地做生意，摸摸自己的榆木脑袋，根本没那天性。换工作吧，能好到哪去，同样是打杂，想学个一技之长生存吧，好像办公室做惯了，除了电脑不知道能干些什么，糊涂迷茫啊……"

看看这些发自女人内心的声音！除了震惊、同情，还有什么？还有引以为鉴！我们不应该做这样的女人，我们应该做至少能有一技之长的女人。

在成都的西面有一所居室，设置典雅，每逢周三、周四、周六，会有四面八方的人汇集于此。吸引他们的，是博大精深的中华传统花艺，还有来自台湾的花艺教授、浣花草堂的创办者操瑞芸。"一花一世界，一叶一乾坤"，如果没有亲眼见识操瑞芸老师的花艺课程和作品，可能很难领略这句话里所体现的意境。通过她的一双巧手，花枝、树皮，甚至蔬菜，那些看似单薄、独立的植物经过神奇的组合，突然有了生命和意义。

本来，她到成都并不是专门为了花艺，而是为了当孩子的陪读。结果，孩子到学校上课后，平日无聊的她便学起花艺，没想到她做出的花艺摆设在成都大受欢迎，很多女人都争相报名想要学习她的花艺。

慢慢地，学生的规模越来越大，客厅坐不下了。操瑞芸索性在芳邻路买了栋房子，办起了专业的花艺培训班，即现在的浣花草堂。1 000多元的学费在成都还是很有市场，操瑞芸的学生从企业老总、花店老板到普通白领、建筑师、职业妇女……授课的地点也从成都逐步扩展到北京、深圳、重庆等地，几年下来学生已近千人。她将自己的花艺技术变成了让自己致富的途径！

还有一位朋友，她是一位外资公司的秘书，平时的工作就是帮主管处理大小文件，但是下班后的她，可是过得很精彩。她原本因为兴趣而去研读意大利语，却因为越学越有兴趣，从看得懂意大利语到能看懂意大利电影，最后干脆到意大利旅行度假，在那也都听得懂意大利人的对话。她后来经由意大利人推荐，协助在欧洲的品牌服饰采购工作，经常往返意大利与亚洲各国，使第二专长化兴趣为工作，她的人生可说是高潮迭起。找出自己的一技之长及培养第二专长，不但能够让自己的兴趣得到发挥，更可以增强自己的工作实力。

也许你目前还是在为自己的未来担忧，总是缺乏很强的安全感。这里给所有女人提出最中肯的建议：不要指望别人给你安全感，你的安全感永远只能来自你自己。你必须要学会一技之长，有了一技之长，你就等于成竹在胸，不管世界如何变，聪明的你总会险处逢生。

将你的兴趣转化为赚钱能力

会用兴趣赚钱的女人是最幸福的女人，也是最懂得享受生活的女人。做自己爱做的事情本来就是一件快乐的事，同时还能通过自己爱做的事来赚钱，就更幸福了！

"在家做网页，既可做自己喜欢的事，又可以挣钱，还不用担心与本职工作相冲突，何乐而不为？"这就是网上兼职主持人的普遍感受。我们知道，目前国内的网站大致可分为综合性及专业性站点两大类。新浪、搜狐、网易等综合性网站人气十足，其他专业网站要占领市场，则要着眼于开辟独特的市场定位。网络是青年人的世界，在15岁至35岁的青年人中，网络均已成为他们生活的一部分。基于这一观点，许多网站开辟了新型职业方式，网上兼职主持人就是其中一种。

据了解，这些兼职主持人多数是个人网站的站主，他们可以将自己喜爱并制作好的网页直接上传到公司网站上，也可以将个人网页做适当改动后再转过来。只要主持人认为自己有余力就行，并不会影响本人的生活及本职工作。

从事网站主持人的职业不仅可以满足个人的成就感，而且还会有相应的回报。网站一般会按编辑在栏目上编稿的数量给予一定的报酬。例如每月上传200篇文章可获500元的收入。业务拓展得好的主持人还可以开辟新的栏目，再细分形成自己的团队。做这份职业一方面仍可以保持自己的兴趣爱好，另一方面还可以从网站获得相应的报酬，真是一举两得。

齐某就在一家女性网站的某个论坛担任版主，同时还兼任记者工作。所采访的问题都与女性朋友的家庭婚姻生活相关。用她的话说："我的感情比较细腻，比较爱倾听各种情感类故事，而且也挺爱和心理专家交流，这份网络兼职工作，让我能够采访到很多有故事的女人，和她们共同交流，同时还能咨询心理专家，我觉得这很好。在我兼职的过程中，对我自己的感情和婚姻生活也有了很好的认识。而且每个月还有一笔不小的收入，一举两得，何乐而不为呢？"

同样，有自己特殊的兴趣爱好，并将爱好发展为事业的朱某，也在享受着自己的兴趣给自己带来的快乐与财富生活。

1998年，朱某在天津体育学院读大三时，利用空闲时间在一家健身俱乐部里兼职做形体教练。在这家俱乐部，朱某第一次接触到了瑜伽，觉得十分喜欢！

"在那个时候没有什么培训班让我学。刚好有一个机会，就是我在上课，上完课之后是瑜伽课程。每次上完课之后，我都不着急走，在别人上课的时候在外面看，在外面记在外面学，然后回去之后再认真总结、研究，慢慢就学会了，而且心得都是我自己的。"

2000年朱某大学毕业了，她被分配到济南一所高校当形体老师。那时的济南还没有瑜伽这种健身项目，朱某开始计划着利用业余时间去教瑜伽。最后，干脆直接将自己的兴趣化为商机，在济南开起了瑜伽教练培训班。

朱某将传统瑜伽与形体健身相结合，创立了一套塑造女性美感的瑜伽模式，受到了很多健身爱好者的欢迎。在朋友的帮助下，他们合作创办了瑜伽教练培训班。第一期教了四五个人，朱某感到很满意。那时朱某一边带着培训班，有时还会去外面代些课，实在忙不过来时就让学员替她出去带课。瑜伽教练人才的抢手，让朱某看到了希望。她意识到要成功必须要有自己的品牌。2003年11月份，她正式注册了芳昕瑜伽品牌。

如今，她的瑜伽品牌在济南早已闻名全城，还走向全国。她真正地将自己爱好的兴趣做成了自己一辈子的事业。能像朱某这样凭借兴趣赚钱的女人实在不多，但是，能够这样做的女人肯定是十分幸福的。

对于绝大多数的广东观众而言，阿苏绝对是个"非典型明星"。54岁高龄因为TVB烹饪节目《苏！GOOD》爆红，永远一身中性打扮的她被视为"潮人"，她言辞犀利，敢怒敢言。"很少人能像我凭兴趣赚钱！一连两辑的烹饪节目《苏！GOOD》，意外地成为TVB去年的收视皇牌。"

《苏！GOOD》是一档美食节目，每集都有特定食材作主题，主持人阿苏不单亲自带队横扫街市，与隐世厨神、各方高手合力搜罗主题食材，公开拣手秘笈，还亲自下厨，示范烹调私房菜式。她由浅入深教大家煮食之道，在教大家烹饪之余，还会在闲谈间让观众了解她对食的理解及看法。她从不拐弯抹角，无论是好吃的还是难吃的，都会直接展露在观众眼前。

而她自己平时在生活中，最大的兴趣就是研究各种美食。研究它们的做法、品尝它们的味道。通过做节目，她既能够继续延续自己的兴趣爱好，还能与观众交流，更能赚到钱。实在是美好人生，真让人羡慕不已！

著名的广告人庄某也是一个因为兴趣而成功的女人，她有着和阿苏一样的幸运。

年轻时候的庄某一直有着自己的理想："我一直向往两个工作，一个是做广告，一个是当记者。我把当记者放在广告之前。"庄某毕业于台湾大学。大学毕业后，她先是做贸易，因为实在没有兴趣，一年换了四个工作。然后东碰西撞的到报社当记者，因为不是科班出身难得发展，她不得不熄灭了记者之梦。

此时，她只好将方向定位在大众传播。庄某从小就立志要干事业而非找工作，因为广告业与传媒有一些相似之处，她转而追求广告进了台广——当国外部的英文助理。

这是一个对于庄某来说极其轻松的职位，以至于当时的主管担心她不会做得很长久。但庄某是个有目标的女子，这个目标就是希望早一点当上"AE"。

庄某曾经回忆说："在台广作AE时，我非常善于动脑子。刚进台广的时候常常自告奋勇地去听他们创意部门的会议，或主动帮其他AE给客户送稿子，凡事都抢着去做。善于听，善于学，有一股子拼命的劲头。"

做了AE的庄某终于知道：做自己真正有兴趣的事比高薪更重要，正是因为自己的兴趣，才让自己慢慢走上成功之路。

真正成功的人，懂得坚持自己的爱好、坚持自己的兴趣，并最终达到利用兴趣来养活自己、享受生活的美好状态。这时候的女人，既收获了兴趣爱好，又收获了金钱，就是事业最成功的女人了。我们希望你将来也能成为这些成功女人中的一员。

家庭主妇也有职场竞争力

很多人说，主妇在家呆的时间长了，进入职场就没什么竞争力了，其实这是一种大错特错的想法。这得根据不同人的具体情况来做具体区分。如果一个主妇在家时间太长，再回职场时没有什么技术，没有什么内涵，那的确她的竞争力会大大下降；但是，如果一个主妇在家的时候，还是在不断充实自己的专业知识、不断地完善自己的职业能力，那么，做过主妇的女人回到职场后，其竞争力反倒会大大增加。

日本企业医师长谷川和广就曾说过，在公司所做的事情，基本上和家庭主妇所做的事情没两样。所以，家庭主妇在家里的时候，总会在有意无意间学习到职场中一些必备的素质和能力，而这些，都将成为主妇的职场竞争力。

1. 主妇有较好的时间管理与规划能力

英国一项调查发现，家庭主妇每天要处理的家务超繁杂，平均每天要忙9小时、全年无休，辛苦程度绝不输给上班族，更别说是家庭与事业两头烧的职业妇女了。

其实，在国内的主妇也如此。身为两个孩子的妈，宋某既要料理家务，又跟丈夫合开美语补习班并担任主任。即使忙碌无比，她每周五早上照样有空学肚皮舞、周四早上当志工，子女在读大学前，每天她都会亲自接送上下学。

如何忙中有序？宋某透露秘诀：她会事先订好下一周的时间表，把子女放在第一顺位，先将与子女有关的活动时间空下来，再排入个人计划，在每件事情与事情之间，一定预留缓冲时间，以防偶发事件发生。时间长了，她就慢慢培养出了一套固定的办事模式，比如说，每周上菜市场两次，每次只花半小时采购完毕，去之前一定想好当周要煮几餐、需要多少份量，每次走固定的购买路线、只找熟悉的摊商等。

这种高效率的时间管理与规划能力，在职场中是十分有优势的。所以，很多主妇重返职场时，都会无意间发现自己做事的效率高了很多。

2. 主妇的观察能力很强

在职场中，有较强的观察能力很重要，可以让我们免得陷进公司的党派之争，免得让自己受伤。而主妇在家里管理孩子和丈夫时，慢慢就培养出了细腻的观察能力。这种能力运用到职场中，就大有作用了。

3. 主妇的成本控制力和眼力好

做主妇的女人多多少少都有过讨价还价的经历，她们会根据家庭的收入情况来合理地控制家庭的支出，做着全家的财务总监。而且，家庭开支的项目繁杂，打理起来其实很难把握。经过长时间的锻炼，精干的主妇就会锻炼出属于自己的成本控制方法，同时，由于经常需要挑选一些物美价廉的商品，主妇们也就练就了火眼金睛的能力。这样的主妇回到职场，如果能够做到财务或采购的职位，肯定能够做得很出色。

4. 主妇处理人际时更加圆润、有耐性

通过在家里处理七大姑八大姨的关系，通过与其他主妇交流各种心得，主妇往往比常人更能懂得人情世故，懂得处理人际的技巧。而且，在与公婆、子女、丈夫相处都需要耐性，无形中练就出柔韧性与包容力。在人脉至上的职场中，若拥有主妇的柔韧身段与包容力，处事必能更圆融、不树敌，轻松建立好人缘。

这些竞争力都是做主妇的女人们所共同拥有的，但关键问题是，有些女人不懂得即时总结、反思，所以根本就没有意识到自己所拥有的竞争力，而将自己的竞争力白白浪费掉了。有这样一个女人，50多岁了，做了多年主妇之后，重返职场，竟成为了公司年销售收入第一的销售名人。

于姐今年52岁，原来是典型的家庭主妇，自2007年与老伴一起到在天津创业的儿子儿媳妇那里过春节以后，从此，生活就一点一点地改变，不到两年，成为年销售额过百万的销售精英……

本来，是儿媳妇外出与客户洽谈，闲不下来的于姐便也跟去遛遛弯，结果，看了儿媳妇的谈判之后，于姐马上对这份工作有了兴趣，说服儿媳妇后，于姐很快就进入了儿媳妇所在的公司，并成为了公司一名年龄最大的兼职销售人员。

刚进公司，于姐就开始忙了起来。对她来说，要学习的东西很多，包括电脑知识、产品知识以及如何与人沟通等等。于姐很上进，心态一直很年轻，凡是公司的新人培训，她都积极参与并认真学习，凡是不懂的问题，都努力向周围的同事咨询，方便的时候就跟着儿媳妇一起拜访客户，还尝试性地开拓自己的客户。经过两

个月的努力，于姐终于一个人出门拜访客户了。她进行了充分的准备，带足了所有可能需要的材料，提前预计了与客户沟通的过程，非常准时地到达与客户约好的地方。最终，于姐用自己的专业谈出了自己的第一位客户。

第一次的成功拜访给了于姐很大的鼓舞，她带着愉快的心情，继续着自己的销售工作，查资料、打电话、拜访客户……

结果在2008年的努力工作当中，于姐竟然成为了年度销售冠军，年收入过百万，这样一个结果并不是能计划出来的。52岁的于姐，从家庭主妇走向了职场，并成为一名销售精英。

可以说，于姐的成功并非偶然。如果让她在30年前来做这份工作，肯定无法取得如此大的成绩。但是，做了几十年主妇的于姐，锻炼出了足够的学习能力、人际处理能力和足够的韧性。因此，等到52岁来做这份工作时，除了需要学会一些最基本的业务能力之外，她做主妇所积累出的竞争力就让她脱颖而出了。

如果亲爱的你目前还是一个家庭主妇，而未来又还有重返职场的打算的话，就一定要在平时就注意培养自己的这些竞争力了。同时，也不要忘了加强自己的职业知识的学习，这样，一旦你重返职场，你就能很快上手，并且表现不凡。

拥有健康，才能享受金钱

现代社会的竞争与压力使很多人都处于一种高强度的工作状态中。"过劳"经常导致浑身酸痛、神经衰弱、失眠、脱发、烦躁、忧郁等。但是，据一家报纸对近20位职场人士调查了解，这些"过劳"职场人每年花在健康上的花费却不足500元，甚至有人不足100元。这里所说的健康花费包括了体检、购药、就医、购买健康物品或健身的费用。也就是说，虽然很多职场人都知道自己"过劳"，却没有投入太多的精力和花费去调整这种"过劳"的状态。那么，你是否也是一个"过劳"的职场人？你一年在健康上会花多少钱呢？

大部分的职场人都表示，除了在重感冒时去药店买点感冒药之外，一年到头没什么钱是花在健康方面的；更有不少人表示，单位组织的体检是他们每年唯一的一次上医院。

很多年轻人自恃身体很好，一年到头不用上医院，偶有感冒上药店买点药就解决问题了，顶多花费几十元。

例如高小姐说："自己年纪轻，身体好，当然要趁着精力好的时候多做一些项目，多存点钱，为将来的生活打好基础。我一年到头也很少生病，最多是感冒或者胃痛，自己到药店买点药就行了，算下来一年的健康花费不会超过100元。"

和高小姐类似，很多女性朋友舍得在化妆品上消费，舍得在衣物上消费，却很少关注自己的身体健康。除了在重感冒或者胃痛、头痛之类的"小毛病"发作时去药店买药之外，她们几乎不会在健康方面花什么钱。

吴小姐说："我一年的健康花费倒是没算过，不过肯定很少，因为我几乎都不到医院去。现在想起来，除了单位组织大家体检之外，我好像真的几乎不去医院，更不会在健康上花什么钱了。"

这些职场人一年的健康花费那么少，是不是为了节省开支？其实，她们并不是为了节省这笔开支，而是觉得，自己年轻、身体好，如果有轻微不适，多休息一下就好了，顺其自然。

在健康已经逐渐成为生活理念的今天，仍有许多年轻女性不喜欢做积极的健康投资。瑜伽和普拉提运动已经如此普遍，但是热衷于这些运动的人并不多，而且吃补品，也会暗地里被说成是极端保身论者。但是，归纳有经验人的意见，年轻时拥有健康的身体确实是一项重要的储蓄，而且还是一项利率很高的储蓄。

菲儿二十岁前半期的时候，因为健康问题吃了不少亏。大学时期，只要为复习考试熬夜几天，一定会累得病倒；上班后，一个月至少会请两、三次病假，甚至还在加班时晕倒，吓坏了许多同事。最终，她决定放弃工作，先集中精力改善身体健康。她到中医院诊脉、煮中药补品喝，又努力做符合自身体质的运动。

没过几个月，就有了明显的效果。根据中医的意见，年轻人只要稍微注意健康管理，就很容易产生明显的效果，看来所言不假。她和那些过了三十岁就觉得体力不支的朋友们不一样，菲儿一改从前病恹恹的样子，精力更加充沛。她储蓄的健康，在人生最繁忙的三十几岁时看到了最明显的效果。

年轻的女孩子常常容易有消化不良、生理痛之类的毛病，虽然看似没有根治的方法，但只要采用饮食疗法、瑜伽等进行调理，实际上很容易得到满意的效果。还有一点是女性经常疏忽的地方，其实生理疼痛跟饮食有着很大的关系，若平常的饮食习惯能够减少吃冰品、冰冷饮料，改为多喝温水、热水，将会有效地改善生理疼痛的毛病！年轻人的身体很容易见到"药效"，因此，只要对身体稍加关心，对小毛病进行补救，将会一生受用。如果身体有不舒服的地方，那就省下两三次去美容院的钱，去买点补品吧！相信不仅是身体，连精神都会变得健康起来。

饮食的调节可以改善你的身体状况，而运动则可以增强你的体质，给你带来更多活力。如果能够坚持跑步或骑单车等运动30分钟以上，就会达到所谓"Runner's High"的状态。人在这种状态下，会感到类似服用海洛因或吗啡等药物产生的快感。产生这种快感，是因为人体分泌了一种特殊的荷尔蒙。据说，这种荷尔蒙对于治疗忧郁症有特别的疗效。没有任何副作用，就能让身体感受到快乐和幸福，世上哪有比这更好的事呢？也许正是因为这样，喜欢运动到浑身是汗的人，总是看起来精力充沛。他们从来不累积压力，而是用运动的方式来释放压力，因此不会显得度量狭小，态度也更为积极向上。大家普遍认为，运动会消耗体力，让我们没有精力工作，但实际上却相反。运动就像吃饭一样，能给身体提供能量。

所以，女性瘦身节食却没有运动作辅助时，也会变得更加困难。并不是只有滑雪、打网球等要求技术装备又受环境限制的活动才叫运动。一些运动神经不发达的人,如要学习这一类技术高的运动,最终会失去热情而放弃运动,这是一种愚蠢的行为。那就从现在开始,投入一些谁都可以做到的运动吧!当然,你也没必要像某些人一样,运动到关节韧带受伤。只需做到能从运动中感到快乐,上瘾到愿意重复做运动就可以了。因为,的确有些人会像吃了魔药一样,需要做更多的运动才能感到快感。就算不一定非要达到"Runner's High"的状态,只要运动完后冲个热水澡,就会有一种想歌颂人生的心情。等到你有这种上瘾心情的时候,你的人生就会有全新的变化。

身体是革命的本钱,拥有健康才能享受金钱。亲爱的女性朋友,我们应抛弃以往"没病就是健康"的观念,不能只是在生病后才关心自己的身体,而应在平时就舍得把业余时间和财力花在强身健体上。

每月一拿到钱,请先付钱给你自己

很多女人当了妈妈以后,不论见到哪位熟人,见面的第一句话便是:你的孩子还好吧?而对方的回答也差不多大同小异:"很好啊!你的小孩上幼儿园了吧?时间过得可真快啊!"即使是婚前的好友闺蜜们,只要一通电话,也总是孩子长孩子短的寒暄问候,大家似乎都忘记了曾经的风花雪月,曾经的天南海北,只觉得好不容易逮着了一个关于孩子的话题才不至于让彼此感到尴尬似的。

婚后生完孩子是继续乐此不疲的做个"黄脸婆"呢,还是忙里偷闲地还原成昔日的"美少妇",这其实是一种不可小觑的生活态度的区分。态度的迥然不同,真的可以决定你是享受人生还是艰难度日。

生活总是一天一天地很忙碌,女人有的时候常常问自己,生活难道就是这样吗?就是这样周而复始,年复一年,直到我们白发斑斑!有时候,在无尽地工作劳累中,我们自己都会麻木、迷茫,不知道自己这样做是为了什么。

女人需要首先学会爱自己。但在实际生活中,她们往往更多的是去爱亲人、大夫人、孩子,还有事业。她们这样做着,付出了青春,付出了美貌,付出了辛勤,但却忽略了自己。其实爱人和爱己本就不该冲突,只是我们常常忘记了,想法错了,用错了方法。于是,很多女人在对别人无尽的付出中慢慢老去,孤独年老时,空剩后悔两字。

相反,懂得享受的女人,则在一生中,既宠爱了自己,也关照了他人,过得幸福美满,快乐自如。

王姐一边做生意,一边享受生活。她赚得的钱一方面填补家用,另一方面,王姐从不亏待自己,该买的衣服,买!该吃的补品,吃!爱看的书,读!

我们应该做王姐这样的女人,懂得劳作,也懂得享受,劳作享受两不误。可是,我们却很少能见到王姐这样的女人,相反我们会常常见到一些女人,在买了自己心爱的物品之后会心疼。但如果是为老公添了新装,即便花再多的钱也会觉得心安理得，因为她对男人的爱是无额度无指标的。舍得无所顾忌地给自己花钱的女人少之又少。

但是，不可否认，对自己大方的女人一定比对自己抠门儿的女人过得舒服。女人，都渴望有个宠爱自己的男人，等他来安慰自己柔弱的心，但是，女人更应该想到，自己要靠自己来宠！

如果你还是在抱怨自己总是太累而没有享受，还是不舍得花太多钱在自己身上，那么，不妨参考以下九条建议，至少，从小的方面，开始对自己好一点吧！

1. 每天打扮得优雅得体，干净利落，出门前照照镜子，对自己笑笑。

2. 保护好双手，手是女人的第二张脸，准备出门前抹上护手霜，随身携带护手霜，以备在外使用。

3. 参加一到两个运动俱乐部，既能放松心情，又能锻炼身体，因为运动可以延缓衰老。

4. 交几个闺蜜知己，寂寞时叫她们陪陪，要么逛逛商场，要么一块吃饭，要么在家小聚，几个小菜，几杯美酒，知心话儿一吐为快。可以骂骂老公忽视自己，也可以谈谈孩子如何教育。

5. 在闲暇时哼着小曲整理一下衣柜，发现缺什么衣服，就拿着工资划算划算后给自己买一件，犒劳一下自己。

6. 买适合自己的衣服，穿出自己的气质，让同事们啧啧称赞的不一定是高档的服装。

7. 偶尔买一套和平日不同风格的服装，换换自己的心情，也给别人一个惊奇。

8. 经常变换发型，当然要与服装搭配。

9. 买些搭配不同发型的头饰，小的东西也可以让你觉得饶有情趣。

这些享受不需要花费太多，但是，绝对可以改变你的生活质量。我们要看到美丽的、享受生活的你，而不要看到为了生活、工作和家庭而节衣缩食、蓬头垢面、加速衰老的你。

小本生意最适合家庭主妇

小陈是位全职主妇，但是，闲得慌的她总想自己挣点钱花。后来，她所在的城市正赶上发行福利彩票，几万人涌向发行点，她想，这正是绝好的赚钱时机。那么多人需要喝水、吃饭，若每个人平均消费3元，就有好几万元的生意可做。于是，她就雇了几个年轻的姑娘，进了一些盒饭、饮料，让姑娘们摆摊卖盒饭，结果供不应求，大赚一笔。

像小陈这样的小本生意，同样身为主妇的你做过吗？你是不是每天都闲得慌，可是还是不知道应该做些什么呢？心动不如行动，其实小本生意是最适合家庭主妇来做的。

下面给大家提示几个应该注意的方面：

1. 找市场盲点

大市场之间一定存在着大企业无暇顾及的缝隙市场，它非常适合小本经营。如经营与大商店商品相配套、相补充的商品；开辟擦洗、接送服务等新的行业。

2. 选好地址

要做好小本生意，选择地点至关重要。例如，开家面馆或小商店，首先要了解，在这周围是否有企业、团体或汽车站，人员流动量有多大。对此，不仅要心中有数，而且还要有自己的特色，货真价实。小本生意主要做的是"回头客"，街坊、老乡、左邻右舍的口碑，就是"金字招牌"、"活广告"。

3. 要额外服务

经营灶具生意的杨老板，想出了"买灶具免费送婚礼录像"这一揽客的绝招，一时间吸引了很多新婚夫妇上门购买，生意比同行好得多。主妇们就可以多根据自己的生活经验，贴心地提供一些额外服务，增加顾客。

4. 灵活多变经营

经营环境常常是瞬息万变的，市场行情此一时彼一时，谁的反应速度快，适应市场的变化，谁就能赢得时间，争得经营主动权。小本经营有一个明显的优点就是"船小掉头快"，主妇们在做生意时一定要时刻保持清醒的头脑，对市场变化作出灵敏快捷的反应，抢先抓住稍纵即逝的商机，就一定能够实现小本大利。

5. 服务态度要好

主妇们由于通过在家不断磨练，脾气大都不错，因此，做小本生意时，就可以保持好的、耐心的服务态度，为自己争取到好的口碑！

6. 少进多添防止积压

做好小本生意要有计划性，进货的多少要根据销量来决定，本着少进多添的原则，灵活经营，保持资本的滚动性发展。一旦造成积压，经营必然受阻，最终难免导致亏本。

7. 别把利润看得太重

本来就是小打小闹，利润微薄，但容易在价格上形成优势，从而靠销量占优势来弥补价格上造成的损失。主妇在做生意时，切忌把利润看得太重，否则，迷了心眼，就做不好生意了。

在这几个方面如果都能够做好，就不愁你赚不到钱了。

小程在家做主妇久了，就寻思是否能自己做做生意，一方面赚赚钱，另一方面也充实一下自己。于是，她便开始寻找商机。

当她看到自己和好朋友都很喜欢山里的土特产时，就想到将老家边远山区那些纯天然的山货运到城里来销售。她亲自前往家乡山区组织货源，并在自己所在城市的白领集中消费区租了一个20多平方米的门面，专门销售农家山货。没多久，小程又将小店一分为二，一边为批发部，一边为零售部。为充分利用店里的空间，她又在靠门道的位置卖起了山里的苦凉茶。将半成品都堆放在店里，拿来烧成茶水卖，利润就提高了十多倍。这些苦凉茶品种有金银花、野菊花、凉茶叶……几乎全是山上野生野长的。

开始时，小程还担心这种难登大雅之堂的苦凉茶在城里卖不动，不想一经推出就大受欢迎。顾客反映，这种山里的苦凉茶虽然味道苦些，喝起来不如现代流水线生产出来的茶口感好，但原料地道正宗，在炎炎夏日里饮用真正能起到清热解毒的作用。而且每杯一元的价格，顾客都说"实惠"。

接着，小程招了两名帮工，一边卖山货，一边卖熬好的苦凉茶。结果，在短短一年时间里，居然靠卖山货与卖苦凉茶的小本生意赚到了10万元。

这些成功的案例对我们来说，都是一种鼓励。如果我们也能机缘巧合地找到市场盲点，也能根据经营诀窍摸索着一步步前进，小本生意也可让我们主妇们发财哦！

网上开店，不再为门面贵而发愁

在网购越来越普及的今天，在家工作的主妇们选择网上开店是最合适不过的了。相比于实体店，网点有一种显见的优势，那就是省下了昂贵的门面费。

小玲子是个乐观开朗的重庆女孩，她是**网店大掌柜。她有个爱好——吃，尤其喜欢重庆小吃，只要见到它们，嘴巴就没闲的时候，能走一路吃一路。但和其他人不同是，小玲子不仅自己好吃，还通过网络在全国乃至世界各地发展了上千名的重庆小吃FANS。

网上开店省去了租店、注册等麻烦事，但由于是虚拟的形式，所以就要把更多的精力放在如何吸引买家上。为了提高买家的忠诚度，小玲子创立了会员制度，凡在店里购买过产品，但没有达到每次100元的就是普通会员；购买过多次但每次都没有达到100元的是资深会员；一次性购买100元以上的就成为VIP会员。

小玲子会定期给会员们发新品目录，还有免费礼品赠送。而对于VIP会员，她有个"杀手锏"：就是由她老妈亲手制做的，只有VIP会员才有机会购买的麻辣香肠和辣椒面。为了这些美食，许多买家都是直接蹦到VIP的。

随着"馋猫团队"的壮大，小玲子的生意也越做越"火"。单日的平均销售额已达到200多元，拥有固定会员近2 000名，小玲子也一跃成为"钻石级"大卖家……每个月赚个几千元轻而易举了。

很多主妇闲在家无所事事，网上逛店总是消费，钱都让别人赚了，为何不自己也开个店来赚赚别人的钱呢？别说专职来开网店了，很多上班族都会利用闲暇时间来开网店，从中赚点银子花。

26岁的林小姐，在一家外贸公司上班。由于房子装修，接触了田园风格家居饰品，并对它"一见钟情"，萌发了经营网店的想法。随后，林小姐与姐姐合伙，两个各自有工作的女生，联手开了一个名为"浪漫小熊屋"的小店，专营田园风格家居小饰品。

网店开张之后，由于信用度较低，林小姐最初的客户大部分为公司的同事和朋友。随着信用度的增加以及优质的服务，林小姐的生意慢慢好了起来。"在网上，我不仅销售自己心爱的宝贝，而且还在努力打造、推广我所崇尚的生活方式。"通过经营网店，林小姐还认识了一批志同道合的淘友。"看着自己喜欢的东西被顾客选走，我非常开心。"

像林小姐这样兼职开网店的人很多，这些聪明的女人都利用自己的爱好、专长，身兼多职，既能逛店，又能增加收入，还能交到朋友，自然做得很开心了。当然，还有一些人开网店是由实体店转过来的，主妇王阿姨就是一个例子。

1996年，王阿姨有个邻居在解放南路一家百货商店里租了柜台卖电话机，王阿姨也跟着做起了生意。可是，好景不长，2002年前后，百货商店突然面临拆迁，王阿姨心急如焚："因为我手上有很多存货，大概有上千台小家电没有卖出。"直到2005年，王阿姨听说在网上开店不需要场地费，生意也不错，于是在淘宝网上注册了个小家电铺子。

"当时我只是想找个渠道把存货卖了。"王阿姨的想法就是这么单纯，可是一连三个月，一件商品都没有卖掉。"第一个光顾我店铺的，是个无锡的女孩，买的是电炉，可我当时什么都不懂，不知道邮寄还有运输费。"网店的第一笔生意亏了，可是从此以后，生意却奇迹般转好了。

如今，南到海南、北到哈尔滨、西到新疆，都有她的客户。两年来，光电炉就卖了上百个，营业额超过4万。由于成绩突出，王阿姨还被推举为淘宝南京商盟南京区区长。

可能，看到这里，很多正闲得慌的主妇们都心动了，也想开间网店试试。开网店诚然是不需要门面费，但是，开网店的你需要好的心态！

1. 开网店要常怀感激之心

大多数网店刚开始时，都是亲朋好友来支持，作为店主，应该感激有这样的朋友。一个朋友开了网店后，许久没生意，后来，一位真正意义上的买家收到衣服后，说衣服太大了，就说留到明年穿算了，并且给了好评。作为新卖家，遇到这么大度的买家，实在幸运。就应该多怀着感激之心，多回馈顾客，这样，生意自然而然就好起来了！

2. 开网店更需要诚实的心

做生意最讲究诚信，有诚才有信。尤其是网上购物，顾客无法触摸到实物，就需要你诚实了。你诚实了，你就会争取到一个回头客。为人实在，诚恳，才能真正实现互惠互利。

3. 开网店要多学习经验

没事多到那些成功卖家店里转悠，看看他们是怎么分类的，怎么陈列宝贝的，怎么促销的。还有社区论坛，就是一本很实用的教科书，只是需要我们认真地学习。虽然有时候只能依葫芦画瓢地学些皮毛，但经过自己一步步摸索、实践，也会有很大的收获。

想要做生意，但是害怕亏了门面费的主妇们，还有想做生意，但却害怕积压商品的主妇们，想做生意，但又不想走出家门的主妇们，开网店确是一种最好的选择了！如果有想法，就积极行动吧！

Chapter 10

手握友情存折，积累人际资本

不会为人处世的女人，不是一个完美的女人，也必定不会是一个幸福的女人。幸福的女人，会有三三两两的好朋友，会有自己特定的人脉。这样的女人，在遇到困难时，有很多人会义无反顾地相助；会在遇到开心的事时，有很多人一同分享，将快乐放大无数倍，整个天空都下起幸福的雨。这样的女人，懂得感恩，懂得珍惜，更知道真诚的力量和善良的魅力；这样的女人，还懂得无奈，懂得把握，更明白时间的残酷和后悔的痛苦，所以，她们总是带着笑脸走在朋友的心里，不断地给朋友，也给自己唱一首唱不完的歌……

家庭主妇的择友守则

每个女人在人生旅途中都会拥有或者曾经拥有几个亲如姐妹的知心朋友。也许你们很久不见，但每一次见面都无话不谈；也许你们喜欢一起逛街，一起丈量远方的风景；也许你们曾微有嫌隙，但一遇到难题，却谁也离不开谁；也许，经历了生命的挫折挣扎之后，你彼此倾诉，相互温暖。

对女人而言，闺中密友不仅没有男女之情的焦虑和变数，而且更为亲昵可靠。为取悦男人而收敛的很多真性情，在闺蜜面前能得到最大的释放。所以，作为一个家庭主妇也需要拥有自己的好朋友，有自己的闺密。但是，好朋友的选择也要遵循一定的原则，不然，交到的是损友，不仅没法成为闺蜜，甚至还可能会破坏自己的家庭。

1. 不要随便和陌生人做好朋友，两小无猜最好

世交和邻居是缔结两小无猜型"闺密"的普遍原因，共同的生活背景和相似的童年会成为日后友谊的坚实基础。对对方家庭以及经历的了解，会让彼此在交往当中更有安全感。"我和佳佳就是这样一对两小无猜的亲密姐妹。我们两家是邻居，谁家有事，就会把孩子托付给另一家照顾。因此，我和佳佳在一个碗里抢过饭吃，也一起尿过床，一起跟父母撒谎，互相为对方开脱，我们看着对方成长，一起为女人的生理现象恐慌和保密。我们也会生气,但不到半天就会和好。从彼此身上,我们发现了另一个自己。在社会上工作以后,越发觉这种知根知底的朋友难能可贵。"阿如在做了全职妈妈后,更加感受到拥有一个两小无猜的闺蜜的重要性了。

2. 同学情谊更长久,但需注意心灵沟通

同学同窗,因为共同经历了成长过程,更容易有心理和情感上的认同感。在学校这个相对封闭的环境里,少女最初萌动的春心,需要有人倾听和分享,很多心事只有同龄的少女才能理解和认可。这样,在成为家庭主妇之后,同学情谊的姐妹就更能帮助你来处理生活中的一些难事了。

"我最要好的闺中蜜友是大学的一个同学。她和我住上下铺,经常挤在一张单人床上,分享一些小秘密。有的时候,是共同听电台里的一首歌,有的时候是一起嘲笑某个迂腐的老师,更多的是对男生的评价和向往。都说少女情怀总是诗,她就像我少女时代的一个标杆,永远立在那里,没人可以超越。任何时候,我们都记得彼此的生日,了解彼此的小资情调。而一旦我们谁需要倾诉和分享,都会最先给对方打电话。"小桃如今已有一个两岁的孩子了,但是,她在大学结识的好朋友一直保持到现在,两人虽然分别身处两个城市,但总是电话不断,联系非常频繁。

3. 思想相通最重要,如果价值观都不同,坚决不交

思想碰撞所激发的心灵火花,是闺蜜互相欣赏的原因。女人不仅需要情感慰藉,更需要思想的交流。正面积极的思想交流会升华她们的情感密度。心灵上的良朋知己可遇不可求,一旦遇见了,这种交流所产生的精神愉悦无可估量。

作为一个家庭的主妇,大多的话题都是生活,柴米油盐酱醋茶,如果所交的朋友也全部是谈论这些,那么主妇的思想也就难以得到提升。主妇更需要的是和自己的思想相通,价值观取向大致相同的好朋友,两人在一起,能够评论一下社会热点、谈一下理想、聊一下未来……这样的主妇,才不会被每天相同的生活限制住了思维,变得庸俗。

4. 好好判断人品,不要为自己埋下隐患

如果不认清人品就交朋友,只会给自己未来的生活埋下隐患。所以,主妇在交朋友时一定要通过长时间的了解,再决定是否真的交下这个朋友,不应该随便轻信于人。

5. 不要交为钱而来的朋友,不要告诉朋友自己的密码

小雪和小玲是很好的朋友。小玲嫁给了一个有钱的丈夫,在家安心做起了主妇。闲来无聊的她就想到了以往在大学时认识的朋友小雪,便邀小雪和自己聊聊家常。多次交往之后,小玲就把小雪当成自己最好的朋友了,两人经常一起逛街、谈心,甚至取钱时对小雪都没有隐瞒,还经常带小雪到家里做客。结果,来到小玲家做客的小雪,趁小玲熟睡时拿走了小玲放在手提包内的工商银行牡丹卡到银行冒领

现金，领完钱后又把卡悄悄放回原处。并且多次用相同的方法冒领小玲的钱，共冒领3万余元。

后来，小玲发现自己的钱总是莫名其妙失踪时，便报案了。一直不敢相信卡上的钱就是被朋友小雪偷领走的小玲，在观看银行监控录像后不得不相信了。

好的朋友可以为你的生活添姿添彩；而不好的朋友，则可能会影响你的心情，甚至影响你的家庭和财富。把握好这五个基本的交友原则，家庭主妇们都能够有所选择地挑到适合做自己好朋友的人。

会说话，你会更有人缘

从前有一只乌龟，有一年碰上多年不遇的干旱，所居住的湖泊完全干涸了，自己也不能爬行到有食物的水草丰泽之地。当时有一群大雁居住在湖边，也准备迁往他方，乌龟就向他们苦苦哀求，要求把它带离此地。一只大雁就用嘴叼着这只乌龟，往高空飞去。大雁经过一座城镇，乌龟忍不住气，向大雁问道："你这样不停地飞，到底要飞到何处？"

大雁听了，只好回答，才一张口，叼在嘴里的乌龟就径直从高空落下，摔在地上，被人拾取宰杀享用了。

故事里的乌龟，因为多嘴多舌而让自己坠地身亡，应该能让我们很清醒地认识到一个道理：如果不谨慎口舌，就会招致恶果。

作为女人，很容易就会被冠上"多嘴长舌妇"的恶名。的确有很多女人在不该说话的时候管不住自己的嘴巴，让自己的嘴巴给自己惹下不少祸端。惹下的这些祸端，轻一点，可能就是让自己的人缘差点，而重一点的后果可能就难以想象了。有的女人因为逞口舌之争而导致自己被别人怀恨在心，最终出现悲剧的例子也不在少数。

所以说，有时候有些话，尽管你很想说，但是考虑一下后果和环境后，你会发现还是不说的好，那你就尽量不要说了。言多必失，正是这个道理。

可能我们在生活中犯过不少类似的错误。该打住话匣子的时候，却管不住自己的嘴巴，结果说了一些让别人下不了台阶的话，严重影响到自己的人缘；或者是该闭嘴的时候不闭嘴，多说一些愚昧的话，砸了自己的脚。

小学同学结婚，朱小姐受邀去参加婚礼。在婚礼上，她碰到了准备进去喝喜酒的几个老朋友，忍不住聊了几句。这时，婚车来了，橙色的一团，好美丽抢眼！朱小姐呆呆地看着美丽的新娘下来走进了宴客大厅，感叹着小学同学的变化真大，可没注意哪个是新郎。一转眼，眼尖的朱小姐竟发现了婚车原来是一辆林业用车，没拆警灯，虽然车牌被贴上了"百年好合"的字样了，但是车身上的"森林消防"还是看得清楚极了！

"哈哈哈……"朱小姐看到这样滑稽的情况之后忍不住大笑起来。

"怎么了？"老朋友关切地问。

"你看这婚车，哈哈哈……"

"这车挺不错啊，打扮得多好，颜色也吉利！"

"是啊，这是我见过的最好、最贴切、最能说明问题的婚车了！哈哈哈……"

"是吗？"

"那当然！你想啊，结婚还用'森林消防'的车啊！"

这时候，一个人站在了朱小姐的旁边，朋友介绍给朱小姐，原来他是新郎……朱小姐这时候才观察到这位男士西装上的"新郎"标签……

看看，这种情况将多么尴尬，众人之下逞一时的口头之快，让自己和别人都下不了台阶，让别人看了笑话，还影响到别人的新婚心情。朱小姐实在是多嘴啊！于是，那场婚礼朱小姐一直都是低着头吃饭，吃完饭就赶紧走人了……

不知道我们自己是不是也犯过类似的错误呢？真不希望我们也做这样的多嘴女人。因为多嘴女人给人的印象实在不好。

多嘴的女人会让别人觉得她有一张剪刀般的利嘴，尖酸刻薄。人们讨厌多嘴女人轻蔑的语调，说话好似机关枪，咄咄逼人，喋喋不休，不留任何余地；讨厌多嘴的女人眼神中透露着的摄取光芒，寒意幽幽，让人心惊肉跳。

多嘴的女人总爱搬弄事非，她们喜欢将事情化小为大，化少为多，她们是流言的集散地和谣言的传播源，在她们的嘴里，总是流传着一些刻薄、轻浮、毫无价值却又让人恼火的信息，传播范围之广，速度之快，好像病毒，气势汹汹，铺天盖地，令人咋舌。

看看一般的人对多嘴女人的评价吧，读着都觉得很恐怖，万一你真成为这样一个多嘴的女人，给人留下这样的印象，那实在是最恐怖的事情了！这样的你肯定不会有好的人缘了。所以，有些话，不该说还是别说的好！

多施小惠，积累人情资本

派克巴洛特是法国国家马戏团的著名驯兽师。他有一个狗与小马的节目非常受人欢迎。他训练狗的样子特别有意思。旁人会发现，当狗有了一点点的进步时，派克巴洛特便会去拍拍它，夸奖它，还给它肉吃，并逗它一阵子。

当然，这并不是什么新鲜的玩艺儿，因为几个世纪以来，大多数驯兽师都采用这样的方法去训练动物。这对你是不是有所启发呢？

人际关系心理学家告诉我们，互利是人际交往的一个基本原则。我们的社会提倡奉献和利他精神，但这是一种最高层次的人际交往境界，很难要求所有人都做到这一点。

人为什么需要与人交往呢？尽管每个人具体的交往动机各不相同，但最基本的动机就是为了从交往对象那里满足自己的某些需求。实际上，人际交往中的互惠互利也是合乎我们社会的道德规范的。

所谓互利原则，既包括物质方面的，也包括精神方面的。由于受传统观念的影响，过去人们交往中更愿意谈人情，而忌讳谈功利。事实上，人与人之间的交往需求是多层次的，粗略地可以分为两个基本层次：一个层次是以情感定向的人际交往，比如亲情、友情、爱情；另一个层次是以功利定向的人际交往，也就是为实现某种功利目的而交往。现实中人们时常会自觉或是不自觉地将这两种情况交织在一起。有时候既是功利目的交往，也会使人彼此产生感情的沟通和反应；有时候虽然是情感领域的交往，也会带来彼此物质利益上的互相帮助和支持。还有，在人的各种交往中，有时是为了满足物质需求，有时则是为了满足精神的需求。换言之，人际交往的最基本动机就在于希望从交往对象那里得到自己需求的满足。这种满足，既有精神上的，也有物质上的。所以，按照人际交往的互利原则，人们实际上采取的策略是：既要感情，也要功利。

不管是感情还是功利，既然人际交往是互利的，是为了满足双方各自的需求，那么人际交往的延续就有一个必要的条件：交往双方的需求和需求的满足必须保持平衡。否则，人际交往就会中断。也就是说，人际交往的发展要在双方需求平衡，利益均等的条件下才能进行。

生活中常常见到有人抱怨朋友缺乏友情、甚至不讲交情。其实说穿了，抱怨的一方往往是由于自己的某种需求没有获得满足，而这种需要往往也是非常功利的。所以，我们不必一味追求所谓的"没有任何功利色彩的友情"，也不必轻率地抱怨别人没有"友情"。我们只需要坦率地承认：互利，是人际交往的一个基本原则；既要感情又要功利，是人际交往的一个常规策略；需求平衡、利益均等，是人际交往的一个必要条件。

当朋友之间的交往出现障碍时，我们还是先看看在人际交往上哪里出现毛病才是。

心理学中人际交换交易的六大定律之一的价值实现定律指出：追求社会报酬是人们社会行为的基本动机，而交换交易则是实现社会报酬的基本途径。

一个人在社会交往中得到的报酬，往往会使其他人付出一定的代价。人们之所以通过社会交换形式进行相互交往，是因为他们都能从他们的交往、交换中得到某种益处。进一步看，我们还会发现，基于人们追求利益最大化的理性主义原则，在交换过程中，人们在各种可供选择的潜在伙伴或行动路线中进行选择，具体方法是：按照自己的偏好等级，对其中每一个人或行动的体验或预期的体验做出比较、评价，然后从中选出最好的、能够给自己带来最大利益的交换伙伴。

当然，帮助别人时也要掌握一些基本要领，如施恩时不要说得过于直露，挑得太明，以免令对方感到丢了面子，脸上无光；给别人已经帮过的忙，更不要四处张扬；施恩不可次数过多，以免给对方造成还债负担，甚至因为受之有耻，与你断交；给人好处还要注意选择对像。像狼一样喂不饱的人，你帮他的忙，说不定还会被反咬一口。

总之，亲爱的女性朋友，在人际交往中，我们要做热心人，见到给人帮忙的机会，要立马冲上去，因为人情就是财富，人际关系一个最基本的目的就是结人情，有人缘。

要像爱钱一样喜欢情意，方能左右逢源。求人帮忙是被动的，可如果别人欠了你的人情，求别人办事自然会很容易，有时甚至不用自己开口。做人做得如此风光，大多与善于结交人情，乐善好施有关。交往中别忘了施小惠，这是人情关系学中最基本的策略和手段，是开发利用人际关系资源最为稳妥的灵验功夫。

无事也要常登三宝殿

红楼梦中有这样一段，一日大家伙儿在怡红院说笑，说起暹罗进贡的茶，大家都说不好，惟独黛玉说吃着好，于是凤姐就说她那儿还有，黛玉道："果真的，我就派丫头去取去。"凤姐道："不用取去，我打发人送来就是了。我明儿还有一件事求你，一同打发人送来。"林妹妹说："你们听听，这是吃了他们家一点子茶叶，就来使唤人了。"想想若不是凤姐有先见之明，便贸然叫她做事，岂不更得罪了她？又或者，黛玉有一点不愿意，只推说身上不好，懒得动，也就推得干净，谁也拿她没辙。

生活中的友情也是如此。如果平时没什么联系，只是等到需要朋友帮忙了，才去登门造访，不免令人怀疑在利用自己。至少，这种情形无法发展成健全的人际关系。因此，平时有事没事常到朋友家做做客以加强联系沟通有无，看来还是必要的。

现代人的交往常遭遇这样的尴尬：对交情一般的人，有事要找对方的时候，少不得先联络感情。有人是先在电话里寒暄几句，也有人提前十天半个月先找对方吃个饭、叙叙旧。可不管哪种方式，一旦对方发现了真相，心里难免不舒服，原来你是利用我的感情！为什么"临时抱佛脚"如此令人反感？为什么太"势利"的朋友不遭人待见？

其实，之所以感到失落，是因为我们还固守着"熟人社会"中形成的许多期望：有几个挚爱的亲人、许多熟人、不多的一些生人。而在人员流动比较大、不稳定的城市群体中，人们忙于应酬的结果，放眼望去，才发现自己的朋友都是泛泛之交，熟人和亲人却是寥寥无几，这种落差促成了都市人内心里深深的寂寞。

印第安人有一句谚语，"别走得太快，等一等灵魂"。对那些你想与之交往的人，在大家都空闲时，不妨登门造访，多聚聚，即使是无目的地一起做些琐事，闲聊、闲逛，也有益心灵，也能在危急时"得道多助"，有求必应。

一位朋友曾偶然去一位当老板的朋友的公司玩，发现他用半个早上的时间在打电话："老张呀，儿子上幼儿园的事情搞好了吗？""王姐，还胃疼吗？""小岳，猫做绝育了吗？"朋友十分不解，就问她的老板朋友，这算是做生意么？都是些琐事啊。

结果，老板朋友见怪不怪地反问："你想怎么样？半年一载不来往，无事不登三宝殿。可是，等到你登的时候，人家还认识你是谁吗？"

一句话，也许让我们所有的人都哑口无言。是的，对朋友，有时候的确需要一点虔敬之心。当他是至爱至重要的人或者三宝殿，别忘了有事没事去遛达一下，也许浇浇花，也许看看夕阳，哪怕什么也不做呢，总比完全不搭理要好！

无事也登三宝殿，大家聚在一起聊聊天、诉诉苦、谈谈工作、谈谈未来，不也挺好？

周末，小齐和老魏一起去找依依玩，在那住了一夜。一时间，才发现朋友们偶然聚聚竟会有那么多感触。

人生真的是很奇妙，不同的阶段认识不同的人，经历不一样的事，导致了丰富多彩的人生。

小齐说，依依现在好忙，没怎么变；老魏说她现在不再像个学生了，更像是个工作的人，可实际上又没什么变化，衣服没变，人也没变，做事方式也没变，只是角色定位变了而已，而且，每次和同学、朋友、老乡聚会，依依都是最大方的那个人，从来不吝啬。

等到众人问到小齐过得怎样，小齐才意识到，其实自己的日子就是混、混、混……曾经的辉煌成绩已成过去，明天到底会是怎样的，多彩还是黑白呢？小齐在朋友们的聚会中才忽然发现，自己如今的日子原来苍白如水。

这就是多与朋友聚聚的收获。多登登朋友的三宝殿，你的思维便不会太受限制；多登登朋友的家门，你就会发现不一样的世界；多去听听朋友的近况，你才会少一些牢骚，多一些动力。

无事也常登登三宝殿，你总能寻到你需要的宝贝。这种宝贝会在你的心里生根发芽，会在你的心里留下美好的回忆，会成为你日后回忆的一个梦境。

用真诚去经营友情

可能很多人都知道这样一个寓言故事：一个年轻人在人生路上走到一个渡口的时候，已经拥有了"健康"、"美丽"、"机遇"、"才学"、"金钱"、"真诚"、"名誉"这七个背囊。渡船开出后险象环生。船公说："你必须丢下所有的背囊，只剩一个，方可脱险。"年轻人思索片刻后，把"真诚"等背囊全部抛进了水里，只留下一个"名誉"。在那以后的人生道路上，这个年轻人驾御的孤舟便漂泊在了茫茫大海之中，只有无助、孤独、寂寞伴他一生。

我们可不希望我们也成为像这个年轻人一样孤独的人。要想不孤独，只有一种方法，真诚待人，尤其是对你的朋友。

真诚的友谊会像露珠一样纯洁，像阳光一样和煦。真诚的友谊是朋友间一种美好的、高尚的情感交流，是相互支持、帮助、合作。真诚的友谊不会因时间流水的冲洗而变淡，也不会因争吵而破裂，更不会因金钱的多少、地位的悬殊而断绝。

真诚的友谊更是一种默契，不必追求，需要的时候它自会出现。真诚的友谊是在你最需要的时候可以不记任何报酬的给予，是在你最困难时陪你前行的动力，是在你最失落时宽厚的肩膀，更是你生命中最不可或缺的力量。

在喧嚣的都市里，我们渴望在岁月的枝头上绽开友谊的花朵，渴望在孤独的心灵上聆听到最真的祝福。但是，紧紧渴望是不够的，没有真诚的汗水浇灌，美好的友谊不会来到你身边，只有真心对待，诚实栽培，友情之树才能常青不倒。

人们总认为演艺圈是一座名利场，赚钱是许多人的首要目的，竞争压倒一切。然而，率直坦诚、心地纯良的蔡少芬和率性真诚、个性爽直的陈慧珊自首次相遇后就结为挚友，她们的友谊也堪称娱乐圈的一朵奇葩。

陈慧珊曾说过蔡少芬是她在娱乐圈里最好的女性拍档，也是她能够交心的最好的朋友之一。蔡少芬则说，我最好的朋友是陈慧珊，我们多次合作，个性和性格非常相似，尤其以前我们曾在剧集里扮演好友。我们相互间非常了解，动作、眼神和预期的反应都能够相互读懂。我们心里怎么想，就可以开诚布公地说出来，而且我们之间不用担心竞争。

在娱乐圈，能够有这么真诚的友谊，不能不说难能可贵，但是，我们也应该知道，友谊永远不是一个人的事情，它是两人坦诚相见的结晶。

还有两个漂亮的北京姑娘是在为《I LOOK》杂志的"四小公主"封面拍摄时相识的。因为有着相同的成长环境、相同的广告女郎经历，一见如故的两人在倾谈之下发现双方无论是性格还是为人处世的态度都十分接近，于是发展成了无话不说的"姐妹淘"，她们就是高圆圆和杨雪。

在高圆圆的眼中，杨雪是个惹人疼爱的小朋友，而杨雪认为在娱乐圈找到一份纯粹的友谊并不容易，高圆圆的真诚淡然更显珍贵。所以杨雪宣称，我们的友情比海深，比天高！这绝不是夸张！

某次杨雪身在横店工作，利用只有一天的休息时间，还跑到杭州和坐飞机赶来的高园园见面，两个人凑到一起永远有说不完的话。

因为有真诚二字，所以友谊便可以穿越时间与空间的距离，可以穿过流言蜚语的伤害，总是保持新鲜的最完美的状态。但是，如果只有一方拥有真诚的心，那么，友情就会慢慢凋零，而受伤的，就是真正付出真心的人；后悔的，则是没有真诚的一方。

常说，真正的知己，一生有一个，足矣！但是，有的人却总是在握有一份真诚友谊的时候，不懂得珍惜，不懂得也需要同样付出真诚之心共同栽培，总是任意践踏美好的友情，直等到失去了可贵的友情之后，才后悔不已。

我们不要做这样的女人，我们要做善良、真诚的女人；我们要做拥有自己的真诚好友的女人；我们更要做懂得真诚对待朋友和友情的女人。如果我们是这样的女人，我们就一定会幸福。

近因效应，好朋友要常见面

一年、两年、三年，我们总是茫然地忙碌着，忽略友情，总以为还有时间还有机会，内心深处甚至隐约释放"同功名利禄相比，那些不重要"的阴暗信号，直到失去时才真正地明白，什么叫做"永不再来"，才真正体悟到"永不"二字背后的沉痛。

我们总是口口声声地说，因为是女人，所以我们有女人的细腻，所以我们更懂得珍惜美好的友情，更懂得关心自己的好朋友。可是，真的是这样吗？我们真正地关心过我们的好朋友吗？我们有经常和我们的好朋友们见见面吗？我们已经有多久没有和我们的好朋友联系了？

有的人总是在没有意义的忙碌中失去了自我，还失去了最好的朋友后，才后悔不已地说：好朋友真应该常常见面的！

陈某说，昨天通电话，王姐告诉她，她们共同认识的一个人患了肝癌，据说超不过一个月了。陈某很感慨，这种无奈再次验证了生命的脆弱和虚华之外，也再次映证了某些友情在时间面前的无力。

噩耗总是令人沉重。工作后，一年比一年忙碌，朋友们相聚的次数越来越少，"去看×"的念头常常从脑际一滚而过，就这样年复一年拖下来，直到惊闻噩耗。有多少感情就这样淹没在岁月风尘里，再想起时总是伴随着隐隐的痛和遗憾。

无常的人生，我们无法预料它的明天是什么样子，如果因为自己没有好好地珍惜现有的时光，而让美好的友情、真诚的友人随风飘逝，我们就是罪人，是大罪人。

"我在纸上编织着一个个梦境，它们一如往昔，天真而纯净。

而现实中这一切早已离我远去，还记得以前我和你说过的话吗？

我们选择了一些东西的同时，也就放弃了别的东西……

我们曾经都像是寂寞的孩子，在成人的领域里无所适从。

就如受惊的小鸟来到陌生的世界，我们用安详伪装惊惧的内心。

每天都走在人潮人海之中，我们却始终孤单，对这城市来说，我们只是个过客。对我们的生命来说，这城市只是个过客。

然而有一天，你问我天空是什么样的，我知道你开始想要飞翔。

我依旧是沉默的，只是有时候也会仰望着蓝天，也许那上面会出现你的身影。

我们曾经想要去远方流浪，后来我发现，远方永远在更远的地方。

我开始想要停留，也许我们在途中遗漏了太多的风景。

最后我们还是选择了不同的生活，你飞向更高的地方，我却在地上看着花儿开放。

或者你是幸福的,只是我看到,你飞翔在高处的时候,也被系住了曾经自由的翅膀。

或者总有一天,我们都会得到自己想要的,然而我们失去的又是什么?

若,今天是你22岁的生日,我只愿你将来能够不再遗憾,不要在回首的时候却发现,不经意间失去的更多。同时也为了我们消逝的光阴,为你送上这篇周年祭……"

这是一个人写给自己的好友的周年祭,读来满是叹息,满是无奈。可是,面对这样的现实,我们除了好好纪念、慢慢懂得珍惜之外,还能怎样?为何我们在早前的时候,不能够多联系联系朋友,当那一天来临时,能够别而无憾?

女人不应该承受这样的后悔与无奈。女人应该在感恩的美好中学会珍惜,懂得纪念。常常与好朋友见见面吧!

也许,陪伴你一起长大的小伙伴都早已各奔东西;也许,只有《友谊地久天长》这首歌可以一直陪伴着你;也许许久没有往来的小伙伴,突然有一天打电话跟你聊天时,你发现,都不用细细道来最近发生了什么事,是好是坏,在喂与嗯之间,你就已全部体会到了……那么,请你一定要珍惜这样的朋友。各奔东西又怎样?只要走动双腿,东与西的距离就不存在了;友谊是地久天长,可是,长期不见的友谊,是悬空的友谊,会有些苍白;心有灵犀的感觉很好吧?可是,如果你让这种状态一直保持下去,几年、十几年之后,也许你再听到这个声音,你会陌生起来……

也许,不常见到朋友的你,早已经学会习惯性地进入朋友的QQ空间,通过空间去看看朋友,去感知他们最近的生活,去体会他们的乐与悲;也许,感性的你,还经常会被一些小小的事感动得泪流满面……但是,你也清楚,这种间接的关注,还是无法代替与好友见面时的深情拥抱和胡侃畅聊,无法替代你们彼此相望而相互叹息的那种默契和温暖,那就请你关了QQ,擦干眼泪,收拾行囊,迈开脚步,去看看你的好朋友吧!你的好朋友正在迎接你呢!

学会找外力刺激友情

有时候,友情和爱情一样,也需要刺激。没有外力刺激的友情,也会产生懒惰情绪,时间长了,曾经站在友情天平两端的人,慢慢就疏远了。而一个懂得珍惜友情的人,是不愿意看见这样的场景出现的。懂得珍惜友情的人,会通过一切办法,让自己与朋友之间的友情永远保持新鲜的状态。

如果没有分享,如果没有共同经历,那友情又算什么呢?但是,如果没有外力的刺激,何来分享?何来共同的经历?也许,身为主妇的我们早已被家务事缠得难以分身,早已没有了当初年轻时三朋好友一起high到尽兴的想法,但是,失去友情的我们真的快乐吗？女人的生命不应该缺少友情的滋润。所以，不管我们有多忙，不管我们有多么无奈，抽出时间来经营一下自己的友情，通过外力作用刺激我们垂死的友情，给自己一份满足，给我们的生命一份慰藉。

1. 通过同学聚会来增进情感

人年轻的时候不是很在乎过去岁月曾经发生过的事情，随着年龄的增长，就更容易怀起旧来。那些曾经见证过你的青春岁月的朋友们近况如何？只能通过同学聚会来了解一二了。其实，聚会并不是想象中那么难，只要有人号召，有人组织，就一定能聚起来！

当聚会真正来临的那一天，我们的心情无疑是激动的。也许过得最快的不是时间，而是感觉，是它让二十年成为转瞬。酒席间，同学们不放过每一分难得的团聚时光，谈笑风生，问寒嘘暖，纷纷叙说对生活的感叹，叙说对过去岁月的怀念……相聚是幸福的，短暂的聚会可以让我们倍加珍惜同学情。

虽然我们也许会觉得时间没有虚度，也获得了许多，比如：成熟、经验、金钱、地位、看待生活的态度……而所有这些，我们都可以通过在聚会时和朋友们好好交流，通过交流来增加自己的感悟，让自己更加明了生命的意义。同时，通过聚会，还能让许久没有联系的朋友一下子熟悉起来，心与心的距离就越来越近了。

2. 通过生日庆典给朋友惊喜

明天，是赵某的好友李某的生日，赵某提前给她过了，因为真正生日的时间，还是得留给李某的老公。

赵某和李某是初中同学，一直到现在，依然是好友。两人有很多的不同。赵某高而李某矮，两人一同去买鞋，总让服务员拿一双39码的和34码的；赵某工作经历丰富，成天东奔西跑，李某大学毕业又进了学校"升造"当初中老师，与学生打成一片。

虽然两人进入了不同的生活环境，有不同的生活圈子和朋友，但她们俩的友谊却没有因为这些而改变。因为赵某结婚后就有了小孩，随着孩子渐渐长大，赵某和李某相聚的时间减少了，约了好多次，不是李某没空就是赵某有事，渐渐也就算了。但有一点是两人永远都不会改变的，那就是，两人每年都会相互祝贺生日，请吃一顿，再送一个小礼物。周而复始，已坚持了14年了。

这两个人的友谊，淡淡的，心灵相通，这种感觉让赵某很享受。虽然不能常相聚，但是每年生日时的惊喜，都让两人在心底将对方放在了举足轻重的地位，友情的温度也从来没有降下来过。

3. 与好友一起旅行，感受美好

李小冉最钟爱的旅行方式就是跟几个好朋友一起旅行。想几点起床就几点起来，想做什么就做什么，而且一定要到东西好吃的地方去。而张静初最钟爱的旅行方式，也是和朋友一起自驾车旅行。

明星们也有普通人的一面，她们也都重视友情。因为有友情的陪伴，让本来一个人孤寂的旅行变得重新温暖起来。我们也是如此，与其一个人总是窝在家里无所事事，或者一个人背着行囊享受孤独，还不如邀上好久不见的朋友们，一起远行，用最快乐的方式来感受旅行的美好。

附（1）：你是不是金钱的奴隶调查问卷

完成这项测试，你就能知道自己是不是金钱的奴隶了。你要做的就是如实回答下面的题目。

测试题：

1. 一个你熟悉并且很信任的朋友告诉你，他得到一个十分准确的消息：某匹马在此次重大赛马会上必定获胜，你的朋友满怀信心并在这匹马上下了一大笔钱赌注。你会： （ ）

    A. 告诉他这样碰运气是很傻的，你自己是从不做这种美梦的

    B. 考虑有他说的这种好事，但你决定在适当的时候告诉

    C. 祝他成功并请他帮你也下一小笔赌注玩玩

    D. 仔细询问这一消息的来源，要是觉得可靠，就下相当大的赌注

2. 用"是"或"不是"回答下列问题：

    A. 你的支票曾因透支被银行打回来过吗？ （ ）

    B. 你总是使用信用卡吗？ （ ）

    C. 你大方地付小费吗？ （ ）

    D. 概括地讲，你自己是一位"不白拿人家东西"的人吗？ （ ）

    E. 你总是花大量时间，不遗余力地为买到便宜货而到处奔波吗？ （ ）

    F. 有人认为你对钱不在乎或认为你常常浪费吗？ （ ）

    G. 是否有人对你说过或认为你既自私又小气呢？ （ ）

    H. 你经济负担重时，你觉得自己总是处于忙乱之中吗？ （ ）

    I. 你开车时想不想走点近路以节省点汽油钱呢？ （ ）

    J. 你愿意对某一事业或工作不计报酬地尽自己的义务吗？ （ ）

3. 经常听说有些生活富裕的人得到一大笔钱后，仍过得不愉快。如果真是这样，你认为这最可能是什么原因呢？ （ ）

    A. 因为他们不曾有过这么多的钱，因此不知如何使用，担心投资不当而白白损失大半

    B. 他们原以为买东西本身会使他们快乐，事后发现并不是这样

    C. 借债者或过去的穷朋友经常来做客，使生活不得安宁

    D. 他们对物质生活过分地纵情享受，结果影响了身体健康

    E. 他们压根想象不到从运用钱财中会得到什么样的乐趣

4. 下面哪种说法与你对自己的工作，以及你对这份工作报酬的态度最类似？如果你已退休或是家庭妇女，或目前还没有工作，请尽量想象一下，要是你正在工作，你会选择哪个答案？ （ ）

    A. 我只是为了挣钱才工作的，假如我不是非得挣钱的话，我根本就不会去工

作的

  B. 钱可能是我工作的主要原因，但即使我的钱足够了，我还是会做某种工作的

  C. 使我工作的原因很多，挣钱只是其中之一，它并不是最重要的原因

  D. 能够挣到钱我很喜欢，但我仅把钱看做是工作的报酬，我工作的主要原因是工作本身

  E. 我热爱我的工作，并不计较给我多少报酬

  5. 请对下列每一说法注明你是否"完全同意"、"基本同意"、"基本不同意"或"完全不同意"。

  A. 贪财是一切罪恶的根源 （　）
  B. 在这个世界上没有用钱买不到的东西 （　）
  C. 经济状况的稳定是家庭幸福的根本基础 （　）
  D. 没有比在钱上自私、小气的人更可气的了 （　）
  E. 毋庸置疑，有些人投机、赌博，生来就走运 （　）
  F. 为了弄到银行里的钱而死，是不值得的。任何情况下都不应该把钱借给朋友们 （　）
  G. 赊购商品是一大错误 （　）
  H. 法律对冒充顾客进入商店行窃的扒手太宽大了 （　）
  I. 对那些欠债不还的人应加重处罚 （　）

  6. 假如你辛苦了一年，现在极想外出度假休息，你一直计划准备支付旅行费的那笔钱突然得用于纳税，而你又没有多少现金储蓄，短期内也不存在获得意外收入的可能性时，你最可能采取那种行动？ （　）

  A. 取消旅行，接着工作挣钱
  B. 放弃外出度假的想法，在家里好好休息几周
  C. 借一笔钱做一次比原来计划大大节俭的旅行
  D. 照常旅行，按照原想的那样自由自在地享受，当一切都结束时，勇敢地面对后果

  7. 你的一位亲密朋友急需钱找上你，想借相当于你两个月工资的钱以支付药费。他以前从来没向你开口借钱，也清楚他十分正直，对于你来说，拿出这笔钱并不困难，而他要还上这些钱却得花很大的力气。你会： （　）

  A. 如果直截了当地拒绝，怕伤了和气，于是解释说你从不把钱借给朋友
  B. 告诉他你要是能拿得出就一定会给他，但你现在的经济状况不允许你这样做
  C. 同意借钱给他并坚持由律师确定偿还期，还要他支付合理的利息
  D. 同意借钱给他，并告诉他能还时再还
  E. 把钱作为礼物送给他，并说："说不定今后我在经济上也会有求于你的。"

8.用"总是99%""有时"或"从来没有"三种回答形式指出下列情形对你是否恰如其分。

    A.你会把不是很多的一笔钱放在家里后来却不记得了 （ ）

    B. 你准确地了解你在银行里的收支情况 （ ）

    C.你会对你在超级市场或大商场选择商品的总额感到吃惊 （ ）

    D. 你在饭店用餐后仔细核对餐费账单 （ ）

    E. 看见别人花钱如流水，你会很讨厌 （ ）

    F. 第一次同某人见面时，你就很想知道他（她）挣多少钱、或拥有价值多少的财产 （ ）

    G. 你讨厌某些部门在像股票交易这样的问题上耍花招 （ ）

评分标准：

1. A.2 B.0 C.1 D.5

2. 是 不是

A. 2 0

B. 2 0

C. 2 0

D. 0 2

E. 2 0

F. 2 0

G. 2 0

H. 0 2

I. 2 0

J. 0 2

3. A.3 B.0 C.3 D.3 E.3

4. A.5 B.2 C.0 D.0 E.2

5. 完全同意 基本同意 基本不同意 完全不同意

A. 3 0 0 3

B. 3 0 0 1

C. 1 0 1 5

D. 3 1 0 3

E. 5 1 0 2

F. 3 1 0 3

G. 5 1 0 3

H. 3 0 0 3

I. 3 1 0 2

6. A.3 B.0 C.1 D.4

7. A.5 B.2 C.2 D.3 E.1

8. 总是 有时 从来没有

A. 3 1 1

B. 3 0 3

C. 3 0 2

D. 2 0 2

E. 2 0 2

F. 3 1 0

G. 3 1 0

诊断结果：

50分以上：真遗憾，你成了金钱的奴隶，被金钱所奴役着。虽然你的存款很多，可你并不感到幸福，相反，却感到很无聊，生活没有了生气。

31~50分：你不管是没钱还是富有，都把钱财看得很重，你要小心不要被金钱束缚住，变得爱财如命啊。

11~30分：你没有成为金钱的奴隶，这个分数很正常。

0~10分：请放心，你绝对不是金钱的奴隶。

附（2）：你有没有金钱焦虑症调查问卷

想知道自己是否患上"金钱焦虑症"，做完下面的测试题，就会知道答案。只需作出A、B、C、D的选择。其中A代表"一向如此"，B代表"常常"，C代表"有时候"，D代表"从来不"。

测试题：

1. 我担心要是自己有很多钱，我会一天到晚害怕失去它。　　　　　　（　）
2. 我担心钱会使我变得贪心，并且过分野心勃勃。　　　　　　　　　（　）
3. 我担心管理大笔的钱会造成无法负荷的心理压力。　　　　　　　　（　）
4. 我担心如果我挣了很多钱，我会失去工作的兴趣。　　　　　　　　（　）
5. 我担心如果我有了很多钱，我会利用手中的钱去占别人的便宜。　　（　）
6. 我担心拥有很多钱会使我的生活不再单纯。　　　　　　　　　　　（　）
7. 我担心比我所爱的人挣更多的钱。　　　　　　　　　　　　　　　（　）
8. 我担心金钱真是罪恶的根源。　　　　　　　　　　　　　　　　　（　）
9. 我担心拥有大量的金钱会使我陷入失败的境地。　　　　　　　　　（　）
10. 我担心我没有能力支配巨额的钱财。　　　　　　　　　　　　　（　）
11. 我担心赚钱会使我迷失了自己。　　　　　　　　　　　　　　　（　）
12. 我担心朋友如果知道我有钱，会向我借钱。　　　　　　　　　　（　）
13. 我担心要是我赚太多钱，我会扯进复杂的税务问题。　　　　　　（　）

14. 我担心不管我赚多少钱,永远也不会知足。　　　　　( )

15. 我担心假如我有很多钱,别人喜欢我是因为我的钱。　( )

16. 我担心钱会使我沉溺于所有的坏习惯。　　　　　　　( )

17. 我担心如果我赚钱比朋友多,他们会嫉妒我。　　　　( )

18. 我担心如果我大把地赚钱,钱会控制我的生活。　　　( )

19. 我担心如果我有钱,别人一有机会就企图欺骗我。　　( )

20. 我担心钱会成为我追求真爱的绊脚石。　　　　　　　( )

评分标准:

选A加4分;选B加3分;选C加2分;选D加1分。

诊断结果:

58分以上:你已经患上了"金钱焦虑症",建议你赶快找到解除焦虑的方法,包括请专业的心理医生进行治疗。

38~57分:你认为成功只会带来害怕失去成功的焦虑。所以,一般情况下,你很难成功,而且你很难去享受自己拥有的钱财。

31~37分:你也不清楚,金钱在自己的生活中到底扮演着什么角色。如果你的焦虑驱使你控制好钱财,就可能取得成功;如果你总想逃避钱财风险,你的焦虑就会成为成功道路上的绊脚石。

25~30分:你能正确对待钱财,正面看待自己的目标,并敢于承担一定的风险,而且你相信自己可以控制成功。

20~24分:你可能对目前的状况过于满足,充满自信,所以没有金钱焦虑;也可能你想避免遭遇钱财问题而做必要的改变。

超值金版——家庭珍藏经典畅销书系

《男人的资本大全集》
29.00 元 16 开

《女人的资本大全集》
29.00 元 16 开

《把话说得滴水不漏 把事做得天衣无缝大全集》
29.00 元 16 开

《先处理心情 后处理事情大全集》
29.00 元 16 开

《巴菲特投资思想大全集》
29.00 元 16 开

《科特勒营销思想大全集》
29.00 元 16 开

《德鲁克管理思想大全集》
29.00 元 16 开

超值金版——家庭珍藏经典畅销书系

《心理操纵术大全集》
29.00 元 16 开

《感动你一生的小故事大全集》
29.00 元 16 开

《心灵鸡汤大全集》
29.00 元 16 开

《犹太人智慧大全集》
29.00 元 16 开

《中国历史未解之谜大全集》
29.00 元 16 开

《世界历史未解之谜大全集》
29.00 元 16 开

《做事先做人大全集》
29.00 元 16 开